"十四五"职业教育国家规划教材

有机化学

第二版

刘 郁 刘 焕 主编
李素婷 主审

化学工业出版社

·北京·

内 容 简 介

本书按传统的官能团顺序编写，便于学生系统地掌握有机化学的理论知识。本书分为绪论，烃类，芳香烃，立体化学，卤代烃，醇、酚、醚，醛和酮，羧酸及其衍生物，含氮化合物，杂环化合物，有机化学实验基础和有机化学实验共 12 章，根据制药及化工类专业情况，特别注意介绍各类官能团有机化合物的结构和性质的关系，以及重要有机化合物在工业上的应用。本次修订，书中以二维码链接的形式配套了动画资源，更加方便教学。本书配套的资源可登录 www.cipedu.com.cn 免费下载。

本书于 2023 年被评为"十四五"职业教育国家规划教材，书中有机融入了党的二十大精神，有利于培养学生的道德素养和职业素养。

本书可作为高职高专院校制药、化工、分析检验等专业的教学用书，也可供相关专业的培训和从事制药、化工专业的工作人员参考。

图书在版编目（CIP）数据

有机化学/刘郁，刘焕主编. —2 版. —北京：化学工业出版社，2022.1 （2024.10重印）
ISBN 978-7-122-40674-3

Ⅰ.①有… Ⅱ.①刘… ②刘… Ⅲ.①有机化学-高等职业教育-教材 Ⅳ.①O62

中国版本图书馆 CIP 数据核字（2022）第 022876 号

责任编辑：蔡洪伟　　　　　　　　　文字编辑：向　东
责任校对：刘曦阳　　　　　　　　　装帧设计：王晓宇

出版发行：化学工业出版社（北京市东城区青年湖南街 13 号　邮政编码 100011）
印　　装：河北延风印务有限公司
787mm×1092mm　1/16　印张 19¾　字数 454 千字　2024 年 10 月北京第 2 版第 8 次印刷

购书咨询：010-64518888　　　　　　　售后服务：010-64518899
网　　址：http://www.cip.com.cn
凡购买本书，如有缺损质量问题，本社销售中心负责调换。

定　　价：49.00 元

第二版前言

本教材为"十三五"职业教育国家规划教材《有机化学》的修订版，并于2023年评为"十四五"职业教育国家规划教材。修订后的教材以二维码链接的形式配套了信息化资源，是一本新形态一体化教材。

有机化学是研究有机化合物的组成、结构、性质、制备方法与应用以及相应转化及其规律的学科，是化学中极为重要的一个分支，是一门与生产生活紧密相关的核心专业基础课，它涉及化工、制药、生物、食品、安全和环境等相关专业。

根据职业教育特点，对教材中一些理论性较强的内容（如反应机理、分子轨道理论、构象分析）进行了简化，未作深入讨论，教师可以根据教学情况适当调整。本次教材修订结合行业企业的新知识、新产品、新规范、新工艺的内容与要求，按化合物官能团结构难易顺序编写，系统地呈现有机化学理论知识、实践技能与工业应用等，突出了职业教育特点，注重实践技能的培养，凸显课程知识的应用，内容包括了绪论，烃类，芳香烃，立体化学，卤代烃，醇、酚、醚，醛、酮，羧酸及其衍生物，含氮化合物，杂环化合物，有机化学实验基础和有机化学实验共12章。编写力求学习目标明确、突出重点、分散难点，章节内容包含了化合物的结构式与命名、物理性质、化学性质、常用的化合物来源、应用、制备与课程思政等；阐述有机化学的重要基本理论知识与工业应用时，包括了鉴别、练习、案例与实验分析等；难点与重点部分编写了归纳与总结并配备了在线资源。编写中注重培养学生综合分析问题、解决问题的能力和创新精神，根据有机化学与专业之间的关系，特别注重各类官能团有机化合物的结构和性质的关系，以及重要有机化合物在工业上的应用，为后续专业课程的学习打下坚实的基础。本教材主要有以下特点：一是创新编写模式，在编排中充分体现"以学生为中心"的理念，尊重学生的职业认知规律，书中根据具体的内容设置有"学习指南""归纳总结""鉴别案例""合成案例""习题"等模块，增强教材内容的可读性、趣味性，提升学生学习能力；二是正文中设有"课程思政"内容，有机融入了党的二十大精神，融入与相关章节相融合的化学名人事迹与成就案例，培养学生的爱国、敬业、奉献的价值观，提升学生的学习兴趣，提高教学效果；三是"纸数"融合，通过扫描纸质版教材中各章节的二维码，可获得相关的动画资源，有利于学生自主学习，提高教学质量。

本书由刘郁、刘焕担任主编，何春霞、慕金超、何燕担任副主编。第1章、第3章和第4章由刘郁和江苏豪森药业集团有限公司李德峰编写，第2章、第7章由肖先举编写，第5章、第6章由刘焕编写，第8章、第11章由慕金超和刘春芬编写，第9章由张洁编写，第10章、第12章由何春霞和何燕编写。全书由刘郁、慕金超统稿，徐州工业职业技术学院李素婷教授主审。编写过程中得到了学校、企业和出版社的大力支持，在此一并表示感谢。

由于时间仓促、水平有限，不当之处，恳请各位同仁批评指正。

编者

第一版前言

有机化学是一门和生命科学紧密相关的重要专业基础课，它涉及化工、药品、生物、食品、安全和环境等专业。目前随着高职院校生源知识层次的不断变化，职业教育也开始融入"工匠精神"，为了培养出更多的高素质技术技能人才，适应现代信息化教学方式和手段，我们组织了长期从事有机化学教学的高职院校教师，经过大量的研讨和交流，编写了本教材。

本教材仍然按传统的官能团顺序编写，便于学生系统地掌握有机化学的理论知识。本书分为绪论，烃类，芳香烃，卤代烃，醇、酚、醚，醛和酮，羧酸及其衍生物，含氮化合物，杂环化合物，有机化学实验的一般知识和有机化学实验共 11 章，根据化学专业情况，特别注意介绍各类官能团有机化合物的结构和性质的关系，以及重要有机化合物在工业上的应用。

本教材树立了以培养能够适应化工相关行业生产、建设、管理、服务第一线的应用型技术人才为根本任务的编写目标，突出重点，分散难点，主要阐述有机化学的重要基本理论知识，对一些理论性较强的内容（如反应机理、分子轨道理论、构象分析）进行了简化和提炼，未做深入讨论。

本教材注重培养学生综合分析问题、解决问题的能力和创新精神，在各章编有一定量的启发性思考题和练习题，供学生理解和分析。

本书由刘郁、刘焕担任主编，岳金方、肖先举担任副主编。第 1 章、第 3 章、第 7 章由徐州工业职业技术学院刘郁编写，第 2 章、第 6 章由徐州工业职业技术学院肖先举编写，第 4 章、第 5 章由徐州工业职业技术学院刘焕编写，第 8 章由徐州工业职业技术学院张洁编写，第 9 章、第 11 章由徐州工业职业技术学院慕金超编写，第 10 章由扬州工业职业技术学院岳金方编写。全书由刘郁统稿，徐州工业职业技术学院李素婷教授主审。编写过程中得到了学校和出版社的大力支持，在此一并表示感谢。

由于水平有限，时间仓促，有不当之处，恳请各位同仁批评指正。

2018 年 5 月

CONTENTS
目录

动画二维码资源目录

图片二维码资源目录

绪 论

Chapter 01

📚 学习指南

1. 了解有机化学的研究内容与任务；
2. 熟悉有机化合物的特点；
3. 掌握有机化合物的结构理论；
4. 掌握有机化合物的分类与结构。

什么是有机化合物？

狭义上的有机化合物主要是由碳元素、氢元素组成，分子中包含碳氢键的化合物及其衍生物，但是不包括碳的氧化物（如一氧化碳、二氧化碳）、碳酸、碳酸盐、氰化物、硫氰化物、氰酸盐、金属碳化物、部分简单含碳化合物（如 CaC_2）等物质。但广义的有机化合物可以不含碳元素。有机化合物是生命产生的物质基础，所有的生命体都含有机化合物。例如脂肪、氨基酸、蛋白质、糖、血红素、叶绿素、酶、激素等。生物体内的新陈代谢和生物的遗传现象，都涉及有机化合物的转变。此外，许多与人类生活有密切相关的物质，如石油、天然气、棉花、染料、化纤、塑料、有机玻璃、天然药物和合成药物等，均与有机化合物有着密切联系。

有机化合物指含碳的化合物，或者烃类化合物及其衍生物，也可含 C、H、O、N、P、S 等元素。

1.1 有机化学与研究任务

人类应用有机化合物的历史可以追溯到久远的年代，人们开始利用天然产物制造许多可以利用的有机物质，如染料、香料、草药、酒等。随着人类社会的不断发展、科学技术的进步，可以提取相对纯净的有机化合物。从植物中分离出较纯的有机化合物，如酒石酸、柠檬酸、乳酸、草酸和生物碱等；也可以通过生命物质分离出许多有机化合物，如从尿液中分离出尿素、从脂类物质中分离出胆固醇等。有机化学发展史上具有代表性的事件有：

1828 年，德国化学家维勒（Wholer）第一次人工合成了尿素。

1845 年，Kolbe 合成了乙酸。

1854 年，Berthelot 合成了油脂。

1965 年 9 月，我国化学家在世界上首次人工合成了具有生理活性的结晶蛋白质——牛胰岛素。

1981 年，完成酵母丙氨酸转移核糖核酸的人工合成。

人们需要了解组成生物体的各种有机化合物的结构和性质以及它们在生物体内的合成、分解和转化机理。只有在认识了这些过程的本质和规律后，才能主动地影响和控制它们。由于在这些过程中涉及的大多数是有机化合物，因此，只有掌握相关有机化学的知识和技能才能有效地完成这些任务。

有机化学是研究有机化合物的结构、性质、合成、反应机理及化学变化规律和应用的一门学科。

有机化学的研究任务：

① 分离、提取自然界存在的各种有机物，测定、确定其结构、性质。如天然产物的提取、分离，结构鉴定、开发与应用研究，并将其利用到食品、药物等领域。

② 研究有机化合物的结构与性质间的关系、有机化合物的反应、变化经历的途径、影响反应的因素，揭示有机反应的规律，以便控制反应的有利发展方向。

③ 由简单的有机物（石油、煤焦油）为原料，通过反应合成自然界存在或不存在的有机物，提供给人们所需的各种物质。如药物、香料、染料、农药、合成材料等。

有机化合物的用途和作用：

① 构成动植物的结构组织，如蛋白质和纤维素等。

② 遗传信息物质，如生物体内的 DNA 或 RNA 等。

③ 贮藏养分（能量）物质，如淀粉、糖、肝糖、油脂等。

④ 信号、调控物质，如信息素、激素、维生素、生长素等。

⑤ 其他物质，如色素、气味（香或臭）物质，可满足人们某些特殊需求的有机物等。

1.2　有机化合物的特点

（1）绝大多数有机化合物可以燃烧　因为有机化合物是烃类化合物及其衍生物，所以绝大多数有机化合物可以燃烧，燃烧的最终产物是二氧化碳和水。若含有其他元素，则还有这些元素的氧化物。部分有机化合物则不能燃烧或不能燃烧完全。可以利用有的有机化合物几乎不能燃烧等特点，用作灭火剂，如 CCl_4 等。

（2）绝大多数有机化合物的熔点较低　有机化合物的熔点一般较低，多在 400℃ 以下。而无机化合物的熔点却高很多，例如氯化钠的熔点为 808℃。这是由于有机化合物多属分子晶体，而无机化合物多属离子晶体或原子晶体。很多典型的无机物是离子化合物，它们的结晶是由离子排列而成的，晶格能较大，若要破坏这个有规则的排列，则需要较多的能量，故熔点、沸点一般较高。而有机物多以共价键结合，它的结构单元往往是分子，其分子间的作用力较弱，因此，熔点、沸点一般较低，常用测定有机化合物的熔点来鉴定、鉴别有机物。

（3）大多数的有机物难溶于水，易溶于有机溶剂　从石油、食油、氯仿、苯的水溶性导出大多数有机物不溶于水的结论的简单解释是相似者相溶。相似相溶是物质溶解性能的经验规律，是指极性强的化合物易溶于极性强的溶剂中，极性弱或非极性化合物易溶于极性弱或非极性的溶剂中。例如：NaCl 易溶于水中（有溶剂化作用）、油不溶于水中（分子间作用力小）、汽油溶于石蜡中（分子间作用力相差不大）、乙醇溶于水（可以任何比例与水互溶，是氢键的作用结果）。

（4）转化速率慢，副产物多，反应物转化率和产物的选择性很少达到 100%　无机化合物的反应一般为离子反应，反应速率快。有机化合物的反应一般为分子间的反应，反应速率取决于分子间的有效碰撞，所以反应速率较慢。为了加速反应，往往需要加热、加催化剂或用光照射等手段。另外，有机化合物分子发生反应时，由于其结构的复杂性，往往可能有几个反应部位，所以常伴有一些副反应，产物比较复杂，需要采取有效的分离提纯技术。

（5）数量多，结构复杂　构成有机化合物的元素种类较少，除碳和氢两种主要元素外，还有氧、氮、硫、磷、卤素及某些金属元素（如 Fe，Mg，Co，Cu 等），但构成的有机化合物数目庞大且分子结构复杂，存在多种异构体（碳链、位置、几何、旋光等）。到目前为止，已知的有机化合物已有近千万种，而且这个数目还在不断增长。

思考题：有机化合物与无机化合物的区别。

参考：见表 1-1。

表 1-1　有机化合物与无机化合物的区别

项目	有机化合物	无机化合物
化学键	共价键	离子键
物理性质和热稳定性	熔点＜350℃，沸点＜400℃，一般不溶于水（相似相溶原则），热稳定性不高；容易燃烧，氧化燃烧无残渣	熔点、沸点较高，多溶于极性溶剂（如水），热稳定性高，可用于区别有机物和无机物
化学性质	反应速率慢、副反应多；得到的反应物为多种物质的混合物	反应速率快
结构异构（同分异构）	异构现象突出	异构体少

1.3　有机化合物的结构理论

1.3.1　凯库勒结构式

19 世纪后期凯库勒和古柏尔在有关结构学说的基础上，确定有机化合物中碳原子为四价；碳原子除能与其他元素结合外，还可以和其他碳原子以单键、双键和三键相互结合成碳链或碳环，并把一些化合物用化学式表示，如甲烷、乙烯、乙炔和环戊烷等，这些化学式代表了分子中原子的种类、数目和彼此结合的顺序和方式，称为凯库勒结构式。

20 世纪，荷兰化学家范特霍夫和法国化学家贝尔提出了饱和碳原子的四面体结构学说，在甲烷分子中，碳原子处在四面体的中心，四个氢原子处在四面体的四个顶点上。

1.3.2　化学键和构造式

1.3.2.1　化学键

（1）离子键　成键原子间通过电子转移产生正、负离子，两者相互吸引所形成的化学键。

（2）共价键　成键的两个原子各提供一个电子，通过共用一对电子相互结合的化学键，包括极性共价键、非极性共价键、双原子共价键以及多原子共价键。

（3）配位键　是一种特殊的共价键，它的特点是形成共价键的一对电子是由一个原子提供的。

1.3.2.2　构造式

分子中原子的连接顺序和方式称为分子的构造，构造式是表示分子中各原子的连接顺序和方式的化学式。

（1）电子式　用两小点表示一对共用电子对的构造式。

（2）价键式　用短横线（—）表示共价键的构造式。

1.3.3　共价键的本质

1.3.3.1　价键理论（电子配对理论）

在有机化合物中，原子之间的共价键是如何形成的呢？根据量子力学的处理方法，采用价键理论（VB）和原子轨道理论（MO）可以获得满意的解释。近年来分子轨道理论有了迅速的发展，虽然分子轨道理论对共价键的描述更为确切，但由于价键理论较为直观形象、易于理解，因此在有机化学中还是常用价键理论。

① 假定分子的原子具有未成对电子且自旋反平行时，就可偶合配对，每一对电子成为一个共价键。

② 共价键具有饱和性。

③ 共价键具有方向性。电子云重叠愈多，形成的键就愈强。

④ 能量相近的原子轨道可进行杂化，组成能量相等的杂化轨道，这可使成键能力更强、体系能量更低，成键后可达到最稳定的分子状态。

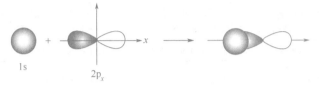

1.3.3.2 分子轨道理论

（1）**基本概念** 原子中电子的运动状态叫原子轨道。原子中的电子有 s 电子、p 电子等，它们相应的运动状态为 s 轨道和 p 轨道。

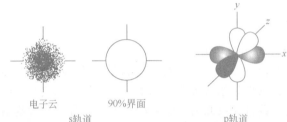

电子云　　　90%界面　　　　　p轨道
s轨道

分子轨道：分子中电子的运动状态，由原子轨道的重叠而形成，共价键可用原子轨道重叠形成的分子轨道来描述；用波函数 Ψ 表示。

分子轨道理论是 1932 年提出来的，它是从分子的整体出发去研究分子中每一个电子的运动状态，认为形成化学键的电子是在整个分子中运动的，通过薛定谔方程的解，可以求出描述分子的电子运动状态的波函数 Ψ。实际求解波函数 Ψ 是很困难的，通常只能用近似方法，最常用的是原子轨道线性组合法，即把分子轨道看成是所属原子轨道的线性组合。

以 H_2 分子为例，介绍求解结果得到的直观图形，来了解共价键形成的过程。

$$\Psi_1 = C_1\Psi_A + C_2\Psi_B, \quad \Psi_2 = C_1\Psi_A - C_2\Psi_B$$

式中，Ψ_1、Ψ_2 是 H_2 分子轨道；Ψ_A、Ψ_B 是 H_A、H_B 原子的原子轨道；C_1、C_2 是系数。

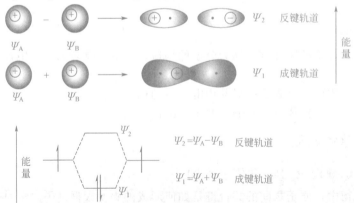

两个电子从 1s 轨道转入 H_2 分子的分子轨道 Ψ_1 时，体系的能量大大降低，这样成键轨道 Ψ_1 的能量低于 H 原子的 1s 态电子的能量。相反，反键轨道 Ψ_2 的能量则高于 H 原子的

1s 态电子的能量。所以氢原子形成氢分子时，一对自旋相反的电子进入能量低的成键轨道中，电子云主要集中于两个原子之间，从而使 H_2 分子处于稳定的状态，反键轨道恰好相反，电子云主要分布于两个原子核的外侧，有利于核的分离而不利于原子的结合。所以当电子进入反键轨道时，反键轨道的能量高于原子轨道，则体系不稳定，H_2 分子自动离解为两个 H 原子。

（2）分子轨道的基本要点

① 假设分子中每个电子是在整个分子中运动的。

② 每个分子轨道都有一个相应的能量，分子的总能量就近似地等于各电子占据着的分子轨道能量的总和。

③ 每一个分子轨道最多只能容纳 2 个电子，并自旋方向相反。

④ 电子填充分子轨道时，首先占据能量最低的分子轨道。

⑤ 分子轨道是原子轨道的线性组合，有几个原子轨道就可组合成等同的分子轨道。

（3）组成分子轨道的三个原则

① 对称匹配的原则　组成分子轨道的原子轨道的符号（即位相）必须相同，才能匹配组成分子轨道，否则就不能组成分子轨道。

② 能量接近原则　成键的原子轨道的能量相近，能量差愈小愈好，这样才能够有效地组成分子轨道。

③ 最大重叠原则　原子轨道重叠的部分愈大，所形成的键愈稳定。

虽然分子轨道理论对共价键的描述更为确切，但由于价键理论的定域描述比较直观，易于理解，因此在有机化学中使用较多的还是价键理论。只有在一些具有明显离域的体系中才用分子轨道理论。

（4）价键法和分子轨道法

H 原子的电子构型为 $1s^1$，H 和 H 形成 H_2：

动画扫一扫

原子轨道重叠　　H_2分子　　形成 σ 键

1.1 σ键、π键的形成

H—H 键的电子云围绕键轴成对称分布，叫 σ 键（p 轨道和 p 轨道之间也可形成 σ 键）。

碳原子核外共有六个电子，其电子排布式为 $1s^2 2s^2 2p_x^1 2p_y^1 2p_z^0$。其价层电子为 $2s^2 2p^2$，电子排布为（方框表示原子轨道，箭头表示电子及其自旋方向）：

$$\boxed{\uparrow\downarrow}_{2s} \quad \boxed{\uparrow}\,\boxed{\uparrow}\,\boxed{} \atop {2p_x \quad 2p_y \quad 2p_z}$$

在碳原子中，2s 和 2p 电子属于同一能级，能量相近，因此，成键时 2s 轨道中的一个电子容易被激发而转移到 2p 轨道中去，致使碳原子具有四个单电子。碳原子以一个 s 轨道和三个 p 轨道重新组合（杂化）形成四个能量完全相同的新成键轨道（杂化轨道）。C 原子以杂化状态存在，能量更低、更稳定，即 $1s^2 2s^1 2p_x^1 2p_y^1 2p_z^1$。杂化过程可以表示为：

$$\boxed{\uparrow\downarrow}_{2s} \, \boxed{\uparrow}\,\boxed{\uparrow}\,\boxed{} \atop {2p_x\,2p_y\,2p_z} \xrightarrow{\text{激发}} \boxed{\uparrow}_{2s}\, \boxed{\uparrow}\,\boxed{\uparrow}\,\boxed{\uparrow} \atop {2p_x\,2p_y\,2p_z} \xrightarrow{\text{杂化}} \boxed{\uparrow}\,\boxed{\uparrow}\,\boxed{\uparrow}\,\boxed{\uparrow} \atop {sp^3}$$

基态　　　　　　　　激发态　　　　　　　杂化态

杂化方式有以下 3 种：

a. sp^3 杂化：

sp³杂化

$1s^2 \ 2s^1 \ 2p_x^1 \ 2p_y^1 \ 2p_z^1$

4个sp³杂化轨道

sp³杂化形成正四面体

1.2 碳原子轨道的sp³杂化

b. sp² 杂化轨道：

sp²杂化

$1s^2 \ 2s^1 \ 2p_x^1 \ 2p_y^1 \ 2p_z^1$

3个sp²杂化轨道

sp²杂化形成平面形结构

1.3 碳原子轨道的sp²杂化

c. sp 杂化：

sp杂化

$1s^2 \ 2s^1 \ 2p_x^1 \ 2p_y^1 \ 2p_z^1$

2个sp杂化轨道

sp杂化形成直线形结构

1.4 碳原子轨道的sp杂化

当 C 原子成键时，有以下几种情况：

a. $H_2C{=}CH_2$（乙烯） 其中 C 原子为 sp² 杂化。

ⅰ. 价键法：

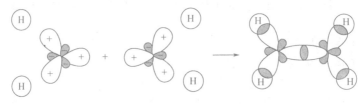

ⅱ. 分子轨道法（π 键的形成）：

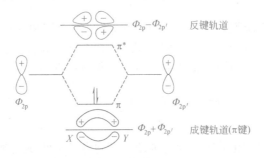

b. $HC{\equiv}CH$（乙炔） 其中 C 原子为 sp 杂化。

ⅰ. 价键法：

ⅱ. 分子轨道理论：

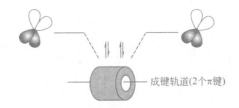

成键轨道(2个π键)

6 有机化学（第二版）

1.3.4 共价键的属性

（1）键长　形成共价键的两个原子的核间距离叫键长，不同的共价键具有不同的键长。在不同的分子中相同的共价键会受到分子中其他部分的影响而稍有差异。键长越短，表示键越强、越牢固。常见结构的共价键键长见表1-2。

（2）键角　任何一个原子与其他原子所形成的两个共价键之间的夹角叫作键角。例如甲烷分子中四个 C—H 之间的键角是 109.5°。键长和键角决定着分子的立体形状。

实线表示该键在纸平面上，楔形线表示该键伸向纸平面的前方，而虚楔形线则表示该键伸向纸平面的后方。

（3）键能　在化学反应中，化学键的形成伴随着能量的释放和吸收。特定共价键的断裂所吸收的能量叫作解离能，又称键能。键能越大，两个原子结合越牢固，键越稳定。键能可以用来衡量键的强度，利用键能数据可以判断化合物的相对稳定性和估算反应热。常见结构的共价键键能见表1-2。

表 1-2　常见结构的共价键键长和键能

化学键	键长/pm	键能/(kJ/mol)	化学键	键长/pm	键能/(kJ/mol)
C—H	109	415	C—N	147	304.6
C—C	154	345.6	C—O	143	357.7
C=C	134	610.9	C—F	141	458.3
C≡C	120	835	C—Cl(Br,I)	176(194,214)	338.6 (284.5,217.6)

（4）键的极性　电负性不同的原子（不同种原子）形成的共价键叫极性键，这是由于电负性较大的原子对共享电子对有较大的吸引力，因而带有部分负电荷，而电负性较小的原子则带部分正电荷，即在两原子之间电子对的分布不平均，使正电荷中心与负电荷中心不能重合，因而形成偶极。极性共价键在有机化合物中较为普遍。键能极性大小主要取决于成键两原子的电负性之差。

电负性是元素的原子在化合物中吸引电子的能力的标度。元素电负性数值越大，表示其原子在化合物中吸引电子的能力越强；反之，元素电负性数值越小，相应原子在化合物中吸引电子的能力越弱（稀有气体原子除外）。常见元素电负性见表1-3。

表 1-3　常见元素的电负性

元素	H	C	N	O	F	Si	P	S	Cl	Br	I
电负性	2.1	2.5	3.0	3.5	4.0	1.8	2.1	2.5	3.0	2.5	2.0

对于两个相同原子形成的共价键来说，可以认为成键电子云均匀地分布在两核之间，这样的共价键没有极性，为非极性共价键。但当两个不同原子形成共价键时，由于原子的电负性不同，成键电子云偏向电负性大的原子一边，这样一个原子带有部分正电荷。电子云不完全对称而呈现极性，这样的键叫作极性共价键。

共价键的极性由偶极矩来衡量。偶极矩 μ 的定义为：

$$\mu = qd$$

式中，q 为正电荷中心或负电荷中心上的电荷值；d 为正、负电荷中心之间的距离（偶极长）。偶极矩的单位为德拜 D（Debye，$1D = 3.3 \times 10^{-30} C \cdot m$）。一些常见共价键的偶极矩见表1-4。

表 1-4　一些常见共价键的偶极矩

化学键	偶极矩/D	化学键	偶极矩/D
C—H	0.4	N—H	1.31
C—O	1.5	O—H	1.50
C—Cl	2.3	C—O	1.15
C—Br	2.2	C=O	2.3
C—I	2.0		

在双原子分子中键的极性就是分子的极性，在多原子分子中分子的极性是分子中各个键偶极矩的矢量和。分子的偶极矩除了与共价键的偶极矩有关外，还与该分子的空间排布有关。如四氯化碳是由四个 C—Cl 极性键组成，但由于该分子的对称结构，整个分子的偶极矩为零，是非极性分子。

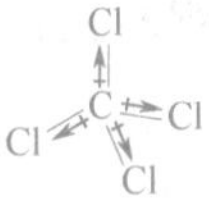

分子的极性对熔点、沸点和溶解度都有影响，键的极性必然影响化学反应活性。键的极性影响整个分子的极性，分子的偶极矩是各键的键矩总和，键矩是向量。共价键的偶极矩在 $0.4 \sim 3.5D$ 之间，偶极矩越大，键的极性就越强。一些常见物质的偶极矩见表1-5。

表 1-5　一些常见物质的偶极矩

化合物	偶极矩/D	化合物	偶极矩/D
NaCl	9.00	NH_3	1.47
CH_2O	2.33	CH_3NH_2	1.31
CH_3Cl	1.87	CO_2	0
H_2O	1.85	CH_4	0
CH_3OH	1.70	CH_3CH_3	0
CH_3COOH	1.70	C_6H_6（苯）	0
CH_3SH	1.52	H_2	0

如 H—H 是非极性分子，键矩为0D，其电子云均匀分布于两个原子之间。

又如 CH_3—Cl 电子云靠近其中电负性较大的原子。因此，用带微量电荷表示。这样的键有一定键矩，键矩为1.87D，为极性共价键。CH_4 的键矩为0D，为对称分子。注意由极性键组成的分子不一定是极性分子。

O=C=O

$(\mu=0D)$ 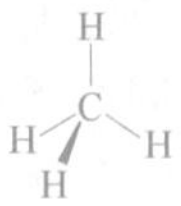　　$(\mu=0D)$ 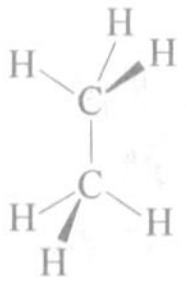　　$(\mu=0D)$ 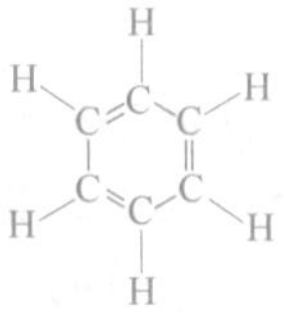　　$(\mu=0D)$

1.4　有机化合物通用的研究方法

① 化合物的分离与纯化，获得纯净的有机化合物（单一化合物或单体）。

天然存在或人工合成的有机化合物并非都以纯净状态存在。但是研究任何有机化合物的结构和性质都需要纯品，所以首先必须进行分离提纯，使其达到一定纯度。常用来分离提纯有机化合物的方法有：固体有机化合物用重结晶、升华等；液体有机化合物可用蒸馏、分馏和减压蒸馏等。此外，广泛应用的色谱法也是极有效的分离提纯手段。

② 纯有机物质的物理常数测定：熔点、沸点、折射率、旋光度等。

③ 纯有机物质的定性和定量分析：确定组成元素，分子量，官能团类型、数量，推断分子式等。分子结构包括分子的构造、构型和构象。分子中原子互相连接的方式和次序叫作构造；在构造式的基础上，分子中原子的空间排列方式叫作构型；由于围绕单键旋转而产生的分子在空间的不同排列形式叫作构象。

得到一个纯的有机化合物之后，就需要知道它是由哪些元素组成的，各占多少比例，求出实验式，再测得分子量后即可确定分子式。

最常用的元素定性分析法是钠熔法。把少量样品与金属钠混合熔融，使有机化合物分解变为无机化合物，然后按照无机定性方法，确定样品中除碳、氢外还有哪些元素。

分子量的测定方法很多，如蒸气密度法、凝固点降低法等，现在采用质谱法来测定，更为准确、迅速。

④ 有机物结构的测定与表征：分子结构（原子在分子中的连接顺序、分布方式等）。

对于一种化合物，只确定它的分子式是远远不够的。因为有机化合物中普遍存在同分异构现象。因此，还必须根据化合物的化学性质以及应用现代物理分析方法，例如，X 射线分析、电子衍射法、紫外吸收光谱（UV）、红外吸收光谱（IR）、核磁共振谱（NMR）和质谱（MS）等来确定有机化合物的结构。

⑤ 有机合成路线的研究与开发，性能与结构的分析研究。

1.5　有机反应的类型

化学反应是涉及分子中化学键的断裂，即旧化学键的裂解断裂，新化学键的形成，同时生成新的分子的过程。

1.5.1　化学键断裂方式

（1）均裂　成键的一对电子平均分给两个原子或原子团。

$$A\!:\!B \longrightarrow A\cdot + B\cdot$$

均裂生成带有单电子的原子或基团，称为自由基（又称游离基）。自由基一般不能稳定存在，迅速发生反应。由自由基引起的反应叫作自由基反应。自由基反应一般是在光或热的作用下进行。

（2）异裂　成键的一对电子被其中的一个原子或基团所占有，形成负离子，另一个成键原子或基团为正离子。

$$A\!:\!B \longrightarrow A^+ + {}^-B\!:$$

$$C\!:\!X \begin{cases} \longrightarrow X^- + C^+ & \text{碳正离子} \\ \longrightarrow X^+ + C^- & \text{碳负离子} \end{cases}$$

异裂反应一般在酸、碱的催化下，或在极性溶剂中进行。异裂生成的碳离子除极少数外，一般不能稳定存在。经过异裂发生的反应称为离子型反应。

（3）周环反应（协同反应）　反应不受外界条件的影响，反应时共价键的断裂和生成，是经过多中心环状过渡态协同地进行。

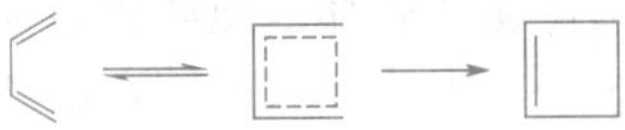

1.5.2　有机反应的类型

（1）自由基型反应　按照均裂进行的反应叫游离基型反应或自由基型反应，如烷烃的卤代反应等。在气相或惰性溶剂中，光照或高温下发生以均裂为主的反应就是自由基型反应。

（2）离子型反应　按照异裂方式进行的反应叫离子型反应，如卤代烃的取代反应。在极性溶剂中，或在酸、碱催化下发生异裂为主的反应，这类反应就是离子型反应。

离子型反应又根据反应试剂的类型不同，可分为亲核反应和亲电反应两大类型。由亲核试剂进攻反应物分子而发生的反应，叫作亲核反应。由亲电试剂进攻反应物分子而发生的反应，叫作亲电反应。在这两大类型反应中，根据反应进行的方式又分为取代反应、加成反应、消除反应等，分别称为亲核取代、亲电取代、亲核加成、亲电加成、亲核消除和亲电消除等。

（3）协同反应　在反应过程中，虽没有离子或自由基等活性中间产物的生成，但有两个或多个键同时断裂和生成，这种反应称为协同反应。如周环反应，旧键的断裂和新键的形成是同时发生的；反应过程中不生成自由基或离子活性中间体。

1.6　有机化合物的分类

1.6.1　按基本骨架分类

（1）脂肪族化合物　分子中碳原子相互结合成碳链。

碳架成直链或带支链，无环，包括烷烃、烯烃、炔烃等。此类化合物最初是从油脂中发现的，也称为脂肪族化合物。

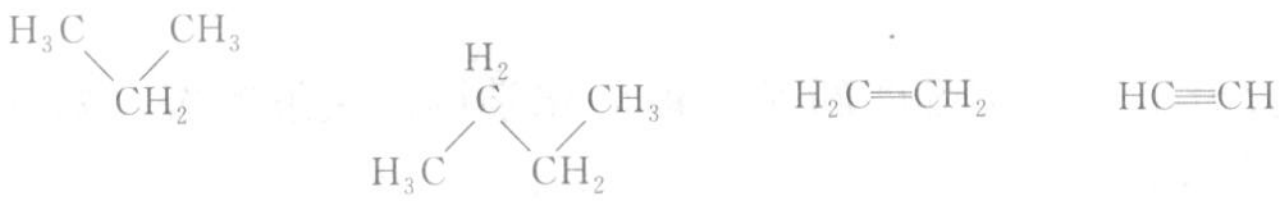

（2）脂环族化合物　碳碳连接成环，环内可有双键、三键，性质与脂肪族化合物相似。例如：环戊烷、环己烷、环丁烯等。

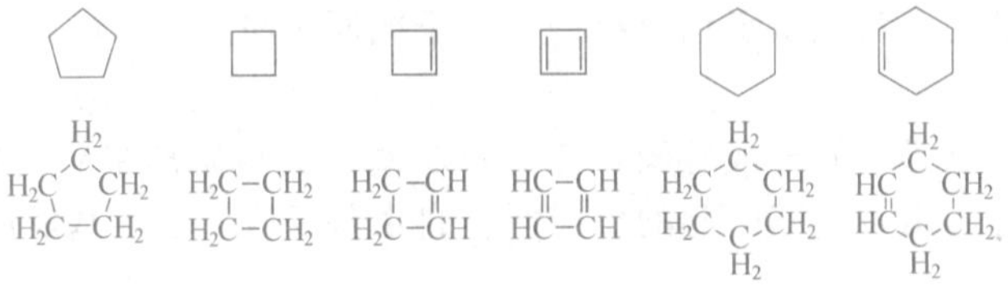

（3）芳香族化合物　碳原子连接成特殊的芳香环。

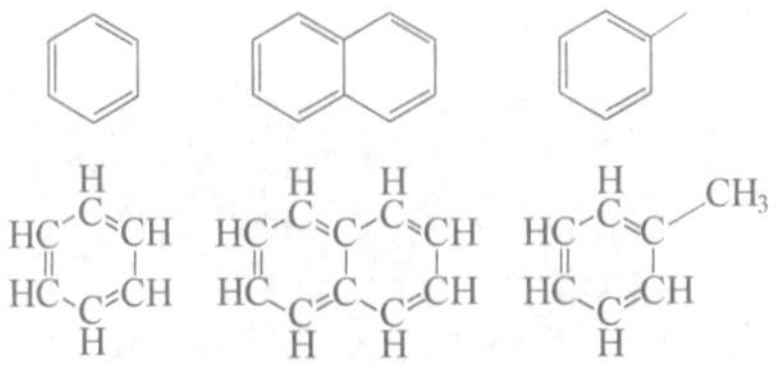

（4）杂环化合物　这类化合物具有环状结构，但是组成环的原子除碳外，还有氧、硫、氮等其他元素的原子。

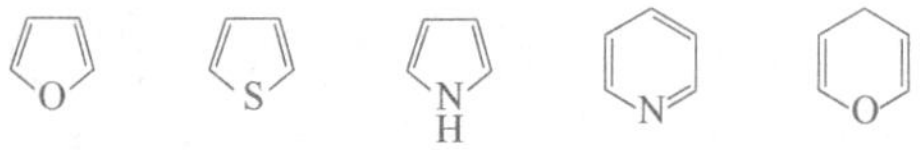

呋喃	噻吩	吡咯	吡啶	吡喃

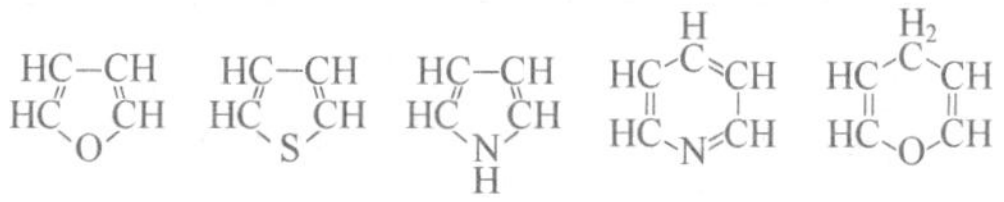

1.6.2　按官能团分类

官能团是决定某类化合物主要性质的原子、原子团或特殊结构。显然，含有相同官能团的有机化合物具有相似的化学性质。

在实际应用过程中，一般是将这两种分类方法结合起来。按此法将所论述的内容分为如下三个部分：

① 母体部分　包括烃类化合物（开链烃、碳环烃、芳烃）和杂环化合物等，它们可看作是有机化合物结构的最基本组成。

② 衍生物部分　包括卤代烃、醇、酚、醚、醛、酮、羧酸和胺等，它们可看作是母体中的氢原子被官能团取代而形成的衍生物。

③ 天然有机化合物　包括糖类化合物、蛋白质、核酸、油脂、类脂等，它们广泛存在于动、植物中，一般来说是结构比较复杂、含有多种官能团的有机化合物。

常见的官能团及相应化合物的类别见表1-6。

表1-6　常见的官能团及相应化合物的类别

官能团名称	官能团结构	化合物分类
碳碳双键	$\diagdown C = C \diagup$	烯烃
碳碳三键	$-C \equiv C-$	炔烃
卤素原子	$-X(F, Cl, Br, I)$	卤代烃
羟基	$-OH$	醇、酚
醚基	$-\overset{\mid}{\underset{\mid}{C}}-O-\overset{\mid}{\underset{\mid}{C}}-$	醚
醛基	$-\overset{O}{\overset{\|}{C}}-H$	醛
羰基	$-\overset{O}{\overset{\|}{C}}-$	酮
羧基	$-\overset{O}{\overset{\|}{C}}-OH$	羧酸
酰基	$R-\overset{O}{\overset{\|}{C}}$	酰基化合物
氨基	$-NH_2$	胺
硝基	$-NO_2$	硝基化合物

官能团名称	官能团结构	化合物分类
磺酸基	$-SO_3H$	磺酸
巯基	$-SH$	硫醇、硫酚
氰基	$-CN$	腈

1.7 有机化学中的酸碱概念

有机化学中的酸碱理论是有机化学的一个重要概念，其中应用最广泛的是布朗斯特（Brønsed）和路易斯（Lewis）的酸碱概念。因此，对物质酸碱性概念的理解是有机化学学习中的重要基础内容之一。

1.7.1 酸碱的质子概念

1923 年布朗斯特等提出了较为广泛的酸碱概念，认为酸是能释放质子的物种（分子或离子），碱是能接受质子的物种（分子或离子），两者之间存在下列对应关系：

$$HA（酸）\underset{K_b^\ominus}{\overset{K_a^\ominus}{\rightleftharpoons}}H^+ + A^-（碱）$$

其中，酸释放出质子后的剩余部分是碱，称为该酸的共轭碱；碱接受质子后成为酸，称为该碱的共轭酸。酸和它的共轭碱或碱和它的共轭酸，统称为共轭酸碱对，简称共轭酸碱。因此，任何酸碱反应都是两个共轭酸碱对之间的质子传递。

由表 1-7 可见，酸碱在溶于水的反应中，正反应的酸是 CH_3COOH，CH_3COO^- 是它的共轭碱；H_2O 是碱，H_3O^+ 是它的共轭酸。而对逆反应来说，H_3O^+ 是酸，H_2O 是它的共轭碱；CH_3COO^- 是碱，CH_3COOH 是它的共轭酸。另外，酸碱的概念是相对的，某一分子或离子在这一反应中是酸，而在另一反应中可能是碱。例如，H_2O 在反应（2）中是碱，而在反应（3）中却是酸。

表 1-7　布朗斯特酸碱质子得失关系表

序号	$HA(酸_1)+B(碱_2)\rightleftharpoons HB(酸_2)+A(碱_1)$
(1)	$HCl+H_2O\rightleftharpoons H_3O^++Cl^-$
(2)	$CH_3COOH+H_2O\rightleftharpoons H_3O^++CH_3COO^-$
(3)	$H_2O+CH_3COO^-\rightleftharpoons CH_3COOH+OH^-$
(4)	$C_6H_5OH+OH^-\rightleftharpoons H_2O+C_6H_5O^-$
(5)	$C_2H_5OH+OH^-\rightleftharpoons C_2H_5O^-+H_2O$
(6)	$HC\equiv CH+OH^-\rightleftharpoons H_2O+HC\equiv C^-$

共轭酸碱的相对强度存在一定的关系，酸性越强则其共轭碱就越弱。在水溶液中，共轭酸的 $K_a^\ominus$ 与其共轭碱的 $K_b^\ominus$ 之间存在下列对应关系：

$$pK_a^\ominus+pK_b^\ominus=14$$

如反应（1）中的 HCl 是强酸（$pK_a^\ominus=-7$），其共轭碱（Cl^-）是弱碱（$pK_b^\ominus=21$），详见酸碱强度序列表（表 1-8）。

在酸碱反应中，总是有较强的酸、较强的碱才能顺利反应。

表 1-8　酸碱强度序列表（25℃，相对于 H_2O）

酸	共轭碱	$pK_a^{\ominus}$	酸	共轭碱	$pK_a^{\ominus}$
HI	I^-	−10	H_2CO_3	HCO_3^-	6.35
HBr	Br^-	−9	H_2S	HS^-	7.00
$RCHOH^+$	$RCHO$	−8	$HOCl$	OCl^-	7.53
$ArCOOH_2^+$	$ArCOOH$	−7.6	$HOBr$	OBr^-	8.69
$ArSO_3H$	$ArSO_3^-$	−7	HCN	CN^-	9.41
HCl	Cl^-	−7	NH_4^+	NH_3	9.24
$ArOH_2^+$	$ArOH$	−6.7	$ArOH$	ArO^-	9.95
$CH_3COOH_2^+$	CH_3COOH	−6.2	HCO_3^-	CO_3^{2-}	10.33
$CH_3\overset{OH^+}{\underset{OR}{C}}$	CH_3COOR	−6.2	RNH_3^+	RNH_2	10~11
			RSH	RS^-	10~11
$(CH_3)_2OH^+$	$(CH_3)_2O$	−3.5	H_2O	OH^-	15.7
$CH_3OH_2^+$	CH_3OH	−2	CH_3OH	CH_3O^-	16
H_3O^+	H_2O	−1.74	CH_3CH_2OH	$CH_3CH_2O^-$	17
HNO_3	NO_3^-	−1.4	$(CH_3)_2CHOH$	$(CH_3)_2CHO^-$	18
HIO_3	IO_3^-	0.77	$(CH_3)_3COH$	$(CH_3)_3CO^-$	19
Cl_3CCOOH	Cl_3CCOO^-	0.9	CH_3COCH_3	$CH_3COCH_2^-$	20
$Cl_2CHCOOH$	Cl_2CHCOO^-	1.3	Ar_2NH	Ar_2N^-	23
H_3PO_4	$H_2PO_4^-$	2.12	$CH_3COOC_2H_5$	$^-CH_2COOC_2H_5$	24
$ClCH_2COOH$	$ClCH_2COO^-$	2.87	$HC\equiv CH$	$HC\equiv C^-$	25
HNO_2	NO_2^-	3.29	$ArNH_2$	$ArNH^-$	27
HF	F^-	3.45	NH_3	NH_2^-	34
$HCOOH$	$HCOO^-$	3.77	$CH_2{=}CH_2$	$CH_2{=}CH^-$	36.5
$ArCOOH$	$ArCOO^-$	4.20	ArH	Ar^-	37
$ArNH_3^+$	$ArNH_2$	4.60	CH_4	CH_3^-	39
CH_3COOH	CH_3COO^-	4.76	C_6H_6	$C_6H_5^-$	42
			$(CH_3)_2CH_2$	$(CH_3)_2CH^-$	44
			$C_4H_2(环)$	$C_4H_1^-(环)$	45

1.7.2　酸碱电子论概念

酸碱电子论概念是路易斯于 1923 年提出来的，故称为路易斯酸碱概念，由于路易斯酸的范围比质子酸大，故有人又把它称为广义酸。这个理论的核心是指在反应过程中电子对的供给和接受，常称为电子对理论，简称电子论。其酸和碱的定义为：能接受电子对的物质叫作酸，能供给电子对的物质叫作碱。酸和碱的加合物叫作酸碱配位化合物，简称酸碱配合物。

$$\underset{酸}{A} + \underset{碱}{:B} \rightleftharpoons \underset{酸碱配合物}{A:B}$$

路易斯碱的范畴基本上与质子论的碱一样，因此能接受质子的物质也能接受路易斯酸，其中最常见的碱都是具有未共用电子对的原子的物质。

根据路易斯酸碱的观点，常见的许多化合物都是酸碱配合物，例如 HCl 中，H^+ 是酸，Cl^- 是碱；NaOH 中 Na^+ 是酸，OH^- 是碱。简单地说正离子是酸，负离子是碱。

这种概念的进一步引申：把一些分子中没有未共用电子对，但有较高电子密度的部分，如碳碳双键与接受电子的物种（如金属正离子）结合的产物，也归于酸碱配合物的范畴。例如乙烯和银离子形成的 π 配合物。

1.8　中国在有机化学领域的贡献

中国对有机化合物的研究和利用有着悠久的历史，在三千年前的西周就对天然气有所记录，北宋沈括的《梦溪笔谈》中就出现了石油的名称，明朝的《天工开物》详细系统地介绍了石油的开采工艺；中国是世界上酿醋最早的国家，南北朝时期的《齐民要术》中就收载了22种制醋方法。随着以煤焦油和石油为主要原料的有机化学工业的快速发展，中国科学家们也在不断拼搏和奋进，在有机化合物的利用、有机化学合成等科学领域，都取得了举世瞩目的成就。

2017年中国"蓝鲸一号"首次在南海海域进行可燃冰试采成功，2020年我国可燃冰第二轮试采开始，创造了"产气总量、日均产气量"两项世界纪录。

在化学反应研究方面也不断弥补不足，先后发明了多个冠以中国人名的有机化学反应，比如：Wolff-Kishner-黄鸣龙还原反应、陆熙炎[3＋2]环化、史一安不对称环氧化、Roskamp-冯小明反应、张绪穆烯炔环异构化等。

中国科学家们在有机合成方面也硕果累累，20世纪60年代，中国科学家团队人工合成出具有生物活性的牛胰岛素，经过成功的纯化、结晶，人工合成牛胰岛素生物活性达到天然胰岛素的80％，为糖尿病患者带来了福音；戴立信和研究团队第一次利用手性试剂完成了具有抗癌活性的天然产物2,3,6-三脱氧-3-氨基己糖全部家族成员的不对称合成。20世纪70年代，屠呦呦研究团队根据医药学家东晋葛洪的《肘后备急方》中有关'青蒿一握，以水二升渍，绞取汁，尽服之'的记载，通过上百次的实验终于获得对鼠类疟疾100％的惊人疗效的青蒿提取物——萜类结构的青蒿素，于2015年获得诺贝尔生理学或医学奖，是国内第一位获得诺贝尔生理学或医学奖的科学家。

随着中国国力的增强，有机化学领域的研究越来越广泛和深入，涌现了一大批优秀的有机化学家，中科院上海有机化学研究所首任所长庄长恭是中国现代有机化学的先驱者之一、有机微量分析的奠基人；汪猷院士是著名的生物有机化学家、中国抗生素研究的开拓者；黄鸣龙院士是中国有机化学先驱者之一、中国甾体激素药物工业奠基人，是有机化学人名反应的中国第一人；黄耀曾院士是中国金属有机化学的开拓者、中国有机氟化学的先驱者之一；黄维垣院士是我国有机氟化学的奠基人之一；刘有成是中国自由基化学奠基人。

今天，有机化学正处于最富有活力的发展阶段，在新药、农业化学品、医用化学品、能源、电子信息等领域起着主导的作用，中国的有机化学将会有长足的发展。

思维导图

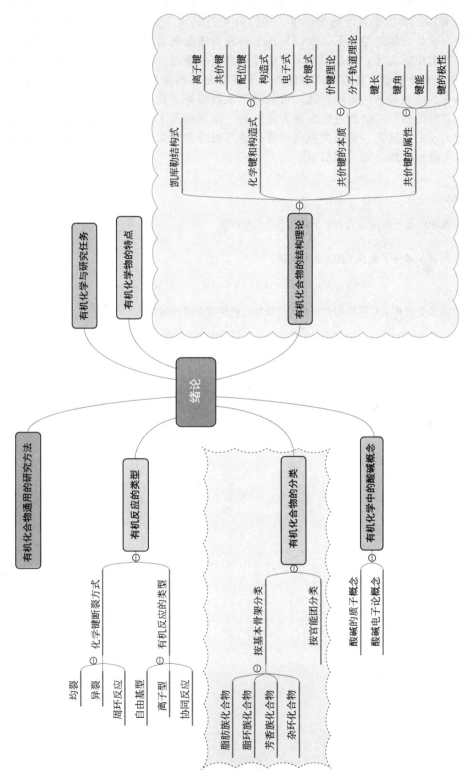

化学名人

　　黄鸣龙（1898—1979），江苏扬州人，有机化学家，我国甾体激素药物工业的奠基人，1924 年获德国柏林大学哲学博士学位，1955 年被选聘为中国科学院学部委员（院士）。有机化学先驱。正是在他的带领下，我国发现了合成甾体激素的新方法，生产出口服避孕药，培养了一批有机化学人才，奠定了中国有机化学合成的基石。他的名字在国际科学界也占有一席之地，"黄鸣龙还原"是首例以中国科学家名字命名的重要有机合成反应，写入多国有机化学教科书。他领导下的七步合成"可的松"不但填补了我国甾体激素药物工业的空白，使我国合成"可的松"方法跨进了世界先进行列，而且拓展了我国甾体化学领域，是我国甾体激素药物工业的奠基人。黄鸣龙强调做科研要有兴趣和光荣感，不要存在功利主义和冒进主义，绝对不能怕麻烦，要先探后进。

 习题

一、用简单的电子层结构式表示下列化合物的结构式。

(1) H_2SO_4　　　(2) HONO　　　(3) C_2H_6　　　(4) C_2H_4　　　(5) C_2H_2　　　(6) CH_2O

二、下列离子或分子哪些是路易斯酸或碱？

$$H^+, X^-, OH^-, R^+, H\ddot{O}H, RO^-, AlCl_3, R\ddot{O}R, SO_3, R\ddot{O}H, \overset{+}{N}O_2, SnCl_2$$

三、什么是有机化学？有机化合物有哪些特性？共价键有哪些属性？

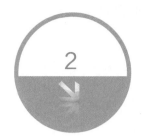

2 烃 类

Chapter 02

学习指南

1. 了解各类烃的物理性质及其变化规律；
2. 熟悉各类烃的来源、制法与用途；
3. 掌握各类烃的命名方法和化学性质；
4. 掌握烷烃、烯烃、炔烃和脂环烃的鉴别方法；
5. 掌握各类烃的化学性质及其在有机合成中的应用。

只含有碳和氢两种元素的有机化合物叫作碳氢化合物，又称为烃。烃是有机化合物中组成最简单的一类化合物，一般认为烃是有机化合物的母体，其他有机化合物可以看作是烃的衍生物，根据分子中碳原子间的连接方式，可以把烃大体分类如下：

- 烃
  - 开链烃（脂肪烃）
    - 饱和烃——烷烃
    - 不饱和烃
      - 烯烃
      - 炔烃
  - 碳环烃
    - 脂环烃
      - 环烷烃
      - 环烯烃
      - 环炔烃
    - 芳香烃
      - 单环芳香烃
      - 多环芳香烃
      - 稠环芳香烃

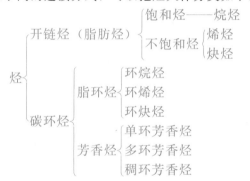

分子中碳原子连接成链状的烃，称为链烃。根据分子中所含碳和氢两种原子比例的不同，链烃可分为烷烃、烯烃和炔烃。其中烷烃是饱和烃，烯烃和炔烃为不饱和烃。开链烃是指分子中的碳原子相连成链状（非环状）而形成的化合物，开链烃也叫脂肪烃。开链的饱和烃叫作烷烃。

2.1 烷烃

2.1.1 定义、通式

由碳和氢两种元素组成的饱和烃称为烷烃，结构通式为 C_nH_{2n+2}。

2.1.2 同分异构体

同分异构：具有相同的分子式，而不同构造式的化合物互称同分异构体，这种现象称同分异构现象。

同系物：相邻的两种烷烃分子组成相差一个碳原子和两个氢原子，像这样结构相似、而在组成上相差一个或几个 CH_2 的一系列化合物称为同系物。同系物间有相似的化学性质，物理性质也显示出一定的规律性。

推算简单烷烃 C_7H_{16} 的同分异构体：

① 写出此烷烃的最长直链式：

$$CH_3CH_2CH_2CH_2CH_2CH_2CH_3$$

② 再写少一个 C 原子的直链，一个 C 作为取代基：

$$CH_3\underset{\underset{CH_3}{|}}{CH}CH_2CH_2CH_2CH_3 \qquad CH_3CH_2\underset{\underset{CH_3}{|}}{CH}CH_2CH_2CH_3$$

③ 再写少两个 C 原子的直链，两个 C 作为取代基：

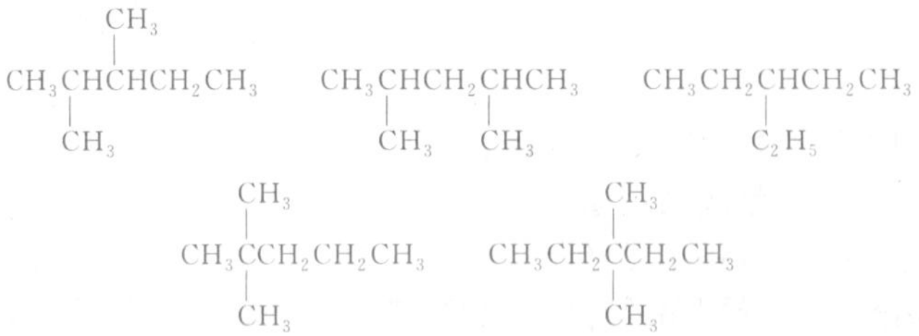

$$CH_3\underset{\underset{CH_3}{|}}{CH}\overset{\overset{CH_3}{|}}{C}HCH_2CH_3 \qquad CH_3\underset{\underset{CH_3}{|}}{CH}CH_2\underset{\underset{CH_3}{|}}{CH}CH_3 \qquad CH_3CH_2\underset{\underset{C_2H_5}{|}}{CH}CH_2CH_3$$

$$CH_3\overset{\overset{CH_3}{|}}{\underset{\underset{CH_3}{|}}{C}}CH_2CH_2CH_3 \qquad CH_3CH_2\overset{\overset{CH_3}{|}}{\underset{\underset{CH_3}{|}}{C}}CH_2CH_3$$

类推，再写少三个 C 原子的直链：

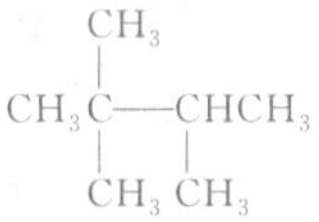

$$CH_3\overset{\overset{CH_3}{|}}{\underset{\underset{CH_3}{|}}{C}}—\overset{}{CH}CH_3$$

同分异构体不重复的只能写出 9 个。

随着碳原子数的增加，异构体的数目增加很快。烷烃的同分异构现象是由于分子中碳原子的连接方式不同（即碳链的不同）而产生的，故称为碳链异构。己烷有 5 种同分异构体，庚烷有 9 种同分异构体，辛烷有 18 种同分异构体，而癸烷有 75 种同分异构体，二十碳烷有 366319 种同分异构体。

归纳总结：

同分异构的主要体现是主链异构、侧链（支链）异构以及官能团（含有双键、三键等其他官能团）异构。如己烷的 5 个异构体为：

① $CH_3—CH_2—CH_2—CH_2—CH_2—CH_3$

② $CH_3—\underset{\underset{CH_3}{|}}{CH}—CH_2—CH_2—CH_3$

③ $CH_3—CH_2—\underset{\underset{CH_3}{|}}{CH}—CH_2—CH_3$

④ $CH_3—\underset{\underset{CH_3}{|}}{CH}—\underset{\underset{CH_3}{|}}{CH}—CH_3$

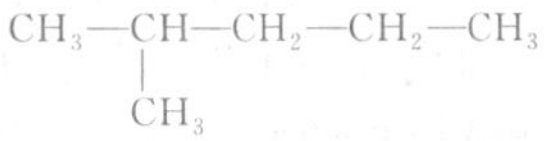

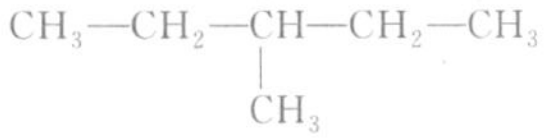

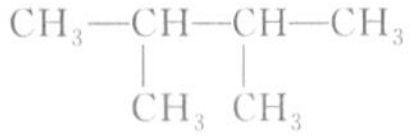

⑤ $CH_3—\overset{\overset{CH_3}{|}}{\underset{\underset{CH_3}{|}}{C}}—CH_2—CH_3$

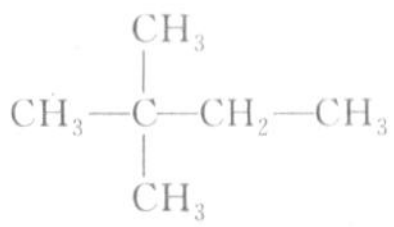

2.1.3 烷烃的命名

碳原子的类型：

伯碳原子（一级）：跟另外一个碳原子相连接的碳原子。

仲碳原子（二级）：跟另外两个碳原子相连接的碳原子。

叔碳原子（三级）：跟另外三个碳原子相连接的碳原子。

季碳原子（四级）：跟另外四个碳原子相连接的碳原子。

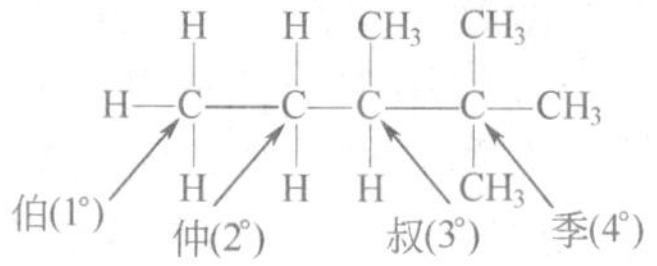

（1）普通命名法

① 含有 10 个或 10 个以下碳原子的直链烷烃，用天干顺序"甲、乙、丙、丁、戊、己、庚、辛、壬、癸"10 个字分别表示碳原子的数目，后面加"烷"字。如 $CH_3CH_2CH_2CH_3$ 命名为正丁烷。

② 含有 10 个以上碳原子的直链烷烃，用小写中文数字表示碳原子的数目。例如 $CH_3(CH_2)_{10}CH_3$ 命名为正十二烷。

③ 对于含有支链的烷烃，则必须在某烷前面加上一个汉字来区别。在链端第二位碳原子上连有 1 个甲基时，称为异某烷，在链端第二位碳原子上连有 2 个甲基时，称为新某烷。

例：

（2）系统命名法　系统命名法是我国根据 1892 年日内瓦国际化学会议首次拟定的系统命名原则，在国际纯粹与应用化学联合会（简称 IUPAC）几次修改补充后的命名原则基础上，结合我国文字特点而制定的命名方法，又称日内瓦命名法或国际命名法。

烷基：烷烃分子去掉一个氢原子后余下的部分。其通式为—C_nH_{2n+1}，常用 R—表示。

常见的烷基有：

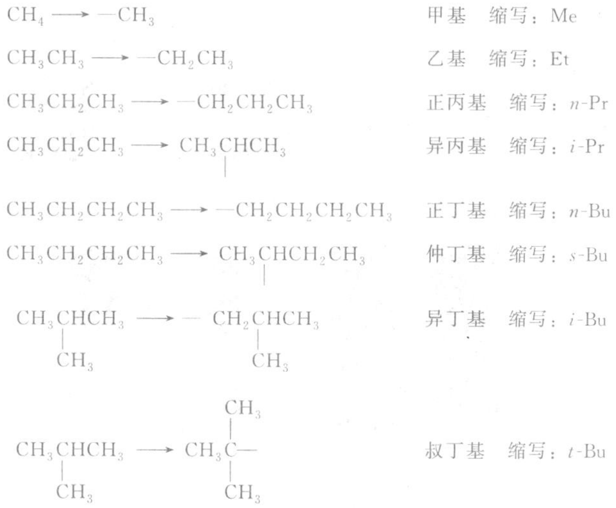

在系统命名法中，对于无支链的烷烃，省去"正"字。对于结构复杂的烷烃，则按以下步骤命名：

① 选择分子中最长的碳链作为主链，若有几条等长碳链时，选择支链较多的一条为主链。根据主链所含碳原子的数目定为某烷，再将支链作为取代基。此处的取代基都是烷基。

② 从距支链较近的一端开始，给主链上的碳原子编号。若主链上有 2 个或者 2 个以上

的取代基时，则主链的编号顺序应使支链位次尽可能低。

③ 将支链的位次及名称加在主链名称之前。若主链上连有多个相同的支链时，用小写中文数字表示支链的个数，再在前面用阿拉伯数字表示各个支链的位次，每个位次之间用逗号隔开，最后 1 个阿拉伯数字与汉字之间用半字线隔开。若主链上连有不同的几个支链时，则按由小到大的顺序将每个支链的位次和名称加在主链名称之前。

④ 如果支链上还有取代基时，则必须从与主链相连接的碳原子开始，给支链上的碳原子编号，然后补充支链上烷基的位次、名称及数目。阿拉伯数字与文字之间同样要用半字线"-"隔开。

例：

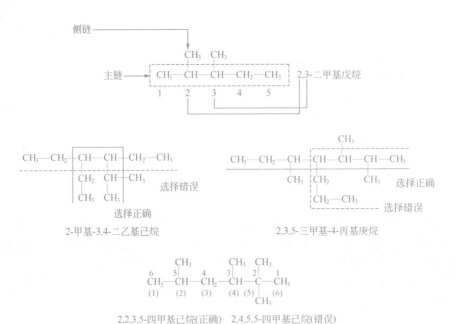

2.1.4 烷烃的结构

C 原子的正四面体构型和 sp^3 杂化介绍如下：

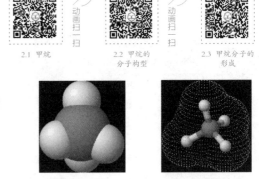

2.1 甲烷　　2.2 甲烷的分子构型　　2.3 甲烷分子的形成

① 甲烷的构型　甲烷的构型见图 2-1。

109.5°

(a)甲烷的分子模型　　(b)球棍模型　　(c)斯陶特模型　　(d)透视模型

图 2-1　甲烷的构型

② C 原子的 sp^3 杂化　碳原子的最外层上有 4 个电子，电子排布为 $1s^2 2s^2 2p^2$，碳原子通过 sp^3 杂化形成 4 个完全相同的 sp^3 杂化轨道，所谓杂化就是由若干个不同类型的原子轨道混合起来，重新组合成数目相等、能量相同的新轨道的过程。由 1 个 s 轨道与 3 个 p 轨道通过杂化后形成的 4 个能量相等的新轨道叫作 sp^3 杂化轨道，这种杂化方式叫作 sp^3 杂化。

C 的电子构型：$1s^2 2s^2 2p^2$。

2.4 碳原子的
sp³ 杂化　　2.5 乙烷　　2.6 乙烷的分子
构型　　2.7 丙烷　　2.8 丙烷的
分子构型　　2.9 正丁烷

③ sp³ 杂化轨道的特点

a. 具有更强的方向性，能更有效地与别的原子轨道重叠形成稳定的化学键。每个 sp³ 杂化轨道，各含 1/4s 成分和 3/4p 成分。

b. sp³ 杂化轨道的空间取向是指向正四面体的顶点。

c. sp³ 杂化轨道夹角是 109°28′（109.5°），使 4 个键角之间尽可能远离。

④ σ键　在形成甲烷分子时，4 个氢原子的 s 轨道分别沿着碳原子的 sp³ 杂化轨道的对称轴靠近，当它们之间的吸引力与斥力达到平衡时，形成了 4 个等同的碳氢 σ 键。σ 键可沿键轴旋转，它的形状和位相符号不变。σ 键的特点：重叠程度大，不容易断裂，性质不活泼；能围绕其对称轴进行自由旋转。

2.1.5 烷烃的物理性质

（1）状态　在常温常压下，1～4 个碳原子的直链烷烃是气体，5～16 个碳原子的是液体，17 个以上的是固体。

（2）熔沸点　直链烷烃的沸点随着分子量的增大而有规律地升高。烷烃属于非极性分子，分子间的作用力主要是色散力，而色散力的大小与分子变形性和分子间距离等因素有关，一般分子量增大，色散力增强，因此，烷烃的分子量越大，其沸点越高。相同碳原子数的烷烃，含支链越多，其沸点越低。这主要是由于烷烃的支链产生了空间阻碍作用，使得烷烃分子彼此间难以靠得很近，分子间引力大大减弱。支链越多，空间阻碍作用越大，分子间的距离增大，分子间作用力（主要为色散力）越小，沸点就越低。

例如，戊烷三种异构体的沸点如下：

$$CH_3CH_2CH_2CH_2CH_3 \qquad CH_3—CH—CH_2CH_3 \qquad CH_3—\overset{CH_3}{\underset{CH_3}{C}}—CH_3$$

正戊烷　　　　　　　异戊烷　　　　　　新戊烷

沸点：　　36℃　　　　　　　　28℃　　　　　　　9.5℃

直链烷烃的熔点也是随着碳原子数的增加而升高的，但是含偶数碳原子的烷烃熔点通常比奇数碳原子烷烃的熔点升高较多，构成两条熔点曲线。直链烷烃的沸点曲线和熔点曲线分别见图 2-2 和图 2-3。

含偶数碳原子的烷烃比含奇数碳原子的烷烃的对称性高（图 2-4），因此偶数碳原子碳链之间的排列比较紧密，分子间作用力比较大，因此熔点也就较高。

（3）溶解度　烷烃是非极性分子，又不具备形成氢键的结构条件，所以不溶于水，而易溶于非极性的或弱极性的有机溶剂中。

（4）密度　烷烃是在所有有机化合物中密度最小的一类化合物。无论是液体还是固体，烷烃的密度均比水小。随着分子量的增大，烷烃的密度也逐渐增大。

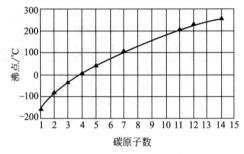

图 2-2 直链烷烃的沸点曲线

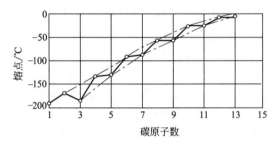

图 2-3 直链烷烃的熔点曲线

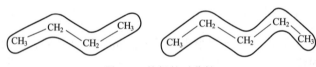

图 2-4 烷烃的对称性

（5）折射率　折射率是液体有机化合物纯度的标志。液态烷烃的折射率随分子中碳原子数目的增加而缓慢加大。

一些直链烷烃的物理常数见表 2-1。

表 2-1　一些直链烷烃的物理常数

化合物	熔点/℃	沸点/℃	相对密度(d_4^{20})
甲烷	−182.6	−161.6	
乙烷	−172.0	−88.5	
丙烷	−187.1	−42.2	0.501
丁烷	−138.4	−0.5	0.579
戊烷	−129.7	36.1	0.557
己烷	−94.0	68.7	0.659
庚烷	−90.5	98.4	0.684
辛烷	−56.8	125.7	0.703
壬烷	−53.7	150.8	0.718
癸烷	−29.7	174.1	0.730
十一烷	−25.6	195.9	0.741
十二烷	−9.7	216.3	0.749
十三烷	−6.0	235.5	0.757
十四烷	5.5	253.6	0.764
十五烷	10.0	270.7	0.769
二十烷	36.4	—	0.778
三十烷	66	—	—
四十烷	81	—	—

2.1.6 烷烃的化学性质

烷烃是非极性分子，分子中的碳碳键或碳氢键是非极性或弱极性的 σ 键，因此在常温下烷烃是不活泼的，它们与强酸、强碱、强氧化剂、强还原剂及活泼金属都不发生反应。

（1）卤代反应　卤代反应是烷烃分子中的氢原子被卤素原子取代的反应。

$$R{-}H+X_2 \xrightarrow{\text{光照或加热}} R{-}X+HX+热$$

① 烷烃卤代反应一般指氯代和溴代，而氟代很剧烈（爆炸性反应），碘代很难直接发生。卤素反应的活性次序为：$F_2>Cl_2>Br_2>I_2$。

$$CH_4+F_2 \longrightarrow CH_3F+HF \qquad \Delta H^{\ominus}=-427kJ/mol$$

强烈放热，引起爆炸，其他烷烃氟化时，还发生 C—C 键断裂。

$$CH_4+Cl_2 \longrightarrow CH_3Cl+HCl \qquad \Delta H^{\ominus}=-105.8kJ/mol$$

反应进行较快。

$$CH_4+Br_2 \longrightarrow CH_3Br+HBr \qquad \Delta H^{\ominus}=-31kJ/mol$$

反应能缓和进行。

$$CH_4+I_2 \longrightarrow CH_3I+HI \qquad \Delta H^{\ominus}=+54kJ/mol$$

在室温下无明显反应。

② 将甲烷与氯气混合，在漫射光或适当加热的条件下，甲烷分子中的氢原子能逐个被氯原子取代，得到多种氯化甲烷和氯化氢的混合物。

$$CH_4+Cl_2 \xrightarrow[\text{或}\triangle]{h\nu} CH_3Cl+HCl \qquad \Delta H=-103.2kJ/mol$$

$$CH_3Cl+Cl_2 \longrightarrow CH_2Cl_2+HCl$$
$$(35\%)$$

$$CH_2Cl_2+Cl_2 \longrightarrow CHCl_3+HCl$$
$$(35\%)$$

$$CHCl_3+Cl_2 \longrightarrow CCl_4+HCl$$
$$(6\%)$$

③ 对于同一烷烃，不同级别的氢原子被取代的难易程度也不相同。大量的实验证明叔氢原子最容易被取代，伯氢原子最难被取代。

④ 卤代反应机理　实验证明，甲烷的卤代反应机理为自由基链反应，这种反应的特点是反应过程中形成一个活泼的原子或自由基。其反应过程如下：

a. 链引发　在光照或加热至 250～400℃ 时，氯分子吸收光能而发生共价键的均裂，产生两个氯原子自由基，使反应引发。

2.10 甲烷氯代反应历程

$$Cl_2 \xrightarrow{h\nu} 2Cl \cdot$$

b. 链增长　氯原子自由基能量高，反应性能活泼。当它与体系中浓度很高的甲烷分子碰撞时，从甲烷分子中夺取一个氢原子，结果生成了氯化氢分子和一个新的自由基——甲基自由基。

$$Cl \cdot +CH_4 \longrightarrow HCl+CH_3 \cdot$$

甲基自由基与体系中的氯分子碰撞，生成一氯甲烷和氯原子自由基。

$$CH_3 \cdot +Cl_2 \longrightarrow CH_3Cl+Cl \cdot$$

反应一步又一步地传递下去，所以称为链反应。

$$CH_3Cl+Cl \cdot \longrightarrow CH_2Cl \cdot +HCl$$

$$CH_2Cl \cdot + Cl_2 \longrightarrow CH_2Cl_2 + Cl \cdot$$

c.链终止　随着反应的进行，甲烷迅速消耗，自由基的浓度不断增加，自由基与自由基之间发生碰撞结合生成分子的机会就会增加。

$$Cl \cdot + Cl \cdot \longrightarrow Cl_2$$
$$CH_3 \cdot + CH_3 \cdot \longrightarrow CH_3CH_3$$
$$CH_3 \cdot + Cl \cdot \longrightarrow CH_3Cl$$

⑤ 有关自由基的稳定性　两个反应产物的比例与反应物中该种氢的比例不相一致，其原因是中间体的稳定性不同，两个反应的中间体均为自由基，自由基越稳定则越易生成，又由于自由基反应的定速步骤为自由基的生成步骤，因此自由基越稳定，生成相应的产物的反应越快。自由基的稳定顺序：

$$\underset{\text{叔碳}}{R-\overset{R}{\underset{R}{C}}\cdot} > \underset{\text{仲碳}}{H-\overset{R}{\underset{R}{C}}\cdot} > \underset{\text{伯碳}}{R-\overset{H}{\underset{H}{C}}\cdot} > \underset{\text{甲基}}{H-\overset{H}{\underset{H}{C}}\cdot}$$

自由基反应一般是由高温、光照、辐射或自由基引发剂（如过氧化物）所引起。通常在气相或非极性溶剂中进行。

[实验分析与讨论]

甲烷和氯气在室温下和暗处可以长期保存而并不起反应。

在暗处，若温度高于 250℃ 时，反应立即发生。

在室温有紫外光的照射下，反应立即发生。

若将 Cl_2 先用光照射，然后迅速在黑暗中与甲烷混合，则发生氯代反应。

若将氯气照射后，在黑暗中放置一段时间，然后与甲烷混合，反应又不发生。

归纳总结：

$$-\overset{|}{\underset{|}{C}}-H + X_2 \xrightarrow{250\sim400℃或光} -\overset{|}{\underset{|}{C}}-X + HX$$
（通常为混合物）

反应活性：X_2（$Cl_2 > Br_2$）；H（3°>2°>1°>CH_3-H）。

(2) 氧化反应

① 完全燃烧　利用这一特点，烷烃可以作为燃料，也可以用燃烧来测定它们的 C、H 含量。

$$CH_4 + 2O_2 \xrightarrow{火焰} CO_2 + 2H_2O + 热$$

② 不完全燃烧　烷烃的不完全燃烧会产生有毒的 CO 和黑烟 C，是汽车尾气所造成的空气污染原因之一。可以利用这类反应来制造炭黑（黑色的颜料，也可作为橡胶的填料，具有补强作用）。

$$CH_4 + O_2 \longrightarrow C + 2H_2O$$

③ 部分氧化　可以用来制备甲醇、甲酸、甲醛等重要的化工原料。

$$CH_4 + O_2 \xrightarrow[400\sim500℃]{V_2O_5} HCHO + H_2O$$

在控制条件下，烷烃可以部分氧化，生成烃的含氧衍生物。例如石蜡（含 20～40 个碳原子的高级烷烃的混合物）在特定条件下氧化得到高级脂肪酸。

$$RCH_2CH_2R' + O_2 \xrightarrow{MnO_2} RCOOH + R'COOH$$

【注意】 有机中的氧化与无机中的氧化概念不同，无机化学中以电子的得失、氧化数的变化来判断是否是氧化还原反应。在有机中，加氧去氢为氧化，加氢去氧为还原。

归纳总结：

$$R{-}CH_2{-}CH_2{-}R' \xrightarrow{O_2} RCH_2OH + R'CH_2OH + RCOOH + R'COOH + \cdots$$

$$C_nH_{2n+2} + \frac{3n+1}{2}O_2 \xrightarrow{\text{燃烧}} nCO_2 + (n+1)H_2O + \text{热量}$$

（3）裂化　烷烃在隔绝空气的条件下加强热，分子中的碳碳键或碳氢键发生断裂，生成较小的分子，这种反应叫作热裂化，如：

$$CH_3 \vdots CH{-}CH_2 \xrightarrow{\text{裂化}} \cdot CH_3 + \cdot CHCH_3$$
$$\quad\quad H \quad H$$

产生的自由基：

① 可相互结合生产烷烃：

$$\cdot CH_3 + \cdot CH_3 \longrightarrow CH_3CH_3$$

② 转移一个 H 给另一个自由基，产生一个烷烃和一个烯烃：

$$\cdot CH_3 + \cdot CH\underset{H}{} CH_2 \longrightarrow CH_4 + CH_2{=}CH_2$$

③ 石油化工的催化重整　用催化剂（Pt，Al_2O_3 等）促使在较低温度和压力下进行裂解，来生产燃油（汽油柴油）和重要的化工原料（乙烯、丙烯、丁烯等）。

$$CH_3CH_2CH_2CH_3 \atop \text{丁烷} \xrightarrow{\text{裂化}} \begin{cases} CH_4 + CH_3CH{=}CH_2 \\ \text{甲烷}\quad\text{丙烯} \\ CH_3CH_3 + CH_2{=}CH_2 \\ \text{乙烷}\quad\text{乙烯} \\ H_2 + CH_3CH_2CH{=}CH_2 \\ \text{丁烯} \end{cases}$$

总之，烷烃的卤代反应、氧化反应以及裂化反应都是通过自由基的链式反应进行的，即是由共价键的均裂方式引发的。因为烷烃分子中的 C—C 键和 C—H 键为非极性或极性很小的 σ 键，很难异裂成两个（＋，－）"离子"；异裂共价键所需能量大于均裂所需的 2 倍。

（4）异构化反应　由一种异构体转化为另一种异构体的反应称为异构化反应。例如正丁烷在酸性催化剂存在下可转变为异丁烷：

$$CH_3CH_2CH_2CH_3 \xrightarrow[]{AlCl_3,\ HCl} CH_3{-}\underset{\underset{CH_3}{|}}{CH}{-}CH_3$$

烷烃的异构化反应主要用于石油加工中将直链烷烃转变成支链烷烃，可以提高汽油的辛烷值及润滑油的质量。

（5）硝化与磺化　烷烃可以与硝酸以及二氯化砜发生化学反应。

$$CH_3CH_2CH_3 \xrightarrow[h\nu]{HNO_3} \underset{CH_3\underset{\underset{NO_2}{|}}{CH}CH_3}{} + CH_3CH_2CH_2NO_2 + CH_3CH_2NO_2 + CH_3NO_2$$

$$C_{12}H_{26} + SO_2Cl_2 \longrightarrow C_{12}H_{25}SO_2Cl + NaOH \longrightarrow C_{12}H_{25}SO_3Na$$
$$\qquad\qquad\quad \text{磺酰氯} \qquad\qquad\qquad\qquad\qquad \text{十二烷基磺酸钠}$$

(6) 烷烃的制备

① 甲烷的实验室制法

$$CH_3COONa + NaOH \xrightarrow[\triangle]{CaO} CH_4 + Na_2CO_3$$

② 偶联反应

a. 武慈合成法　这类反应可以成倍增长碳链，只能制备对称烷烃，可用于制备高级烷烃。

$$RX + 2Na + RX \longrightarrow R-R + 2NaX$$

b. 柯尔贝电解法　这类反应可以成倍增长碳链，只能制备对称烷烃，可用于制备低级烷烃。

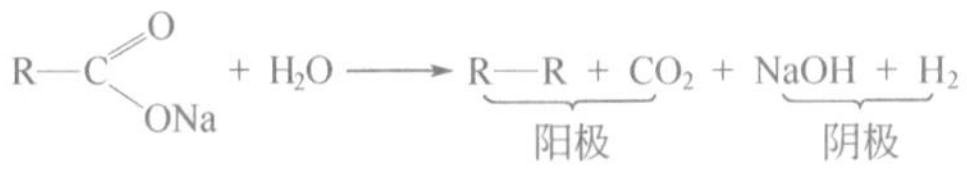

③ 由不饱和烃加氢

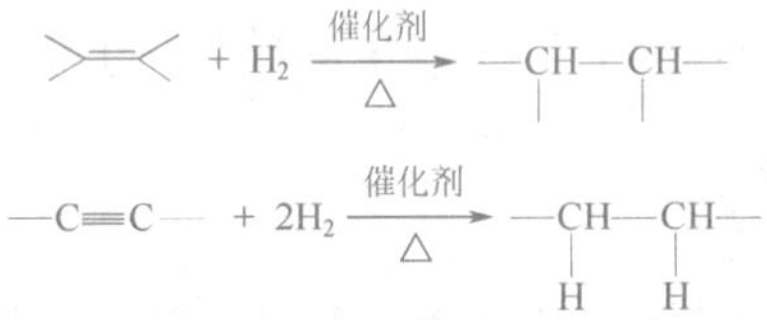

④ 卤代烷还原

$$R-X + H_2 \xrightarrow[\triangle]{Pd/BaCO_3} R-H + HX$$

$$R-I + HI \xrightarrow[\triangle]{} R-H + I_2$$

⑤ Grignard 反应

$$R-X + Mg \xrightarrow{无水乙醚} R-MgX$$

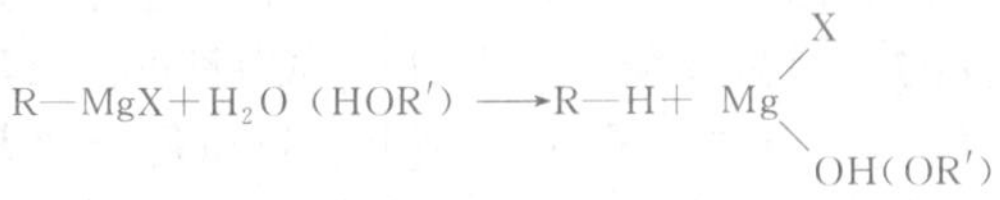

⑥ 由醛类或酮类还原　醛类或酮类分子中的羰基被锌汞齐和浓盐酸还原为亚甲基。一些对酸不稳定而对碱稳定的醛类或酮类在碱性条件下与肼作用，羰基被还原为亚甲基。

a. Wolff-Kishner 还原

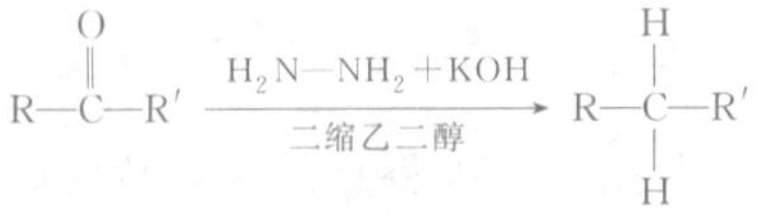

b. Clemmensen 还原

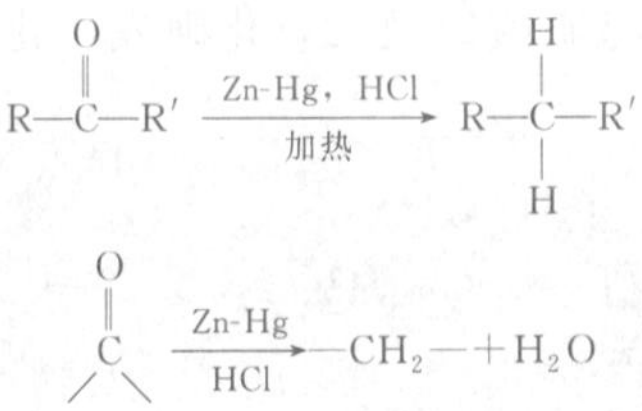

合成案例：

(1)

(2) 合成十二烷基磺酸钠

$$C_{12}H_{26} + SO_2Cl_2 \longrightarrow C_{12}H_{25}SO_2Cl + NaOH \longrightarrow C_{12}H_{25}SO_3Na$$

磺酰氯 　　　　　　　　　　　　十二烷基磺酸钠

2.1.7 烷烃的应用

烷烃广泛存在于自然界，主要来源于天然气和石油。天然气是蕴藏在地层内的可燃气体，其主要成分为甲烷，一般含量可达 $75\% \sim 95\%$，此外还有一些乙烷、丙烷和丁烷等低级烷烃。天然气是很好的气体燃料，同时也是重要的化工原料。石油通常是淡黄色、褐色、暗绿色或黑色的黏稠液体，其所含烷烃种类繁多，不仅含有 1～50 个碳原子的链状烷烃及一些环状烷烃，个别产地的石油含有芳香烃。石油被称"黑色的金子""工业的血液"并不夸大，因为石油不仅仅是重要的动力来源，而且是极宝贵的化工原料。以石油及天然气为原料，经化学加工，可以制成国防及国民经济必需的产品，如塑料、橡胶、合成纤维、洗涤剂、医药、农药和炸药等。从沼泽地或湖底冒出的一种气体叫沼气。沼气的主要成分是甲烷。沼气中的甲烷是由腐烂的植物受厌氧微生物的作用而产生的，也是一种气体燃料。利用废物和农副产品（如稻草、豆壳、杂草和粪便等）进行发酵，可制取沼气，这样既净化环境，又提供了能源，发酵后的残渣还可以作肥料和某些家畜的饲料。

此外，烷烃化合物因臭氧消耗潜值（ODP）为零，温室效应很小，无毒，对环境影响极小而受到重视。戊烷发泡技术已被欧洲、亚洲等地区的厂家采用。零 ODP 烷烃达到"蒙特利尔协议"国际公约废除臭氧消耗物质的生产及使用的要求。

常用的烷烃混合物，除汽油、煤油和柴油之外，还有以下几种产品。

（1）石油醚　石油醚是低级烷烃的混合物，沸点在 30～60℃ 的是戊烷和己烷的混合物，沸点在 90～120℃ 的是庚烷和辛烷的混合物，它们主要被用作有机溶剂。石油醚极易燃烧并具有毒性，使用及贮存时要特别注意安全。

（2）液体石蜡　液体石蜡是 18～24 个碳原子的液体烷烃的混合物，是透明的液体，不溶于水和醇，能溶于醚和氯仿中。液体石蜡性质稳定，精制的液体石蜡在医药上常用作肠道润滑的缓释剂。

（3）凡士林　凡士林是液体石蜡和固体石蜡的混合物，呈软膏状半固体，不溶于水，溶于醚和石油醚。因为它不能被皮肤吸收，而且化学性质稳定，不易和软膏中的药物反应，所以在医药上常用作软膏基质。

（4）石蜡　石蜡是固态高级烷烃的混合物，主要成分的分子式为 C_nH_{2n+2}，其中 $n = 17 \sim 35$。石蜡的主要组分为直链烷烃，还有少量带个别支链的烷烃和带长侧链的单环环烷烃。直链烷烃中主要是正二十二烷（$C_{22}H_{46}$）和正二十八烷（$C_{28}H_{58}$）。石蜡用于制备高级脂肪酸、高级醇、火柴、蜡烛、防水剂、软膏、电绝缘材料等。

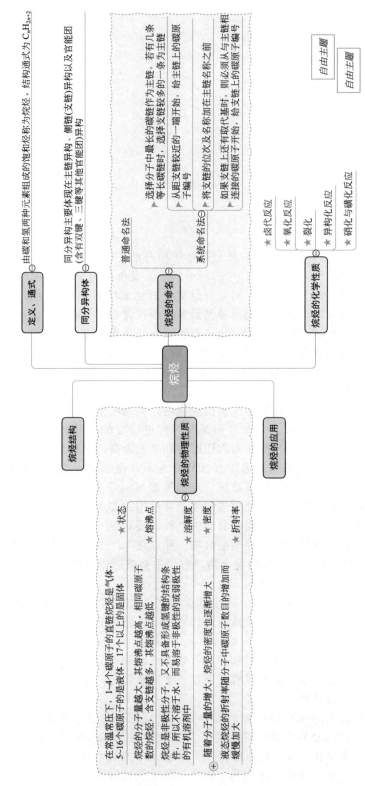

烷烃

定义、通式　由碳和氢两种元素组成的饱和烃称为烷烃。结构通式为 C_nH_{2n+2}

同分异构体　同分异构主要体现在主链异构、侧链（支链）异构以及官能团异构（含有双键、三键等其他官能团）异构

烷烃的命名

普通命名法

系统命名法

★ 选择分子中最长的碳链作为主链，若有几条等长碳链时，选择支链较多的一条为主链
★ 从距支链较近的一端开始，给主链上的碳原子编号
★ 将支链的位次及名称加在主链名称之前
★ 如果支链上还有取代基时，则必须从与主链相连接的碳原子开始，给支链上的碳原子编号

烷烃的化学性质
★ 卤代反应
★ 氧化反应
★ 裂化
★ 异构化反应
★ 硝化与磺化反应

烷烃结构

烷烃的物理性质

★ 状态
在常温常压下，1～4个碳原子的直链烷烃是气体，5～16个碳原子的是液体，17个以上的是固体

★ 熔沸点
烷烃的分子量越大，其熔沸点越高。相同碳原子数的烷烃，含支链越多，其熔沸点越低

★ 溶解度
烷烃是非极性分子，又不具备形成氢键的结构条件，所以不溶于水，而易溶于非极性或弱极性的有机溶剂中

★ 密度
随着分子量的增大，烷烃的密度也逐渐增大

★ 折射率
液态烷烃的折射率随分子中碳原子数目的增加而缓缓增加

烷烃的应用

自由主题

自由主题

2.2 烯烃

2.2.1 定义、通式

烯烃是分子中含有碳碳双键的不饱和烃，结构通式为 C_nH_{2n}。与碳原子数相同的烷烃相比，烯烃的氢原子数较少，所以又叫不饱和烃。根据分子中双键的数目，烯烃又可分为单烯烃、二烯烃和多烯烃。

2.2.2 烯烃的结构

根据物理方法测得，乙烯是平面形分子。也就是说，乙烯分子中的两个碳原子和四个氢原子都在同一平面内，其中 H—C═C 键角约为 121°，H—C—H 键角约为 118°（图 2-5）。

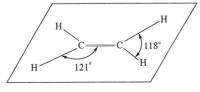

2.11 乙烯平面构型

图 2-5 乙烯分子的平面构型

现代物理手段测得所有原子在同一平面，每个碳原子只和三个原子相连。

键角：∠HCC 为 121°；∠HCH 为 118°。

键能：C—C 键为 345.6kJ/mol；C═C 键为 610.9kJ/mol。

双键的键能不是两个单键键能之和：$345.6 \times 2 = 691.2$（kJ/mol）。

键长：C—C 键为 0.154nm；C═C 键为 0.134nm。

碳原子的 sp^2 杂化过程为：

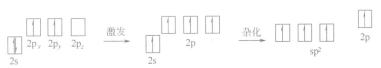

2.12 碳原子的 sp^2 杂化

双键中的碳为 sp^2 杂化，碳原子中三个 sp^2 杂化轨道分别与另外的三个原子匹配成键，形成三个 σ 键，碳中余下的一个 p 轨道与另一个碳中的 p 轨道匹配成键，形成一个 π 键，键角为 121°，键长约为 0.134nm，比碳碳单键的键长（0.154nm）要短一些，碳碳双键的键能为 610.9kJ/mol，比碳碳 σ 键键能的两倍要小一些。从键能来看，双键更易断裂。乙烯的结构示意图如图 2-6 所示。

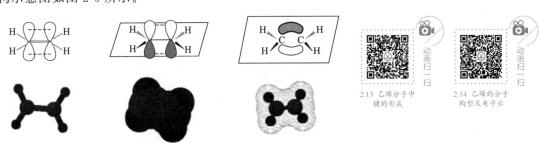

(a) 球棍模型　　　　(b) 斯陶特模型　　　　(c) 透视模型

2.13 乙烯分子中键的形成

2.14 乙烯的分子构型及电子云

图 2-6　乙烯的结构示意图

从图 2-6 中可以看出，由于有了 π 键的存在，碳碳双键就不能像碳碳单键那样自由旋转，所以含有碳碳双键的化合物就有可能产生顺反异构。

π 键的特点：重叠程度小，容易断裂，性质活泼；受到限制，不能自由旋转，旋转时 π 键会断裂。

σ 键和 π 键之间的不同：①σ 键可以单独存在，并存在于任何含共价键的分子中；π 键不能单独存在，必须与 σ 键共存，可存在于双键和三键中。②σ 键在直线上相互交盖，成键轨道方向重合；π 键相互平行而交盖，成键轨道方向平行。③σ 键重叠程度大，有对称轴，呈圆柱形对称分布，电子云密集在两个原子之间，对称轴上电子云最密集；π 键重叠程度较小，分布成块状，通过键轴有一个对称面，电子云较分散，分布在分子平面上、下两部分，对称面上电子云密集最小。④σ 键键能较大，可沿键轴自由旋转，键的极化性较小；π 键键能较小，不能旋转，键的极化性较大。⑤σ 键较稳定；π 键易断裂，易氧化，易加成。⑥两个原子间只能有一个 σ 键，但可有一个 π 键或两个 π 键。

2.2.3 烯烃的同分异构和命名

(1) 烯烃的同分异构现象

① 碳链异构 $CH_3CH_2CH = CH_2$ 和 $(CH_3)_2C = CH_2$。

② 位置异构 在烯烃中还有由于双键的位置不同而引起的异构。如 $CH_3CH_2CH = CH_2$ 和 $CH_3CH = CHCH_3$。

③ 顺反异构 因双键两侧的基团在空间的位置不同而引起的异构。

由于双键连接的两个碳原子不能自由旋转，因此当碳原子上各自连有不同的原子或基团时，就产生两种不同的空间排列方式，即两种不同的构型。

2-丁烯的两种不同构型为：

顺-2-丁烯   反-2-丁烯

上述两种构型的原子连接次序及双键位置都相同，不同的是顺-2-丁烯中两个氢原子在双键的同侧，反-2-丁烯中两个氢原子在双键的异侧。因双键限制了两个原子间的自由旋转，使原子或基团在空间有不同的排列方式，这种异构现象叫顺反异构；这两种不同的异构体称为顺反异构体，亦称几何异构体。相同原子或基团在双键同侧的叫顺式构型，在双键异侧的叫反式构型。

顺式：两个相同的原子或基团处于双键同侧。

反式：两个相同的原子或基团处于双键异侧。

产生顺反异构的分子，在结构上应具备下述条件：①分子中有限制两原子间自由旋转的因素，如碳碳双键、某些脂环结构等。②这两个原子必须各连接不同的原子或基团。分子结构只有具备这两个条件，才存在顺反异构体，如下列化合物中的（Ⅱ）、（Ⅲ）、（Ⅳ）。需要指出的是，（Ⅰ）不符合上述条件，无顺反异构体。

（Ⅰ）   （Ⅱ）   （Ⅲ）   （Ⅳ）

a，b，d，e 分别代表不同的原子或基团。

（2）烯烃的命名

① 选择含有双键的最长碳链为主链，命名为某烯。

② 从靠近双键（官能团）的一端开始，给主链上的碳原子编号。

③ 以双键原子中编号较小的数字表示双键的位号，写在烯的名称前面，再在前面写出取代基的名称和所连主链碳原子的位次。阿拉伯数字与文字之间同样要用短线"-"隔开。例：

$$CH_2 =\!\!= CHCH_2CH_3$$
1-丁烯

$$CH_3CH =\!\!= CHCH_3$$
2-丁烯

$$CH_3CH_2CH =\!\!= CHCH_2CH_3$$
3-己烯

$$CH_3(CH_2)_3CH =\!\!= CH(CH_2)_5CH_3$$
5-十二碳烯

$$CH_3 - CH =\!\!= \overset{\displaystyle CH_3}{\underset{\displaystyle \underset{\displaystyle CH_3}{CH_2}}{C}} - CH - CH_3$$

4-甲基-3-乙基-2-戊烯

$$\overset{1}{CH_3} - \overset{2}{\underset{\displaystyle CH_3}{C}} =\!\!= \overset{3}{CH} - \overset{4}{CH_2} - \overset{5}{\underset{\displaystyle CH_3}{CH}} - \overset{6}{CH_3}$$

2,5-二甲基-2-己烯

$$\overset{6}{CH_3} - \overset{5}{CH_2} - \overset{4}{\underset{\displaystyle CH_3}{C}} =\!\!= \overset{3}{CH} - \overset{2}{\underset{\displaystyle CH_3}{C}} - \overset{1}{CH_3}$$

2,4-二甲基-3-己烯

烯烃分子中去掉一个氢原子后剩下的基团叫作烯基。

$$CH_2 =\!\!= CH-$$
乙烯基

$$CH_3 - CH =\!\!= CH-$$
丙烯基

$$CH_2 =\!\!= CH - CH_2 -$$
烯丙基

$$CH_3 - \underset{\displaystyle CH_3}{C} =\!\!= CH_2$$
异丙烯基

（3）顺反异构的命名

① 顺/反法　是以每个双键上两个碳原子的取代基的关系定名。

② Z/E 法　根据 IUPAC 命名法，以顺、反异构体的构型而命名。

a. 确定 Z、E 的构型

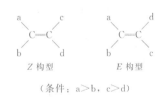

Z 构型　　　　　E 构型

（条件：a＞b，c＞d）

b. 次序规则

ⅰ. 与双键 C 原子相连的原子按照其原子序数大小排列，同位素按原子量的大小次序排列。常见的有：

$$I>Br>Cl>S>P>O>N>C>D>H$$

ⅱ. 与双键 C 原子连的都是烃基，则应将与第一个 C 原子相连的原子序数逐个比较，加以排列。常见的有：

$$CH_3CH_2->CH_3-$$

$$(CH_3)_3C->CH_3CH_2CH(CH_3) -> (CH_3)_2CHCH_2->CH_3CH_2CH_2CH_2-$$
叔丁基　　　　　　仲丁基　　　　　　异丁基　　　　　　正丁基

ⅲ. 含有双键和三键的基团，可以认为连有两个或三个相同的原子。

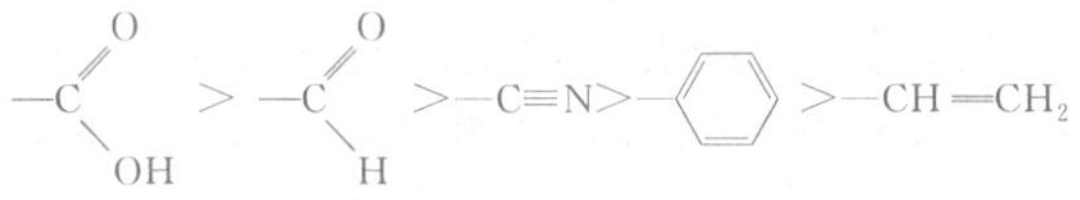

$$-OH > -CHO > -CH_2OH$$

c. 命名　构型确定以后，后面的仍按系统命名法。例如：

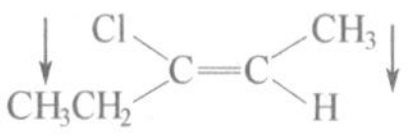

Z-3-氯-2-戊烯

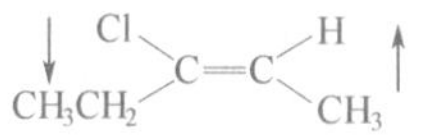

E-3-氯-2-戊烯

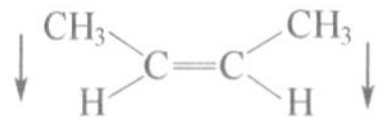

顺-2-丁烯
Z-2-丁烯

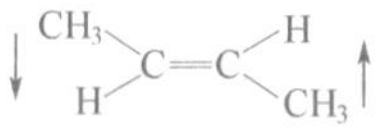

反-2-丁烯
E-2-丁烯

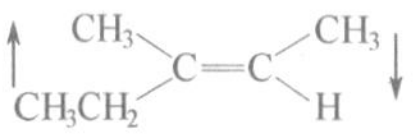

顺-3-甲基-2-戊烯
E-3-甲基-2-戊烯

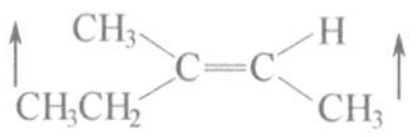

反-3-甲基-2-戊烯
Z-3-甲基-2-戊烯

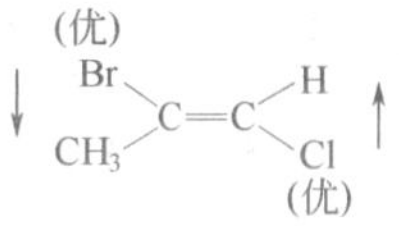

E-1-氯-2-溴-1-丙烯

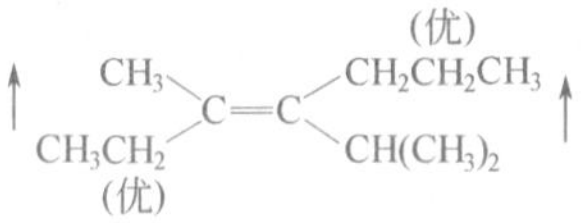

Z-3-甲基-4-异丙基-3-庚烯

2.2.4　烯烃的物理性质

（1）状态　在常温常压下，2～4 个碳原子的烯烃为气体，5～18 个碳原子的烯烃为液体，19 个碳以上的高级烯烃为固体。

（2）沸点　烯烃的沸点与烷烃相似，随分子中碳原子数目的增加而升高。在顺反异构体中，顺式异构体的沸点略高于反式异构体，这是因为顺式异构体分子的极性较大，分子间作用力较强。

（3）熔点　烯烃的熔点变化规律与沸点相似，也是随分子中碳原子数目的增加而升高。但在顺反异构体中，反式异构体的熔点比顺式异构体高。这是因为反式异构体的对称性较大，在晶格中的排列较为紧密。

（4）溶解性　烯烃难溶于水，易溶于有机溶剂。

（5）相对密度　烯烃的相对密度都小于 1，比水的密度小。

（6）颜色、气味　纯的烯烃都是无色的。乙烯略带甜味，液态烯烃具有汽油的气味。

对于顺反异构体的物理性质存在一定的规律性：

① 顺式异构体有较大的密度。

② 顺式异构体有较大的溶解度。

③ 顺式异构体有较高的沸点。

④ 顺式异构体有较大的偶极矩。

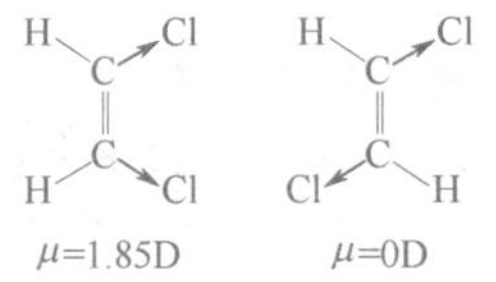

$$\mu=1.85D \qquad \mu=0D$$

⑤ 反式异构体有较高的熔点。

⑥ 反式异构体有较小的燃烧热。

某些烯烃的物理常数见表 2-2。

表 2-2　某些烯烃的物理常数

化合物	熔点/℃	沸点/℃	相对密度(d_4^{20})
乙烯	−169.1	−103.7	
丙烯	−185.0	−47.6	
1-丁烯	−185.0	−6.1	
反-2-丁烯	−105.6	0.9	0.604
顺-2-丁烯	−138.9	3.7	0.621
异丁烯	−140.3	−6.9	0.594
1-戊烯	−138.0	30.2	0.641
反-2-戊烯	−136.0	36.4	0.648
顺-2-戊烯	−151.4	36.9	0.656
2-甲基-1-丁烯	−137.6	31.1	0.651
3-甲基-1-丁烯	−168.5	20.7	0.627
2-甲基-2-丁烯	−133.8	38.5	0.662
1-己烯	−139.8	63.3	0.673
2,3-二甲基-2-丁烯	−74.3	73.2	0.708
1-庚烯	−119.0	93.6	0.697
1-辛烯	−101.7	121.3	0.715
1-壬烯		146.0	0.729
1-癸烯	−81.0	170.5	0.741

2.2.5　烯烃的化学性质

C=C 双键是烯烃的官能团。在有机化合物分子中，与官能团直接相连的碳原子，叫作 α-碳原子，α-碳原子上的氢原子叫作 α-氢原子。例如，丙烯分子中有一个 α-碳原子和三个 α-氢原子：

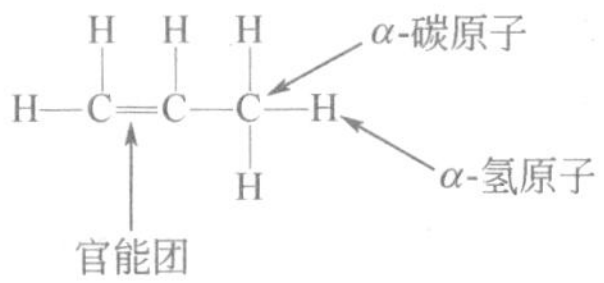

烯烃的化学反应主要发生在官能团 C=C 双键以及受 C=C 双键影响较大的 α-C—H 键上。由于 C=C 双键中的 π 键不牢固，容易断裂，因此导致烯烃的化学性质比较活泼，可发生多种化学反应。

（1）加成反应

C=C 的 π 电子裸露于外，可提供电子，按照路易斯的理论具有碱性，容易受到缺电子试剂路易斯酸（亲电试剂）的进攻；容易发生加成反应，生成两个新的 σ 键，得到饱和烃——烷烃。

烯烃与某些试剂作用时，碳碳双键中的 π 键断裂，两个一价原子或原子团分别加到 π 键两端的碳原子上，形成两个新的 σ 键，生成饱和的化合物。

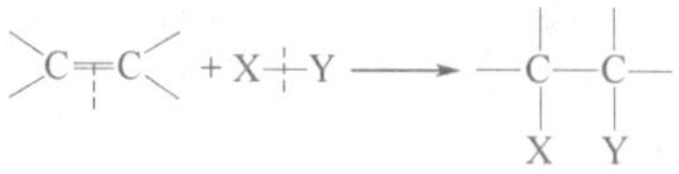

$$\underset{\text{烯烃}}{\overset{}{\rangle C\!=\!C\!\langle}} + \underset{\text{试剂}}{X\!-\!Y} \longrightarrow \underset{\text{加成产物}}{-\overset{|}{\underset{X}{C}}\!-\!\overset{|}{\underset{Y}{C}}-}$$

这种反应叫作加成反应。加成反应是烯烃的特征反应之一。通过加成反应，可以由烯烃合成许多物质。

① 催化加氢　在催化剂作用下，烯烃与氢发生加成反应生成相应的烷烃，同时放出热量。

$$RCH\!=\!CHR' + H\!-\!H \xrightarrow{\text{催化剂}} RCH_2\!-\!CH_2R' + Q$$

$$CH_2\!=\!CH_2 + H_2 \xrightarrow{Ni} CH_3CH_3$$

烯烃加氢常用的催化剂为金属，如铂、钯、镍等。用 Pt 或 Pd 催化时，常温即可加氢。工业上用 Ni，要在 200～300℃温度下进行加氢。Raney 镍催化剂，是用铝镍合金由碱处理，滤去铝后余下多孔的镍粉（或海绵状物），其特点是表面积较大，催化活性较高，吸附能力较强，价格低廉。

催化加氢的应用：汽油中含有少量烯烃，性能不稳定，可通过催化加氢使烯烃转变为烷烃，从而提高汽油质量。液态油脂中含有少量烯烃，容易变质，可通过催化加氢，将液态油脂转变为固态油脂，便于保存与运输。

催化可能的机理见图 2-7。

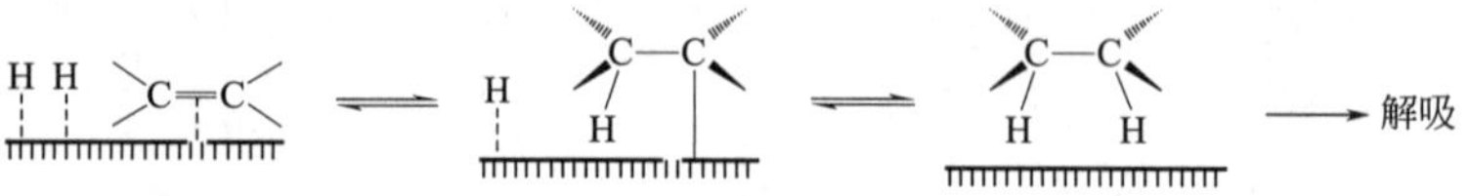

图 2-7　催化机理示意图

② 卤素加成　烯烃容易与卤素发生加成反应，生成邻位二卤代烷烃，这是合成邻二卤代烷的一种重要方法，主要是与氯和溴的反应。氟反应太剧烈，容易发生分解反应，碘与烯烃不进行离子型加成反应。例如，工业上用乙烯和氯气作用，在催化剂三氯化铁存在下，发生加成反应，制取 1,2-二氯乙烷：

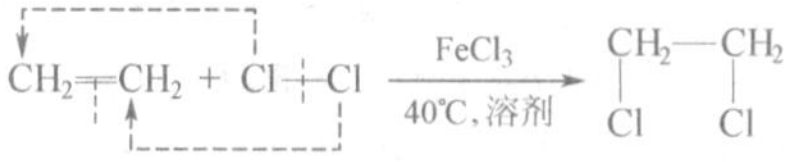

$$CH_2\!=\!CH_2 + Cl\!-\!Cl \xrightarrow[40℃,溶剂]{FeCl_3} \underset{\text{1,2-二氯乙烷}}{\overset{CH_2\!-\!CH_2}{\underset{Cl\quad Cl}{|\quad\ |}}}$$

将乙烯通入溴的四氯化碳溶液中，溴的颜色很快褪去，这个反应常用于双键的鉴别。

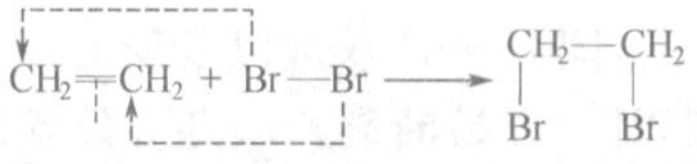

$$CH_2\!=\!CH_2 + \underset{\text{(红棕色)}}{Br\!-\!Br} \longrightarrow \underset{\text{1,2-二溴乙烷(无色)}}{\overset{CH_2\!-\!CH_2}{\underset{Br\quad Br}{|\quad\ |}}}$$

如用化学方法鉴别乙烷和乙烯。在有机化学中，做鉴别题可使用下列格式，既简便明了，又免去了文字叙述的烦琐。

$$\left.\begin{array}{l}\text{乙烷}\\ \text{乙烯}\end{array}\right\} + Br_2/CCl_4 \left|\begin{array}{l}\times\\ \text{褪色}\end{array}\right.$$

卤素加成时的活性比较：$F_2 > Cl_2 > Br_2 > I_2$

[实验]

把干燥的乙烯通入溴的无水四氯化碳中：

置于玻璃容器中，不易反应。

置于涂有石蜡的玻璃容器中，更难反应。

加入一点水时，立即发生反应，使溴水的颜色褪去。

将乙烯通入溴水及氯化钠溶液时所得的产物是：

$$H_2C\!=\!CH_2 + Br_2 \xrightarrow{H_2O} BrH_2C\!-\!CH_2Br + BrH_2C\!-\!CH_2OH$$

$$H_2C\!=\!CH_2 + Br_2 \xrightarrow[Cl^-]{H_2O} BrH_2C\!-\!CH_2Br + BrH_2C\!-\!CH_2OH + BrH_2C\!-\!CH_2Cl$$

$$H_2C\!=\!CH_2 + Br_2 \xrightarrow{H_3C\!-\!OH} BrH_2C\!-\!CH_2Br + BrH_2C\!-\!CH_2\!-\!O\!-\!CH_3$$

按以上的事实给出如下的解释：

反应分两步进行，形成环正离子过渡态（慢）：

2.15 烯烃与溴的亲电加成反应机理

$$\begin{array}{c}CH_2\\ \|\\ CH_2\end{array} + Br\!-\!Br \longrightarrow \left[\begin{array}{c}CH_2\\ \|\\ CH_2\end{array}\overset{\delta^+}{\cdots}Br\overset{\delta^-}{-}Br\right] \longrightarrow \left[\begin{array}{c}CH_2\\ \|^+\\ CH_2\end{array}Br\right] + Br^-$$

溴鎓正离子

反式加成（快）：

$Br^- 从背面进攻，从而得到加成产物。对于上述反应的立体分析中可知得到同一产物。

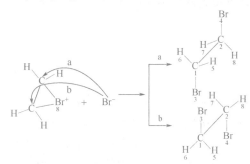

上述反应历程即为亲电加成反应。

亲电加成：亲电试剂进攻引起的加成反应为亲电加成反应。

亲电试剂：缺电子的试剂为亲电试剂。

③ 烯烃结构对反应速率的影响及诱导效应 烯烃 C=C 上电荷密度高，反应速率快，即烯烃 C=C 上的取代基为给电子基团时，可使溴鎓正离子中间体的稳定性提高，对加成反应有利，速率加快；反之，中间体不稳定，速率减慢。烯烃加成速度见表 2-3。

表 2-3　烯烃加成速度 (v)

烯烃	$(CH_3)_2C\!=\!C(CH_3)_2$	$(CH_3)HC\!=\!CH_2$	$H_2C\!=\!CH_2$	$H_2C\!=\!CHCO_2H$
v	74	2.03	1	0.03

当烯烃 C═C 上的取代基为吸电子基团（—CHO，—COR，—CN，—NO$_2$）时，正电荷更集中，对亲电加成反应不利，速度减低。

诱导效应：分子中电负性不同的原子或基团的作用（影响）而引起分子中电子云沿着化学键（σ 键或 π 键）向某一方向移动的效应。$-I$ 表示吸电子诱导效应，$+I$ 表示给电子（或供电子）诱导效应。

诱导效应的大小与取代基的电负性大小有关，并随着取代基的距离不断增加而快速减弱，一般相隔 3 个 σ 键，作用几乎为 0。

取代基诱导效应大小顺序如下：

$$-NO_2 > -F > -Cl > -Br > -I > -OH > -COOH > -NH_2 > -OCH_3 > -C_6H_5 > H > R$$

R 取代基（烃基）一般为给电子诱导效应。

丙烯分子中的诱导效应：$CH_3 \rightarrow \overset{\delta^+}{CH} = \overset{\delta^-}{CH_2}$

④ 与酸的加成　烯烃容易与强的无机酸（HY）和有机酸发生亲电加成反应；而弱的有机酸和无机酸，如乙酸（CH_3COOH）、H_2O，则只有在强酸的催化下才进行。HY 与烯烃的加成机理同 X_2 的反应机理，$HY = H—X$，$X—OH$，$H—SH$，$H—OSO_3H$，$H—OOCH_3$，$H—OH$ 等。

$$CH_2 = CH_2 + H—Cl \xrightarrow[130\sim250℃]{AlCl_3} CH_3CH_2Cl$$

HX 的活性：$HI > HBr > HCl$。

乙烯是对称分子，两个双键碳原子上所连接的原子完全相同。对称分子与卤化氢加成时，不论氢原子或卤原子加到哪一个双键碳原子上，所得到的产物都相同。

当两个双键碳原子上所连接的原子或基团不完全相同时，这种烯烃叫作不对称烯烃。不对称烯烃与卤化氢加成时，可得到两种不同结构的产物。例如丙烯与氯化氢的加成，可得到下列两种产物：

$$CH_3CH = CH_2 + HCl \longrightarrow \begin{array}{l} CH_3\underset{\underset{Cl}{|}}{C}HCH_3 \quad \text{2-氯丙烷} \\ CH_3CH_2CH_2Cl \quad \text{1-氯丙烷} \end{array}$$

实验证明，丙烯与氯化氢的加成主要生成 2-氯丙烷。也就是说，氯化氢分子中的氢原子加到了丙烯分子中端点的双键碳原子上，而氯原子则加到了中间的双键碳原子上。

俄国化学家马尔可夫尼科夫（Markownikov）根据大量的实验总结出这样一条规律：不对称烯烃与卤化氢等不对称试剂加成时，试剂中的氢原子（或带正电的部分）加到烯烃中含氢较多的双键碳原子上，卤原子或其他带负电的基团加到含氢较少的双键碳原子上。这一经验规律称为马氏规则。利用马氏规则可预测烯烃加成反应的主要产物。

$$CH_3CH_2\underset{\underset{CH_3}{|}}{C} = CH_2 + HBr \longrightarrow CH_3CH_2\underset{\underset{CH_3}{|}}{\overset{\overset{Br}{|}}{C}}CH_3$$

当有过氧化物（H_2O_2）存在时，不对称烯烃与溴化氢的加成是违反马氏规则的。

$$CH_3CH = CH_2 + HBr \xrightarrow{\text{过氧化物}} CH_3CH_2\underset{\underset{Br}{|}}{C}H_2$$

过氧化物的存在，对于不对称烯烃与氯化氢、碘化氢等的加成没有这种影响，只有 HBr 存在过氧化物效应。

烯烃可与冷的浓硫酸发生加成反应，生成硫酸氢酯。

$$CH_2 = CH_2 + H-O-SO_2OH \longrightarrow CH_3-CH_2-OSO_2OH$$

硫酸氢乙酯

不对称烯烃与硫酸的加成反应，符合马氏规则。

$$CH_3-\overset{\overset{\displaystyle CH_3}{|}}{C}=CH_2 + H-OSO_2OH \longrightarrow CH_3-\overset{\overset{\displaystyle CH_3}{|}}{\underset{\underset{\displaystyle OSO_2OH}{|}}{C}}-CH_3$$

硫酸氢叔丁酯

在酸催化下，烯烃与水直接发生加成反应，生成醇。

$$CH_2 = CH_2 + H-OH \xrightarrow[300℃,7MPa]{磷酸硅藻土} CH_3CH_2OH$$

乙醇

不对称烯烃与水的加成反应符合马氏规则。

$$CH_3CH=CH_2 + H-OH \xrightarrow[250℃,4MPa]{磷酸硅藻土} CH_3\underset{\underset{\displaystyle OH}{|}}{CH}CH_3$$

异丙醇

烯烃能与次氯酸发生加成反应，生成氯代醇。

$$CH_2 = CH_2 + HO-Cl \longrightarrow \underset{\underset{\displaystyle OH}{|}}{CH_2}-\underset{\underset{\displaystyle Cl}{|}}{CH_2}$$

氯乙醇

一般在反应过程中，常用氯气和水代替次氯酸。

不对称烯烃与次氯酸的加成符合马氏规则。带正电的 Cl$^+$ 加到含氢较多的双键碳原子上，而带负电的 OH$^-$ 加到含氢较少的双键碳原子上：

$$CH_3-CH=CH_2 + HO-Cl^+ \longrightarrow CH_3-\underset{\underset{\displaystyle OH}{|}}{CH}-\underset{\underset{\displaystyle Cl}{|}}{CH_2}$$

碳正离子形成速度：3°>2°>1°

碳正离子稳定性：3°>2°>1°>CH$_3^+$

越易形成碳正离子的烯烃，反应活性越高。

⑤ 硼氢化-氧化反应　采用 BH$_3$（BH$_2$R 或 BHR$_2$）与烯烃进行加成反应，之后采用 H$_2$O$_2$/NaOH 进行氧化。加成反应得到的是顺式加成、遵循反马氏规则的产物，在碱性条件下反应生成醇，这也是制备醇的方法之一。

$$\overset{}{>}C=C\overset{}{<} + H-B\overset{}{<} \longrightarrow -\overset{}{\underset{}{C}}-\overset{}{\underset{\underset{\displaystyle B}{|}}{C}}- \xrightarrow[OH^-]{H_2O_2} -\overset{}{\underset{}{C}}-\overset{}{\underset{\underset{\displaystyle OH}{|}}{C}}-$$

本反应具有区域选择性，遵循反马氏规则，B 加在双键位阻小的一端（H 多的一端），产生顺式加成产物，C—B 键在碱性条件下被 H$_2$O$_2$ 氧化成醇（硼氢化-氧化）。

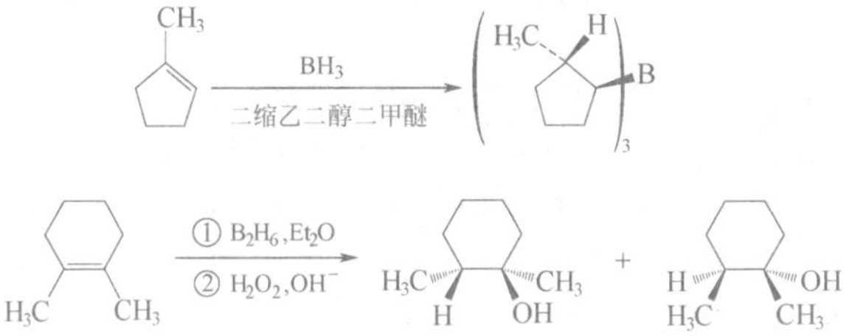

⑥ 羟汞化-脱汞反应　一般认为羟汞化反应机理如下，脱汞反应的机理尚不清楚。本反应具有高度的专一性。加成反应遵循马氏规则，—OH 加在双键位阻大的一端（H 少的一端），得到反式加成产物。

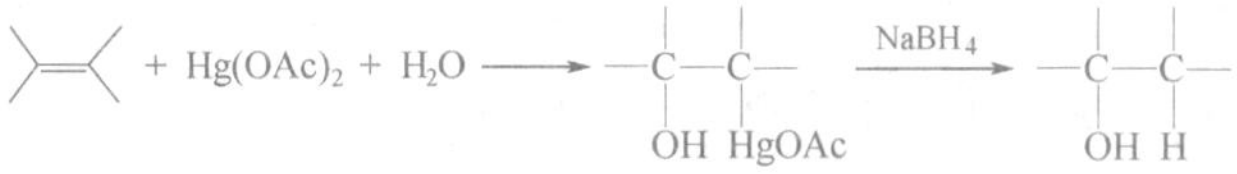

（2）氧化反应　烯烃很容易发生氧化反应，随氧化剂和反应条件的不同，氧化产物也不同。氧化反应发生时，首先是碳碳双键中的 π 键打开；当反应条件强烈时，σ 键也可断裂。这些氧化反应在合成和确定烯烃分子结构中是很有价值的。

① 高锰酸钾氧化　用碱性冷高锰酸钾稀溶液作氧化剂，反应结果使双键碳原子上各引入一个羟基，生成邻二醇。在反应过程中，高锰酸钾溶液的紫色逐渐消退，生成乙二醇和棕褐色的二氧化锰沉淀：

$$3CH_2{=}CH_2 + 2KMnO_4 + 4H_2O \longrightarrow 3\underset{OH}{CH_2}{-}\underset{OH}{CH_2} + 2MnO_2\downarrow + 2KOH$$

乙二醇

若用酸性高锰酸钾溶液氧化烯烃，则反应迅速发生，此时，不仅 π 键打开，σ 键也可断裂。在比较强烈的氧化条件下，烯烃 C═C 双键发生完全断裂，生成相应的氧化产物。用过量高锰酸钾的酸性溶液氧化烯烃：

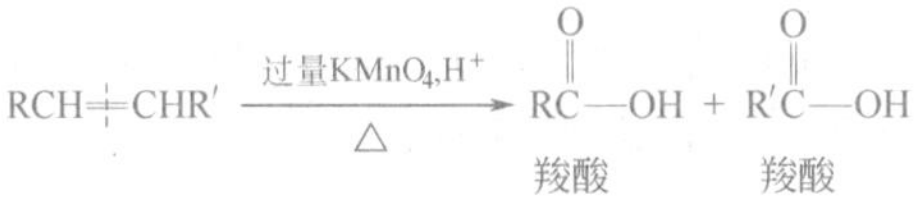

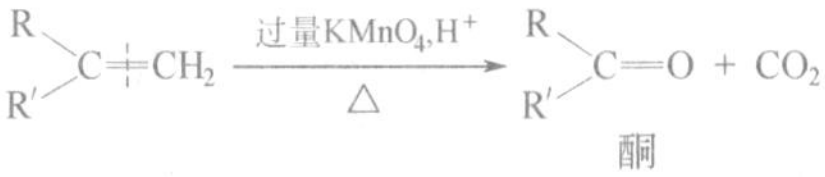

可以看出，不同构造的烯烃，发生强烈氧化时，产物也不相同。其中具有 RCH ═构造的烯烃，氧化后生成羧酸（RCOOH）；具有 $\mathrm{RR'C{=}}$ 构造的烯烃，氧化后生成酮（$\mathrm{RR'C{=}O}$）；具有═CH_2 构造的烯烃，氧化后生成二氧化碳（CO_2）。因此可根据氧化产物推测原烯烃的结构。

$$CH_2{=}CH_2 + KMnO_4 + H_2SO_4 \longrightarrow 2CO_2 + MnO_2$$
$$CH_3CH{=}CH_2 + KMnO_4 + H_2SO_4 \longrightarrow CH_3COOH + CO_2$$
$$CH_3CH{=}CHCH_3 + KMnO_4 + H_2SO_4 \longrightarrow 2CH_3COOH$$
$$CH_3C(CH_3){=}CHCH_3 + KMnO_4 + H_2SO_4 \longrightarrow CH_3COOH + CH_3COCH_3$$

② 催化氧化　在催化剂存在下，烯烃可被空气氧化。

乙烯与空气混合后，用银作催化剂，在 200～300℃ 条件下，生成环氧乙烷。

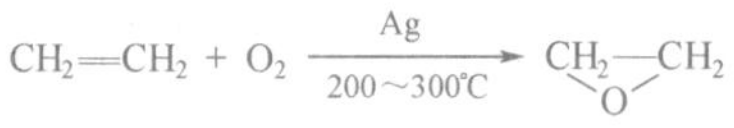

$$CH_2{=}CH_2 + O_2 \xrightarrow[200\sim300℃]{Ag} \underset{\text{环氧乙烷}}{CH_2{-}CH_2}$$

如果用氯化钯-氯化铜作催化剂，乙烯则被氧化成乙醛。

$$CH_2{=}CH_2 + O_2 \xrightarrow[100\sim125℃]{PdCl_2{-}CuCl_2} \underset{\text{乙醛}}{CH_3CHO}$$

③ 臭氧氧化　在低温时，将含有臭氧的氧气流通入液体烯烃或烯烃的四氯化碳溶液中，臭氧迅速与烯烃作用，生成黏稠状的臭氧化物，此反应称为臭氧化反应。

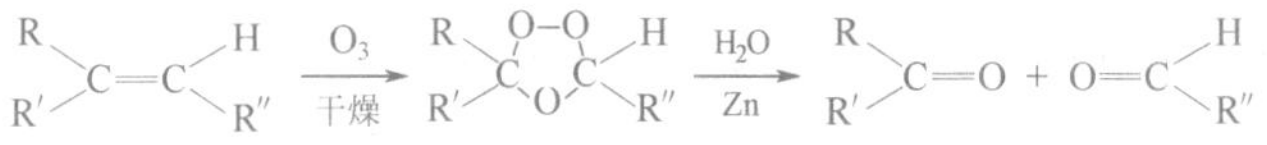

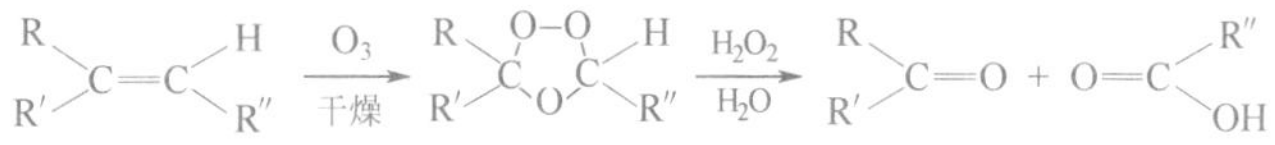

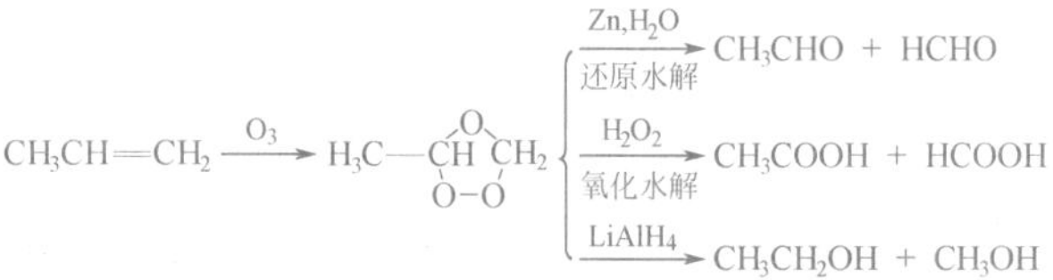

臭氧化物在游离状态下很不稳定，容易发生爆炸，在一般情况下，不必从反应溶液中分离出来，可直接加水进行水解，产物为醛或酮，或者为醛酮混合物，另外还有过氧化氢生成。为了避免生成的醛被过氧化氢继续氧化为羧酸，臭氧化物水解时需在还原剂存在的条件下进行，常用的还原剂为锌粉。不同的烯烃经臭氧氧化后再在还原剂存在下进行水解，可以得到不同的醛或酮。

臭氧氧化反应可以用于由烯烃制备羰基化合物，当双键碳上的 R 为 H 时，得到的是醛；R 为烃基时，得到酮。鉴定烯烃中双键的位置时，在反应过程中加入 Zn 是为了抑制过氧化氢的氧化作用。

归纳总结：

烯烃的氧化主要包括：

① 酸性 $KMnO_4$

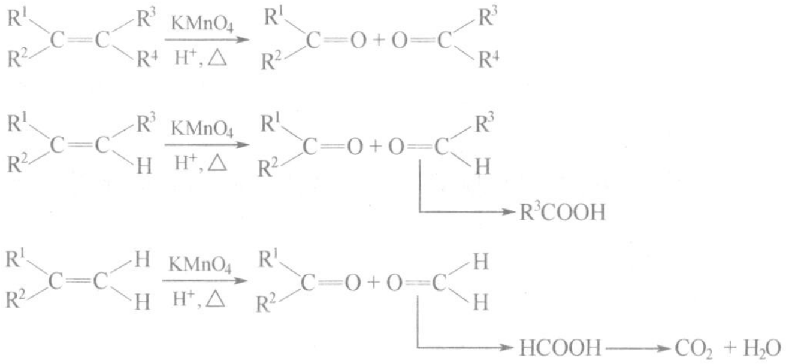

② 与 O_3 反应后，还原条件下水解

$$\underset{R^2}{\overset{R^1}{\diagdown}}C=C\underset{R^4}{\overset{R^3}{\diagup}} \xrightarrow[\text{②Zn/H}_2\text{O}]{\text{①O}_3} \underset{R^2}{\overset{R^1}{\diagdown}}C=O + O=C\underset{R^4}{\overset{R^3}{\diagup}}$$

$$\underset{R^2}{\overset{R^1}{\diagdown}}C=C\underset{H}{\overset{R^3}{\diagup}} \xrightarrow[\text{②Zn/H}_2\text{O}]{\text{①O}_3} \underset{R^2}{\overset{R^1}{\diagdown}}C=O + O=C\underset{H}{\overset{R^3}{\diagup}}$$

$$\underset{R^2}{\overset{R^1}{\diagdown}}C=C\underset{H}{\overset{H}{\diagup}} \xrightarrow[\text{②Zn/H}_2\text{O}]{\text{①O}_3} \underset{R^2}{\overset{R^1}{\diagdown}}C=O + O=C\underset{H}{\overset{H}{\diagup}}$$

③ 冷稀 $KMnO_4$（或 OsO_4）——生成顺式连二醇

$$\underset{R^2}{\overset{R^1}{\diagdown}}C=C\underset{R^4}{\overset{R^3}{\diagup}} \xrightarrow{\text{冷稀 KMnO}_4} \underset{HO}{\overset{R^1}{\underset{|}{\overset{R^3}{\underset{|}{R^2-C-CR^4}}}}}\underset{OH}{}$$

④ 过酸（RCOOOH）氧化——生成环氧化合物（水解后生成反式连二醇）

$$\underset{R^2}{\overset{R^1}{\diagdown}}C=C\underset{R^4}{\overset{R^3}{\diagup}} \xrightarrow{RCOOOH} \underset{R^2}{\overset{R^1}{\diagdown}}C\overset{O}{\diagup\diagdown}C\underset{R^4}{\overset{R^3}{\diagup}} \xrightarrow[\text{或H}_2\text{O,OH}^-]{\text{H}_3^+\text{O}} \text{HO}\underset{R^2}{\overset{R^1}{\underset{}{C}}}\cdots C\underset{OH}{\overset{R^3}{\overset{}{R^4}}}$$

反式连二醇

$$\underset{R}{\overset{O}{\overset{\|}{C}}}-O-\ddot{O}:H\, CF_3COOOH \qquad CH_3COOOH$$

$$PhCOOOH \qquad \underset{Cl}{\overset{\text{COOOH}}{\bigcirc}}$$

（最安全的过酸）

（3）聚合反应　烯烃不仅能与许多试剂发生加成反应，还能在引发剂或催化剂作用下，断裂 π 键，以头尾相连的形式自相加成，生成分子量较大的化合物。烯烃的这种自相加成反应叫作聚合反应。能发生聚合反应的分子量较小的化合物叫作单体，聚合后得到的分子量较大的化合物叫作聚合物。例如乙烯在过氧化物引发下聚合生成聚乙烯，用 $\overset{}{\underset{}{+}}CH_2CH_2\overset{}{\underset{n}{+}}$ 表示，其中—CH_2—CH_2—叫作链节，n 叫作聚合度。

$$nCH_2=CH_2 \xrightarrow[\text{200}\sim\text{300℃，100MPa}]{\text{少量过氧化物}} +CH_2-CH_2\frac{}{\,n}$$

乙烯　　　　　　　　　　　　　聚乙烯
（单体）　　　　　　　　　　　（聚合物）

聚合反应的条件一般为高温高压、催化剂（一般采用的催化剂为四氯化钛-三乙基铝，又称 Ziegler-Natta）等。

工业上制备聚四氟乙烯的方法是先制备二氟一氯甲烷，再进行裂解和聚合反应。

$$CHCl_3+2HF \xrightarrow[\text{20}\sim\text{30℃}]{SbCl_5} HCClF_2+2HCl$$

$$2HCClF_2 \xrightarrow{700℃} F_2C=CF_2+2HCl$$

$$n\,F_2C\!=\!CF_2 \xrightarrow[\text{过氧化物}]{\text{加压聚合}} \left[\!F_2C\!-\!CF_2\!\right]_n$$

（4）**α-氢原子的反应** 双键是烯烃的官能团，与双键碳原子直接相连的碳原子上的氢，因受双键的影响，表现出一定的活泼性，可以发生取代反应和氧化反应。

① **取代反应** 丙烯与氯气混合，在常温下是发生加成反应，生成 1,2-二氯丙烷，而在 500℃的高温下，主要是烯丙碳上的氢被取代，生成 3-氯丙烯。

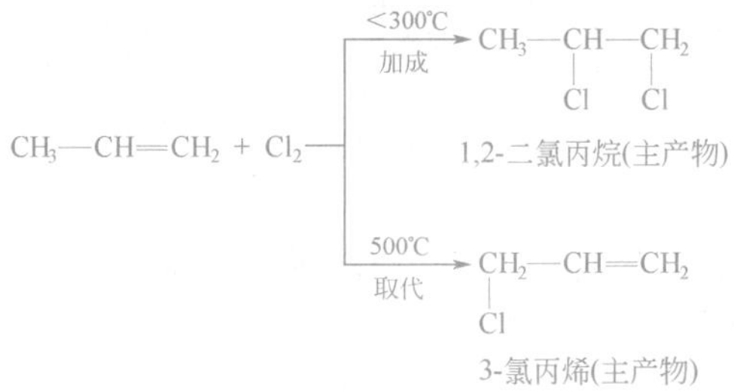

$$CH_3\!-\!CH\!=\!CH_2 + Cl_2$$

提高温度，将有利于取代反应进行，例如工业上就是在 500～530℃的条件下，用丙烯与氯反应制取 3-氯丙烯。

实验室中烯烃的 α-氢原子的溴代反应，可用 NBS 试剂进行，产率较高，可用于制备 α-溴代的烯烃。

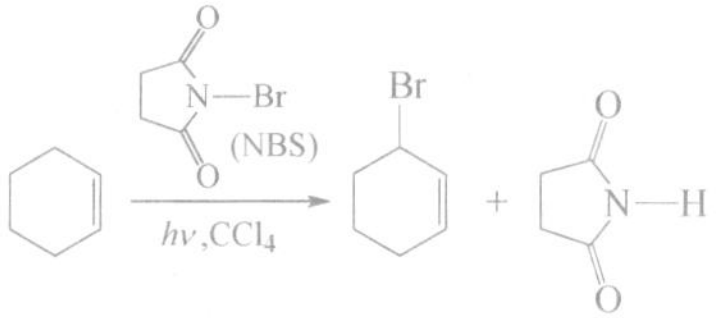

NBS（*N*-溴代琥珀酰亚胺），分子式为 $C_4H_4BrNO_2$，主要用于调节低能溴化反应。NBS 为溴代试剂，反应在温和的条件下进行。

$$CH_3CH\!=\!CH_2 \xrightarrow[\text{ROOR}]{\text{NBS}} BrCH_2CH\!=\!CH_2 + HBr$$

目前 NBS 溴代机理尚无一致的意见，但是一般认为：

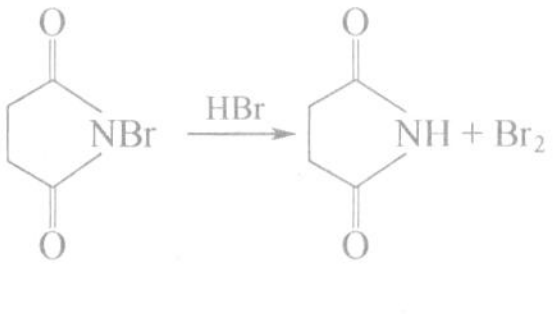

反应过程中 HBr 与 NBS 生成微量的 Br_2 使反应平稳进行。

自由基稳定性：烯丙基自由基＞3°＞2°＞1°＞乙烯型自由基。

合成案例：

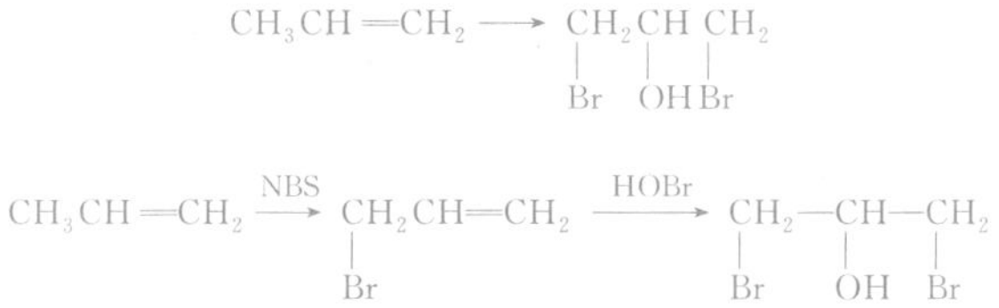

② 氧化反应　在催化剂作用下，烯烃的 α-氢原子可被空气或氧气氧化。

丙烯在氧化亚铜催化下，被空气氧化，生成丙烯醛。

$$CH_2\!=\!CH\!-\!CH_3 + O_2 \xrightarrow[300\sim400℃]{Cu_2O} CH_2\!=\!CH\!-\!CHO + H_2O$$
$$\underset{\text{丙烯醛}}{}$$

如果用钼酸铋作催化剂，丙烯则氧化成丙烯酸。

$$CH_2\!=\!CH\!-\!CH_3 + \frac{3}{2}O_2 \xrightarrow[300\sim400℃]{\text{钼酸铋}} CH_2\!=\!CH\!-\!COOH + H_2O$$
$$\underset{\text{丙烯酸}}{}$$

2.2.6　烯烃制备

（1）醇脱水　通常是在催化剂存在下，由醇脱水制得。乙醇与浓硫酸共热时，脱水生成乙烯：

$$CH_3CH_2OH \xrightarrow[170℃]{\text{浓 } H_2SO_4} CH_2\!=\!CH_2 + H_2O$$
$$\underset{\text{乙醇}}{}$$

以氧化铝为催化剂，加热时，醇也可以脱水生成烯烃：

$$CH_3CH_2OH \xrightarrow[350\sim400℃]{Al_2O_3} CH_2\!=\!CH_2 + H_2O$$

$$\underset{\underset{\text{异丙醇}}{OH}}{CH_3CHCH_3} \xrightarrow[350\sim400℃]{Al_2O_3} CH_3CH\!=\!CH_2 + H_2O$$

（2）卤代烷脱卤化氢　卤代烷与强碱的醇溶液共热时，脱去一分子卤化氢生成烯烃。

$$RCH_2\!-\!CH_2X + KOH \xrightarrow[\triangle]{\text{乙醇}} RCH\!=\!CH_2 + KX + H_2O$$

（3）邻二卤代烷脱卤素　在催化剂锌的作用下，邻二卤代烷脱卤素生成烯烃。

$$\underset{\underset{Br}{|}}{CH_3CHCH_2Br} \xrightarrow{Zn} CH_3CH\!=\!CH_2 + Br_2$$

2.2.7　重要的烯烃

（1）乙烯　为稍有甜味的无色气体，燃烧时火焰明亮但有烟。当空气中乙烯含量为 3%～33.5% 时，则形成爆炸性的混合物，遇火星发生爆炸。乙烯是合成纤维、合成橡胶、合成塑料（聚乙烯及聚氯乙烯）、合成乙醇（酒精）的基本化工原料，也用于制造氯乙烯、苯乙烯、环氧乙烷、乙酸、乙醛、乙醇和炸药等，还可用作水果和蔬菜的催熟剂，是一种已证实的植物激素。在医药上，乙烯与氧的混合物可作麻醉剂。

（2）丙烯　为无色、稍带甜味的气体，燃烧时产生明亮的火焰，不溶于水，溶于有机溶剂，是一种属低毒类物质。丙烯是三大合成材料的基本原料，主要用于生产聚丙烯、丙烯腈、异丙醇、丙酮和环氧丙烷等。另外，可用空气直接氧化丙烯生成丙烯醛。

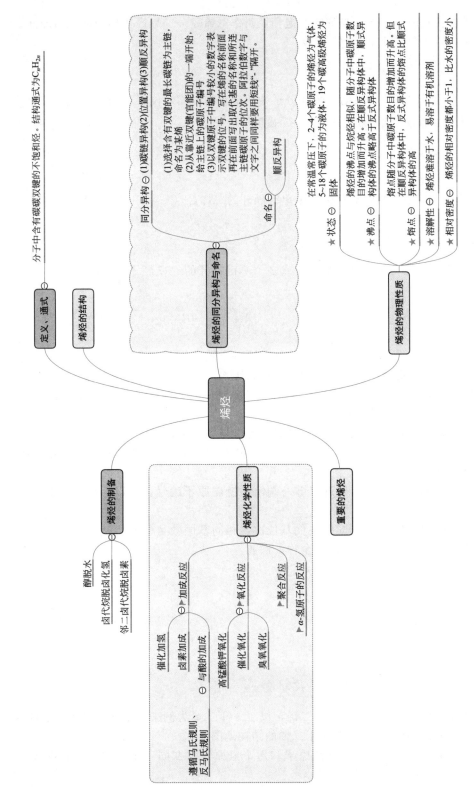

烯烃

定义、通式 ○─ 分子中含有碳碳双键的不饱和烃。结构通式为C_nH_{2n}

烯烃的结构

烯烃的同分异构与命名

同分异构 ○─ (1)碳链异构(2)位置异构(3)顺反异构

命名 ○─
(1)选择含有双键的最长碳链为主链，命名为某烯
(2)从靠近双键（官能团）的一端开始给主链上的碳原子编号
(3)以双键原子中编号较小的数字表示双键的位置，写在烯烃的名称前面，再在前面写出代基的名称和所连主链碳原子的数字次。阿拉伯短线"—"隔开文字之间同样要用短线"隔开"。

顺反异构

烯烃的物理性质

★ 状态 ○─ 在常温常压下，2~4个碳原子的烯烃为气体，5~18个碳原子的为液体，19个碳高级烯烃为固体

★ 沸点 ○─ 烯烃的沸点与烷烃相似，随分子中碳原子数目的增加而升高。在顺反异构体中，顺式异构体的沸点略高于反式异构体

★ 熔点 ○─ 熔点随分子中碳原子数目的增加而升高，但在顺反异构体中，反式异构体的熔点比顺式异构体的高

★ 溶解性 ○─ 烯烃难溶于水，易溶于有机溶剂

★ 相对密度 ○─ 烯烃的相对密度都小于1，比水的密度小

烯烃的制备

醇脱水
卤代烷脱卤化氢
邻二卤代烷脱卤素

烯烃化学性质

加成反应 ─○
催化加氢
卤素加成
与酸的加成 遵循马氏规则、反马氏规则

氧化反应 ─○
催化氧化
臭氧氧化
高锰酸钾氧化

聚合反应

α-氢原子的反应

重要的烯烃

2.3　二烯烃

分子中含有两个 $C=C$ 双键的不饱和烃叫作二烯烃。二烯烃比相应的单烯烃分子中少两个氢原子，通式为 C_nH_{2n-2}（$n \geqslant 3$）。

2.3.1　二烯烃的分类和命名

（1）二烯烃的分类　根据二烯烃分子中两个双键的相对位置不同，可将其分为三类。

① 累积二烯烃　两个双键连在同一个碳原子上（ $\diagup C = C = C \diagdown$ ）的二烯烃叫作累积二烯烃。

$$CH_2 = C = CH_2$$
丙二烯

② 共轭二烯烃　两个双键被一个单键隔开的二烯烃（ $\diagup C = C - C = C \diagdown$ ）叫作共轭二烯烃。

$$CH_2 = CH - CH = CH_2$$
1,3-丁二烯

③ 隔离二烯烃　两个双键被两个或多个单键隔开的二烯烃 $\left[\diagup C = C - (CH_2)_n - C = C \diagdown \right]$ 叫作隔离二烯烃。

$$CH_2 = CH - CH_2 - CH = CH_2$$
1,4-戊二烯

累积二烯烃由于分子中的两个双键连在同一个碳原子上，很不稳定，极少见。隔离二烯烃分子中的两个双键相距较远，彼此没有什么影响，相当于两个孤立的单烯烃，其性质也与单烯烃相似。只有共轭二烯烃分子中的两个双键被一个单键连接起来，由于结构比较特殊，具有不同于其他二烯烃的特殊性质。

（2）二烯烃的命名　二烯烃系统命名法的步骤和规则如下：

① 选择主链作为母体　二烯烃的命名应选择含有两个双键的最长碳链作为主链（母体），母体名称为"某二烯"。

② 给主链碳原子编号　靠近双键一端给主链碳原子编号，用以标明两个双键和取代基的位次。

③ 写出二烯烃的名称　按照取代基位次、相同基团数目、取代基名称、两个双键的位次、母体名称的顺序写出二烯烃的全称。例如：

$$CH_2 = CH - CH = CH_2$$
1,3-丁二烯

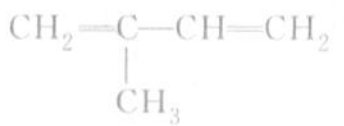

$$CH_2 = C - CH = CH_2$$
$$\qquad\ \ |$$
$$\qquad\ CH_3$$
2-甲基-1,3-丁二烯（异戊二烯）

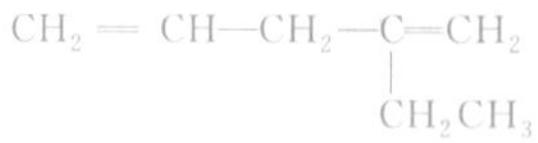

$$CH_2 = CH - CH_2 - C = CH_2$$
$$\qquad\qquad\qquad\quad |$$
$$\qquad\qquad\qquad CH_2CH_3$$
2-乙基-1,4-戊二烯

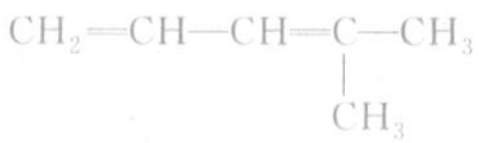

$$CH_2 = CH - CH = CH - CH_3$$
$$\qquad\qquad\qquad\quad |$$
$$\qquad\qquad\qquad\ CH_3$$
4-甲基-1,3-戊二烯

2.3.2　共轭二烯烃的结构和共轭效应

最简单的共轭二烯烃是1,3-丁二烯，以1,3-丁二烯为例来讨论共轭二烯烃的结构。

（1）1,3-丁二烯的结构　1,3-丁二烯的结构见图 2-8。

在1,3-丁二烯分子中，四个碳原子和六个氢原子都在同一个平面上，其键长和键角的数据如图 2-8 所示。

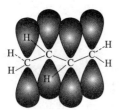 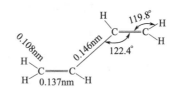

2.16 1,3-丁二烯的结构

2.17 丁二烯的分子模型

图 2-8　1,3-丁二烯的结构

在 1,3-丁二烯分子中 C＝C 双键的键长比单烯烃中 C＝C 双键的键长（0.134nm）略长，但 C—C 单键的键长比烷烃中 C—C 单键的键长（0.154nm）短，这说明在共轭二烯烃分子中，C＝C 双键和 C—C 单键的键长具有平均化的趋势。

杂化轨道理论认为，1,3-丁二烯分子中的四个碳原子都是 sp^2 杂化的。它们各以 sp^2 杂化轨道沿键轴方向相互重叠形成三个 C—C σ 键，其余的 sp^2 杂化轨道分别与氢原子的 s 轨道沿键轴方向相互重叠形成六个 C—H σ 键，这九个 σ 键都在同一平面上，它们之间的夹角都接近 120°。每个碳原子上还剩下一个未参加杂化的 p 轨道，这四个 p 轨道的对称轴都与 σ 键所在的平面相垂直，彼此平行，并从侧面重叠，形成 π 键。这样 p 轨道就不仅是在 C^1 与 C^2、C^3 与 C^4 之间平行重叠，而且在 C^2 与 C^3 之间也有一定程度的重叠，从而形成了一个包括四个碳原子在内的大 π 键，这个大 π 键是一个整体，叫作共轭 π 键。1,3-丁二烯分子中的共轭 π 键见图 2-9。

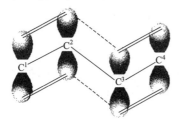 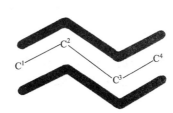

2.18 1,3-丁二烯的分子构型及电子云

图 2-9　1,3-丁二烯分子中的共轭 π 键

也就是说，在 1,3-丁二烯分子中，并不存在两个独立的双键，而是一个整体双键，但在书写时，仍习惯于写成两个双键的形式。

（2）共轭体系与共轭效应　π 电子不是固定在一个双键的两个 C 原子之间，而是扩散到几个双键 C 原子之间，形成一个整体，这种现象叫离域。这样的体系，叫共轭体系。

π-π 共轭体系：$CH_2＝CH—CH＝CH_2$，$CH_2＝CH—HC＝O$ 与苯等。

把在共轭体系中，分子内原子间的相互影响，引起电子云密度平均化的效应叫作共轭效应，或称电子离域效应。共轭效应概括起来主要特点如下：

① 共轭体系中所有原子均在同一平面内，形成大 π 键的 p 轨道都垂直于这个平面。

② 共轭体系的单双键趋向于平均化。共轭链越长，平均化程度就越高。

③ 共轭体系中 π 电子发生转移时，链上出现正负交替现象。共轭效应沿共轭链传递，但并不因共轭链的增长而减弱。

④ 共轭体系由于 π 电子处于离域的轨道中，共轭的结果是使热力学能降低。

2.3.3　共轭二烯烃的性质

共轭二烯烃分子中的 C＝C 双键与单烯烃相似，也可发生加成、氧化和聚合等一系列反应。此外，共轭二烯烃具有特定的结构，由于共轭效应的影响，还可发生一些特殊的反应。

（1）加成反应　与烯烃相似，1,3-丁二烯能与卤素、卤化氢和氢气发生加成反应。但由于其结构的特殊性，加成产物通常有两种。共轭二烯烃在与 1mol 卤素或卤化氢等试剂加成时，既可发生 1,2-加成反应，也可发生 1,4-加成反应，所以可得两种产物。

$$CH_2=CH-CH=CH_2 + Br_2 \xrightarrow{\quad}$$

1,2-加成
$$CH_2=CH-CH-CH_2$$
$$\underset{Br}{\quad}\ \underset{Br}{\quad}$$
3,4-二溴-1-丁烯

1,4-加成
$$CH_2-CH=CH-CH_2$$
$$\underset{Br}{\quad}\qquad \underset{Br}{\quad}$$
1,4-二溴-2-丁烯

2.19　1,2-加成　　2.20　1,4-加成

控制反应条件，可调节两种产物的比例。如在低温下或非极性溶剂中，有利于 1,2-加成产物的生成，升高温度或在极性溶剂中，则有利于 1,4-加成产物的生成。

$$CH_2=CH-CH=CH_2 + HBr \xrightarrow{\quad}$$

正己烷
$-15℃$
$$CH_2=CH-CH-CH_3 + CH_2=CH-CH-CH_3$$
$$\quad\quad\underset{Br}{\quad}\qquad\qquad\underset{Br}{\quad}$$
（80%）　　　　　　　（20%）

$CHCl_3$
$-15℃$
$$CH_2=CH-CH-CH_3 + CH_2=CH-CH-CH_3$$
$$\quad\quad\underset{Br}{\quad}\qquad\qquad\underset{Br}{\quad}$$
（20%）　　　　　　　（80%）

$$CH_2=CH-CH=CH_2 + HBr \xrightarrow{\quad}$$

$-80℃$
$$CH_2=CH-CH-CH_3 + CH_2=CH-CH-CH_3$$
$$\qquad\qquad\underset{Br}{\quad}\qquad\qquad\underset{Br}{\quad}$$
（80%）　　　　　　　（20%）

$40℃$
$$CH_2=CH-CH-CH_3 + CH_2=CH-CH-CH_3$$
$$\underset{Br}{\quad}\qquad\qquad\qquad\qquad\underset{Br}{\quad}$$
（80%）　　　　　　（20%）
1-溴-2-丁烯　　　　3-溴-1-丁烯

共轭二烯烃与卤化氢加成时，符合马氏规则。1,2-加成和 1,4-加成产物的比例与反应条件（温度、溶剂）等有关。一般来说，随着反应温度的升高、溶剂性的增加，1,4-加成产物的比例增加。

（2）双烯合成反应　共轭二烯烃与某些具有碳碳双键的不饱和化合物发生 1,4-加成反应生成环状化合物的反应称为双烯合成，也叫狄尔斯-阿尔德（Diels-Alder）反应。这是共轭二烯烃特有的反应，它将链状化合物转变成环状化合物，因此又叫环合反应。

马来酸酐

一般把进行双烯合成的共轭二烯烃称作双烯体，另一个不饱和的化合物称为亲双烯体。

一些常见的双烯体：

一些常见的亲双烯体：

Diels-Alder 反应的特点：

① 共轭二烯烃的电子云密度高，亲双烯体上有吸电子基团时，反应很容易进行，如亲双烯体为 R—CH =CH—，R 为—CN、—COOR、—CHO、—COR、—COOH 等吸电子的基团时，对反应有利。

② Diels-Alder 反应是顺式加成反应，加成产物仍保持双烯体和亲双烯体原来的构型。

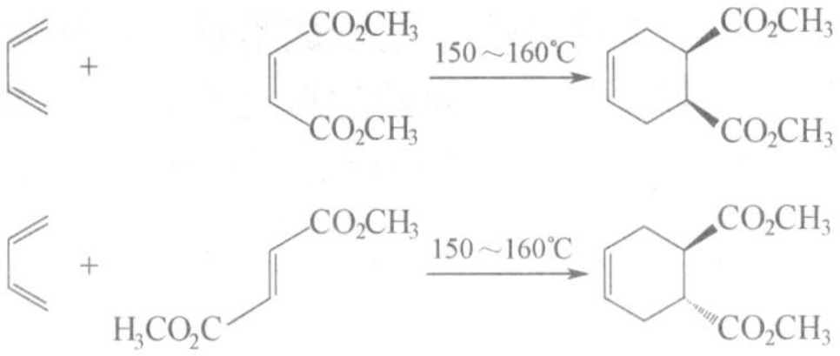

③ 反应无须酸碱的催化，为协同反应，一步完成，无反应中间体产生，有一个六元环状过渡态。

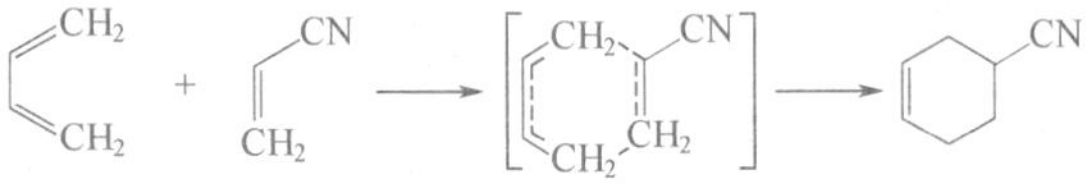

双烯合成是合成六元环状化合物的一种方法。共轭二烯烃与顺丁烯二酸酐的加成产物是固体，在高温时又可分解为原来的二烯烃，所以可用于共轭二烯烃的鉴定与分离。

（3）聚合反应　共轭二烯烃比较容易发生聚合反应生成高分子化合物，共轭二烯烃在聚合时，既可发生 1,2-加成聚合，也可发生 1,4-加成聚合。

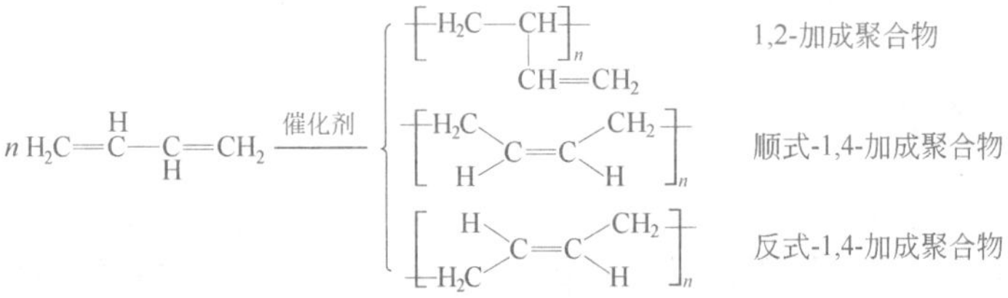

用齐格勒-纳塔催化剂，可定向聚合：

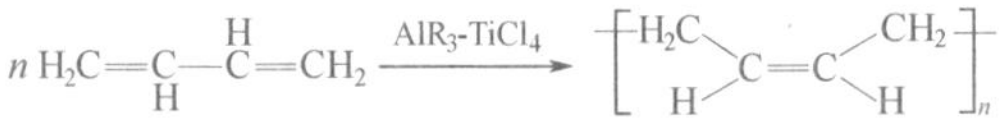

本反应是按 1,4-加成方式，首尾相接而成的聚合物。由于链节中，相同的原子或基团在 C =C 双键同侧，所以称作顺式。这样的聚合方式称为定向聚合。工业上利用这一反应来生产合成橡胶，定向聚合生产的顺丁橡胶，由于结构排列有规律，具有耐磨、耐低温、抗老化、弹性好等优良性能，因此在合成橡胶中的产量占世界第二位，仅次于丁苯橡胶。常用的橡胶结构如下：

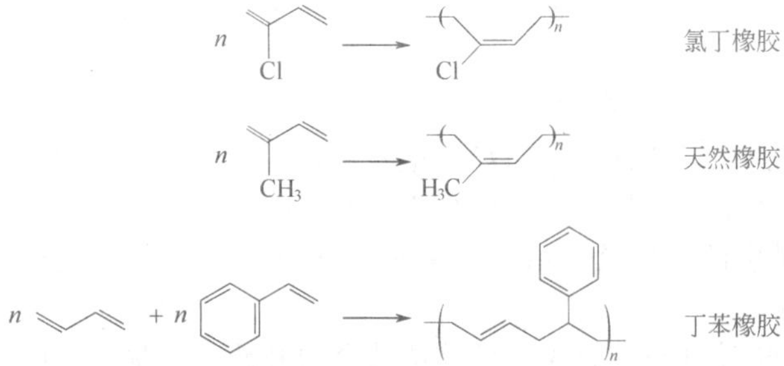

2.3.4 二烯烃的制备

（1）从石油裂解气中提取　在石油裂解生产乙烯和丙烯时，副产物 C_4、C_5 馏分中含有大量1,3-丁二烯和异戊二烯。采用合适的溶剂，可从这些馏分中将1,3-丁二烯和异戊二烯提取出来。

此法的优点是原料来源丰富，价格低廉，生产成本低，经济效益高。目前世界各国用此法生产1,3-丁二烯和异戊二烯的越来越多，西欧地区已全部采用这一生产方法。

（2）由烷烃和烯烃脱氢制取 C_4、C_5 烷烃和烯烃　在催化剂作用下，可于高温下脱氢生成1,3-丁二烯和异戊二烯：

$$CH_3CH_2CH_2CH_3 \xrightarrow[600℃]{Al_2O_3 \cdot CrO_3} CH_2{=}CH{-}CH{=}CH_2 + 2H_2\uparrow$$

$$CH_3{-}\underset{\underset{CH_3}{|}}{CH}CH_2CH_3 \xrightarrow[600℃]{Al_2O_3 \cdot CrO_3} CH_3{-}\underset{\underset{CH_3}{|}}{C}{=}CH{-}CH_2 + 2H_2\uparrow$$

$$\left.\begin{array}{l}CH_3CH_2CH{=}CH_2\\CH_3CH{=}CHCH_3\end{array}\right\} \xrightarrow[600\sim650℃]{Fe_2O_3} CH_2{=}CH{-}CH{=}CH_2 + H_2\uparrow$$

$$CH_3{-}\underset{\underset{CH_3}{|}}{CH}CH{=}CH_2 \xrightarrow[600\sim625℃]{Fe_2O_3} CH_2{=}\underset{\underset{CH_3}{|}}{C}{-}CH{=}CH_2 + H_2\uparrow$$

用脱氢法制取共轭二烯烃具有设备成本较高、原料转化率较低等缺点，因此各国多采用合成法制备。

2.3.5 萜类化合物

萜类化合物是指含有异戊二烯结构单位的化合物，它广泛存在于动植物体内，在结构上可以看作是由若干个异戊二烯单位以不同方式首尾相连而成的。这种结构特点规律叫作萜类化合物的异戊二烯规律。

$$\underset{\text{异戊二烯}}{\underset{\text{头}\qquad\qquad\text{尾}}{CH_2{=}\underset{\underset{CH_3}{|}}{C}{-}CH{=}CH_2}} \qquad\qquad \underset{\text{异戊二烯单位}}{\underset{\text{头}\qquad\qquad\text{尾}}{C{-}\underset{\underset{C}{|}}{C}{-}C{-}C}}$$

$$\underset{\text{两个异戊二烯单位头尾加成}}{\underset{\text{头}\quad\quad\text{尾}\;\text{头}\quad\quad\text{尾}}{C{-}\underset{\underset{C}{|}}{C}{-}C{-}C {+} C{-}\underset{\underset{C}{|}}{C}{-}C{-}C}}$$

萜类化合物分子中常含有碳碳双键或羟基、羰基、羧基等官能团。"萜"原来指的是薄荷烷，后来将所有异戊二烯单位的低聚物及其含氧衍生物统称为萜类化合物。

萜类化合物分子中的异戊二烯单位可相互连接成链状，也可以连接成环状。萜类化合物是根据分子中所含异戊二烯单位的数目进行分类的。

只有含有碳氢两种元素的萜叫作萜烃，饱和的萜烃称为萜烷，不饱和的萜烃称为萜烯，自然界中存在的萜烃主要是萜烯，萜烃的衍生物有萜醇、萜酮等。

① 单萜　单萜是由两个异戊二烯单位头尾相连而成的。由于碳架不同，单萜可分为开链萜、单环萜和双环萜。

a.开链萜　开链萜是由两个异戊二烯单位结合的开链化合物。香叶烯是开链萜的典型代表，是酒花油、月桂子油和松节油等的重要成分。开链萜中有许多是珍贵的香料，如橙花醇、香叶醇和柠檬醛等。

月桂烯 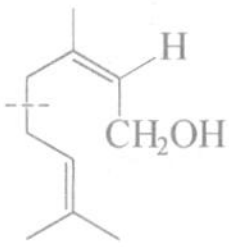　　　橙花醇 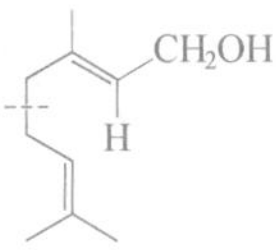　　　香叶醇

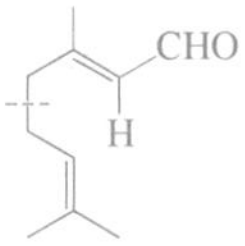

α-柠檬醛　　　β-柠檬醛

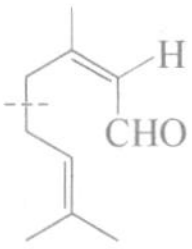

橙花醇和香叶醇互为顺反异构体，橙花醇为顺式，香叶醇为反式。它们存在于玫瑰油、樱花油和香茅油等中，为无色有玫瑰香气的液体，用于配制香料。

α-柠檬醛和β-柠檬醛也互为顺反异构体。它们存在于柠檬油中，有很强的柠檬香气，用于配制香精或作合成维生素 A 的原料。

b. 单环萜　单环萜是由两个异戊二烯单位结合而成的具有六元环的化合物。薄荷烷或萜烷（1-甲基-4-异丙基环己烷）是许多单环萜的母体，其中比较重要的化合物是具有萜烷碳架的薄荷醇和苎烯。

苎烯存在于松节油、薄荷油和柠檬油中，是具有柠檬香气的无色液体，用作香料、溶剂及合成橡胶的原料。

薄荷醇俗名薄荷脑，存在于薄荷的茎叶中，将薄荷的茎叶经水蒸气蒸馏而制得。它是低熔点的固体，有芳香清凉气味，有杀菌、消炎和防腐作用，并有局部止痛的效力。

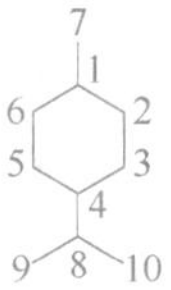

萜烷(薄荷烷) 　　　苎烯(柠檬烯) 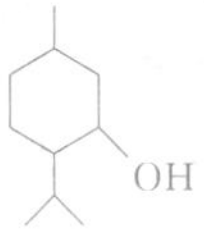　　　薄荷醇(薄荷脑)

薄荷醇广泛用于医疗和食品工业，是常用的清凉剂，是配制清凉油、十滴水、人丹和痱子水的主要成分之一。

c. 双环萜　当萜烷中的 8 位碳原子分别与环中不同碳原子相连时，就构成几种双环萜骨架。其中萜烷中 8 位碳原子与 1 位碳原子相连就得到莰。莰族中比较重要的是莰醇和莰酮。

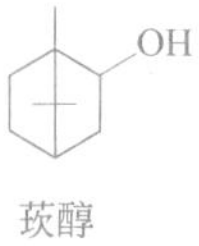

莰醇 　　　莰 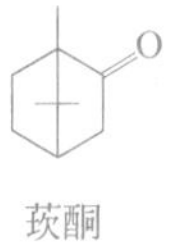　　　莰酮

莰醇又名冰片，存在于许多植物油中，为无色的片状晶体，难溶于水，有清凉气味和杀菌效力。它可用于医药化妆品生产及配制香精。

莰酮又名樟脑，主要存在于樟树中，为无色的晶体，易升华，难溶于水而易溶于有机溶剂，有令人愉快的气味。樟脑有驱虫作用，可作为衣物的防蚊虫剂，在医药上用作强心剂。

② 倍半萜　倍半萜含有三个异戊二烯单位，相当于一个半分子的单萜，故称倍半萜。此类化合物有开链、单环、双环和三环等结构类型。

a. 金合欢醇　金合欢醇又称法尼醇，是一种开链倍半萜，存在于玫瑰油中。它是无色黏稠液体，具有保幼激素活性。保幼激素在昆虫体内过量，就会抑制昆虫的变态和性成熟，使幼虫不能成蛹、蛹不能变成虫、成虫不产卵。它是一种新的杀虫剂。

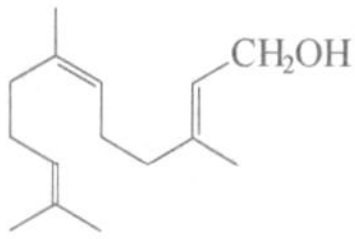

金合欢醇(法尼醇)

b. 山道年   山道年存在于菊科植物茼蒿花蕾中。它是无色晶体，熔点为 171℃，难溶于水，稍溶于乙醇。

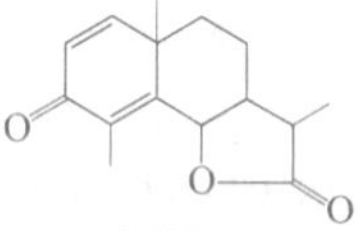

山道年

山道年分子中有三个环，其中一个是内酯环，易被碱水解为山道年酸盐而溶于碱中。

山道年能兴奋蛔虫的神经节，使蛔虫发生痉挛性收缩，使之不能附着在肠壁上，在泻药的配合下，将蛔虫排出体外。它是驱蛔药宝塔糖的主要成分。

③ 二萜   二萜是由四个异戊二烯单位组合而成的，广泛存在于动、植物中。叶绿醇和维生素 A 是重要的二萜化合物。

叶绿醇是叶绿素分子的组成部分。叶绿醇是合成维生素 K 和维生素 E 的原料。

维生素 A 分为维生素 A_1、维生素 A_2 两种。它们都是单环二萜醇类化合物。

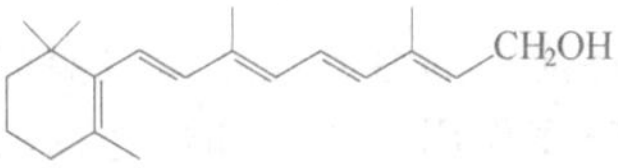

维生素A_1

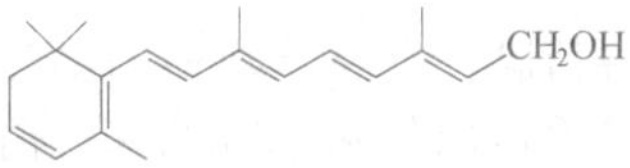

维生素A_2

维生素 A 是淡黄色结晶，熔点为 64℃，不溶于水，易溶于有机溶剂，属于脂溶性维生素。维生素 A 分子中含有多个共轭双键，化学性质活泼，易被空气氧化和紫外线破坏而丧失其生理功能，但能耐热。它是哺乳动物正常生长和发育所必需的物质。人体缺乏维生素 A时，可导致皮肤粗糙、眼角膜硬化和夜盲。

④ 四萜   四萜是由八个异戊二烯单位组成的化合物。胡萝卜素是四萜的代表物。它是 α、β 或 γ 三种异构体的混合物，其中以 β-异构体的含量最高（约占胡萝卜素总量的 85%）。胡萝卜素是黄色晶体，易溶于有机溶剂。遇硫酸或三氧化锑的氯仿溶液显深蓝色。胡萝卜素在动、植物体内可以转化为维生＋素 A。

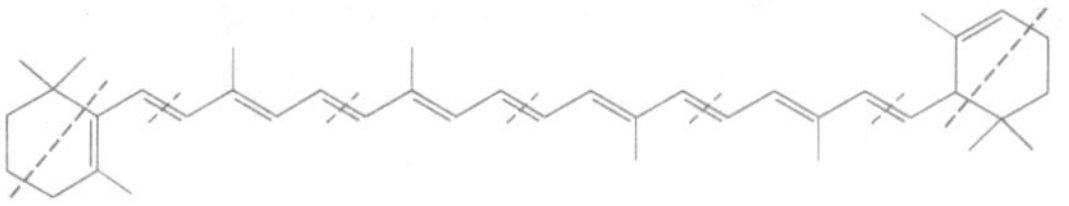

α-胡萝卜素(熔点为188℃)

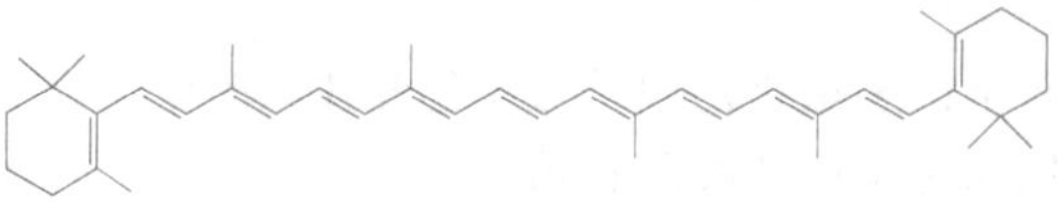

β-胡萝卜素(熔点为184℃)

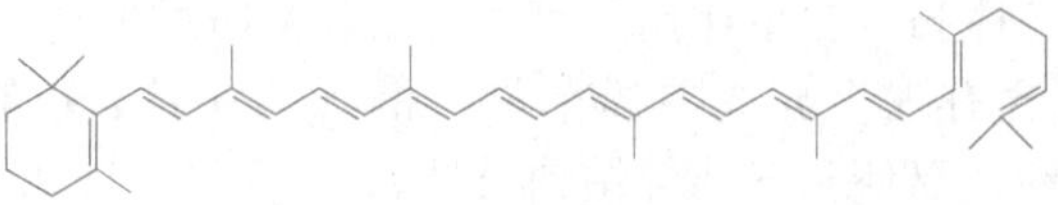

γ-胡萝卜素(熔点为178℃)

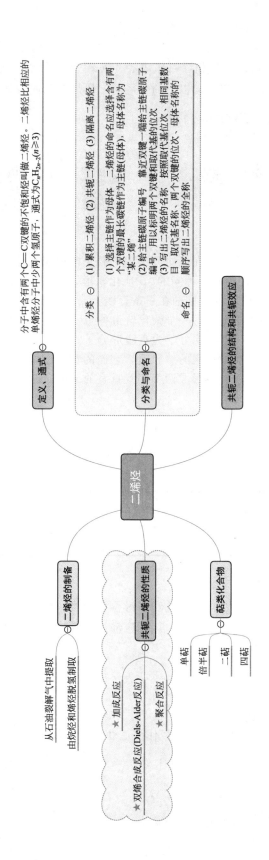

二烯烃

- 定义、通式
  - 分子中含有两个C=C双键的不饱和烃叫做二烯烃。二烯烃比相应的单烯烃分子中少两个氢原子，通式为C_nH_{2n-2}（$n \geqslant 3$）

- 分类与命名
  - 分类
    - (1) 累积二烯烃 (2) 共轭二烯烃 (3) 隔离二烯烃
  - 命名
    - 选择主链作为母体 二烯烃的命名应选择含有两个双键的最长碳链作为主链(母体)，母体名称为"某二烯"
    - (1) 给主链碳原子编号，用以标明两个双键和取代基的位次 靠近双键一端给主链碳原子编号
    - (2) 写出二烯烃的名称 按照取代基位次、母体双键的位次、相同基数目，取代基名称，两个双键的位次，母体名称的顺序写出二烯烃的全称

- 共轭二烯烃的结构和共轭效应

- 二烯烃的制备
  - 从石油裂解气中提取
  - 由烷烃和烯烃脱氢制取

- 共轭二烯烃的性质
  - ★ 加成反应
  - ★ 双烯合成反应(Diels-Alder反应)
  - ★ 聚合反应

- 萜类化合物
  - 单萜
  - 倍半萜
  - 二萜
  - 四萜

2.4　炔烃

分子中含有C≡C三键的不饱和烃叫作炔烃,通式为C_nH_{2n-2}($n \geqslant 2$),炔烃比相应的单烯烃分子中少两个氢原子,三个碳以上的炔烃与二烯烃互为同分异构体。

2.4.1　炔烃的结构、异构和命名

2.21　乙炔　　2.22　乙炔的分子构型　　2.23　乙炔中键的形成　　2.24　碳原子的sp杂化

乙炔为炔烃中最简单的炔烃。在乙炔分子中,两个碳原子采用 sp 杂化方式,即一个 2s 轨道与一个 2p 轨道杂化,组成两个等同的 sp 杂化轨道,sp 杂化轨道的形状与 sp^2、sp^3 杂化轨道相似,两个 sp 杂化轨道的对称轴在一条直线上。两个以 sp 杂化的碳原子,各以一个杂化轨道相互结合形成碳碳 σ 键,另一个杂化轨道各与一个氢原子结合,形成碳氢 σ 键,三个 σ 键的键轴在一条直线上,即乙炔分子为直线形分子。

每个碳原子还有两个未参加杂化的 p 轨道,它们的轴互相垂直。当两个碳原子的两个 p 轨道分别平行时,两两侧面重叠,形成两个相互垂直的 π 键。

碳原子杂化过程为:

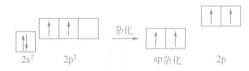

项目	单键	双键	三键
键长/nm	0.154	0.134	0.120
键能/kJ	345.6	610.9	835

2.4.2　炔烃的同分异构和命名

(1) 炔烃的异构　分为碳链构造异构和三键位置异构。由于三键碳原子上只能连接一个原子或基团,所以炔烃没有顺反异构体,比相应烯烃的异构体数目少。

例如炔烃 C_5H_8 的同分异构体。

$$CH_3CH_2CH_2C \equiv CH \qquad CH_3CH_2C \equiv CCH_3 \qquad \begin{matrix} CH_3CHC \equiv CH \\ | \\ CH_3 \end{matrix}$$

(2) 炔烃化合物的命名

① 普通命名　乙炔为母体,其他炔烃作为乙炔的衍生物:

$$(CH_3)_3CC \equiv CH \qquad (CH_3)_3CC \equiv CC(CH_3)_2 \qquad CF_3C \equiv CH$$
叔丁基乙炔　　　　　二叔丁基乙炔　　　　　三氟甲基乙炔

② 系统命名

a. 以含三键的最长碳链为主链,称为某炔;

b. 从靠近三键的一端开始编号；

c. 以位次最小的炔碳表示三键的位置；

d. 取代基的位次和书写遵守优先基团后列原则；

e. 当有卤原子取代时，卤原子作为取代基，炔为母体；

f. 当有双键时，以炔为母体，编号应使双键和三键的位次之和最小，若两者都位于同等位次，则应以双键位次为最小（次要基团优先）；

g. 复杂的化合物在命名时可把炔基作为取代基。

$$CH_3CH_2CH_2C \equiv CH \qquad CH_3CH_2C \equiv CCH_3$$
1-戊炔 　　　　　　　　　 2-戊炔

$$CH_3\overset{\displaystyle |}{\underset{\displaystyle CH_3}{CH}}C \equiv CH \qquad CH_3\overset{\displaystyle CH_3}{\underset{\displaystyle CH_3}{\overset{\displaystyle |}{\underset{\displaystyle |}{C}}}}C \equiv CCH_3$$
3-甲基-1-丁炔 　　　　　　 4,4-二甲基-2-戊炔

2.4.3　炔烃的物理性质

（1）物态　通常情况下，$C_2 \sim C_4$ 的炔烃是气体；$C_5 \sim C_{17}$ 的炔烃是液体；C_{18} 以上的炔烃是固体。

（2）熔点、沸点　炔烃的熔点、沸点都随碳原子数目增加而升高。一般比相应的烷烃、烯烃略高，这是因为 $C \equiv C$ 键长较短，分子间距离较近、作用力较强。碳架相同的炔烃的熔点与沸点，三键在链端的较低。

（3）相对密度　炔烃的相对密度都小于 1，比水轻。相同碳原子数的烃的相对密度为：炔烃＞烯烃＞烷烃。

（4）溶解性　炔烃是弱极性分子，不溶于水，易溶于非极性或弱极性有机溶剂中，易溶于乙醚、石油醚、丙酮、苯和四氯碳化等。

（5）稳定性　对于碳数相同的炔烃，烷基支链多的炔烃较稳定。

2.4.4　炔烃的化学性质

炔烃的官能团是 $C \equiv C$ 三键，$C \equiv C$ 三键中的 π 键不稳定，因此炔烃的化学性质比较活泼，与烯烃相似，容易发生加成、氧化和聚合反应。由于 sp 杂化碳原子的电负性比较大，电负性大小为 $sp > sp^2 > sp^3$，因此与三键碳原子直接相连的氢原子具有一定酸性，比较活泼，容易被某些金属或金属离子取代，生成金属炔化物。

$$R-C \equiv C-H \quad \begin{array}{l} \text{炔氢的弱酸性(金属炔化物的生成)} \\ \text{炔烃的加成反应} \\ \text{炔烃的氧化反应} \end{array}$$

（1）炔氢原子的反应　与三键碳原子直接相连的氢原子活泼性较大。因 sp 杂化的碳原子表现出较大的电负性，使与三键碳原子直接相连的氢原子较一般的氢原子，显示出弱酸性，可与强碱、碱金属或某些重金属离子反应生成金属炔化物。

① 与钠或氨基钠反应　含有炔氢原子的炔烃与金属钠或氨基钠作用时，炔氢原子被钠原子取代，生成炔化钠。

$$2CH \equiv CH + 2Na \xrightarrow{110℃} 2HC \equiv CNa + H_2 \uparrow$$
乙炔钠

$$CH_3C\equiv CH + NaNH_2 \xrightarrow{液氨} CH_3C\equiv CNa + NH_3\uparrow$$

如果温度较高则生成炔二钠：

$$HC\equiv CH + 2Na \xrightarrow[乙炔二钠]{190\sim 220℃} NaC\equiv CNa + H_2\uparrow$$

炔化钠的性质活泼，可与卤代烷作用，在炔烃中引入烷基。这是有机合成上用来增长碳链的一个方法。

由于 Na（K）金属炔化物的碱性强于 H_2O，当遇水时，立即分解为炔烃。

$$RC\equiv C^-Na^+ + H-OH \longrightarrow RC\equiv C-H + Na^+OH^-$$

② 与硝酸银或氯化亚铜的氨溶液反应　末端炔烃与某些重金属离子反应，生成重金属炔化物。将乙炔通入硝酸银或氯化亚铜的氨溶液中，炔氢原子便可被 Ag^+ 或 Cu^+ 取代，生成灰白色的乙炔银或棕红色的乙炔亚铜沉淀：

$$HC\equiv CH + 2Ag(NH_3)_2NO_3 \longrightarrow AgC\equiv CAg\downarrow + 2NH_4NO_3 + 2NH_3$$
$$\underset{乙炔银（白色）}{}$$

$$HC\equiv CH + 2Cu(NH_3)_2Cl \longrightarrow CuC\equiv CCu\downarrow + 2NH_4Cl + 2NH_3$$
$$\underset{乙炔亚铜（棕红色）}{}$$

其他分子中含有炔氢原子的炔烃，也可以发生这一反应。

$$RC\equiv CH + Ag(NH_3)_2NO_3 \longrightarrow RC\equiv CAg\downarrow + NH_4NO_3 + NH_3$$
$$RC\equiv CH + Cu(NH_3)_2Cl \longrightarrow RC\equiv CCu\downarrow + NH_4Cl + NH_3$$

上述反应在常温下就可迅速进行，反应很灵敏而且现象明显，因此利用此反应，也可鉴别分子中的末端炔烃和三键在其他位号的炔烃，也可利用这一性质分离、提纯炔烃，或从其他烃类中除去少量炔烃杂质。

$$RC\equiv CH + Ag(NH_3)_2NO_3 \xrightarrow{\quad} \begin{array}{l} RC\equiv CAg \\ 不反应 \end{array}$$
$$RC\equiv CR + Ag(NH_3)_2NO_3$$

干燥的金属炔化物遇热或受撞击易爆炸，可用硝酸分解：

$$AgC\equiv CAg + 2HNO_3 \xrightarrow{加热} HC\equiv CH + 2AgNO_3$$

鉴别案例：

用化学方法可以鉴别丁烷、1-丁烯和1-丁炔。

$$\left.\begin{array}{l} 丁烷 \\ 1-丁烯 \\ 1-丁炔 \end{array}\right\} + Br_2/CCl_4 \left|\begin{array}{l} \times \\ 褪色 \\ 褪色 \end{array}\right. + Ag(NH_3)_2NO_3 \left|\begin{array}{l} \times \\ \\ \downarrow白 \end{array}\right.$$

炔银或炔亚铜不稳定，特别是干燥时容易发生爆炸。

（2）加成反应

① 催化加氢　炔烃在钯、铂以及镍等催化剂作用下，可与氢加成生成烷烃，而很难得到烯烃，但在林德拉催化剂（Lindlar，钯附着于碳酸钙及少量氧化铅上或用硫酸钡作载体的钯）或用钠及液氨催化下加氢可得到烯烃，前者得到顺式加成产物，后者得反式加成产物。炔烃比烯烃易于加氢。

$$H_3C-C\equiv C-CH_3 + H_2 \xrightarrow{Pd} H_3C-CH=CH-CH_3 \xrightarrow[H_2]{Pd} H_3C-CH_2-CH_2-CH_3$$

$$H_3C-C\equiv C-CH_3 + H_2 \xrightarrow[\text{CaCO}_3]{\text{Pd/PbO}}$$ 顺式结构

$$H_3C-C\equiv C-CH_3 + H_2 \xrightarrow[\text{NH}_3（液）]{\text{Na}}$$ 反式结构

$$RC\equiv C-(CH_2)_n-CH=CH_2 + H_2 \xrightarrow[\text{喹啉}]{\text{Pt-BaSO}_4} RCH=CH(CH_2)_n-CH=CH_2$$

使用不同催化剂可得顺反异构体：

a. 顺式加氢　采用 Lindlar 催化剂，包括 Pd-BaSO$_4$（喹啉）或 Pd-CaCO$_3$［含微量 Pb(OAc)$_2$］，和用 Ni$_2$B（硼化镍）催化氢化也可得到顺式烯烃。

b. 反式还原氢化成反式烯烃　液氨中金属 Na（K，Li）的还原。

$$C_4H_9-C\equiv C-C_4H_9 + H_2 \xrightarrow[\text{NH}_3（液）]{\text{NH}_3/\text{Na}}$$ (E)-5-癸烯

$$CH_3CH_2C\equiv CCH_2CH_3 + H_2 \xrightarrow[\text{LiAlH}_4，138℃]{\text{THF，二缩乙二醇二甲醚}}$$

由溴乙烷和 1-丁炔合成 3-己烯。

先由 1-丁炔制备丁炔钠：

$$CH_3CH_2C\equiv CH + NaNH_2 \xrightarrow{\text{液氨}} CH_3CH_2C\equiv CNa + NH_3\uparrow$$

再由丁炔钠和溴乙烷反应，制得 3-己炔：

$$CH_3CH_2C\equiv CNa + Br-CH_2CH_3 \longrightarrow CH_3CH_2C\equiv CCH_2CH_3 + NaBr$$
3-己炔

采用林德拉催化剂使炔烃不能完全转变为烷烃，而变成烯烃。3-己炔转变成 3-己烯：

$$CH_3CH_2C\equiv CCH_2CH_3 + H_2 \xrightarrow{\text{林德拉催化剂}} CH_3CH_2CH=CHCH_2CH_3$$
3-己烯

② 卤素加成　炔烃容易与氯或溴发生加成反应。与 1mol 卤素加成生成二卤代烯烃，与 2mol 卤素加成生成四卤代烷烃。在较低温度下，反应可控制在生成二卤代烯烃阶段。

$$CH\equiv CH \xrightarrow[\text{较低温度}]{\text{Cl}_2} CH=CH \xrightarrow[80\sim85℃]{\text{Cl}_2} CH-CH$$

炔烃与红棕色的溴溶液反应，生成无色的溴代烃，可以作为炔烃的鉴别反应。

烯烃可使溴的四氯化碳溶液很快褪色，而炔烃却需要 1～2min 才能使之褪色。故当分子中同时存在双键和三键时，与溴的加成首先发生在双键上。

③ 卤化氢加成　炔烃也能与卤化氢加成，但不如烯烃活泼，通常需要在催化剂存在下进行。在氯化汞-活性炭的催化作用下，于 180℃左右，乙炔与氯化氢加成生成氯乙烯：

$$CH \equiv CH + HCl \xrightarrow[180℃]{HgCl_2\text{-}C} CH_2 = CHCl$$

氯乙烯

此反应是工业上早期生产氯乙烯的主要方法，具有工艺简单、产率高等优点，但因能耗大、催化剂有毒，已逐渐被乙烯合成法所代替。

不对称炔烃与卤化氢的加成符合马氏规则。

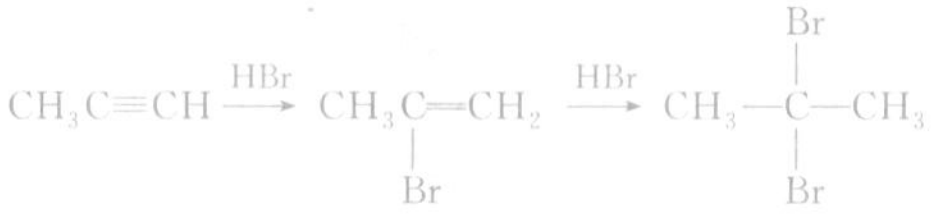

2-溴丙烯　　2,2-二溴丙烷

在光或过氧化物的作用下，炔烃与溴化氢发生加成反应，得到反马氏规则的加成产物。

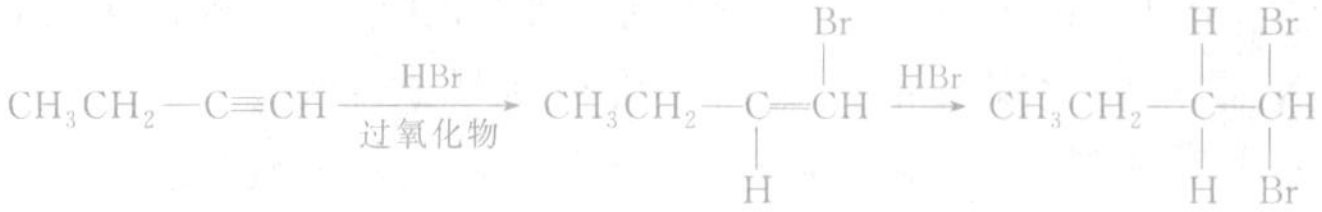

④ 与水加成　在稀酸水溶液中，用汞盐作催化剂，炔烃可与水进行加成反应。如乙炔在硫酸和硫酸汞存在条件下，可与水加成生成乙醛：

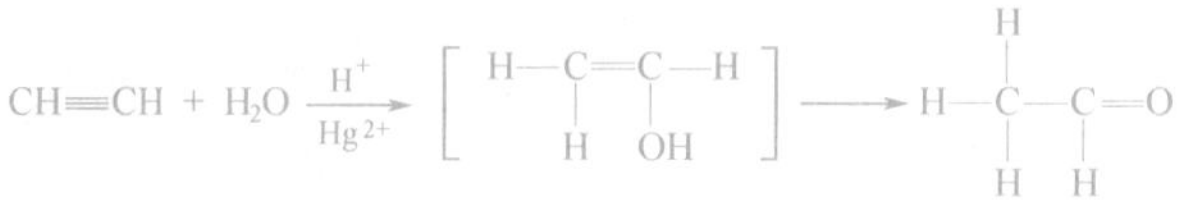

乙醛

此反应是乙炔与水加成生成不稳定的中间加成物——乙烯醇，它又很快发生异构化，形成稳定的羰基化合物。炔烃与水的加成遵从马氏规则，因此除乙炔外，其他炔烃与水加成均生成酮：

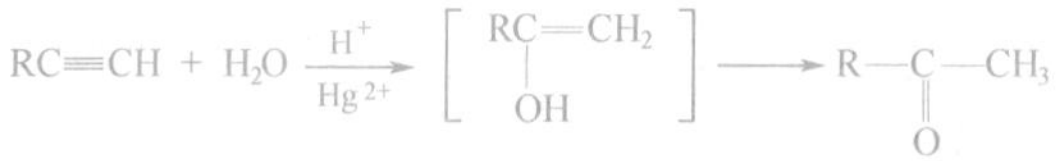

⑤ 与醇加成　在碱催化下，乙炔可与醇发生加成反应，生成乙烯基醚，是工业上生产乙烯基醚的一种方法。例如在 20%氢氧化钠水溶液中，于 160～165℃和 2MPa 压力下，乙炔和甲醇加成生成甲基乙烯基醚。

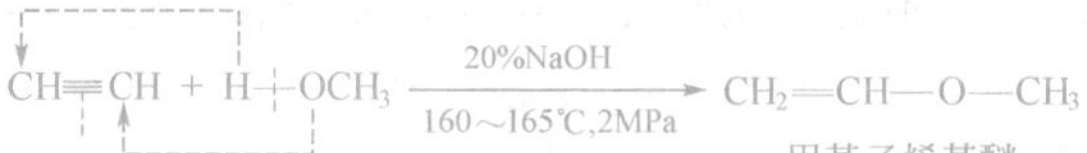

甲醇　　甲基乙烯基醚

⑥ 与乙酸加成　在催化剂作用下，乙炔能与乙酸发生加成反应。例如在乙酸锌-活性炭催化下，乙炔与乙酸加成，生成乙酸乙烯酯。

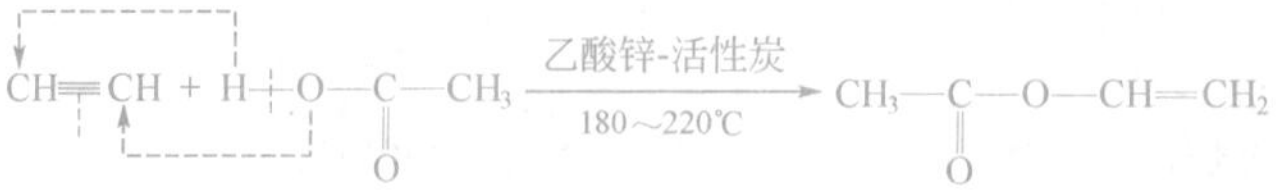

乙酸　　乙酸乙烯酯

合成案例：

乙酸乙烯酯的合成：

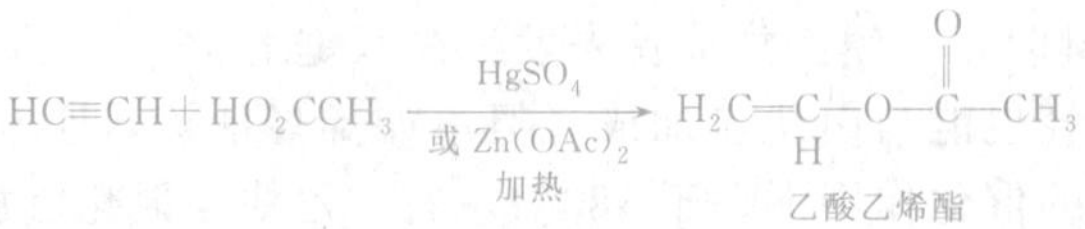

乙酸乙烯酯

乙酸乙烯酯是合成聚乙烯醇的原料。合成纤维维尼纶由聚乙烯醇甲醇缩合而成：

$$H_2C=CH \atop O_2CCH_3 \xrightarrow[\text{聚合}]{\text{引发}} *\!\!\left[CH_2-CH \atop O_2CCH_3 \right]_n\!\!* \xrightarrow{\text{水解}} \left[CH_2-CH \atop OH \right]_n$$

乙酸乙烯酯　　　　　　　　　　　　　　聚乙烯醇

聚乙烯醇　　　　　　　　　　　　维尼纶

⑦ 硼氢化反应　炔烃的硼氢化反应停留在含双键产物阶段，进行顺式加成，得到乙烯基硼化合物。乙烯基硼经酸水解得到顺式烯烃，乙烯基硼经碱性水解、H_2O_2 氧化后得到烯醇，烯醇重排后可得到羰基化合物（醛、酮等）。如采用位阻大的二取代硼烷（R_2BH）作试剂，可由末端炔仅与 1mol R_2BH 反应，经过氧化水解，制备醛；而炔的直接水合可得到酮。

炔烃硼氢化反应与水合反应生成羰基化合物的取向不同：

⑧ 与 HCN 加成　在催化剂作用下，乙炔能与 HCN 发生加成反应。

$$HC\equiv CH + HCN \xrightarrow{Cu_2Cl_2\text{-}NH_4Cl} H_2C=CH-CN$$
丙烯腈

（3）氧化反应

① 燃烧　乙炔在氧气中燃烧，生成二氧化碳和水，同时产生大量热：

$$2CH\equiv CH + 5O_2 \xrightarrow{\text{燃烧}} 4CO_2 + 2H_2O + Q$$

乙炔在氧气中燃烧时产生的氧炔焰可达 3000℃ 以上的高温，因此工业上广泛用作切割和焊接金属。

② 高锰酸钾氧化　炔烃容易被高锰酸钾等氧化剂氧化，三键完全断裂，乙炔生成二氧化碳，其他的末端炔烃生成羧酸和二氧化碳，非末端炔烃生成两分子羧酸。

$$3CH\equiv CH + 10KMnO_4 + 2H_2O \longrightarrow 6CO_2\uparrow + 10KOH + 10MnO_2\downarrow$$
$$3CH_3C\equiv CH + 8KMnO_4 + 4H_2O \longrightarrow 3CH_3COOH + 3CO_2\uparrow + 8KOH + 8MnO_2\downarrow$$

$$R-C\equiv CH \xrightarrow[H_2O]{KMnO_4} R-COOH + CO_2$$
羧酸

$$R-C\equiv C-R' \xrightarrow[H_2O]{KMnO_4} R-COOH + R'COOH$$

在氧化反应过程中，高锰酸钾溶液的紫红色逐渐消失，同时生成棕褐色的二氧化锰沉淀。实验室中可根据高锰酸钾溶液的褪色和二氧化锰棕褐色沉淀的形成来鉴别炔烃。此外，还可根据氧化产物来推测原来炔烃的结构。

a. KMnO$_4$ 氧化反应　可以用作炔烃鉴别反应和制备羧酸。KMnO$_4$ 紫色褪去，表明有不饱和键；根据羧酸的结构，可以推断原来炔烃的结构。

b. 二取代乙炔在缓和条件下氧化　可以制备得到 1,2-二酮。

$$CH_3(CH_2)_7C\equiv C(CH_2)_7COH \xrightarrow[pH=7.5, H_2O]{KMnO_4} CH_3(CH_2)_7C-C(CH_2)_7COH$$

③ 臭氧氧化　臭氧氧化裂解时从三键处断裂，得到羧酸。

$$CH_3CH_2CH_2CH_2C\equiv CH \xrightarrow[②H_2O]{①O_3} CH_3CH_2CH_2CH_2COH + HOCH$$

这与烯烃臭氧氧化产物不同（烯烃得到醛或酮）。

(4) 聚合反应　乙炔能够发生聚合反应。随反应条件不同，聚合产物也不一样。在不同的催化剂作用下，乙炔可以分别聚合成链状或环状化合物。与烯烃聚合不同的是，炔烃一般不聚合成高分子化合物。例如，将乙炔通入氯化亚铜和氯化铵的强酸溶液时，可发生二聚或三聚反应。

① 乙炔的二聚　也称偶联。

$$HC\equiv CH + HC\equiv CH \xrightarrow[\substack{NH_4Cl \\ 80\sim90℃}]{Cu_2Cl_2} H_2C=C-C\equiv CH$$

乙烯基乙炔
(1-丁烯-3-炔)

$$H_2C=C-C\equiv CH \xrightarrow{HC\equiv CH} H_2C=C-C\equiv C-C=CH_2$$

二乙烯基乙炔

乙烯基乙炔是合成氯丁橡胶单体的重要原料，其在催化下与浓 HCl 反应可制得 2-氯-1,3-丁二烯。

$$H_2C=C-C\equiv CH + HCl \xrightarrow[\substack{NH_4Cl \\ 50℃}]{Cu_2Cl_2} H_2C=C-C=CH_2$$

乙烯基乙炔　　　浓　　　　　　　　　2-氯-1,3-丁二烯
(氯丁橡胶聚合单体)

② 乙炔的三聚　乙炔在过渡金属催化剂催化下，发生三聚得到环状化合物——苯、环辛四烯。催化剂主要为苯系催化剂：三苯基膦羰基镍 [Ph$_3$PNi(CO)$_2$]。

$$HC{\equiv\equiv}CH + CH{\equiv\equiv}CH \xrightarrow[60\sim70℃, 1.5MPa]{Ph_3PNi(CO)_2} \text{⬡}$$

③ 乙炔的四聚　催化剂为环辛四烯催化剂：Ni(CN)$_2$THF。

$$HC\equiv CH + HC\equiv CH \xrightarrow[80\sim120℃, 1.5MPa]{Ni(CN)_2THF} \text{⬯}$$

④ 在齐格勒-纳塔催化剂的作用下，乙炔还可聚合成线型高分子化合物——聚乙炔，具有高度的导电性，一般炔烃的聚合以离子型聚合为主。

$$n\,CH\equiv CH \xrightarrow{齐格勒-纳塔催化剂} +CH=CH+_n$$

2.4.5 炔烃的制备

（1）乙炔的制备

① 电石法　将石灰和焦炭在高温电炉中加热至 $2200\sim2300℃$，就生成电石（碳化钙），电石水解即生成乙炔：

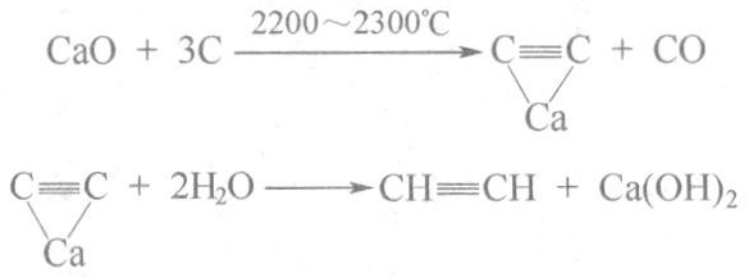

$$CaO + 3C \xrightarrow{2200\sim2300℃} C{\equiv}C{<}_{Ca} + CO$$

$$C{\equiv}C{<}_{Ca} + 2H_2O \longrightarrow CH{\equiv}CH + Ca(OH)_2$$

电石法技术比较成熟，应用比较普遍，但因耗电量大，成本高（生产 1kg 乙炔的电力消耗量约 $10kW/h$），产生大量的氢氧化钙，其发展受到限制。

② 甲烷裂解法　甲烷在 $1500\sim1600℃$ 发生裂解，可制得乙炔：

$$2CH_4 \xrightarrow{1500\sim1600℃} HC{\equiv}CH + 3H_2$$

（2）其他炔烃的制备

① 由二元卤代烷脱卤化氢

a. 由邻二元卤代烷脱卤化氢

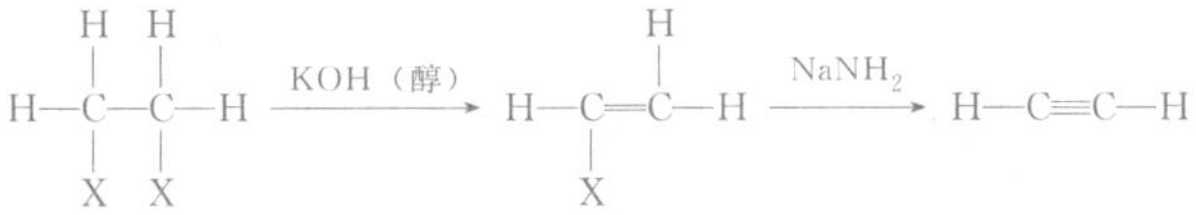

b. 由偕二元卤代烷脱卤化氢

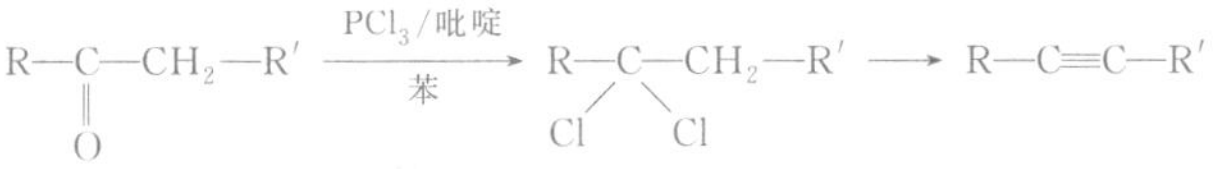

② 由炔化物制备

$$R{-}C{\equiv}CLi \xrightarrow{R'X} R{-}C{\equiv}C{-}R'$$
$$R{-}C{\equiv}CNa \xrightarrow{R'X} R{-}C{\equiv}C{-}R'$$

合成案例：

（1）乙炔合成甲基环己烯

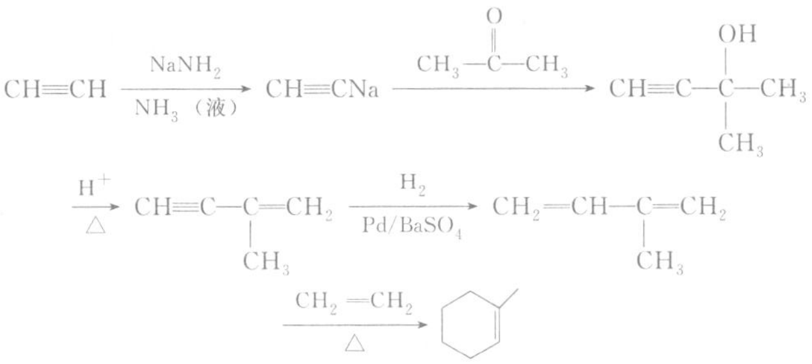

（2）乙炔合成 3-己酮

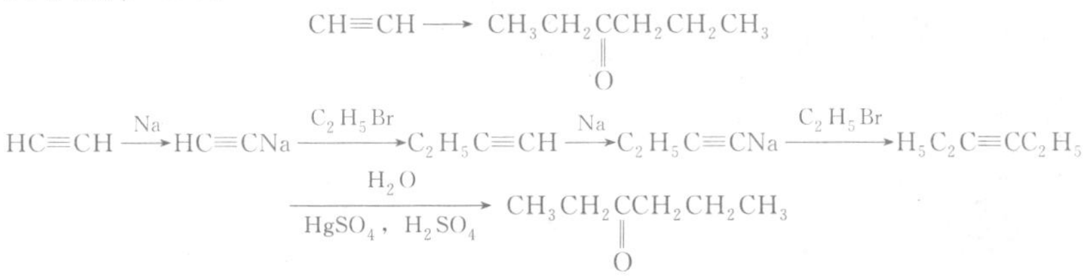

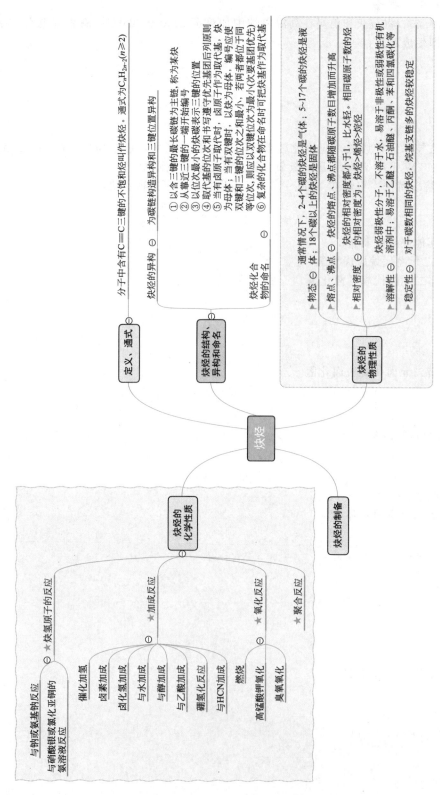

炔烃

定义、通式
分子中含有C≡C三键的不饱和烃叫作炔烃。通式为$C_nH_{2n-2}(n\geq2)$

炔烃的结构、异构和命名

炔烃的异构 ⊖ 为碳链异构和三键位置异构

炔烃化合物的命名 ⊖
①以含三键的最长碳链为主链，称为某炔
②从靠近三键的一端开始编号
③以位次最小的炔碳表示三键的位置
④取代基的位次和书写优先次序遵守列后列前原则
⑤当有卤原子取代时，卤原子作为取代基，炔为母体；以炔为母体，编号应使双键和三键位次之和最小，若两者都位于同等位次，当有双键和三键时，则应以双键位次为最小（次要基团优先）
⑥复杂的化合物在命名时可把炔基作为取代基

炔烃的物理性质
▲物态 通常情况下，2~4个碳的炔烃是气体，5~17个碳的炔烃是液体，18个碳以上的炔烃是固体
▲熔点、沸点 ⊖ 炔烃的熔点、沸点都随碳原子数目增加而升高
▲相对密度 ⊖ 炔烃的相对密度都小于1，比水轻。相同碳原子数的炔烃的相对密度为：炔烃>烯烃>烷烃
▲溶解性 ⊖ 炔烃弱极性分子，不溶于水。易溶于非极性或弱极性的有机溶剂中；易溶于乙醚、石油醚、丙酮、四氯化碳等
▲稳定性 ⊖ 对于碳数相同的炔烃，炔基支链多的炔烃较稳定

炔烃的化学性质

与钠或氨基钠的反应 ⊖ ★炔氢原子的反应
与硝酸银或氯化亚铜的氨溶液反应

★加成反应 ⊖
催化加氢
卤素加成
卤化氢加成
与水加成
与醇加成
与乙酸加成
硼氢化反应
与HCN加成

氧化反应 ⊖
燃烧
高锰酸钾氧化
臭氧氧化

★聚合反应

炔烃的制备

2.5 脂环烃

分子中具有碳环结构，性质与链状脂肪烃相似的一类有机化合物叫作脂肪族环烃，简称脂环烃。脂环烃及其衍生物数目众多，广泛存在于自然界，如萜类、甾族和大环内酯等，在生产和生活实际中具有重要应用。

2.5.1 环烃的结构、分类、异构和命名

2.5.1.1 脂环烃的结构与稳定性

在脂环烃中，参与成环的碳原子数目与环的稳定性密切相关。此外，具有相同碳原子数目的脂环烃，由于碳原子在空间的排列方式不同，其稳定性也不相同。

（1）分子的燃烧热与稳定性　有机化合物在燃烧时会放出热量。1mol化合物分子燃烧时放出的热量叫作该化合物分子的燃烧热。分子的平均燃烧热高，说明该化合物分子的内能高，内能越高，分子越不稳定。在开链烷烃中，不论分子中含有多少个碳原子，每个CH_2的燃烧热都接近654.8kJ/mol；而在环烷烃中，每个CH_2的燃烧热却因环的大小不同而差异较大。环烷烃的燃烧热见表2-4。

表2-4　环烷烃的燃烧热

化合物	碳原子数	分子燃烧热/(kJ/mol)	平均每个CH_2的燃烧热/(kJ/mol)
环丙烷	3	2078.6	692.9
环丁烷	4	2728.0	682.0
环戊烷	5	3299.1	659.8
环己烷	6	3928.8	654.8
开链烷烃	—	—	654.8

含有三个碳原子的环丙烷和含有四个碳原子的环丁烷分子中CH_2的燃烧热较高，这说明环丙烷、环丁烷分子的内能较高，很不稳定。而含有五个碳原子的环戊烷和含有六个碳原子的环己烷分子中CH_2的燃烧热则与开链烷烃接近或相同，这说明环戊烷、环己烷分子的内能较低，比较稳定。

（2）分子的结构与稳定性　分子中碳原子数目不同会导致稳定性的差异，主要与环烷烃分子中成环碳原子的键角有关。在环烷烃分子中，每个碳原子都与另外四个原子相连，同烷烃中的碳原子一样，它们的成键轨道也都是sp^3杂化的。sp^3杂化轨道之间的夹角是109.5°。然而，在环丙烷分子中，三个碳原子在同一平面上连接成环，形成一个正三角形。它们的sp^3杂化轨道不可能沿键轴方向重叠。相邻两个碳原子的两个sp^3杂化轨道，在形成C—C键时，其对称轴不在同一条直线上，而是以弯曲方向重叠，形成的C—C键是弯曲的，形似香蕉，称为"弯曲键"。环丙烷分子中的弯曲键见图2-10。

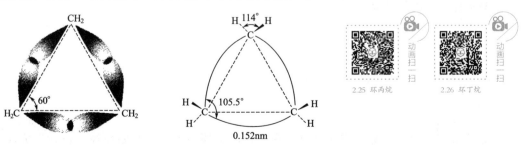

2.25 环丙烷　　2.26 环丁烷

图2-10　环丙烷分子中的弯曲键

弯曲键比正常的 σ 键轨道重叠程度小、键角也小于 109.5°，实验测得，环丙烷分子中 C—C 键的键角为 105.5°，相当于轨道向内压缩形成的键，这种键具有向外扩张、恢复正常键角的趋势，这种趋势叫作键角张力。

环丙烷由于分子内成键轨道重叠程度小、键角张力大，所以内能较高，很不稳定，容易破环变成稳定的链状化合物。环丁烷的情形与环丙烷相似，所以也不稳定。

在环戊烷和环己烷分子中，成环的碳原子不全在同一平面上，碳原子可在维持或接近正常键角（109.5°）情况下形成 C—C σ 键，轨道重叠程度较大，键较牢固，是没有键角张力的环。因此环戊烷和环己烷一般不易破环，比较稳定。

2.27 环戊烷　2.28 环己烷

环己烷分子中的六个碳原子在空间有两种排列方式。环中有四个碳原子是在同一平面上，其余两个碳原子同在平面上方的排列方式有些像小船，叫船式排列；一个碳原子在平面上方，而另一个碳原子在平面下方的排列方式有些像椅子，叫椅式排列，如图 2-11 所示。

环戊烷、环己烷图片

(a) 船式　　　　　　　　　(b) 椅式

图 2-11　环己烷的船式和椅式排列

在环己烷的两种空间排列方式中，椅式排列比船式排列稳定些，因此环己烷通常以椅式排列的方式存在。这是由于椅式中两个碳原子分别处于平面的上、下方，空间距离最远、斥力最小、能量最低，也是其最稳定的缘故。

2.5.1.2　脂环烃的分类

脂环烃按照分子中所含环的多少分为单环脂环烃和多环脂环烃；根据脂环烃的不饱和程度又分为环烷烃和环烯烃（环炔烃）；在多环烃中，根据环的连接方式不同，又可分为螺环烃和桥环烃。

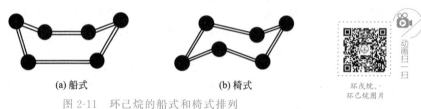

（1）按分子中有无不饱和键分类

① 饱和脂环烃　饱和脂环烃又叫环烷烃，分子中没有不饱和键，通式为 C_nH_{2n}（$n \geqslant 3$），与烯烃互为同分异构体。

$$\begin{matrix} & CH_2 & \\ CH_2 & & CH_2 \\ | & & | \\ CH_2 & — & CH_2 \end{matrix}$$　（可简写为 ⬠ ）

$$\begin{matrix} & CH_2 & \\ CH_2 & & CH_2 \\ | & & | \\ CH_2 & & CH_2 \\ & CH_2 & \end{matrix}$$　（可简写为 ⬡ ）

环戊烷　　　　　　　　　　　　　　环己烷

② 不饱和脂环烃　分子中含有双键和三键的脂环烃为不饱和脂环烃，包括环烯烃和环炔烃。

 (可简写为)

环己烯

 (可简写为)

环戊二烯

 (可简写为)

环辛炔

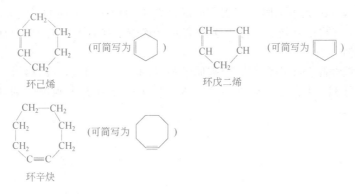

（2）按分子中碳环的数目分类

① 单环脂环烃　分子中只有一个碳环的为单环脂环烃。如上例中的脂环烃均为单环脂环烃。

② 多环脂环烃　分子中含有两个以上碳环的为多环脂环烃。

 (可简写为)

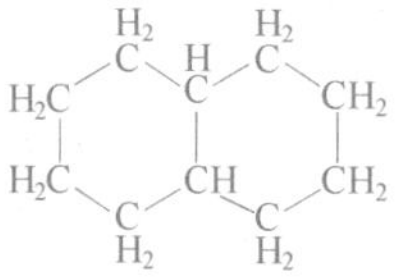

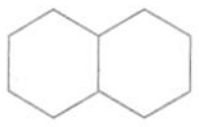

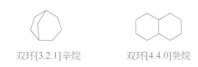

a. 螺环烃　在多环烃中，两个环以共用一个碳原子的方式相互连接，称为螺环烃。螺环烃命名原则为：根据螺环中碳原子总数称为螺某烃。在螺字后面用一方括号，在方括号内用阿拉伯数字标明每个环上除螺原子以外的碳原子数，小环数字排在前面，大环数字排在后面，数字之间用圆点间隔。

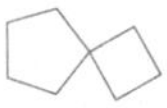

螺[3.4]辛烷

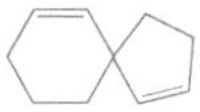

螺[4.5]-1,6-癸二烯

b. 桥环烃　在多环烃中，两个环共用两个或两个以上碳原子时，称为桥环烃。桥环烃命名时以双环（双环）为词头，后面用方括号，按照桥碳原子由多到少的顺序标明各桥碳原子数，写在方括号内（桥头碳原子除外），各数字之间用圆点隔开，再根据桥环中碳原子总数称为某烷。

双环[3.2.1]辛烷

双环[4.4.0]癸烷

桥环烃编号是从一个桥头碳原子开始，沿最长的桥路编到另一个桥头碳原子，再沿次长桥编回桥头碳原子，最后编短桥并使取代基的位次较小。

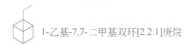

1-乙基-7,7-二甲基双环[2.2.1]庚烷

2.5.1.3　脂环烃的异构现象

脂环烃的异构现象比较复杂，这里只介绍单环烷烃的同分异构现象。

单环烷烃比相应的烷烃少两个氢原子，通式为 C_nH_{2n}（$n \geqslant 3$），与单烯烃互为同分异构体，但不是同一系列。

单环烷烃可因环的大小不同、环上支链的位置不同而产生不同的异构体，此外，由于脂环烃中 C—C 键不能自由旋转，当环上至少有两个碳原子连有不相同的原子或基团时，环烷烃存在顺反异构体。

最简单的环烷烃是分子中含有三个碳原子的环丙烷（C_3H_6），没有异构体。分子中含有四个碳原子的环丁烷（C_4H_8）有两个异构体，分子中含有五个碳原子的环戊烷（C_5H_{10}）有五个构造异构体。

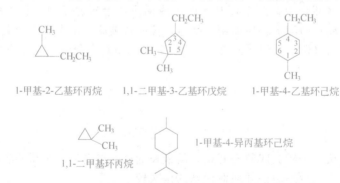

其中 CH₃—△—CH₃ 存在顺反异构体，两个甲基在环同一侧的为顺式异构体，两个甲基分别在环两侧的为反式异构体。

| 顺-1,2-二甲基环丙烷 | 反-1,2-二甲基环丙烷 |

2.5.1.4 脂环烃的命名方法

（1）环烷烃的命名　单环烷烃的命名与烷烃相似，只是在烷烃名称前加上"环"字。环上有支链时，则需将环上碳原子编号，以标明支链的位置。编号以使取代基所在位次最小为原则，当环上有两个以上不同取代基时，则按"次序规则"决定基团排列的先后。

1-甲基-2-乙基环丙烷　　1,1-二甲基-3-乙基环戊烷　　1-甲基-4-乙基环己烷

1,1-二甲基环丙烷　　1-甲基-4-异丙基环己烷

（2）环烯烃的命名　环烯烃命名时，先给环上碳原子编号以标明双键的位次和支链的位次，编号应使双键的位次最小，有支链时则应使支链的位次尽可能小。

1,3-环戊二烯　　5-甲基-1,3-环戊二烯　　3-甲基-1,4-环己二烯
（简称环戊二烯）　　　　　　　　　　　　（简称3-甲基环己二烯）

2.5.2　环烷烃的物理性质

（1）物质状态　常温下 $C_3 \sim C_4$ 环烷烃是气体；$C_5 \sim C_{11}$ 环烷烃是液体；高级环烷烃为固体。

（2）熔点、沸点　环烷烃的熔点、沸点变化规律是随分子中碳原子数增加而升高。同碳数的环烷烃的熔点、沸点高于开链烷烃。

（3）相对密度　环烷烃的相对密度都小于 1，比水轻。但比相应的开链烷烃的相对密度大。

（4）溶解性　环烷烃不溶于水，易溶于有机溶剂。

2.5.3　环烷烃的化学性质

与开链烷烃相似，环烷烃分子中的 C—C 键和 C—H 键一般不易被氧化，在光照或加热条件下可以发生取代反应。小环烷烃（三元、四元）由于成键轨道重叠程度小，分子内存在键角张力而容易开环，发生加成反应。

（1）取代反应　在光照或加热的情况下，环戊烷和环己烷能与卤素发生取代反应，生成卤代环烷烃。例如：

溴代环戊烷

氯代环己烷

溴代环戊烷是具有樟脑气味的油状液体，是合成利尿降压药环戊噻嗪的原料。

氯代环己烷是具有窒息性气味的无色液体，主要用作合成抗癫痫病、抗痉挛病药物盐酸苯海索的原料。

环戊烷和环己烷分子中的 C—H 键都完全相同，所以一元取代物只有一种，这比开链烷烃简单。

（2）加成反应

① 催化加氢　在催化剂作用下，环丙烷和环丁烷等小环烷烃可以开环发生加氢反应，生成开链烷烃。例如在雷尼镍催化下，环丙烷加氢生成丙烷，环丁烷加氢生成丁烷：

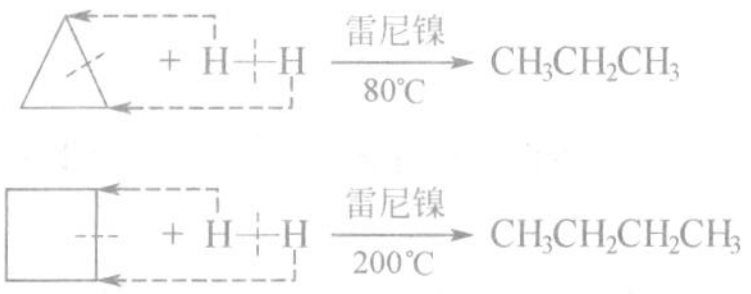

② 卤素加成　环丙烷和环丁烷都能与卤素发生开环加成反应。其中环丙烷与卤素的加成在常温下就可进行，环丁烷需加热才能进行。

环丙烷与溴在室温下发生加成反应生成 1,3-二溴丙烷；环丁烷与溴在加热条件下发生加成反应生成 1,4-二溴丁烷。

$$\triangle + Br\!\!-\!\!Br \xrightarrow{\text{室温}} \underset{\underset{Br}{|}}{CH_2}CH_2\underset{\underset{Br}{|}}{CH_2}$$

1,3-二溴丙烷

$$\square + Br\!\!-\!\!Br \xrightarrow{\text{加热}} \underset{\underset{Br}{|}}{CH_2}CH_2CH_2\underset{\underset{Br}{|}}{CH_2}$$

1,4-二溴丁烷

1,3-二溴丙烷和1,4-二溴丁烷都是微黄色液体，也都是重要的有机合成原料。其中1,4-二溴丁烷主要用于合成镇咳药物氨茶碱、喷托维林等。

小环烷烃与溴发生加成反应后，溴的红棕色消失，现象变化明显，可用于鉴别三元、四元环烷烃。

③ 卤化氢加成　环丙烷和环丁烷都能与卤化氢发生加成反应，生成开链一卤代烷烃。

$$\triangle + H\!\!-\!\!Br \longrightarrow CH_3CH_2CH_2Br$$

1-溴丙烷

$$\square + H\!\!-\!\!Br \longrightarrow CH_3CH_2CH_2CH_2Br$$

1-溴丁烷

1-溴丙烷为淡黄色透明液体，是合成医药、染料和香料的原料，也用作添加剂。

1-溴丁烷是无色液体，主要用作麻醉药物盐酸丁卡因的中间体，也用于合成染料和香料。

分子中带有支链的小环烷烃在发生开环加成反应时，其断键位置通常发生在含氢较多与含氢较少的成环碳原子之间，与卤化氢等不对称试剂加成时，符合马氏规则。

$$\underset{CH_2\!\!-\!\!CH_2}{\overset{\overset{\displaystyle CH_3}{|}}{CH}} + H\!\!-\!\!Cl \longrightarrow CH_3\underset{\underset{Cl}{|}}{CH}CH_2CH_3$$

2-氯丁烷

（3）氧化反应　与开链烷烃相似，环烷烃（包括环丙烷和环丁烷这样的小环烷烃）在常温下都不能与一般的氧化剂（如高锰酸钾的水溶液）发生氧化反应。若环的支链上含有不饱和键时，则不饱和键被氧化断裂，而环不发生破裂。

$$\triangle\!\!-\!\!CH\!\!=\!\!CHCH_3 \xrightarrow{KMnO_4} \triangle\!\!-\!\!COOH + CH_3COOH$$

小环烷烃能与溴加成但不能被高锰酸钾溶液氧化，可利用这一性质将其与烷烃、烯烃或炔烃区别开来。

如果在加热下用强氧化剂，或在催化剂存在下用空气作氧化剂，环烷烃也可发生氧化反应。

在125～165℃和1～2MPa压力下，以环烷酸钴为催化剂，用空气氧化环己烷，可得到环己醇和环己酮的混合物，这是工业上生产环己醇和环己酮的方法之一。

$$\hexagon + \underset{\text{（空气）}}{O_2} \xrightarrow[\text{125～165℃，约 1.5MPa}]{\text{环烷酸钴}} \hexagon\!\!-\!\!OH + \hexagon\!\!=\!\!O$$

环己醇　　　　环己酮

环己醇是带有樟脑气味的无色油状液体，有毒，长期接触可刺激黏膜、损害肝脏、麻痹中枢神经。环己醇用途广泛，是重要的化工原料和中间体，可用于制造消毒药皂、去垢乳剂、增塑剂、涂料添加剂等，也是合成尼龙纤维的原料。

环己酮是带有泥土香味的无色透明液体，有毒，可刺激呼吸道黏膜，长期接触能引起肝脏受损。环己酮主要用作合成尼龙-6 的原料，也是优良的工业溶剂，可溶解涂料、聚合物、农药、染料等，还可用作木材着色涂漆后的脱膜剂、脱污剂和脱斑剂。

单环烷烃化学性质可归纳为：大环（五元、六元环）似烷，易取代；小环（三元、四元环）像烯，易加成；小环像烯不是烯，酸性氧化（$KMnO_4/H^+$）不容易。

归纳总结：

环烷烃的化学性质主要包括：

（1）与卤素反应

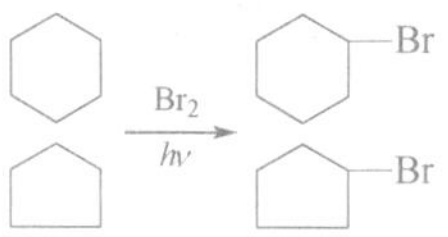

自由基取代反应

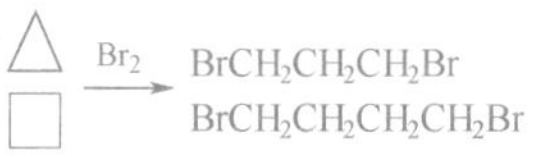

类似烯烃的加成反应

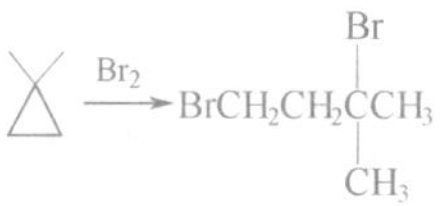

（2）与卤化氢反应

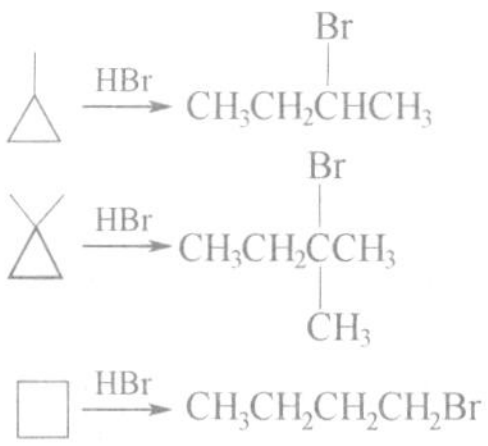

（3）与氢气反应　随着环数的增加，与 H_2 加成开环变难，说明小环不稳定，大环相对稳定。

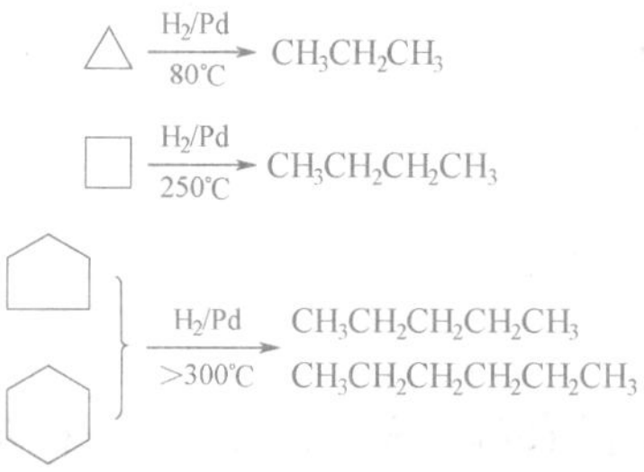

（4）不与 $KMnO_4$ 反应

$KMnO_4$
H^+, △
不反应，表现出烷烃的性质

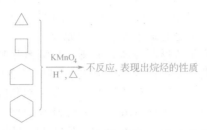

如果有侧链，侧链根据结构不同，可以被氧化成不同的产物。

2.5.4 环烷烃的来源和重要的脂环族化合物

（1）环烷烃的来源　石油是环烷烃的主要来源。随产地不同，石油中环烷烃的含量也不相同，其中俄罗斯和罗马尼亚所产的石油中含环烷烃较多。石油中的环烷烃主要是环戊烷和环己烷以及它们的烷基衍生物。

环戊烷

甲基环戊烷

1,2-二甲基环戊烷

环己烷

甲基环己烷

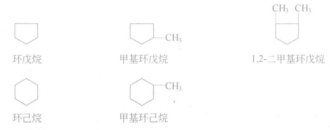

此外，环烷烃及其衍生物还广泛存在于自然界许多动、植物体内。例如在香精油中，含有大量的不饱和脂环烃或含氧的脂环化合物。胡萝卜素、胆固醇及各类激素中也含有脂环化合物。

（2）重要的脂环烃

① 环己烷（ ）　环己烷是无色液体，沸点为 80.8℃，易挥发，不溶于水，可与许多有机溶剂混溶。工业上以苯为原料，通过催化加氢制取环己烷。

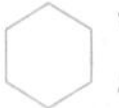

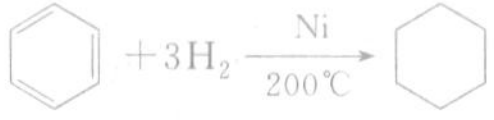

$+3H_2$
Ni
200℃

环己烷是重要的化工原料，主要用于合成尼龙纤维，也是大量使用的工业溶剂，如用于塑料工业中，溶解导线涂层的树脂，还用作油漆的脱漆剂、精油萃取剂等。

② 环戊二烯（ ）　环戊二烯是无色液体，沸点为 41.5℃，易燃，易挥发，不溶于水，易溶于有机溶剂，工业上可由石油裂解产物中分离，也可由环戊烷或环戊烯催化脱氢制取。

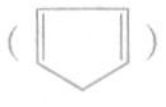

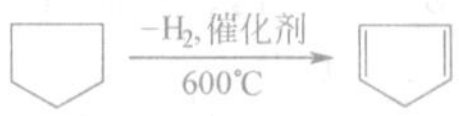

$-H_2$,催化剂
600℃

环戊二烯是共轭二烯烃，可以发生 1,4-加成和双烯合成等反应。其亚甲基（$—CH_2—$）上的氢原子，由于处于两个双键的 α-位，变得非常活泼，具有一定酸性，可被钾、钠等金属离子取代，生成较为稳定的盐。

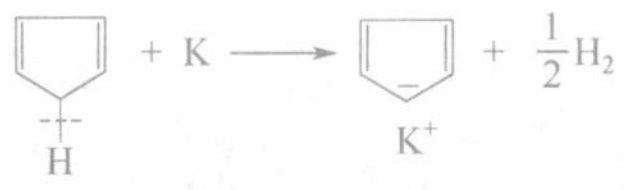

H
+ K
K^+
$+\frac{1}{2}H_2$

环戊二烯主要用于制备二烯类农药、医药、涂料、香料以及合成橡胶、石油树脂、高能燃料等。

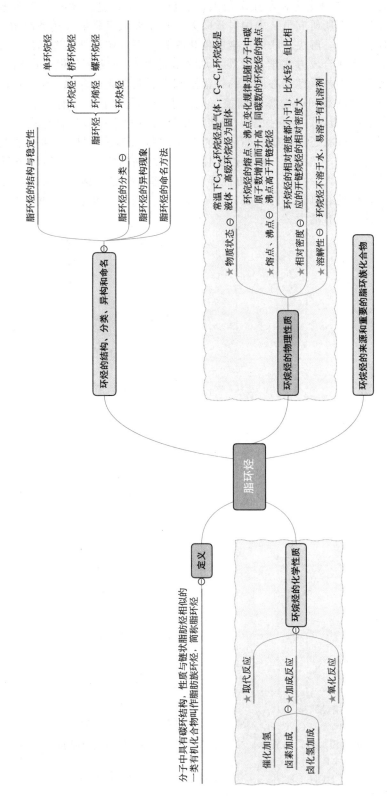

脂环烃的结构与稳定性

单环烷烃
环烷烃 桥环烷烃
螺环烷烃

环烷烃
脂环烃 环烯烃
环状烃

脂环烃的分类 ⊖

脂环烃的异构现象

脂环烃的命名方法

环烃的结构、分类、异构和命名

★ 物质状态 ⊖ 常温下 C_3～C_4 环烷烃是气体；C_5～C_{11} 环烷烃是液体；高级环烷烃为固体

★ 熔点、沸点 ⊖ 环烷烃的熔点、沸点变化规律是随分子中碳原子数增加而升高。同碳数的环烷烃的熔点、沸点高于开链烷烃

★ 相对密度 ⊖ 环烷烃的相对密度都小于1，比水轻。但比相应的开链烷烃的相对密度大

★ 溶解性 ⊖ 环烷烃不溶于水。易溶于有机溶剂

环烷烃的物理性质

环烷烃的来源和重要的脂环族化合物

脂环烃

定义 分子中具有碳环结构、性质与链状脂肪烃相似的一类有机化合物叫作脂肪族环烃、简称脂环烃

环烷烃的化学性质

★ 取代反应

⊖ 加成反应
催化加氢
卤素加成
卤化氢加成

★ 氧化反应

化学名人

麻生明，1965 年 5 月出生，浙江东阳人，有机化学家，复旦大学化学系教授，中国科学院上海有机化学研究所研究员，中国科学院院士。主要从事联烯及其类似物化学方面的研究。引入亲核性官能团，解决了联烯在金属催化剂存在下反应活性及选择性调控，为环状化合物的合成建立了高效合成方法学；发展了从 2,3-联烯酸合成 γ-丁烯酸内酯类化合物的方法；建立了过渡金属参与手性中心形成的一锅法双金属共催化的合成方法。同时，实现了同一底物中几种碳碳键断裂间的选择性调控，提出了杂环化合物的多样性合成方法。麻教授说："做科研领域的徐霞客，不断探索、跋涉。金属有机化学可以通俗地说，就是日常生活中，常见的金属有两种状态：单质（如金子）和无机盐（如氯化钠）。通常情况下，金属催化性能不高也不易控制，然而，一旦通过配体与金属之间的相互作用，形成金属络合物，其物理、化学性质就会'大变身'，实现更优异的可控催化性能。我们的工作就是通过金属催化，发展新反应，推动有机化学的发展，为未来药物合成、材料化学提供基本工具。只要奋斗者有路可走，社会就有活力。"

 习题

一、命名题

1. $CH_3-CH-\underset{\underset{CH_3}{|}}{\overset{\overset{CH_2CH_3}{|}}{C}}-CH_2-CH_2-CH_3$

2. $CH_3-CH_2-CH-CH_2-CH-CH_2-\overset{\overset{CH_2CH_3}{|}}{CH_3}$
   （带 CH_3 支链）

3. $CH_3-CH-CH_2-\overset{\overset{CH_3}{|}}{\underset{\underset{CH_3}{|}}{C}}$

4. $H_3C-CH-CH-CH_3$

5. $\underset{CH_3}{\overset{CH_3CH_2}{>}}C=C\underset{CH_2CH_3}{\overset{H}{<}}$

6. $H_3CC\equiv C\underset{\underset{CH_3}{|}}{CH}CH_3$

7. $H_2C=\underset{\underset{CH_2CH_3}{|}}{\overset{\overset{CH_3}{|}}{C}}-CH-CH_3$

8. $CH_3\underset{\underset{CH_3}{|}}{CH}C\equiv C\underset{\underset{CH_3}{|}}{CH}CH_3$

9. $CH\equiv CCH_2CH=CH_2$

10. $H_3CC\equiv C\underset{\underset{C_2H_5}{|}}{CH}CH_2CH=CH_2$

11. $H_2C=\underset{\underset{CH_2CH_3}{|}}{C}CH=CH_2$

12. $\underset{CH_3}{\overset{CH_3CH_2}{>}}C=C\underset{CH_2CH_2CH_3}{\overset{CH(CH_3)_2}{<}}$

13. 14. 15. 16.

二、选择题

1.下列分子中，属于烷烃的是（   ）。

A. C_4H_8　　　　B. C_5H_{12}　　　　C. C_6H_6　　　　D. C_2H_2

2. 某二烯烃和一分子溴加成，生成 2,5-二溴-3-己烯，该二烯烃经高锰酸钾氧化得到两分子乙酸和一分子草酸，该二烯烃的结构式是（   ）。

A. $CH_2=CHCH=CHCH_2CH_3$　　　　　　B. $CH_3CH=CHCH=CHCH_3$

C. $CH_3CH=CHCH_2CH=CH_2$ D. $CH_2=CHCH_2CH_2CH=CH_2$

3. 鉴别环丙烷、丙烯与丙炔需要的试剂是（　　）。

A. $AgNO_3$ 的氨溶液；$KMnO_4$ 溶液　　　B. $HgSO_4/H_2SO_4$；$KMnO_4$ 溶液

C. Br_2 的 CCl_4 溶液；$KMnO_4$ 溶液　　D. $AgNO_3$ 的氨溶液

4. 氯仿指的是（　　）。

A. 三氯甲烷　　　　　　　　　　　　B. 二氯甲烷

C. 一氯甲烷　　　　　　　　　　　　D. 四氯甲烷

5. $CH_3CH_2CH_3$ 所有可能的一氯代产物共有（　　）。

A. 5 种　　　　　　　　　　　　　　B. 3 种

C. 4 种　　　　　　　　　　　　　　D. 2 种

6. 2,2-二甲基-3-乙基己烷中，仲碳原子个数是（　　）。

A. 5 个　　　　　　　　　　　　　　B. 4 个

C. 2 个　　　　　　　　　　　　　　D. 3 个

7. 在室温下，下列物质分别与硝酸银的氨溶液作用能立即产生沉淀的是（　　）。

A. CH_3CH_3　　　　　　　　　　　　B. $CH_3CH_2CH_3$

C. $CH_2=CHCH_3$　　　　　　　　　　D. $CH\equiv CCH_3$

8. 下列物质中，具有顺反异构体的是（　　）。

A. 乙烯　　　　　　　　　　　　　　B. 2-丁烯

C. 1-丁烯　　　　　　　　　　　　　D. 丙烯

9. 2-戊炔经酸性 $KMnO_4$ 溶液氧化后，产物是（　　）。

A. 乙酸和丙酮　　　　　　　　　　　B. 乙酸和丙酸

C. 乙醛和丙酮　　　　　　　　　　　D. 乙醛和丙醛

三、完成反应方程式

1. $CH_2=CHCH_3 + HBr \longrightarrow$

2. $CH_3CH_2C\equiv CH + H_2O \xrightarrow{\quad HgSO_4 \quad}{H_2SO_4}$

3. $CH_3CH=CH_2 + Cl_2 \xrightarrow{500℃}$

4. $CH_3C\equiv CCH_3 + H_2 \xrightarrow{\text{林德拉催化剂}}$

5. $CH_3C\equiv CNa + BrCH_2CH_2CH_3 \longrightarrow$

6. $CH_3CH_2C\equiv CH \xrightarrow{KMnO_4/H^+}$

7. $\underset{\overset{|}{CH_3}}{CH_3CH_2C}=CH_2 + H_2O \longrightarrow$

8. $\underset{\overset{|}{CH_3}}{CH_3CH_2C}=CH_2 + H_2O + Cl_2 \longrightarrow$

9. $H_2C=CHCH=CH_2 + H_2C=CH_2 \longrightarrow$

10.

11.

四、推断题

1. C_4H_9Br（A）与 KOH 的醇溶液共热生成烯烃 C_4H_8（B），它与溴反应得到 C_4H_8Br（C），用 KNH_2 使 C 转变为 C_4H_6（D），将 D 通过 Cu_2Cl_2 氨溶液时生成沉淀。给出化合物 A～D 结构。

2. 分子式为 C_7H_{10} 的某开链烃 A，可发生下列反应：A 经催化加氢可生成 3-乙基戊烷；A 与 $AgNO_3/NH_3$ 溶液反应可产生白色沉淀；A 在 $Pd/BaSO_4$ 作用下吸收 1mol H_2 生成化合物 B；B 可以与顺丁烯二酸酐反应生成化合物 C。试推测 A、B 和 C 的构造式。

3. 有 A 和 B 两个化合物，它们互为构造异构体，都能使溴的四氯化碳溶液褪色。A 与 $Ag(NH_3)_2NO_3$ 反应生成白色沉淀，用高锰酸钾溶液氧化生成丙酸（CH_3CH_2COOH）和二氧化碳；B 不与 $Ag(NH_3)_2NO_3$ 反应，而用高锰酸钾溶液氧化只生成一种羧酸。试写出 A 与 B 的构造式及各步反应式。

五、合成、鉴别题

1. 以乙烯及其他有机试剂为原料合成 CH_3CH＝$CHCH_3$。

2. 由 CH_2＝$CHCH_3$ 合成 $\underset{Cl\ \ Br\ \ Br}{CH_2CHCH_2}$。

3. 用化学方法鉴别下列化合物：

A. 甲苯 　　　B. 苯乙烯 　　　C. 苯乙炔

4. 用化学方法鉴别下列化合物：

A. 2-丁烯 　　　B. 1-丁炔 　　　C. 乙基环丙烷

芳香烃

Chapter 03

 **学习指南**

1. 了解芳香烃的物理性质及其变化规律；
2. 熟悉芳香烃的来源、制法与用途；
3. 掌握芳香烃的命名方法和化学性质；
4. 掌握单环芳烃取代反应的定位规律及其在有机合成中的应用。

芳香烃，一般是指分子中含苯环结构的烃类化合物，分子中具有苯环结构，高度不饱和、性质相当稳定的化合物。"芳香"二字的来由最初是指从天然树脂（香精油）中提取而得、具有芳香气味的物质。现代芳烃的概念是指具有芳香性的一类环状化合物，它们不一定具有香味，也不一定含有苯环结构。

芳烃可分为苯系芳烃和非苯系芳烃两大类。苯系芳烃根据苯环的多少和连接方式不同可分为：

① 单环芳烃　分子中只含有一个苯环的芳烃。

② 多环芳烃　分子中含有两个或两个以上独立苯环的芳烃。

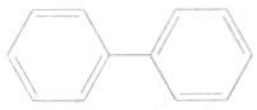

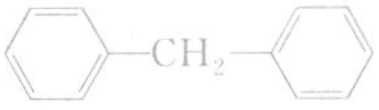

③ 稠环芳烃　分子中含有两个或两个以上苯环，苯环之间通过共用相邻两个碳原子的芳烃。

本章主要研究与讨论单环芳烃。

3.1 单环芳烃的结构、异构和命名

根据元素分析得知苯的分子式为 C_6H_6。仅从苯的分子式判断，苯应具有很高的不饱和度，显示不饱和烃的典型反应，如加成、氧化、聚合，然而苯却是一个十分稳定的化合物。通常情况下，苯很难发生加成反应，也难被氧化，在一定条件下，能发生取代反应，称为"芳香性"。

3.1.1 凯库勒式

苯的分子式为 C_6H_6，其碳氢原子比例为 1∶1，与乙炔相同，因此具有高度的不饱和性。然而，实验证明，在一般情况下，苯既不与溴发生加成反应，也不被高锰酸钾溶液氧化，却能够在一定条件下发生环上氢原子被取代的反应，而苯环不被破坏。也就是说，苯并不具有一般不饱和烃的

3.1 苯分子

典型的化学性质。苯的这种不易加成、不易氧化、容易取代和碳环异常稳定的特性被称为"芳香性"。

　　苯的芳香性是由于苯环的特殊结构所决定的。实验发现，苯在发生取代反应时，它的一元取代产物只有一种，这说明在苯的分子中，六个氢原子所处的位置是完全相同的。根据这一实验事实，同时又考虑碳原子是四价的，德国化学家凯库勒（Kekule）在 1865 年提出了苯的构造式：

（简写为 ⬡ ）

　　凯库勒认为，苯分子中的六个碳原子以六角形环状结合，其中含有三个 C ═ C 双键，均匀地分布于环中，每个碳原子上连接一个氢原子，这六个氢原子的位置完全相同。

　　凯库勒的结构学说在一定程度上反映了客观实际。例如它符合苯的组成、原子间的连接关系，能解释一元取代物只有一种以及苯催化加氢得到环己烷等事实。他首先提出苯的环状结构，在有机化学发展史上起到了重要作用。但是凯库勒结构式却不能说明苯的全部特性，例如，它无法解释苯分子中既含双键又不易发生加成和氧化反应的事实。而且苯在催化加氢时，测得的氢化热比预计三个孤立双键的氢化热低得多，这说明苯的内能较低，因此比较稳定。

3.1.2　闭合共轭体系

　　利用杂化轨道理论可以较好地解释苯的分子结构。按照这一理论，苯分子中的六个碳原子都是 sp^2 杂化的。它们各以两个 sp^2 杂化轨道彼此沿键轴方向重叠形成六个等同的 C—C σ 键（环状），又各以一个 sp^2 杂化轨道分别与六个氢原子的 s 轨道沿键轴方向重叠形成六个等同的 C—H σ 键，这六个 C—C σ 键和六个 C—H σ 键同在一个平面上，彼此间的夹角都是 120°，如图 3-1 所示。每个碳原子上还剩下一个没有参与杂化的 p 轨道，它们垂直于 σ 键所在的平面，彼此平行从侧面重叠形成一个环状的闭合大 π 键。这就是说，在苯分子中，并没有三个孤立的 C ═ C 双键，六个碳原子是以六个完全等同的 C—C σ 键和一个闭合的共轭大 π 键形成了一个环状整体，这个整体是一个共轭体系，因此能量较低，也较稳定，不易发生加成和氧化反应，其氢化热也较低。

3.2 苯分子构型及电子云

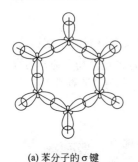

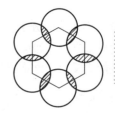

苯分子图片

(a) 苯分子的 σ 键　　　　　(b) 苯分子的 π 键　　　　　(c) 苯分子的 π 键 (俯视)

图 3-1　苯的分子结构示意图

苯分子这种特殊稳定的整体结构，到目前还没有合适的构造表达式，因此习惯上还沿用凯库勒构造式，即  ，但在使用时应注意，不能误解为苯分子中含有交替的 C—C 单键和 C=C 双键。有人提出用  式来表示苯的结构，六边形的每个角代表一个碳原子，六条边代表六个 C—C σ 键，环中圆圈代表闭合大 π 键，这个构造式比较形象地体现了苯的内部结构，已有许多书刊采用了这种构造式。

3.1.3　单环芳烃的构造异构

单环芳烃的构造异构有两种情况，一种是侧链构造异构，另一种是侧链在苯环上的位置异构。

（1）侧链构造异构　苯环上的氢原子被烃基取代后生成的化合物叫作烃基苯，连在苯环上的烃基又叫侧链。侧链为甲基和乙基时，不能产生构造异构，当侧链中含有三个或三个以上碳原子时，则可能因碳链排列方式不同而产生异构体。正丙（基）苯和异丙（基）苯互为同分异构体：

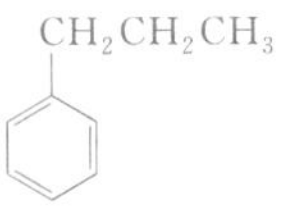

正丙苯 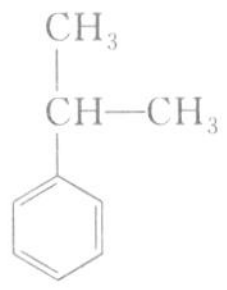　　　　　异丙苯

（2）侧链在环上的位置异构　当苯环上连有两个或两个以上侧链时，可因侧链在环上的相对位置不同而产生异构体。例如，当苯环上有两个甲基时，可以产生三种异构体：

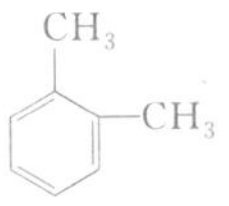

邻二甲苯 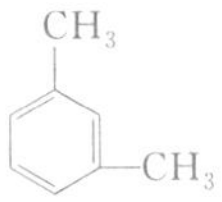　　　　间二甲苯 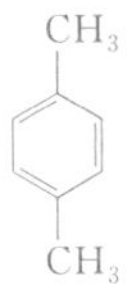　　　　对二甲苯

3.1.4　单环芳烃的命名方法

烷基苯的命名是把苯环作为母体，烷基作为取代基，称为某烷基苯。其中"基"字通常可以省略。

甲苯 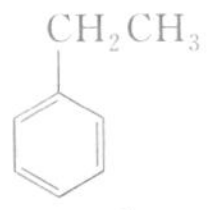　　　　　乙苯

当苯环上连有两个或两个以上侧链时，可用阿拉伯数字标明侧链的位次，也可用"邻""间""对"或"连""偏""均"等表示侧链的相对位置。

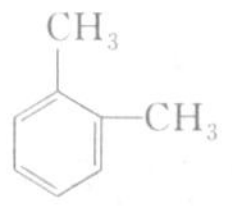

|邻二甲苯|间二甲苯|对二甲苯|
|（1,2-二甲苯）|（1,3-二甲苯）|（1,4-二甲苯）|

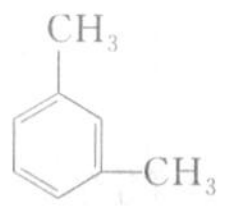

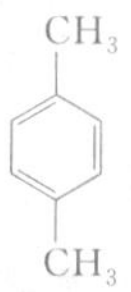

又如，三甲苯的三种异构体的命名：

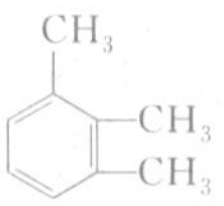

| 1,2,3-三甲苯 | 1,2,4-三甲苯 | 1,3,5-三甲苯 |
| （连三甲苯） | （偏三甲苯） | （均三甲苯） |

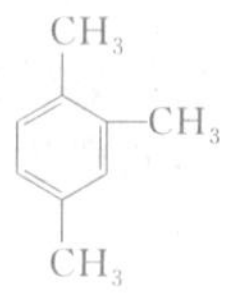

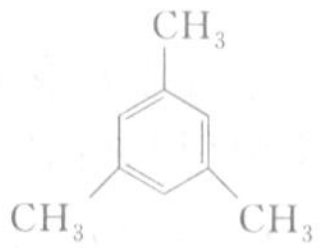

当苯环上的侧链为不饱和烃基或构造较为复杂的烷基时，也可将苯环作取代基，以侧链为母体来命名。

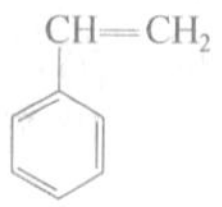

| 苯乙烯 | 苯乙炔 | 2-甲基-3-苯基戊烷 |

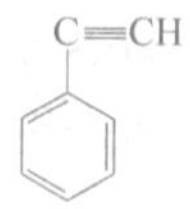

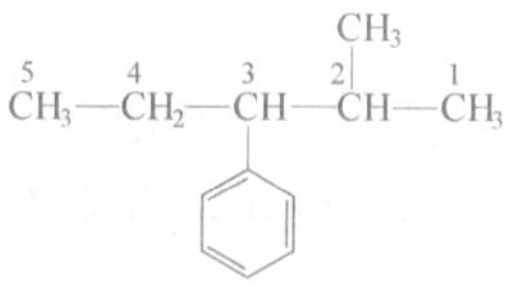

芳烃分子去掉一个氢原子所剩下的基团称为芳基（Aryl），用 Ar 表示。苯环上去掉一个氢原子剩下的基团叫苯基。甲苯分子中去掉甲基上的一个氢原子剩下的基团叫苯甲基，也叫苄基。

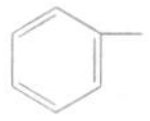

苯基，用 Ph 表示

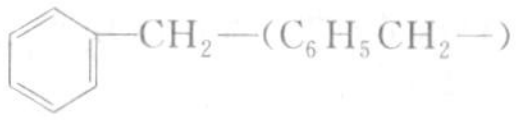

苄基（苯甲基），用 Bz 表示

3.1.5　芳烃衍生物的命名

苯环上的氢原子被其他原子或基团取代后生成的化合物叫作芳烃衍生物，芳烃衍生物的命名通常有下列几种情况。

（1）苯环上连有作取代基的基团　有些原子或基团，如—X（卤原子）、—NO$_2$（硝基）以及结构简单的烷基等，它们连接在苯环上时，苯作母体。

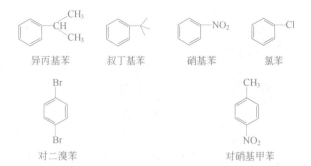

异丙基苯　　　叔丁基苯 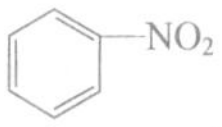　　　硝基苯　　　氯苯

对二溴苯 　　　　　　　　　　　对硝基甲苯

（2）苯环上连有可作母体的基团　当苯环上连有—COOH，—SO₃H，—NH₂，—OH，—CHO，—CH＝CH₂ 或 R 较复杂时，则把苯环作为取代基。

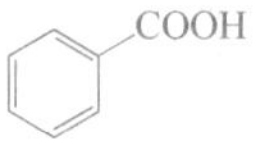

苯甲酸 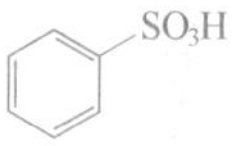　　　　苯磺酸 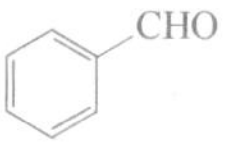　　　　苯甲醛 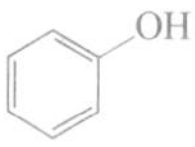　　　　苯酚

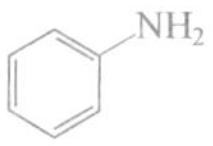

苯胺 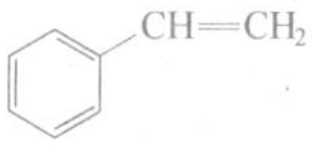　　　　苯乙烯 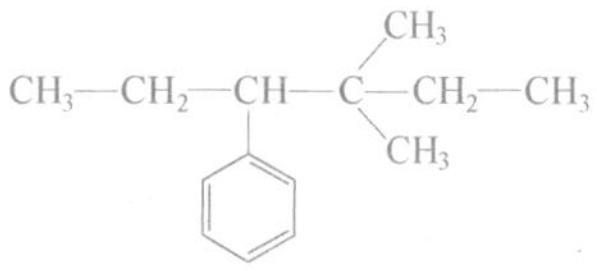　　　　3,3-二甲基-4-苯基己烷

（3）苯环上连有多个官能团

① 二元取代苯的命名　取代基的位置用　邻（o-）、间（m-）、对（p-）或 1,2；1,3；1,4 表示。

邻二甲苯　　　　间二甲苯　　　　对二甲苯　　　　邻甲基苯酚
(1,2-二甲苯)　　(1,2-二甲苯)　　(1,2-二甲苯)　　(o-甲基苯酚)
(o-二甲苯)　　　(m-二甲苯)　　　(p-二甲苯)

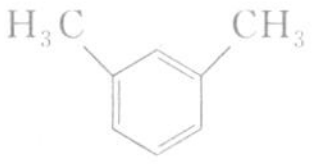

② 多取代苯的命名

a. 取代基的位置　用邻、间、对或 2,3,4,…表示取代基所在碳位。

b. 母体选择原则　按以下排列次序，排在后面的为母体，排在前面的作为取代基：—NO₂＜—X＜—OR（烷氧基）＜—R（烷基）＜—NH₂＜—OH＜—COR＜—CHO＜—CN，—CONH₂（酰胺基）＜—COX（酰卤基）＜—COOR（酯基）＜—SO₃H＜—COOH＜—NR₃ 等。

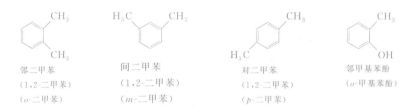

对氯苯酚 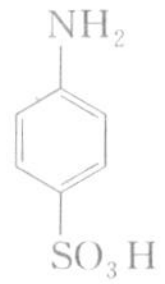　　　对氨基苯磺酸 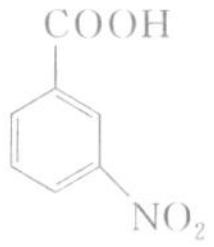　　　间硝基苯甲酸 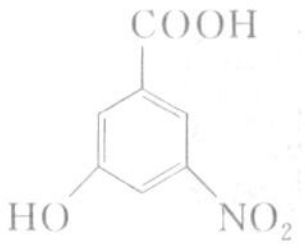　　　3-硝基-5-羟基苯甲酸 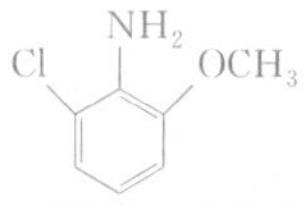　　　2-甲氧基-6-氯苯胺

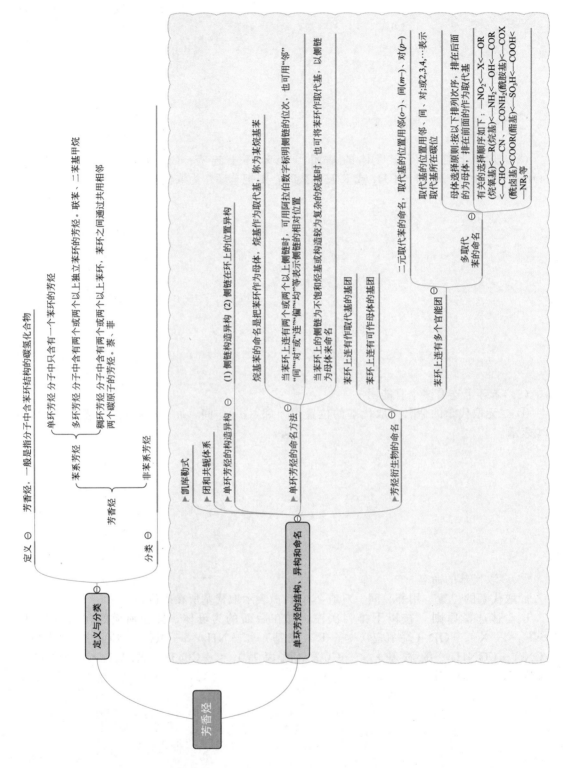

3.2 单环芳烃的物理性质

（1）物态　常温下，苯及其同系物都是无色具有芳香气味的液体。

（2）沸点　单环芳烃的沸点随分子中碳原子数目的增加而升高。苯同系列中，每增加一个 CH_2 单位，沸点约升高30℃。侧链的位置对其没有大的影响。

例：二甲苯的三个异构体的沸点很接近，难于分离。

（3）熔点　单环芳烃的熔点变化与分子的对称性有关。对称性较大的分子熔点高于对称性小的分子的熔点。结构对称的异构体，都具有较高的熔点。

例：苯是高度对称的分子，它的熔点比甲苯、乙苯高得多；对二甲苯分子的对称性比邻二甲苯和间二甲苯大，因此其熔点也是三种异构体中最高的。

（4）相对密度　单环芳烃的相对密度小于1，比水轻。卤代苯和硝基苯的相对密度大于1。

（5）溶解性　单环芳烃不溶于水，可溶于醇、醚，特别易溶于二甘醇、环丁砜和 N,N-二甲基甲酰胺等溶剂，因此常用这些溶剂来萃取芳烃。芳烃易燃，燃烧时产生浓烟，其蒸气有毒。

3.3 化学性质

单环芳烃的化学反应主要发生在苯环上。在一定条件下，苯环上的氢原子容易被其他原子或基团取代，生成许多重要的芳烃衍生物。在强烈的条件下，苯环也可以发生加成和氧化反应，但这往往会使苯环结构遭到破坏。当苯环上连有侧链时，直接与苯环相连的 α-C—H 键表现出较大的活泼性，可以在一定条件下发生取代、氧化等反应。

3.3.1 取代反应

（1）卤代反应　芳烃与卤素在不同条件下可发生不同的取代反应。

a. 苯环上的卤代　在铁粉或三卤化铁催化作用下，苯可与氯或溴发生卤代反应，氯原子或溴原子取代苯环上的氢原子，生成氯苯或溴苯，同时放出卤化氢。

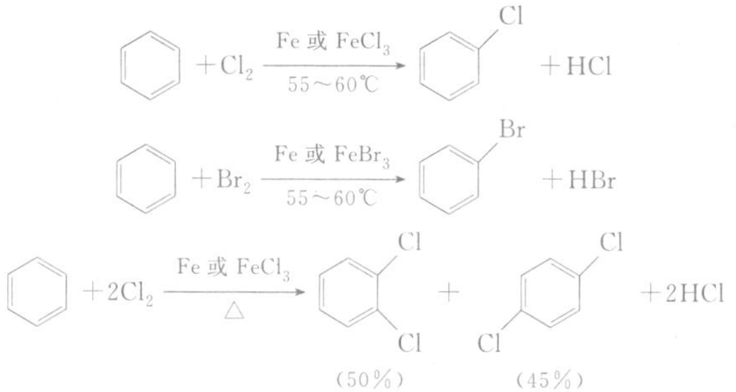

3.3 苯环上的亲电取代反应历程

这是工业上和实验室中制备氯苯和溴苯的方法之一。

氯苯是无色挥发性液体，有毒，对肝脏有损害作用。溴苯是无色油状易燃液体，有毒。氯苯和溴苯都是重要的有机合成原料，广泛用于生产农药、染料、医药等。

烷基苯发生环上卤代反应时，比苯容易进行，反应主要发生在苯环上烷基的邻位和对位。

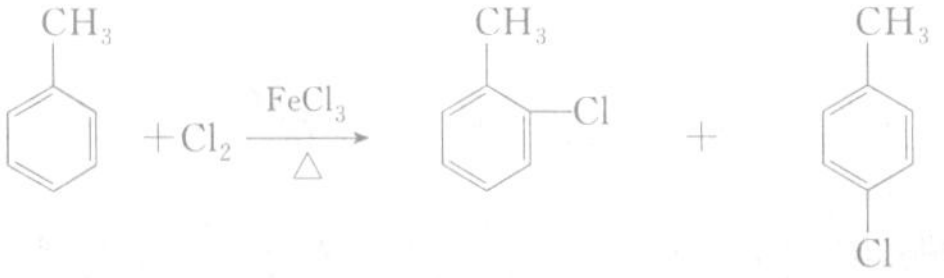

邻氯甲苯（59%）　　对氯甲苯（40%）

b. 侧链上的卤代　烷基苯与卤素发生取代反应时，如果没有催化剂存在，用光照射或加热，则侧链上的 α-氢原子被卤原子取代。例如，在日光照射下或将氯气通入沸腾的甲苯中，甲基上的氢原子可逐一被取代：

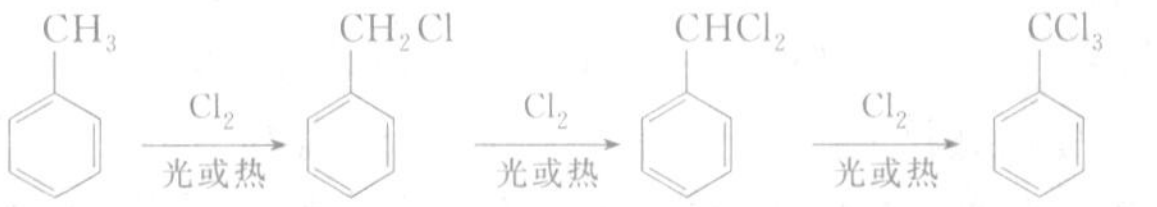

甲烷　　　　苯一氯甲烷　　　苯二氯甲烷　　　苯三氯甲烷

这是工业上制备苯氯甲烷的方法。三种苯氯甲烷都是重要的有机合成原料，控制甲苯和氯气的配比，可使反应停留在某一步上，得到一种主要产物。

苯一氯甲烷又叫苄基氯，是无色透明液体，具有强烈的刺激性，有催泪作用并刺激呼吸道，主要用作合成医药、农药、香料、染料以及合成树脂等的原料。

苯二氯甲烷是无色具有强烈刺激性气味的液体，主要用于制苯甲醛和肉桂酸等。

苯三氯甲烷是具有特殊刺激性气味的无色液体，主要用于制三苯甲烷染料、蒽醌染料和喹啉染料等。

反应条件不同，产物也不同。侧链较长的芳烃经光照卤代反应主要发生在 α-碳原子上。

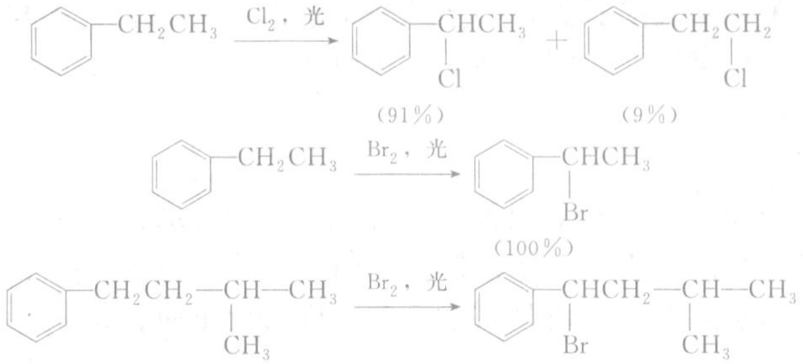

（91%）　　　　　　（9%）

（100%）

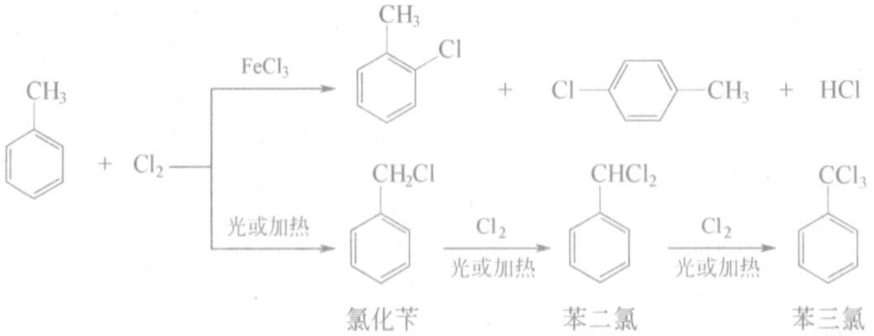

氯化苄　　　　　苯二氯　　　　苯三氯
（苯一氯甲烷）　　甲烷　　　　　甲烷

（2）硝化反应　浓硝酸和浓硫酸的混合物叫作混酸。苯与混酸作用时，硝基（—NO$_2$）取代苯环上的氢原子，生成硝基苯。这一反应叫作芳烃的硝化反应。

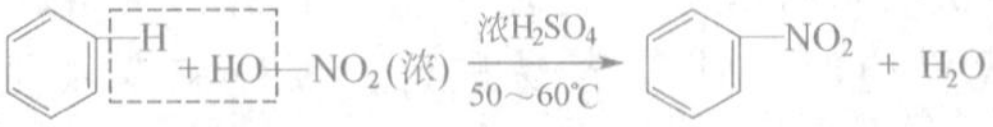

硝基苯

在这一反应中，浓硫酸的主要作用是催化剂，同时也是脱水剂。

硝基苯继续硝化比苯困难，需在更强烈的条件下进行。

间二硝基苯（88%）　　　　（极少量）

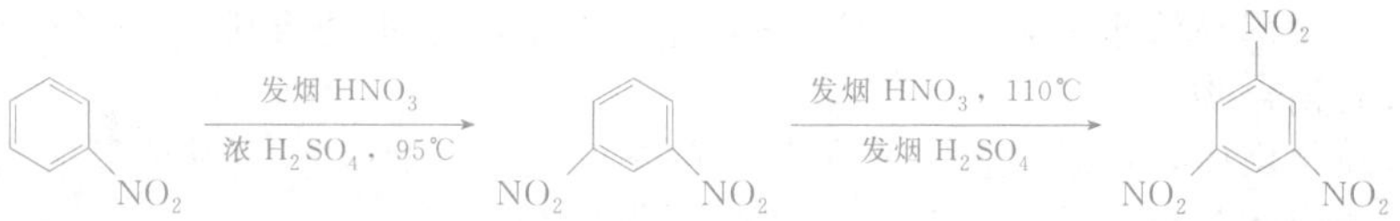

间二硝基苯是浅黄色晶体，有毒，主要用于合成染料、农药和医药等。

烷基苯的硝化反应比苯容易进行。苯环上取代基不同，对硝化反应的速度有较大的影响。

2,4,6-三硝基甲苯
(TNT)

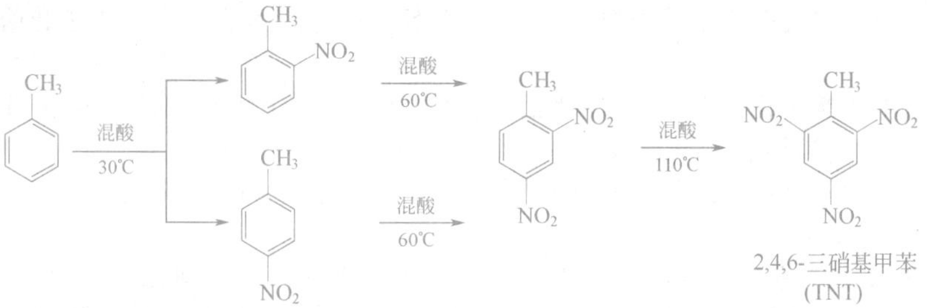

邻硝基甲苯是具有苦杏仁味的黄色油状液体。对硝基甲苯是浅黄色晶体。它们都是剧毒物质，能通过人的呼吸系统及皮肤引起中毒，也都是重要的有机合成原料，主要用作油漆、染料、医药和农药的中间体。

（3）磺化反应　苯与浓硫酸或发烟硫酸作用，磺酸基（$-SO_3H$）取代苯环上的氢原子，生成苯磺酸，这类反应叫作芳烃的磺化反应。

苯磺酸

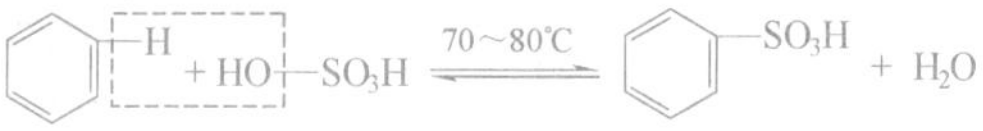

磺化反应与卤化、硝化反应不同，它是一个可逆反应，其逆反应是苯磺酸的水解。如果控制反应条件，可以使反应向需要的方向进行。例如采用发烟硫酸作磺化试剂时，由于发烟硫酸中的三氧化硫能吸收反应中生成的水，破坏体系平衡，使反应向生成苯磺酸的方向进行，同时生成的硫酸又增强了磺化能力，因此，可使磺化反应在较低温度下顺利进行。

发烟硫酸

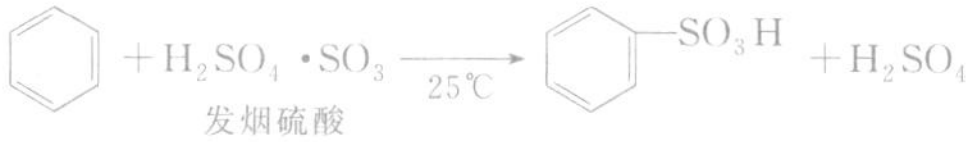

苯磺酸为无色针状或叶状晶体，是重要的有机合成原料，用于制备苯酚、间苯二酚等。

若要去掉苯环上的磺酸基时，可将苯磺酸与稀硫酸或稀盐酸一起在加压下共热，就可使苯磺酸发生水解，生成原来的芳烃。

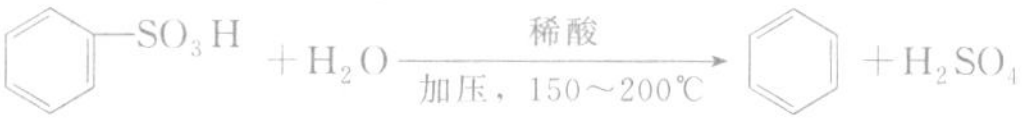

芳烃不溶于浓硫酸，但生成的苯磺酸却可以溶解在硫酸中。可利用这一性质将芳烃从混合物中分离出来。

烷基苯的磺化反应比苯容易进行，主要生成邻位和对位取代产物。一般说来，提高温度比较有利于对位产物的生成。

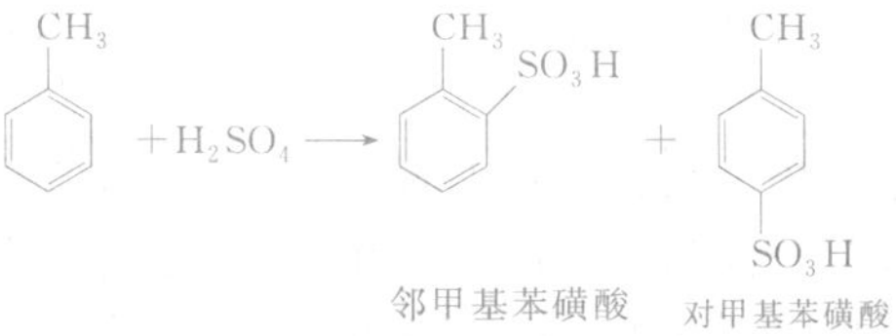

	邻甲基苯磺酸	对甲基苯磺酸
0℃	43%	53%
25℃	32%	62%
100℃	13%	79%

磺酸及其钠盐都易溶于水，可利用这一特性，在不溶于水的有机物分子中引入磺酸基，得到可溶于水的化合物。

还可利用磺化反应，让磺酸基占据苯环上的某一位置，待进行完其他反应后，再将磺酸基水解脱去。苯磺酸与稀硫酸共热时可水解脱下磺酸基。

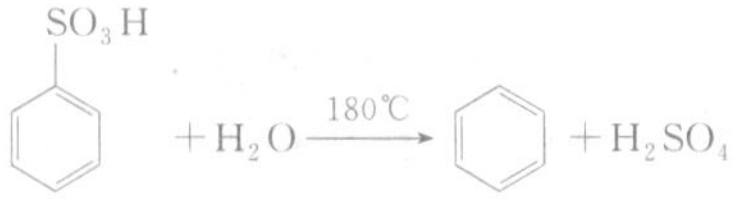

此反应常用于有机合成上控制环上某一位置不被其他基团取代，或用于化合物的分离和提纯。

(4) 烷基化和酰基化反应　1877 年法-美化学家 Friedel 和 Crafts 发现在催化剂（无水 $AlCl_3$）的催化下，苯环上的氢可被烷基（R—）或酰基（RCO—）取代。其中被烷基取代的反应叫作烷基化反应，被酰基取代的反应叫作酰基化反应。这类反应又称傅-克反应(Friedel-Crafts) 反应。

① 烷基化反应　芳烃与卤代烃、醇类或烯类化合物在路易斯催化剂（如 $AlCl_3$，$FeCl_3$，H_2SO_4，H_3PO_4，$SnCl_4$，$ZnCl_2$，BF_3，HF 等）存在下，发生芳环的烷基化反应。

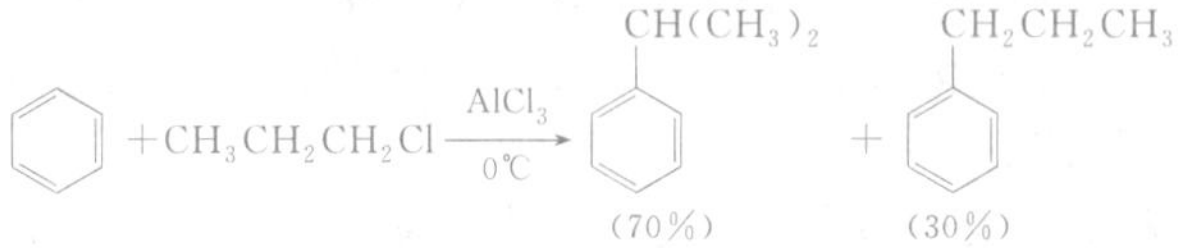

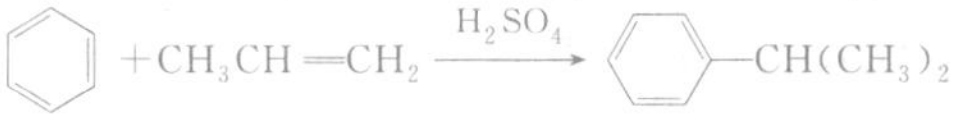

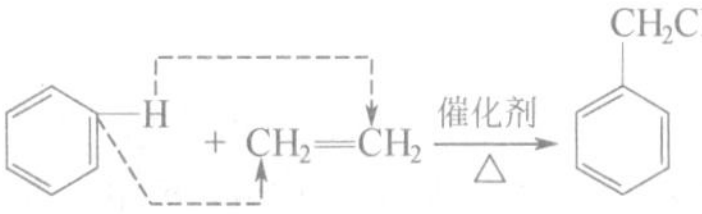

当引入的烷基为三个碳以上时，引入的烷基会发生碳链异构现象。

异丙苯(65%～69%) 正丙苯(35%～31%)

(主要产物)

(100%)

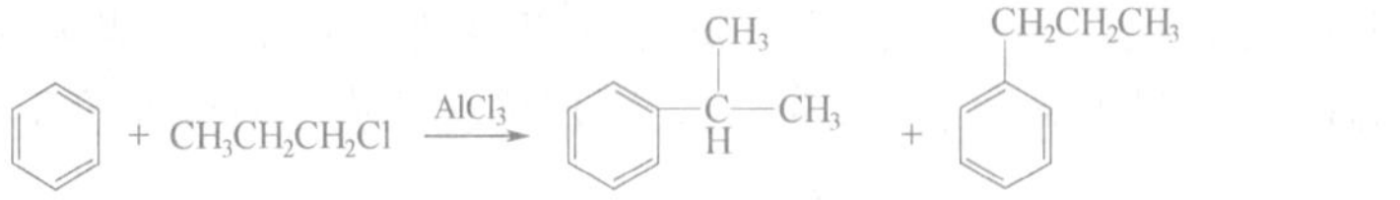

乙苯是无色油状液体，具有麻醉与刺激作用，主要用于制合成树脂单体苯乙烯，也是医药工业的原料。

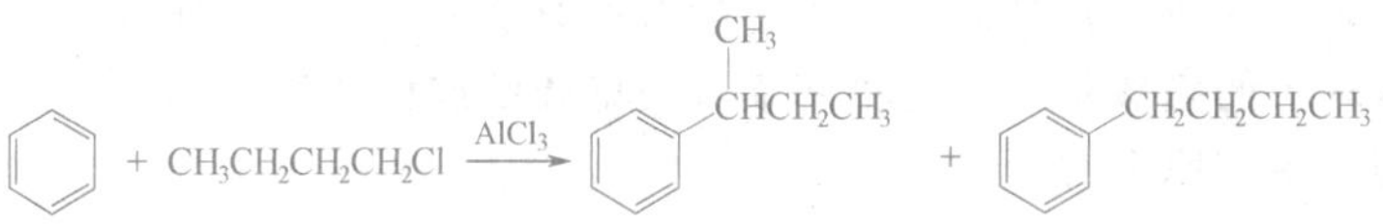

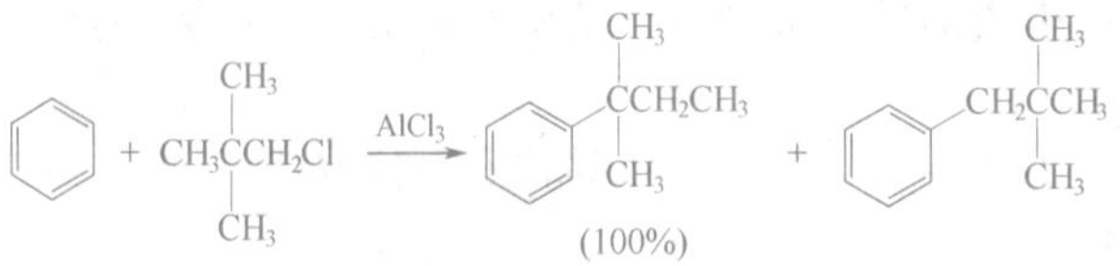

异丙苯是无色液体，主要用于制苯酚和丙酮，也用作其他化工原料。

传统上苯烷基化制乙苯和异丙苯都是用三氯化铝（$AlCl_3$）作催化剂。但三氯化铝本身具有较强的腐蚀性，而且反应时还要加入腐蚀性更强的盐酸作助剂，并需在反应后使用大量的氢氧化钠中和废酸，因而使生产过程产生大量的废酸、废渣、废水和废气，环境污染十分严重。为此，一些世界著名的石油化工公司（如美国的 Dow 化学公司等）投入巨资进行苯烷基化固体酸催化剂的研究开发工作，并于 20 世纪 90 年代相继成功开发出以各种分子筛为催化剂的乙苯和异丙苯合成新工艺。新工艺产品收率和纯度都高于 99.5%，基本接近原子经济反应。而且分子筛催化剂无毒、无腐蚀性，并可完全再生，整个生产过程彻底避免了盐酸和氢氧化钠等腐蚀性物质的使用，基本消除了"三废"的排放。目前我国许多生产厂家也都采用了新型催化剂，例如中国石油化工集团公司、燕山石油化工公司改造三氯化铝法制异丙苯的装置，采用新型分子筛催化剂，彻底消除了废酸的生成和废液的排放，并产生了更好的经济效益。

合成洗涤剂的主要原料十二烷基苯的生产，过去一直使用氢氟酸（HF）作催化剂。氢氟酸具有强烈的腐蚀性和较大的毒性，不仅严重腐蚀生产设备，也直接危害操作工人的身体健康，同时还因产生大量废水和 CaF_2 废渣而造成环境污染。采用固体酸新型催化剂后，不仅无毒、无腐蚀、无污染、能反复再生，而且生产出的产品具有更强的乳化和生物降解能力，使这一生产过程和产品实现了双重绿色化。

② 酰基化反应　在芳烃与酰基化试剂如酰卤、酸酐、羧酸、烯酮等在路易斯酸（通常用无水三氯化铝）催化下发生酰基化反应，得到芳香酮。

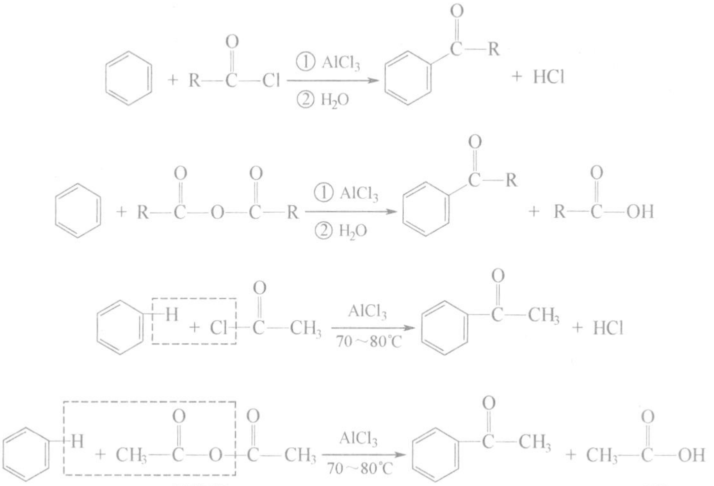

芳烃的酰基化反应目前仍采用三氯化铝作催化剂，新型催化剂尚在研究开发之中。

苯乙酮是具有令人愉快的芳香气味的无色液体，主要用作干果、果汁及烟草的香料，也用作树脂、纤维素等的溶剂和增塑剂，医药工业还用于生产甲喹酮等。

3.3.2　加成反应

由于苯有特殊的稳定性，所以一般情况下难以发生像烯烃、炔烃那样的加成反应。但如果在催化剂作用或紫外线照射下，苯也可与氢或氯发生加成，生成环己烷或六氯环己烷。

（1）催化加氢　在铂、钯或镍的催化作用下，苯能与氢加成生成环己烷。

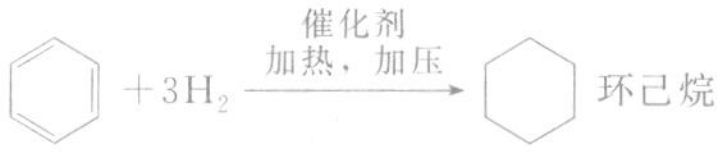

（2）光照加氯　在日光或紫外线照射下，苯与氯发生加成反应生成六氯环己烷。

六氯环己烷分子中含有六个碳、六个氢和六个氯，所以俗称"六六六"。六六六有九种立体异构体，其中 γ-异构体具有较强的杀虫活性，曾广泛用作杀虫农药。但因其性能稳定，不易分解，残毒严重，不仅对人畜有害，也污染环境，现已停止使用。

3.3.3 氧化反应

（1）侧链氧化　苯环比较稳定，一般氧化剂不能使其氧化。但如果苯环上连有侧链时，由于受苯环的影响，其 α-氢原子比较活泼，容易被氧化，而且无论侧链长短、结构如何，最后的氧化产物都是苯甲酸。

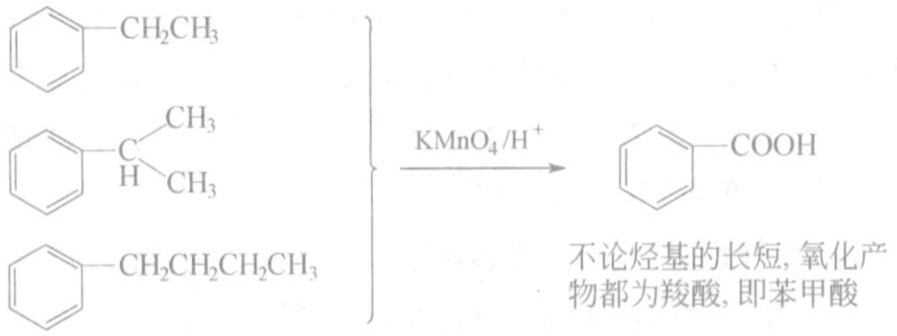

$$ \xrightarrow{KMnO_4/H^+} $$

不论烃基的长短，氧化产物都为羧酸，即苯甲酸

烷基苯氧化是制备芳香族羧酸常用的方法。此外，高锰酸钾溶液氧化烷基苯后，自身的紫红色逐渐消失，可利用这一反应鉴别含有 α-氢原子的烷基苯。

当与苯环相连的侧链碳（α-C）上无氢原子（α-H）时，该侧链不能被氧化。

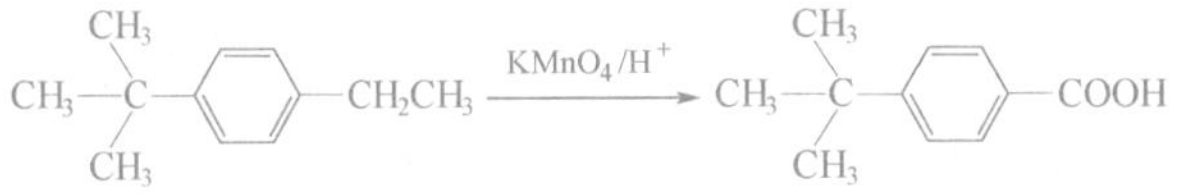

若用较温和的氧化剂或用空气（O_2）氧化时，侧链 α-C 可选择性地氧化为醇、醛或酮。

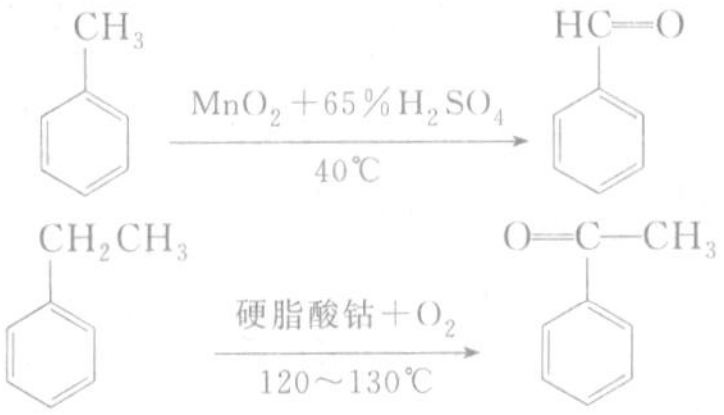

（2）苯环氧化　一般情况下，苯环不易发生氧化反应。但工业上采用较强烈的氧化条件，用五氧化二钒作催化剂，在 450℃，用空气氧化苯，则苯环发生破裂，生成顺丁烯二酸酐。

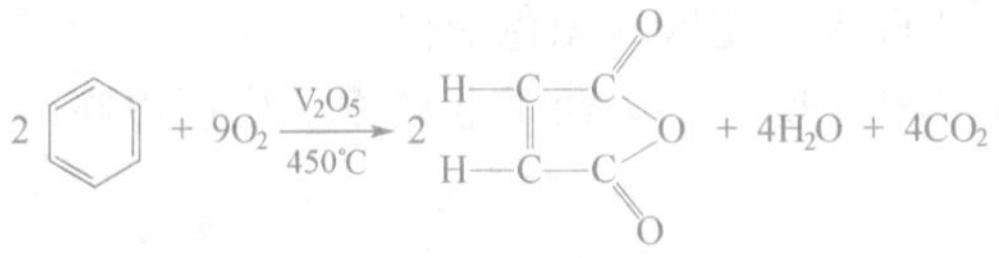

顺丁烯二酸酐

顺丁烯二酸酐又叫马来酸酐或失水苹果酸酐，是无色结晶粉末，具有强烈的刺激气味，主要用于制聚酯树脂、醇酸树脂和马来酸等，也用作脂肪和油类的防腐剂。

酶的催化氧化也可以使苯环氧化。

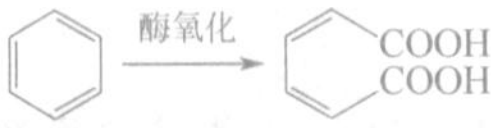

苯氧化燃烧，最终转化成二氧化碳与水。

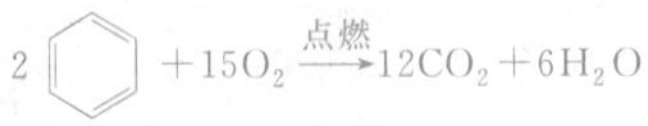

$$ 2 \bigcirc + 15O_2 \xrightarrow{点燃} 12CO_2 + 6H_2O $$

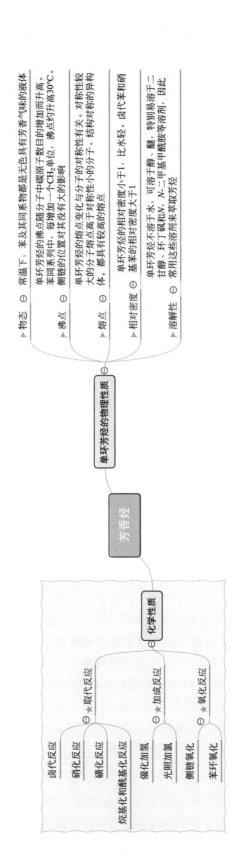

▶物态 ⊝ 常温下，苯及其同系物都是无色具有芳香气味的液体

▶沸点 ⊝ 单环芳烃的沸点随分子中碳原子数目的增加而升高。苯同系列中，每增加一个CH₂单位，沸点约升高30℃。侧链系列中，侧链的位置对其没有大的影响

▶熔点 ⊝ 单环芳烃的熔点变化与分子的对称性有关。对称性较大的分子熔点高于对称性小的分子。结构对称的异构体，都具有较高的熔点

▶相对密度 ⊝ 单环芳烃的相对密度小于1，比水轻。卤代苯和硝基苯的相对密度大于1

▶溶解性 ⊝ 单环芳烃不溶于水。可溶于醇、醚，特别易溶于二甘醇、环丁砜和N，N-二甲基甲酰胺等溶剂。因此常用这些溶剂来溶解芳烃

单环芳烃的物理性质 ⊝

芳香烃

化学性质 ⊝

⊝★取代反应
— 卤代反应
— 硝化反应
— 磺化反应
— 烷基化和酰基化反应

★加成反应 ⊝
— 催化加氢
— 光照加氢

★氧化反应 ⊝
— 侧链氧化
— 苯环氧化

3.4 苯环上取代反应的定位规律

苯环上有一个氢原子被其他原子或基团取代后生成的产物叫作一元取代苯,有两个氢原子被其他原子或基团取代后生成的产物叫作二元取代苯。一元取代苯或二元取代苯再发生取代时,反应按照一定规律进行。

3.4.1 一元取代苯的定位规律

(1)定位基 在单环芳烃的取代反应中,当甲苯发生取代反应时,反应比苯容易进行,而且新基团主要进入甲基的邻位和对位,生成邻、对位产物;当硝基苯发生取代反应时,反应比苯难于进行,而且新基团主要进入硝基的间位,生成间位产物。也就是说,一元取代苯发生取代反应时,反应是否容易进行、新基团进入环上的位置,主要取决于苯环上原有取代基的性质。因此苯环上原有的取代基叫作定位基。

(2)定位效应 定位基有两个作用:一是影响取代反应进行的难易,二是决定新基团进入苯环的位置。定位基的这两个作用叫作定位效应。

(3)定位基的分类 根据定位效应不同,可将常见的定位基分为两大类。

① 邻、对位定位基 这类定位基连接在苯环上时,能使新导入基团主要进入其邻位和对位。除少数基团(如苯基、卤素)外,一般都能使苯环活化,取代反应比苯容易进行。如甲苯在常温下便可发生磺化反应。

常见的邻、对位定位基有:—O^-(氧负离子)、—$N(CH_3)_2$(二甲氨基)、—NH_2(氨基)、—OH(羟基)、—OCH_3(甲氧基)、—$NHCOCH_3$(乙酰氨基)、—R(烷基)、—X(卤素基)、—C_6H_5(苯基)等。

A 的定位能力次序大致为(从强到弱):—O^-,—NR_2,—NHR,—NH_2,—OH,—OR,—NHCOR,—OCOR,—R,—CH_3,—Ph,—CH_2COOH,—H,—F,—Cl,—Br,—I。

邻、对位定位基的结构特点是负离子或与苯环直接相连的原子是饱和的(苯基除外)。

一般说来,排在前面的邻、对位定位基对苯环的活化程度较大,定位能力较强;排在后面的邻、对位定位基对苯环的活化程度较小,定位能力较弱。

② 间位定位基 这类定位基连接在苯环上时,能使新导入基团主要进入间位,并能使苯环钝化,取代反应比苯难于进行。如硝基苯难于发生烷基化或酰基化反应。

常见的间位定位基有:—$N^+(CH_3)_3$(三甲氨基)、—NO_2(硝基)、—CN(氰基)、—SO_3H(磺酸基)、—CHO(醛基)、—$COCH_3$(乙酰基)、—COOH(羧基)、—COOCH₃(甲氧羰基)、—$CONH_2$(氨基甲酰基)等。

B 的定位能力次序大致为(从强到弱):—$^+NR_3$,—NO_2,—CF_3,—CCl_3,—CN,—SO_3H,—CHO,—COR,—COOH,—$CONH_2$。

间位定位基的结构特点是正离子或与苯环直接相连的原子是不饱和的。

一般说来，排在前面的间位定位基对苯环的钝化程度较大，定位能力较强；排在后面的间位定位基对苯环的钝化程度较小，定位能力较弱。

3.4.2 二元取代苯的定位规律

二元取代苯发生取代反应时，反应进行的难易和新基团进入环上的位置，由苯环上已有的两个定位基的性质来决定。通常有下列几种情形：

（1）两个定位基的定位效应一致　如果苯环上已有的两个基团定位作用一致，则新基团可顺利地进入两个定位基一致指向的位置。例如，下列化合物发生取代反应时，新基团进入箭头指向的位置：

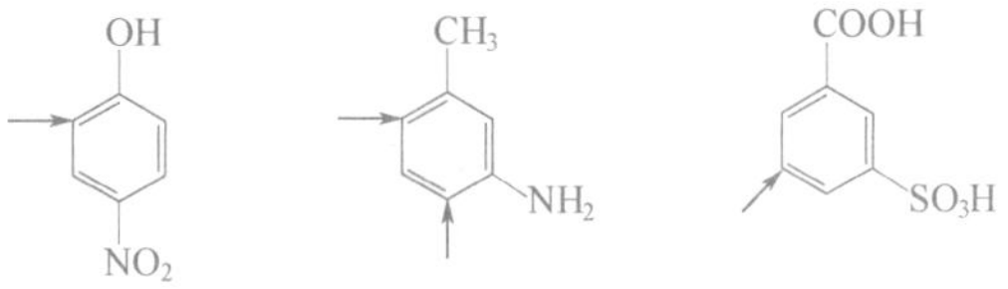

（2）两个定位基的定位效应不一致　苯环上已有的两个定位基定位作用不一致的情况有两种。

① 两个定位基属于同一类　两个同类定位基的定位作用发生矛盾时，一般由定位能力强的（也就是排在前面的）定位基决定新基团进入环上的位置。例如，下列化合物发生取代反应时，新基团进入环上的位置：

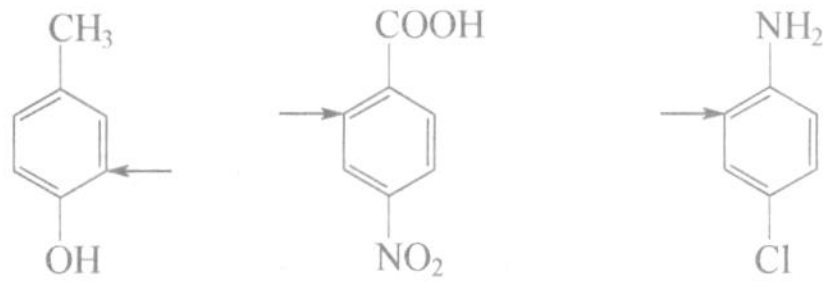

② 两个定位基不是同一类　当两类不同的定位基定位作用发生矛盾时，一般由邻、对位定位基决定新基团进入环上的位置。例如，下列化合物发生取代反应时，新基团进入环上的位置：

3.4.3 定位规律的应用

掌握苯环上取代反应的定位规律，对于预测反应的主产物以及正确设计合成路线具有重要的意义。

（1）预测反应的主产物　熟悉芳烃取代反应的定位规律，可以预测化学反应的主要产物。

【例题 3-1】 写出下列化合物发生硝化反应时的主要产物。

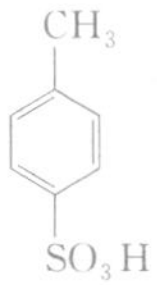

① 　分子中的—OCH_3 是邻、对位定位基，所以其硝化时，主要生成邻、对位产

物，即 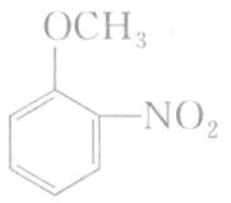 和 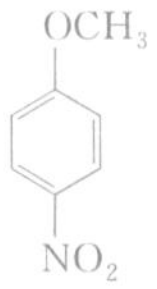 。

② 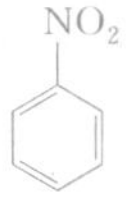 分子中的—NO_2 是间位定位基，所以其发生硝化反应时，主要生成间位产物，

即 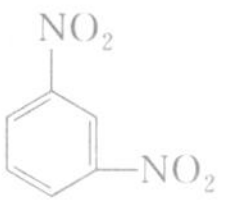 。

③ 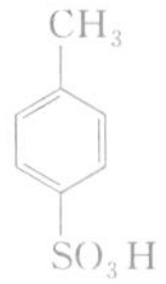 分子中的—CH_3 是邻、对位定位基，发生硝化反应时，它要求硝基进入其邻

位和对位。由于对位已经被—SO_3H 占据，所以只能进入其邻位。—SO_3H 是间位定位基，
发生硝化反应时，它要求硝基进入其间位，而它的间位恰好是—CH_3 的邻位，也就是说，
这两个定位基的定位作用一致，这时硝基可顺利进入两个定位基共同指向的位置，

即 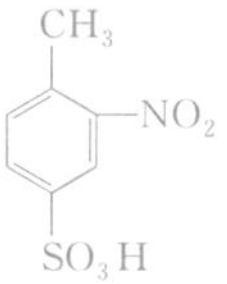 。

（2）指导设计合成路线　利用定位规律，可以指导设计合理的合成路线。

【例题 3-2】　试设计由苯合成邻硝基氯苯、对硝基氯苯和间硝基氯苯的路线。

① 由

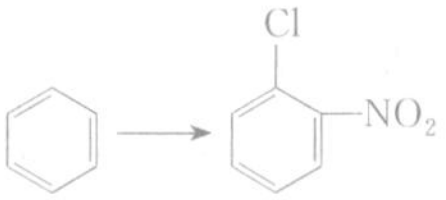

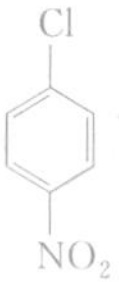

合成路线分析：由于氯是邻、对位定位基，硝基是间位定位基，因此合成邻硝基氯苯和
对硝基氯苯必须先氯化、后硝化，才能得到邻、对位产物。然后借助分馏的方法将两种异构
体分离开。合成路线如下：

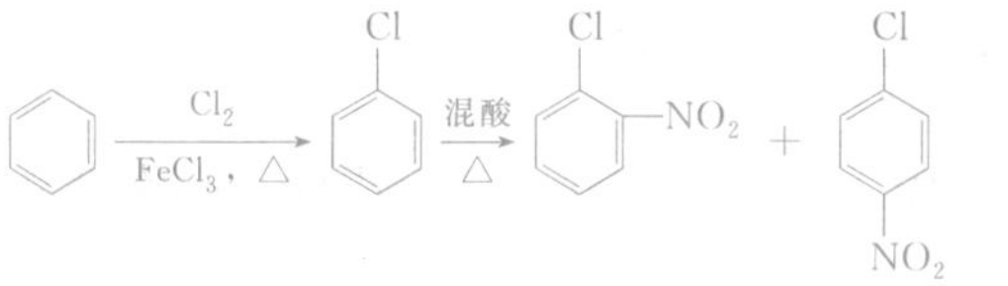

邻硝基氯苯　对硝基氯苯

② 由

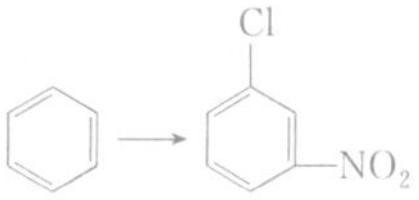

合成路线分析：由于硝基是间位定位基，因此只有先硝化、再氯化，才能得到间硝基氯
苯。合成路线如下：

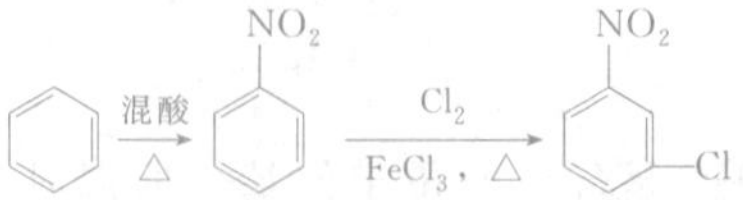

间硝基氯苯

【例题 3-3】 试设计由甲苯合成间硝基苯甲酸的路线。

由 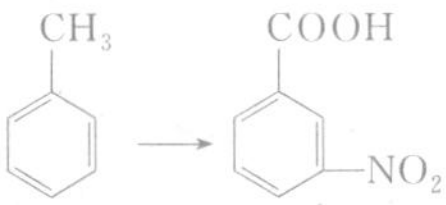

合成路线分析：这一合成涉及两步反应，一步是氧化反应，即将—CH_3 氧化成—COOH，另一步是硝化反应，即将—NO_2 引入苯环。由于—CH_3 是邻、对位定位基，如果先硝化，则主要得到邻、对位产物，这与题意不符。因此必须先氧化，将—CH_3 转变成—COOH 后，—COOH 是间位定位基，这时再硝化，就可得到间位产物间硝基苯甲酸。合成路线如下：

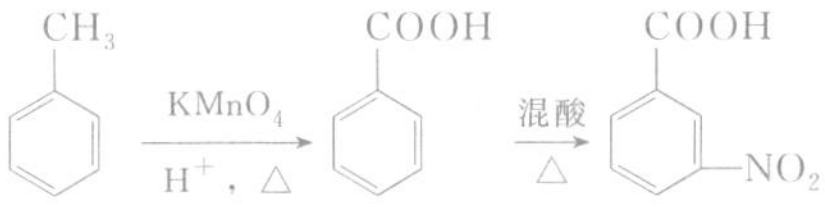

【例题 3-4】 试设计由苯合成3-硝基-4-氯苯磺酸的路线。

由 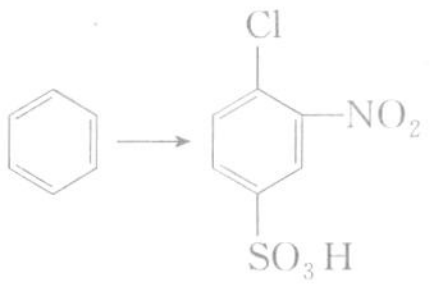

合成路线分析：产物中苯环上有三个基团，即—Cl、—NO_2 和—SO_3H。其中—NO_2 和—SO_3H 分别处在—Cl 的邻位和对位，而—Cl 又恰好是邻、对位定位基，显然应该在苯环上先引进—Cl，也就是先进行氯代反应制取氯苯。第二步如果先硝化，则得到邻硝基氯苯和对硝基氯苯的混合物，需要分离后才能进行下一步反应，收率也较低。而磺化反应在较高温度下进行时，主要得到对位产物，这正符合题意。因此第二步应在较高温度下进行磺化反应，将—SO_3H 引入苯环中—Cl 的对位。最后再进行硝化反应时，由于—Cl 是邻、对位定位基，它要求—NO_2 进入其邻位和对位，对位已被—SO_3H 占据，只能进入其邻位，这也正合题意，而—SO_3H 基是间位定位基，它要求—NO_2 进入其间位，它的间位恰好是—Cl 的邻位，此时两个定位基的定位作用一致，因此—NO_2 可以比较顺利地进入预定位置，而且收率比较高。这样我们就能得到预期的目的产物。合成路线如下：

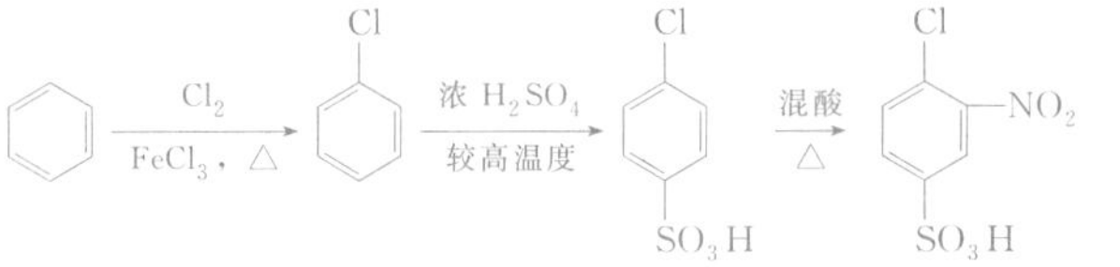

氯苯　　对氯苯磺酸　　3-硝基-4-氯苯磺酸

鉴别案例：

1-己炔、1,3-环己二烯以及苯。

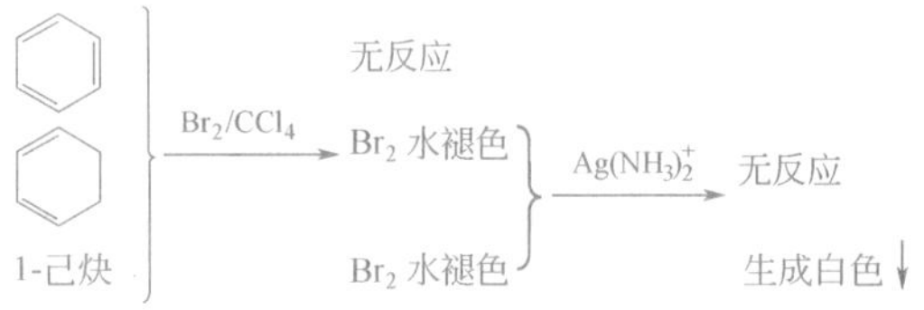

合成案例：

(1) 以苯为原料合成

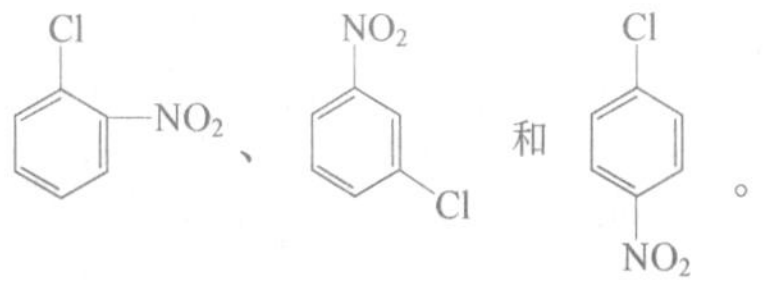

、 、 和 。

HNO₃/H₂SO₄ → Cl₂/FeCl₃ → 先硝化再氯化

Cl₂/FeCl₃ → HNO₃/H₂SO₄ → + 先氯化再硝化

利用沸点的不同分离

（2）

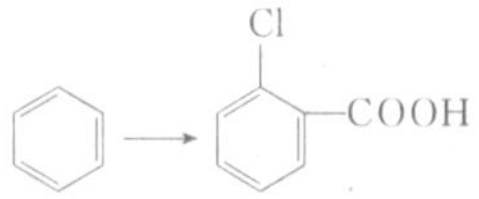

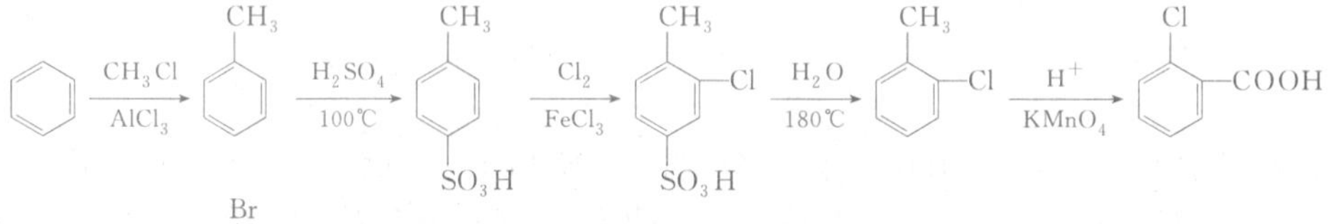

CH₃Cl/AlCl₃ → H₂SO₄ 100℃ → Cl₂/FeCl₃ → H₂O 180℃ → H⁺/KMnO₄

（3）

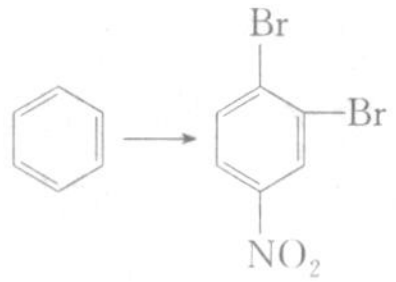

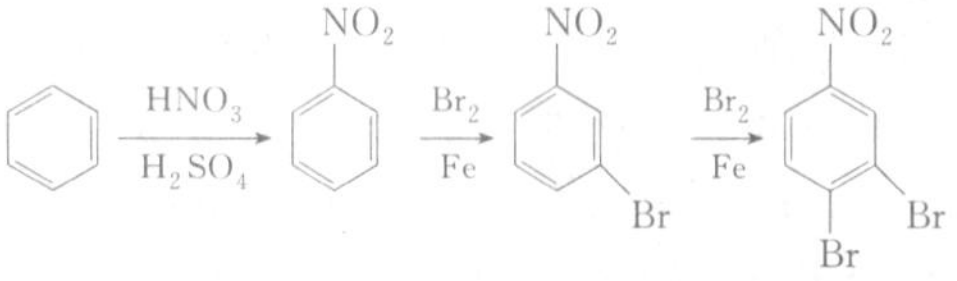

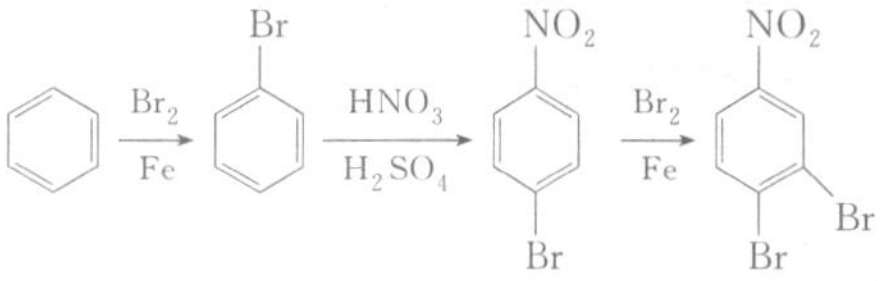

HNO₃/H₂SO₄ → Br₂/Fe → Br₂/Fe

Br₂/Fe → HNO₃/H₂SO₄ → Br₂/Fe

（4）

Br₂/Fe → K₂Cr₂O₇/H₂SO₄ → HNO₃/H₂SO₄

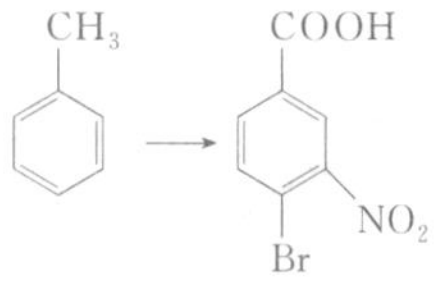

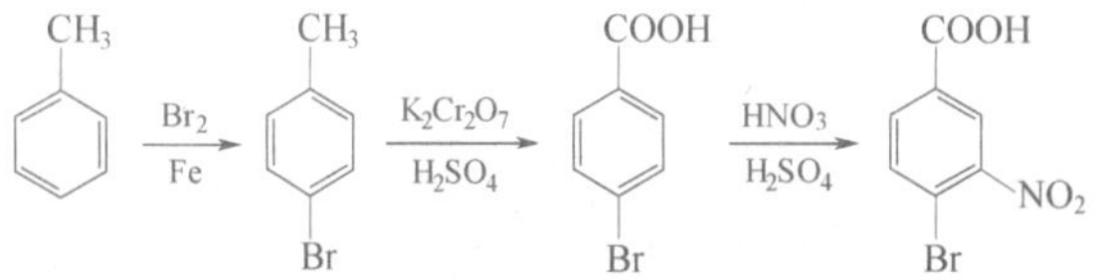

（5）苯合成对硝基苯乙烯

+CH₂=CH₂ → AlCl₃-HCl → 混酸 → ①NBS ②KOH/醇 △

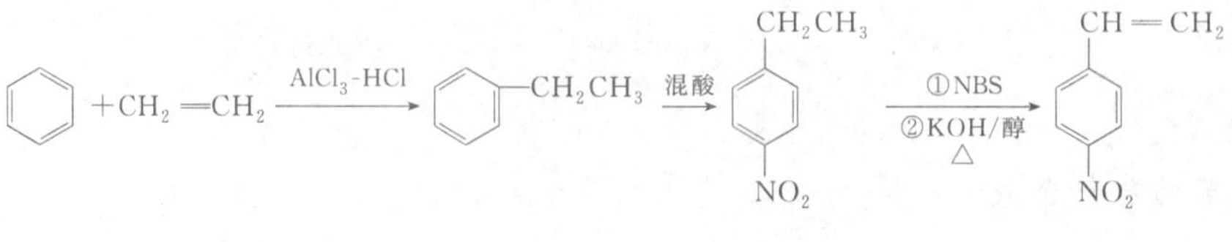

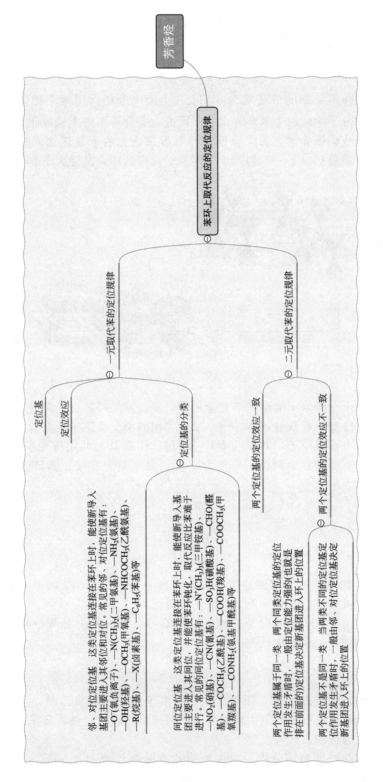

芳香烃

本环上取代反应的定位规律

一元取代苯的定位规律

定位基

定位效应

定位基的分类

邻、对位定位基 这类定位基连接在苯环上时，能使新导入基团主要进入其邻位的邻、对位。常见的邻、对位定位基有：—O⁻(氧负离子)、—N(CH₃)₂(二甲氨基)、—NH₂(氨基)、—OH(羟基)、—OCH₃(甲氧基)、—NHCOCH₃(乙酰氨基)、—R(烷基)、—X(卤素基)、—C₆H₅(苯基)等

同位定位基 这类定位基连接在苯环上时，能使新导入基团主要进入其间位，并能使苯环钝化，取代反应比苯难于进行。常见的间位定位基有：—N⁺(CH₃)₃(三甲铵基)、—NO₂(硝基)、—CN(氰基)、—SO₃H(磺酸基)、—CHO(醛基)、—COCH₃(乙酰基)、—COOH(羧基)、—COOCH₃(甲氧羰基)、—CONH₂(氨基甲酰基)等

二元取代苯的定位规律

两个定位基的定位效应一致

两个定位基的定位效应不一致

两个定位基属于同一类 两个同类定位基的定位作用发生矛盾时，一般由定位能力强的(也就是排在前面的)定位基决定新基团进入环上的位置

两个定位基不是同一类 当两个不同类的定位基定位作用发生矛盾时，一般由邻、对位定位基决定新基团进入环上的位置

3.5 稠环芳烃

由两个或多个苯环共用相邻的两个碳原子稠合在一起的芳烃叫作稠环芳烃。在稠环芳烃中，由两个苯环稠合而成的化合物叫作萘。稠环芳烃中主要研究萘的结构与性质。

3.5.1 萘的结构

（1）闭合共轭体系　萘的分子式为 $C_{10}H_8$，由两个苯环共用两个相邻的碳原子稠合而成。与苯相似，萘分子中的两个苯环在同一平面内，萘分子中每个碳原子均以 sp^2 杂化轨道与相邻的碳原子形成碳碳 σ 键，每个碳原子没有参加杂化的 p 轨道都垂直于萘环所在的平面，它们彼此平行重叠形成了一个包括十个碳原子在内的闭合共轭大 π 键（图 3-2）。

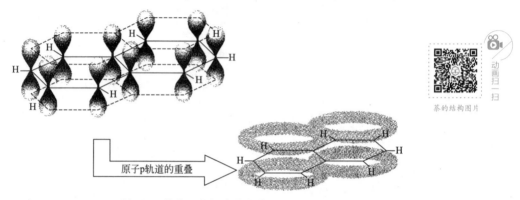

原子p轨道的重叠

图 3-2　萘分子的闭合共轭大 π 键

由于萘分子中十个碳原子的结构不完全相同，所以萘的对称性比苯差，也不如苯稳定。

（2）两类 C—H 键　在萘分子中，两个苯环共用的两个碳原子上没有氢原子，其余的八个碳原子上各连有一个氢原子，共有八个 C—H 键。根据其与共用碳原子的相对位置不同，可将萘环的八个 C—H 键分为两类，一类为 α-位，另一类为 β-位。萘环上碳原子的编号及 C—H 键位置的分类为：

其中 1,4,5,8 四个 C—H 键的位置相同，叫作 α-位；2,3,6,7 四个 C—H 键的位置相同，叫作 β-位。受共用碳原子的影响，α-位比较活泼。

由于萘分子中的 C—H 键有两种类型，所以萘的一元取代物有两种异构体，一种是 α-位的取代物，另一种是 β-位的取代物。

3.5.2 萘的性质

萘是白色晶体，熔点为 80℃；不溶于水，易溶于热的乙醇或乙醚；具有特殊气味，可用作驱虫剂，衣物防虫蛀所用的卫生球就是由纯萘压制而成的。萘易升华，这就是卫生球久置后会变小或消失的缘故。

萘存在于煤焦油的萘油馏分中。将煤焦油的萘油冷却到 $40\sim50℃$，粗萘即结晶出来。再经过碱洗、酸洗、减压蒸馏或升华处理就可得到纯萘。

萘的化学性质与苯相似，但比苯活泼，也可发生取代、加成和氧化等一系列反应，生成许多有用的稠环芳烃衍生物。

（1）取代反应　与苯相似，萘环上的氢原子也可被其他原子或基团取代。萘环的取代反应比苯容易进行，而且由于 α-位比较活泼，反应一般都发生在 α-位上。

① 卤代　萘环的卤代反应比较容易进行。例如在没有催化剂存在的情况下，萘与溴共热，就可发生溴代反应，生成 α-溴萘：

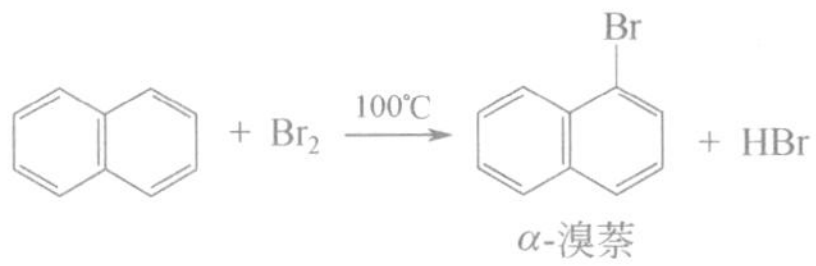

α-溴萘

在三氯化铁作用下，将氯气通入熔融的萘中，可发生萘的氯代反应，生成 α-氯萘。

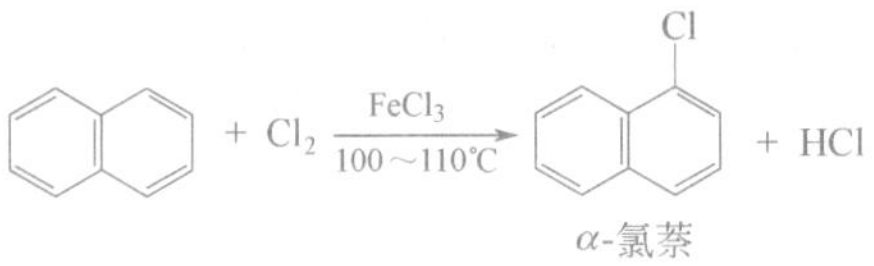

α-氯萘

② 硝化　萘与混酸在较低温度下，就可发生硝化反应，生成 α-硝基萘。

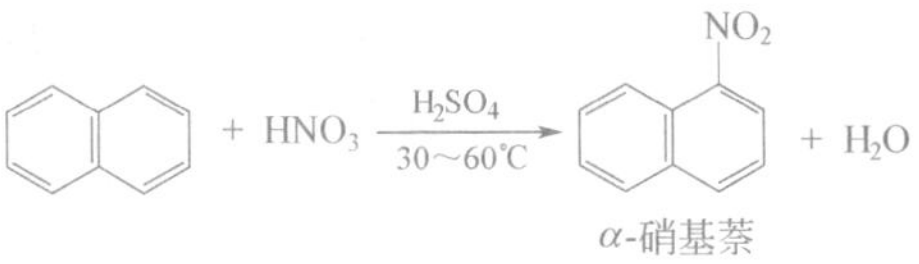

α-硝基萘

③ 磺化　萘与硫酸发生磺化反应时，随反应温度不同，产物也不相同。在较低温度时，主要生成 α-位产物；在较高温度时，主要生成 β-位产物。

α-萘磺酸

β-萘磺酸

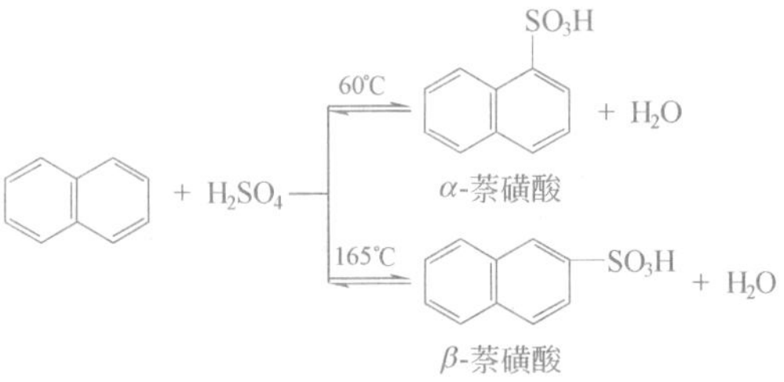

④ 乙酸化　在催化剂存在下，萘可与氯乙酸发生取代反应，生成 α-萘乙酸。

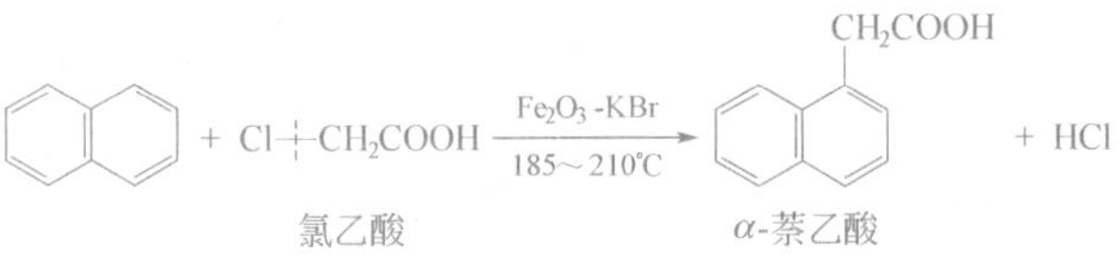

氯乙酸　　　　　　　　　α-萘乙酸

α-萘乙酸为无色晶体，是一种植物生长调节剂。能促进植物生根、开花、早熟、高产，也能防止果树和棉花的落花、落果，且对人畜无害，对环境无污染。

（2）加成反应　与苯相似，在催化剂作用下，萘也可以发生加氢反应，反应比苯容易进行。例如，在铂或钯催化作用下，萘与氢加成，生成四氢化萘或十氢化萘。

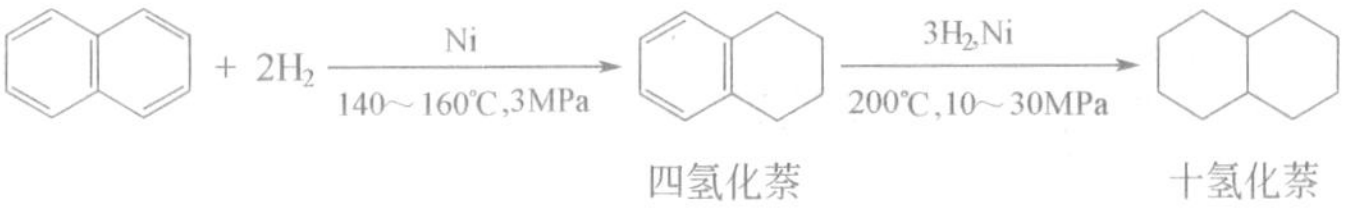

四氢化萘　　　　　十氢化萘

四氢化萘又叫萘满，十氢化萘又叫萘烷，它们都是优良的高沸点溶剂，可以溶解许多高分子化合物，如油脂、树脂、油漆等，也用作内燃机的燃料。

（3）氧化反应　萘比苯容易氧化，反应条件不同，氧化产物也不相同。例如在乙酸中，用铬酐作氧化剂，萘被氧化成1,4-萘醌。

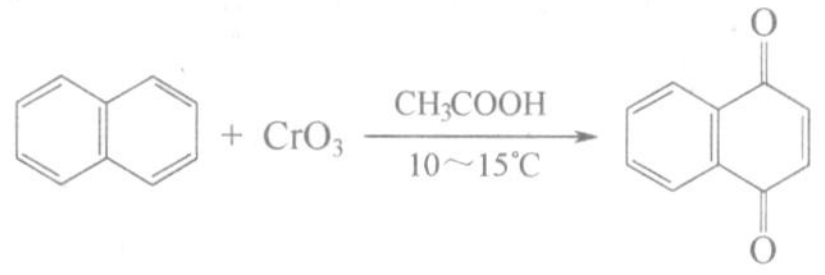

1,4-萘醌又称 α-萘醌，是黄色晶体，可升华，主要用于合成染料、药物和杀菌剂等，也用作合成橡胶和树脂的聚合调节剂。

如果用五氧化二钒作催化剂，在高温下用空气作氧化剂，萘可被氧化成邻苯二甲酸酐。

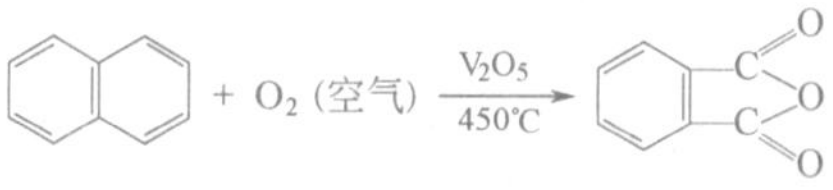

邻苯二甲酸酐俗称苯酐，是白色针状晶体，易升华，应用很广，主要用于合成染料、药物、塑料、涤纶以及聚酯树脂、醇酸树脂、增塑剂等。

合成案例：

萘合成 β-萘胺。

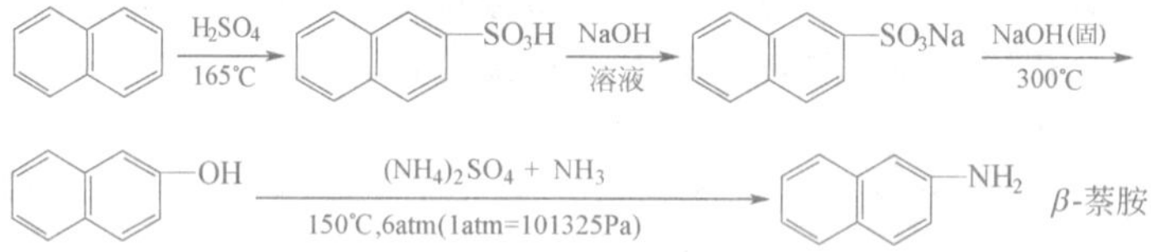

3.6　芳烃的来源和重要的芳烃

3.6.1　芳烃的工业来源

工业上芳烃的主要来源是煤和石油。

（1）煤的干馏　煤干馏时得到的焦炉气和煤焦油中含有芳烃，可通过溶剂提取或分馏等方法将它们分离出来。

① 从焦炉气中提取　焦炉气中含有的芳烃主要是苯和甲苯以及少量二甲苯、可用重油把它们溶解、吸收，然后再蒸馏即得粗苯混合物。粗苯混合物中含苯约 $50\%\sim70\%$、甲苯约 $15\%\sim22\%$、二甲苯约 $4\%\sim8\%$，可用分馏的方法将它们进一步分离开。

② 从煤焦油中分离　煤焦油为黑色黏稠状液体，组成十分复杂，估计有上万种有机化合物，现已鉴定的就有几百种。其中含有一系列的芳烃以及芳烃的含氧、含氮衍生物。可先按沸点范围不同将它们分馏成若干馏分，然后再采用萃取、磺化或分子筛吸附等方法将不同芳烃从各馏分中分离出来。

芳烃在煤焦油各馏分中的分布情况见表3-1。

表 3-1 煤焦油分馏的各馏分分布情况

馏分	温度范围	主要成分	含量/%
轻油	<170℃	苯、甲苯、二甲苯	1~3
酚油	170~210℃	异丙苯、苯酚、甲基酚	6~8
萘油	210~230℃	萘、甲基萘、二甲萘等	8~10
洗油	230~300℃	联苯、苊、芴等	8~10
蒽油	300~360℃	蒽、菲及其衍生物,芘等	15~20
沥青	360℃以上	沥青、游离碳	40~50

(2) 石油的芳构化　在加压、加热和催化剂存在下,将石油中的烷烃和环烷烃转化为芳烃的过程叫作芳构化,也叫作石油的重整。常用的催化剂是铂,用铂催化进行的重整又叫铂重整。

石油芳构化主要有三种情况。

① 环烷烃催化脱氢　在催化剂存在下,环烷烃可发生脱氢反应生成芳烃。例如:

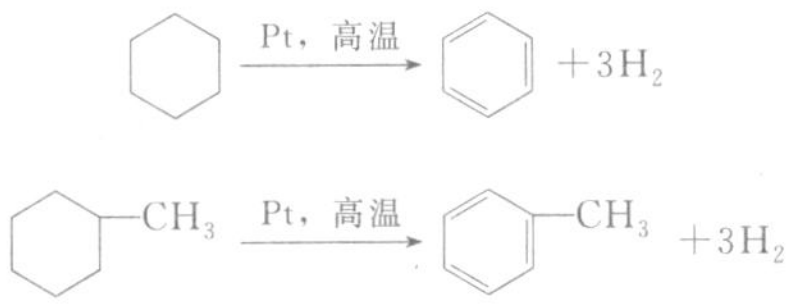

② 环烷烃异构化、脱氢　在高温和催化剂存在下,环烷烃先发生异构化反应,再脱氢得到芳烃。

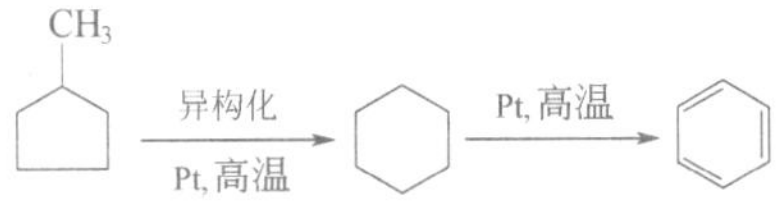

③ 烷烃脱氢环化、再脱氢　在高温和催化剂存在下,开链烷烃可发生脱氢形成脂环化合物,脂环化合物进一步脱氢则生成芳烃。

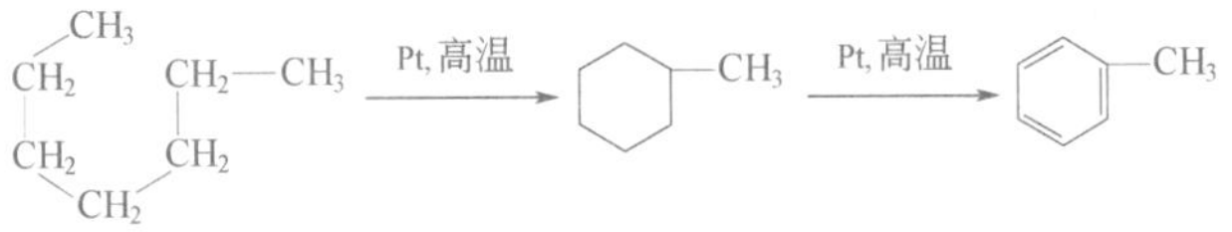

正庚烷　　　　　　甲基环己烷　　　　甲苯

3.6.2　重要的芳烃

(1) 苯 (⬡)　苯是具有特殊芳香气味的无色可燃性液体,沸点为 80.1℃,不溶于水,易溶于有机溶剂,其蒸气有毒。苯中毒时以造血器官及神经系统受损害最为明显。急性苯中毒常伴有头痛、头晕、无力、嗜睡、肌肉抽搐或肌体痉挛等症状,很快即可昏迷死亡,因此使用时应格外小心。

苯是重要的有机溶剂,可溶解涂料、橡胶和胶水等,也是基本有机化工原料,可通过取代、加成和氧化反应制得多种重要的化工产品或中间体,如苯酚、苯胺、苯乙烯、苯乙酮、合成染料、涂料、香料、塑料、医药、橡胶、胶黏剂、增塑剂,等等。

(2) 甲苯 $\left(\underset{}{\overset{CH_3}{\bigcirc}}\right)$ 甲苯是无色液体，沸点为 110.6℃，气味与苯相似，不溶于水，可溶于有机溶剂。甲苯有毒，其毒性与苯相似，其中对神经系统的毒害作用比苯大，对造血系统的毒害作用比苯小。

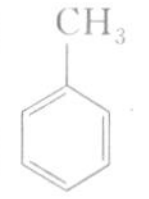

甲苯是重要的有机溶剂，也是基本有机化工原料，主要用于合成苯甲醛、苯甲酸、苯酚、苄基氯以及炸药、染料、香料、医药和糖精等。

(3) 二甲苯 $\left(\underset{}{\overset{CH_3}{\bigcirc}}_{CH_3}\right)$ 二甲苯有三种异构体，即邻二甲苯 $\left(\overset{CH_3}{\bigcirc}_{CH_3}\right)$、间二甲苯 $\left(\overset{CH_3}{\bigcirc}_{CH_3}\right)$ 和对二甲苯 $\left(\overset{CH_3}{\bigcirc}_{CH_3}\right)$。它们都存在于煤焦油中，大量的二甲苯是由石油产品重整得到的。

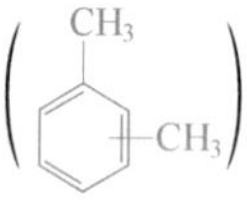

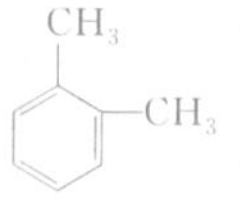

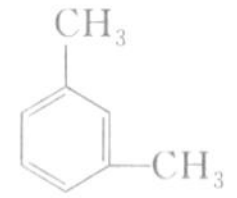

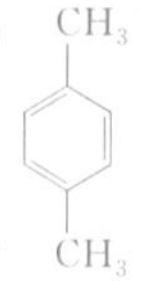

邻二甲苯是无色液体，具有芳香气味，沸点为 144.5℃，不溶于水，易溶于有机溶剂。其本身就是良好的有机溶剂，主要用于制备邻苯二甲酸、苯酐以及二苯甲酮等。

间二甲苯也是无色、具有芳香气味的液体，沸点为 139.1℃，不溶于水，可溶于乙醇、乙醚、丙酮和苯等有机溶剂，主要用于制取间苯二甲酸及其衍生物，是合成树脂、染料、医药和香料的原料。

对二甲苯在低温时，是片状或棱柱状晶体，具有芳香气味，熔点为 13.3℃，沸点为 138.5℃，不溶于水，可溶于有机溶剂，是重要的有机合成原料，主要用于生产聚酯纤维和树脂，也是生产涂料、染料、医药和农药的原料。

(4) 苯乙烯 $\left(\overset{CH=CH_2}{\bigcirc}\right)$ 苯乙烯是具有辛辣气味的可燃性无色液体，沸点为 145℃，微溶于水，可溶于乙醇、乙醚、丙酮等有机溶剂。苯乙烯本身也是良好溶剂，能溶解许多有机化合物，其蒸气有毒。

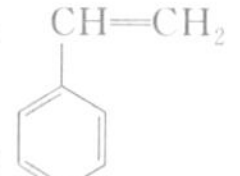

苯乙烯具有芳烃和烯烃的双重性质，由于含有活泼的碳碳双键，能发生加成、聚合等多种反应，即使在室温下放置也会逐渐聚合，因此贮存时需要加入防止聚合的阻聚剂，如对苯二酚等。

在引发剂存在下，苯乙烯能发生自身聚合反应生成聚苯乙烯：

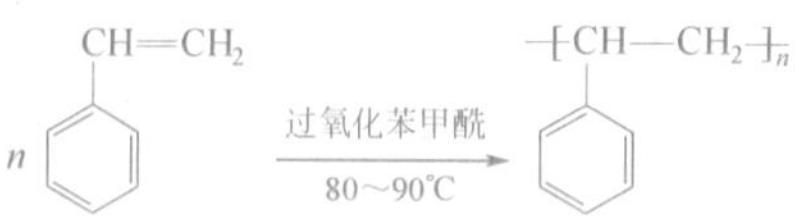

聚苯乙烯是一种具有良好的透光性、绝缘性和化学稳定性的塑料，主要用于制造无线电、电视和雷达等的绝缘材料，也用于制硬质泡沫塑料、薄膜、日用品和耐酸容器等。其缺点是强度较低、耐热性较差。

苯乙烯还可与其他不饱和化合物共聚，合成许多重要的高分子材料，例如与 1,3-丁二烯共聚可制取丁苯橡胶，与二乙烯苯共聚可制取离子交换树脂，等等。

此外，苯乙烯还用于制聚酯玻璃钢和涂料，用于合成染料中间体、农药乳化剂。

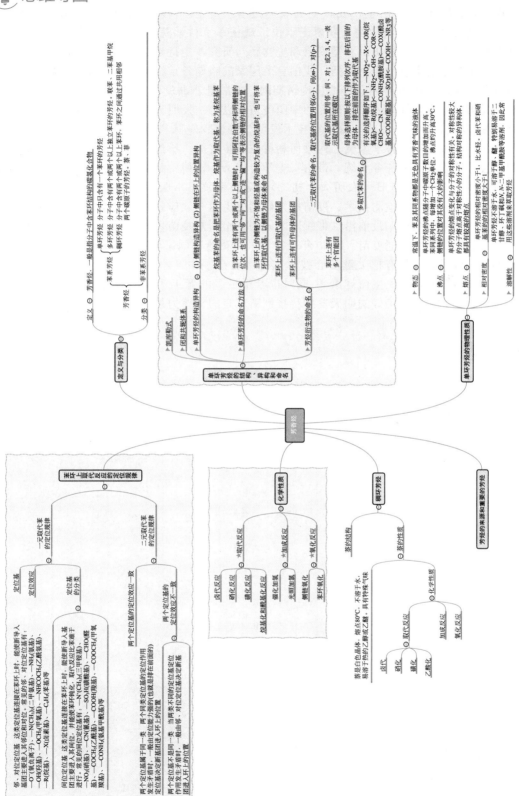

化学名人

陈薇，1966年2月出生，女，生物安全专家，中国工程院院士。浙江省兰溪市人。1998年毕业于军事医学科学院，获博士学位。现任军事科学院军事医学研究院生物工程研究所所长。长期从事生物防御新型疫苗和生物新药研究，主持建成创新体系和转化基地，成功研发我军首个病毒防治生物新药、我国首个国家战略储备重组疫苗和全球首个新基因型埃博拉疫苗。2014~2015年西非埃博拉疫情期间，率队赴非洲疫区完成埃博拉疫苗临床试验，该疫苗是第一个在境外开展临床研究的中国疫苗。以第一发明人获中国、美国、日本等发明专利授权30项，以第一完成人获国家技术发明二等奖、军队科技进步一等奖，获中国十大杰出青年、中国青年女科学家奖、何梁何利科技进步奖等。历经狙击非典、汶川救灾、奥运安保、援非抗埃等重大任务历练，带出一支学科交叉、拼搏奉献的生物防御队伍。新冠疫情暴发后，2020年1月26日（农历大年初二），陈薇率领军事医学专家组紧急奔赴武汉，围绕病原传播变异、快速检测技术、疫苗抗体研制等迅速开展应急科研攻关，将实验室搬到了这片"没有硝烟的战场"最前沿。带领团队研制重组新冠疫苗，日夜奋战，研制出全球首个进入Ⅱ期临床试验的新冠疫苗。2020年获得"人民英雄"国家荣誉称号。陈薇院士说："历史和实践告诉我们，只有把关键核心技术掌握在自己手中，才能从根本上保障经济社会发展、国家长治久安和人民生命健康。"同时也希望更多的青年才俊淡泊名利、勇于创新，献身科学研究，为祖国更美好的明天发挥科技创新应有的支撑力量！

 习题

一、命名题

1.
2.
3.
4.
5.
6.
7.
8.
9.
10.
11.
12.

二、写化学结构

1. 3,5-二溴-2-硝基甲苯
2. 2,6-二硝基-3-甲氧基甲苯
3. 2-硝基对甲苯磺酸
4. 三苯甲烷
5. 反二苯基乙烯

6.环己基苯　　　　　　　7. 3-苯基戊烷　　　　　8.间溴苯乙烯

9.对溴苯胺　　　　　　　10.对氨基苯甲酸　　　　11. 8-氯萘甲酸

12.(*E*)-1-苯基-2-丁烯

三、选择题

1.下列各组中两个变化所发生的反应，属于同一类型的是（　　　）。

① 由甲苯制甲基环己烷，由乙烷制溴乙烷

② 乙烯使溴水褪色，乙炔使酸性高锰酸钾水溶液褪色

③ 由乙烯制聚乙烯，由苯乙烯制取聚苯乙烯

④ 由苯制硝基苯，由苯制溴苯

A.只有②③　　　　B.只有③④　　　　C.只有①③　　　　D.只有①④

2.苯环上有一个—C_4H_9 和一个—C_3H_7 两个取代基的有机物共有同分异构体（　　　）。

A. 12 种　　　　B. 4 种　　　　C. 8 种　　　　D. 24 种

3.某烃的结构简式为 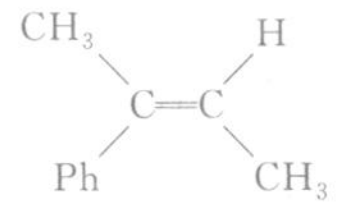 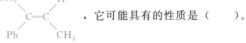 ，它可能具有的性质是（　　　）。

A.它能使溴水褪色，但不能使酸性高锰酸钾溶液褪色

B.它既能使溴水褪色，也能使酸性高锰酸钾溶液褪色

C.易溶于水，也易溶于有机溶剂

D.该物质是液体

4. 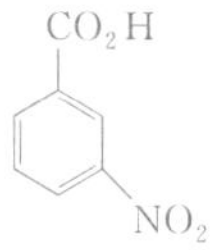 进行硝化反应的主要产物是（　　　）。

A. 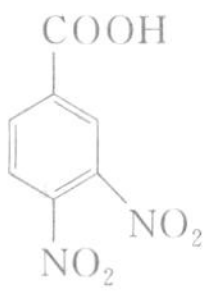　　　　　B. 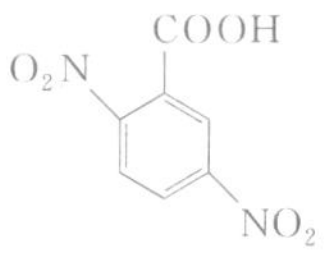　　　　　C. 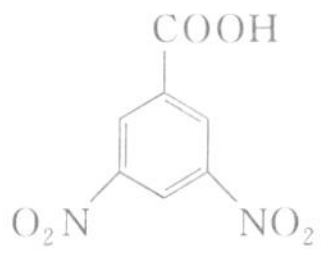　　　　　D.

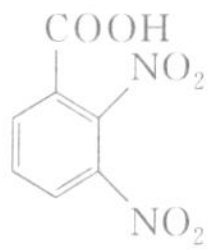

5.  进行硝化反应的主要产物是（　　　）。

A. 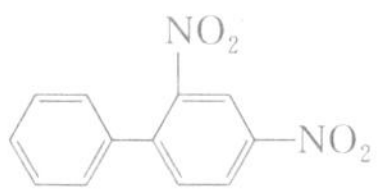　　　　　B.

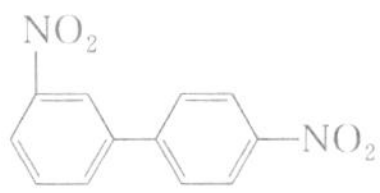

C. 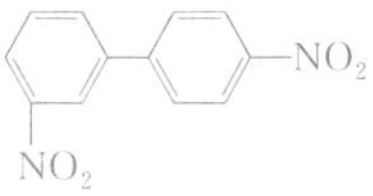　　　　　D.

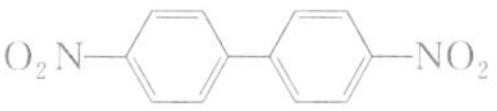

6. 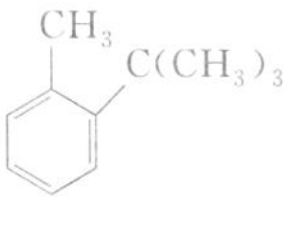 用 $KMnO_4$ 氧化的产物是（　　　）。

A. 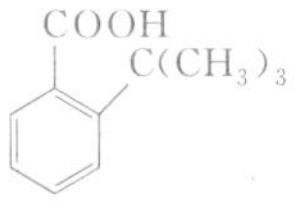　　　　　B. 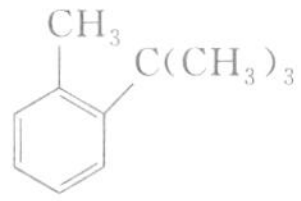　　　　　C. 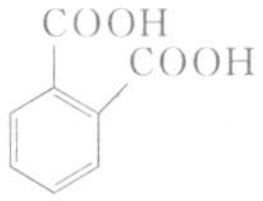　　　　　D.

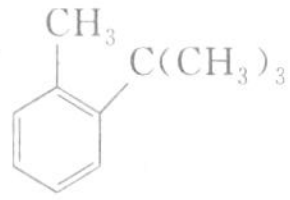

7.根据定位法则下列基团是间位定位基的是（　　　）。

A.带有未共享电子对的基团　　B.负离子　　C.致活基团　　D.带正电荷或吸电子基团

8.下列化合物按发生芳环亲电取代反应的活性最大的为（　　　）。

A.溴苯　　　　　B.三氟甲苯　　　　　C.甲苯　　　　　D.苯酚

9.下列反应属于的类型是（　　）。

$$C_6H_6 + CH_3COCl \xrightarrow{AlCl_3} C_6H_5COCH_3$$

A. 亲电反应　　　　　　B. 亲核反应　　　　　　C. 自由基反应　　　　D. 周环反应

10.下列化合物中，不能发生傅-克烷基化反应的是（　　）。

A. （联苯结构）　　　　B. （苯-NO₂）　　　　C. CH₃-（苯）　　　　D. （苯-CH₂-Cl）

四、完成反应方程式

1. H_3C-（苯）$-C_2H_5 \xrightarrow[\triangle]{KMnO_4}$

2. （间二甲苯）$+ (CH_3)_3CCl \xrightarrow[100℃]{AlCl_3}$

3. （苯）$+ CH_3CH_2COCl \xrightarrow{AlCl_3} \xrightarrow[\text{浓 HCl}]{Zn-Hg}$

4. $(H_3C)_3C-$（苯环，含CH₃和CH(CH₃)₂取代）$\xrightarrow[H^+]{KMnO_4}$

5. （苯）$-NH-\overset{O}{\overset{\|}{C}}-$（苯）$-NO_2 \xrightarrow[H_2SO_4]{HNO_3}$

6. （苯）$+$（环己烯）$\xrightarrow[HCl]{AlCl_3} \xrightarrow[\text{②浓 }HNO_3/H_2SO_4]{①KMnO_4/\triangle}$

7. O_2N-（苯）$-CH_2-$（苯）$\xrightarrow[H_2SO_4]{HNO_3}$

8. （苯环，含OCH₃和NO₂取代）$\xrightarrow[Fe]{Cl_2}$

9. （苯）$-\overset{O}{\overset{\|}{C}}-CH_2-$（苯）$+ CH_3COCl \xrightarrow{AlCl_3}$

10. （苯-CH₂CH₂CH₃）$\xrightarrow[KOH]{NBS \quad C_2H_5OH}$

五、简答题

1.用化学方法区别各组化合物。

(1) （环己烷）　　（环己烯）　　（甲苯）

(2) （苯-CH₂CH₃）　　（苯-CH=CH₂）　　（苯-C≡CH）

2.用箭头标出下列化合物进行亲电取代反应时，取代基进入苯环的主要位置。

(1) （苯-NHCOCH₃）　（苯-OCH₃）　（苯-SO₃H）　（苯-CF₃）　（萘-C₂H₅）

(2) （苯-OCH₃-NO₂）　（苯-COCH₃-COOH）　（间二甲苯）　（萘-NO₂）

3.三种三溴苯经硝化，分别得到三种、两种、一种一元硝基化合物，试推测原来三溴苯的结构，并写出它们的硝化产物。

4.甲、乙、丙三种芳烃分子式同为 C_9H_{12}，氧化时甲得一元羧酸，乙得二元羧酸，丙得三元羧酸。但经硝化时甲和乙分别得到两种一硝基化合物，而丙只得一种一硝基化合物，求甲、乙、丙三者的结构。

5.推测结构：某芳烃 $C_{10}H_{14}$（A），在铁催化下溴代得一溴代物有两种（B 和 C），将 A 在剧烈条件下氧化生成一种酸 $C_8H_6O_4$（D），D 硝化只能有一种一硝基产物 $C_8H_5O_4NO_2$（E），试推测出 A、B、C、D、E 的构造式。

六、合成题

1.以甲苯为原料合成下列各化合物，请提供合理的合成路线。

（1）$CH_3\!-\!\!\bigcirc\!\!-\!CH(CH_3)_2$

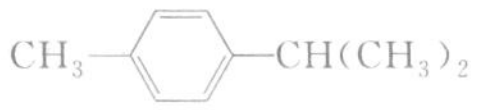

（2）

（3）$ClH_2C\!-\!\!\bigcirc\!\!-\!Br$

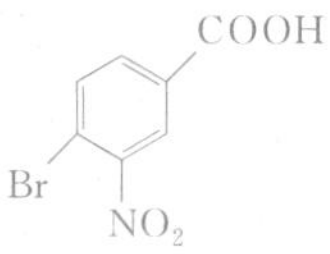

（4）

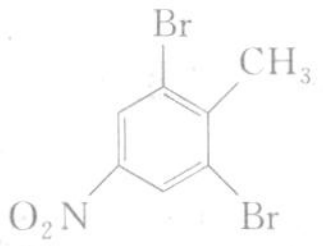

2.用指定原料合成下列化合物。

（1）

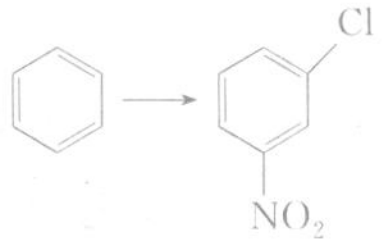

（2）

（3）

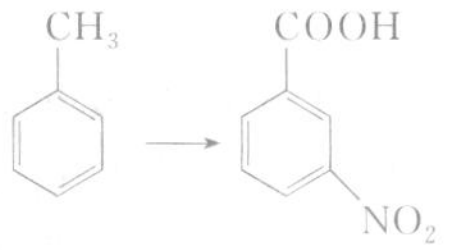

（4）

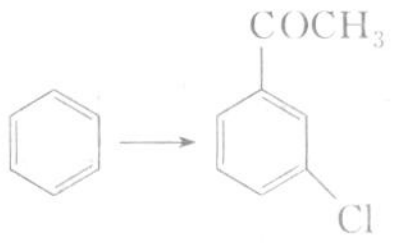

立体化学

Chapter 04

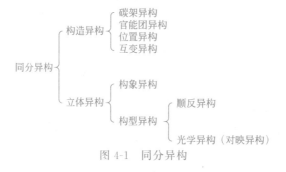

学习指南

1. 了解对映异构体与分子结构之间的关系、物质产生旋光的原因以及含有手性碳的对映异构等。

2. 掌握同分异构的分类、构造异构、立体异构、手性、对映体、非对映体及物质旋光性等。

3. 掌握构型的表示和标记方法。

有机分子在三维空间的结构称为立体结构。立体结构对有机化合物的物理性质和化学性质都有影响，研究有机分子的立体结构以及立体结构对有机分子的物理性质和化学反应的影响的学科，称为立体化学。

立体化学是从三维空间揭示分子的结构和性能。手性分子是立体化学中极其重要的部分之一。具有相同的分子式但结构不同的分子之间称为同分异构体。同分异构在有机化学中是极为普遍的现象。构造异构是指分子中的原子或基团的连接次序不同产生的异构现象。分子的构造相同，但原子在空间排列不同而产生的异构称为立体异构。是分子中的原子或基团在空间的排列不同步而产生的异构现象。立体异构包括构型异构和构象异构，构型异构又包括顺反异构和对映异构。顺反异构是构型异构的一种形式，根据在两个由双键连接的碳原子上所连的四个原子或基团中两个相同者的位置来决定异构体的类型。当两个相同的原子或基团处于 π 键平面的同侧时称"顺式异构"；当处于 π 键平面的异侧时称"反式异构"。构造异构是同分异构体的分子式相同而分子中原子或基团排列顺序不同的现象，与立体异构同属于有机化学范畴中的同分异构现象，具体见图 4-1。

$$
\text{同分异构}
\begin{cases}
\text{构造异构}
\begin{cases}
\text{碳架异构} \\
\text{官能团异构} \\
\text{位置异构} \\
\text{互变异构}
\end{cases} \\
\\
\text{立体异构}
\begin{cases}
\text{构象异构} \\
\\
\text{构型异构}
\begin{cases}
\text{顺反异构} \\
\\
\text{光学异构（对映异构）}
\end{cases}
\end{cases}
\end{cases}
$$

图 4-1　同分异构

4.1　构象

构象异构是指具有一定构型的有机物分子由于碳碳单键的旋转或扭曲（不是把键断开）

而使得分子各原子或原子团在空间产生不同的排列方式的一种立体异构现象。有的文献中称旋转异构，是同分异构的一种形式，多见于有机物中。

构象分析是研究构象对于分子的理化性质影响的理论。运用构象分析可以解释一些复杂的反应现象，可以推测许多有机物的理化性质，认识某些具有生理活性的有机分子。

如正丁烷在较低温度时成锯齿状，向侧面看时甲基与氢可以有不同的投影形式，如正交、反交、重合，以及大量的过渡态。

其中反交能量最低，重合能量最高，但由于能量差值极小，室温条件下即可使其变化无法分离。

4.1.1　链烷烃的构象

由于单键可以自由旋转。使分子中原子或基团在空间产生不同的排列，这种特点的排列形式称为构象。几种构象的表示形式：

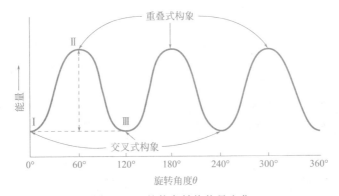

| 伞形式 | 锯架式 | 纽曼投影式 | 表示前碳 | 表示后碳 |

4.1.1.1　乙烷的构象

乙烷有两种典型的构象

| 交叉式 | 重叠式 | 重叠式构象
最不稳定的乙烷构象 | 交叉式构象
最稳定的乙烷构象 |

其中重叠型分子中，由于 C 上 H 与 H 之间的距离比较近，斥力大，因此能量高，分子不稳定。交叉型分子中，由于 C 上 H 与 H 之间的距离比较远，斥力小，能量较低，分子比较稳定，为乙烷的优势构象。二者的能量相差约为 12.5kJ/mol，低温下以交叉式存在为主，温度升高重叠式含量增加。在室温下分子之间的碰撞能量约为 84kJ/mol，足以使分子自由旋转，因此不可把各种构象严格区分开来。

构象之间转化所需的能量称为扭转能。当外界能量大于扭转能时，则构象相互转化。

乙烷分子构象转化能量示意如图 4-2 所示。

图 4-2　乙烷构象转换能量变化

4.1.1.2 正丁烷的构象

其中对位交叉式为优势构象，从图 4-3 中可以看出各构象的能量相对大小。

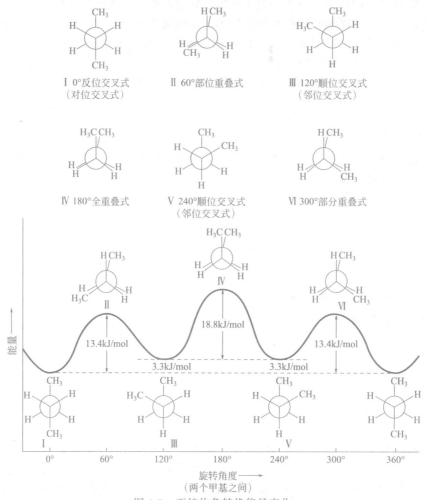

图 4-3 丁烷构象转换能量变化

如图 4-3，在丁烷的各个构象中，两个体积大的基团即甲基离得最远的构象没有扭转张力。它的能量最低，出现的机会最大。这种构象称为反位交叉式（对位交叉式）构象（即式Ⅰ）。其次是顺交叉式（邻位交叉式）构象（即Ⅲ和Ⅴ），在邻位交叉式构象中，两个甲基靠得比反位交叉式要近些，这就提高了这个构象的能量（约 3kJ/mol）。在全重叠式Ⅳ中两个甲基相距最近，扭转张力最大，因而能量最高、最不稳定。丁烷各构象之间能量差也不是太大（最大约为 18.8kJ/mol），它们也能互相转变，但常温下大多数丁烷分子以反位交叉式构象存在，全重叠式实际上是不存在的。

4.1.1.3 高级烷烃的构象

它们以交互成交叉式的构象存在，例如戊烷与己烷的构象。

戊烷　　　　　　　　　　　　　己烷

4.1.2 环烷烃的构象

4.1.2.1 环丁烷与环戊烷的构象

环丁烷与环丙烷相似，C—C 键也是弯曲的，其中四个 C 不在同一平面，非平面型结构可以减少 C—H 的重叠，使扭转张力减小，C—C—C 键角约 111.5°，角张力比环丙烷小，环丁烷比环丙烷稳定，总张力能为 108kJ/mol。

环丁烷分子中的四个碳原子不在同一平面内，C1C2C4 所在的平面与 C2C3C4 所在的平面之间的夹角约为 35°，形成环丁烷的折叠型构象。在此构象中 C—H 键之间的扭转角约为 25°。两个折叠型构象可以通过环的翻转互变。它们之间的张力能约为 6.3kJ/mol。环丁烷两种构象翻转的能量变化如图 4-4 所示。

环戊烷不是平面结构，C—C—C 键角约 108°，接近 sp³ 杂化轨道间夹角 109.5°，因 C—H 键的重叠，有较大扭转张力。实际构象是折叠环的形式为"信封式"构象。这种构象分子张力不大，总张力能 25kJ/mol。因此，环戊烷的化学性质比较稳定。

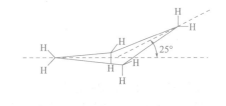

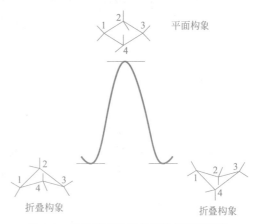

图 4-4　环丁烷两种构象翻转的能量变化

平面型　　　　信封型　　　　半椅型

4.1.2.2 环己烷的构象

在环己烷分子中，C 原子是 SP³ 杂化。六个 C 不在同一平面，C-C 键夹角保持 109.28°，因此环很稳定。结构较为稳定的构象为折叠的椅型构象和船型构象。

椅型构象：C-C-C 键角基本保持 109.5°，相邻碳上的 C-H 键全部为交叉式构象，C 和 C3 上的 H 原子相距较远（0.250nm），没有扭转张力，所以稳定。

109°28′

椅式

平伏键（e 键）与直立键（a 键），在椅式构象中 C-H 键分为两类。第一类六个 C-H 键与分子的对称轴平行，叫作直立键或 a 键（其中三个向环平面上方伸展，另外三个向环平面下方伸展）；第二类六个 C-H 键与直立键形成接近 109.5°的夹角，平伏着向环外伸展，叫作平伏键或 e 键。

椅型构象中的两种 C—H 键：

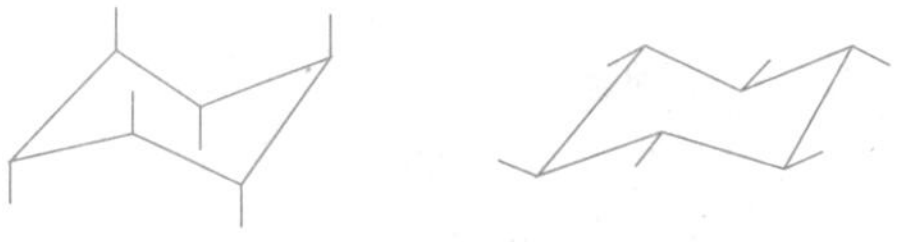

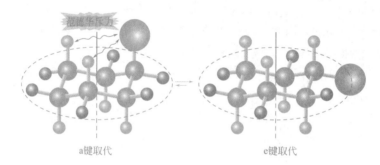

a键（直立键）　　　　　　e键（平伏键）

通过 C—C 键的不断扭动，一种椅型翻转为另一种椅型，原来的 a 键转变成 e 键，原来的 e 键转变成 a 键，两种椅型构象是等同的分子。

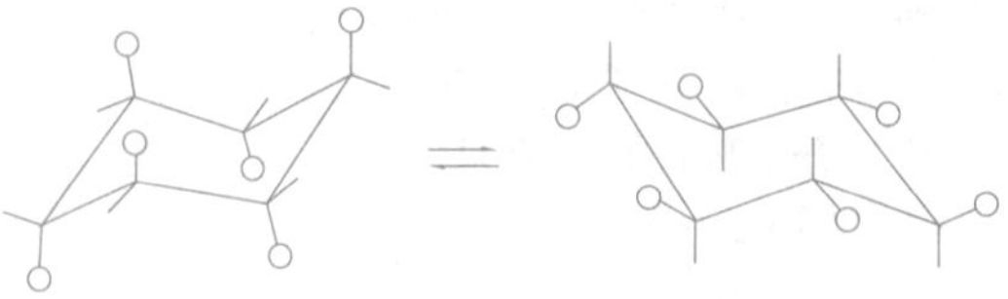

—○　为a键　　　　　　　　—○　为e键

当环己烷上的氢被取代时，取代基可占据 a 键也可占据 e 键。例如甲基环己烷椅型构象的翻转，两种椅型构象是两种不同结构的分子。甲基连在 a 键上的构象具有较高的能量，比较不稳定。平衡体系中 e 键甲基环己烷占 95％，a 键的占 5％。取代基在 e 键上的构象较稳定。

范德华斥力

a键取代　　　　　　　　　e键取代

若有多个取代基，往往是 e 键取代基最多的构象最稳定，取代基在 e 键上的构象较稳定，若环上有不同取代基，则体积大的取代基连在 e 键上的构象最稳定。

例如：1,2-二甲基环己烷，在同一平面上比较，同侧为顺式（a，e），异侧为反式（a，a；e，e），反式（e，e）比顺式稳定，反式（a，a）实际上是不存在的，因为这种结构能量太高。

（顺式）　　只有e,a构象

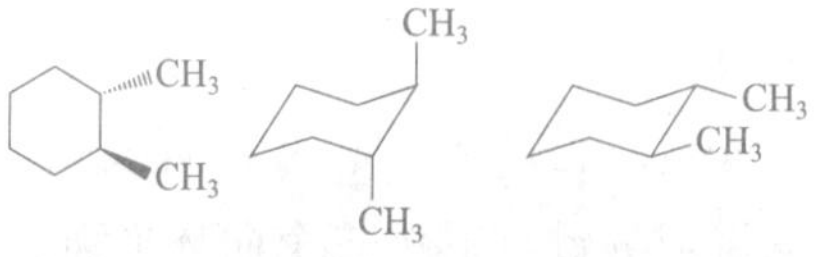

CH_3

（反式）　　a,a构象　　e,a构象（优势构象）

环己烷椅型构象中碳原子的空间分布，如下所示。

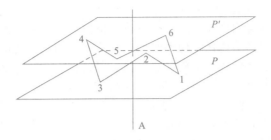

船型构象：所有键角也接近 109.5°，故也没有角张力。相邻碳上的 C—H 键只有四个（1,2；3,4；4,5；6,1）处于邻为交叉式的位置，而 2,3；5,6 两个相邻碳原子 C—H 键处于全重叠式的位置，有斥力作用，且船头船尾上的 H 原子相距较近（0.183nm），有非键合张力，故船式构象能量高，不稳定。

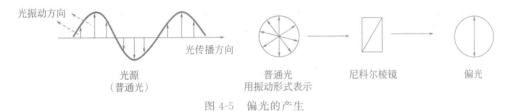

4.2 物质的旋光性和比旋光度

4.2.1 物质的旋光性

光是一种电磁波，光波振动的方向与光的传播方向垂直。任一光源发出的光在各个方向上都有传播，如果让普通光通过一个尼科尔棱镜，则透过棱镜的光只在一个方向上传播。这样的光称为平面偏振光，简称偏光，如图 4-5 所示。

图 4-5 偏光的产生

当偏光穿过某一物质时，有些物质（如水、乙醇等）不改变光的传播方向，但有些物质（如葡萄糖、果糖、乳酸等）可以改变光的传播方向，把这些能改变偏光的传播方向的物质称为旋光性物质。不同的化合物，能使偏光产生不同的偏转角度和不同的偏转方向。

化合物使偏光偏转的角度和偏转方向可以用旋光仪来测定。用作测定物质旋光性的装置叫作旋光仪，旋光仪的工作原理如图 4-6 所示。

图 4-6 旋光仪的工作原理

把两个尼科尔棱镜平行放置，光通过第一个棱镜后产生偏光，这个棱镜称为起偏器。第二个棱镜可以旋转，且连有刻度盘。这个棱镜称为检偏器。如果在盛样品的旋光管内装入水或乙醇等不旋光物质，偏光的传播方向不改变，眼睛能看到光，视窗内是亮的。如果旋光管内放入葡萄糖或乳酸等旋光性物质，则必须将检偏器旋转一定的角度 α，眼睛才能看到光。

旋转的角度 α 称为旋光度，如果检偏器向右旋转可以看到光，称为右旋（用"+"表示），如向左旋转则称为左旋（用"−"表示）。旋转的角度 α 不仅与物质本身的结构有关，而且与物质的浓度以及旋光管的长度都有关。为了消除其他外界因素的干扰，而只考虑物质本身的结构对旋光度的影响，需要引入比旋光度的概念。

4.2.2　比旋光度

在单位物质浓度、单位旋光管长度下测得的旋光度称为比旋光度，用 $[\alpha]_{\lambda}^{t}$ 表示，t 为测定时的温度，λ 为测定时所用的波长，一般采用钠光（波长为 589.3nm，用符号 D 表示，$[\alpha]_{D}^{t}$）。通常规定物质溶液浓度为 $1g/cm^{3}$，旋光管长度为 1dm。物质在不同浓度（c）和旋光管长（l）条件下测得旋光度 α，可以通过下面的公式换算成比旋光度 $[\alpha]_{\lambda}^{t}$：

$$[\alpha]_{\lambda}^{t}=\frac{\alpha}{l \cdot c}$$

式中，α 是旋光仪上测得的旋光度；l 是旋光管长度，dm；c 是溶液浓度，1g/mL。

若所测旋光物质是纯溶液，把上式中的 c 换成液体的密度 d 即可：

$$[\alpha]_{\lambda}^{t}=\frac{\alpha}{l \cdot d}$$

例如，在 10mL 水中，加入某旋光物质 1g，在 1dm 长的旋光管内，用钠灯做光源，温度为 25℃时测得它的旋光度 α 为 −4.64°，则该物质的比旋光度为

$$[\alpha]_{D}^{t}=\frac{\alpha}{l \cdot d}=\frac{-4.64}{0.1 \times 1}=-40.64$$

比旋光度是旋光性物质特有的物理常数，许多物质的旋光度可以从手册中查找。

如：葡萄糖：$[\alpha]_{D}^{t}=+52.5°$（水）；果糖为 $[\alpha]_{D}^{t}=-93°$（水）

在旋光仪上测得的读数 α，实际上是 $\alpha \pm n180°$。例如，旋光仪上 α 的读数为 +60°，也可能是向左旋转 300°，也可能是向右旋转 420°，或再多旋一周 $2 \times 180°$，即为 +780°，因此测定某物质的旋光度仅测一次是无法决定该物质是右旋还是左旋，以及其旋光度数，必须测两次以上才能决定。比如，将上述溶液稀释十倍，再测一次，如为右旋 60°，则稀释后的 α 应为 +6°，如为左旋 300°，稀释后的读数应为 −30°，如为 +420°，稀释后的读数应为 +42°，这样才可决定该物质是"+"还是"−"以及具体的旋光度是多少。

4.3　分子的手性与对称性

4.3.1　分子的手性

物质具有旋光性是由于分子本身结构引起的。早在十九世纪前期，人们就发现酒石酸有二种晶体，这两种晶体制成的溶液分别能使偏光向左或向右旋，但旋光度是相同的，这两种晶体互成实物和镜像的对映关系，但不能重合，就像人的两只手一样呈镜面对映，但不能重合，所以将实物和镜像不能重合的性质称为手性。具有手性的分子，称为手性分子。互成实物和镜像对映的两个异构体，称为对映异构体（简称对映体）。因为对映体能使偏光转向，所以对映异构体又称为光学活性异构体。每个对映体的分子又叫光学活性分子。具有手性的

分子，其物质才具有旋光性。反之，物质具有旋光性，其分子一定是手性分子。因此，手性是物质具有旋光性的充分必要条件。

不能重叠　　　　　　　　　　　　　　　互为镜像

如图 4-7 所示，乳酸的两个对映异构体呈镜面对映，但不能重合在一起。

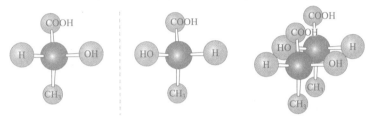

图 4-7　乳酸的对映体

乳酸分子的中心碳原子连有 H、COOH、CH_3、OH 四个不相同的基团，将连有四个不同基团的碳原子称为手性碳或不对称碳原子，用 C^* 表示。

4.3.2　对称因素

判断分子是否具有手性，最直接的办法是看其镜像能否与实物重合，如果不能重合，则该分子为手性分子，如果能重合，则为非手性分子。但如果判断每个分子是否具有手性都将其镜像画出，再与实物相比，这样做很麻烦。实际上，用分子所具有的对称元素就可以判断分子是否具有手性。对称元素有下列几种。

4.3.2.1　对称面（镜面）

有些分子，在分子某个部位放一个平面，分子的一半正好是另一半的镜像，这个平面称为分子的对称面，用 σ 表示。对于平面形分子，分子平面本身就是对称面，如下化合物中都有一个对称面。

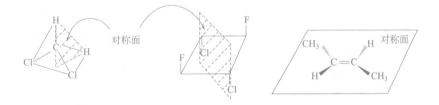

4.3.2.2　对称轴

分子中有一直线，当以此直线为轴旋转 $360/n$ 后（n 为正整数），得到的分子与原来的分子形象相同，这条直线称为 n 重对称轴，用 C_n 表示。

例如：反-2-丁烯中存在一个垂至于分子平面的二重对称轴，顺-1,2,3,4-四氯环丁烷中有一个四重对称轴。

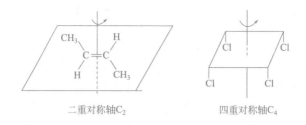

二重对称轴C₂   四重对称轴C₄

4.3.2.3 对称中心

分子中有一点，从分子中任何一个原子出发，通过这个点作一直线，在该直线这个点的另一方向相同距离处能找到相同的原子，这个点称对称中心，用 i 表示。如下列化合物中都有一个对称中心。

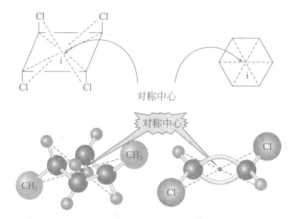

对称中心

如果分子内存在对称面和对称中心，分子一定无手性。但分子内有对称轴，分子有可能是手性分子，如反-1,2-二氯环丙烷分子内有一个二重对称轴，但实物和镜像不能重合，分子为手性分子。

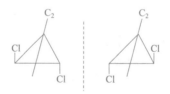

对称性与手性的关系，非手性分子——凡具有对称面、对称中心或交替对称轴的分子。手性分子——既没有对称面，又没有对称中心，也没有四重交替对称轴的分子，都不能与其镜像叠合，都是手性分子。对称轴的有无对分子是否具有手性没有决定作用。只要一个分子既没有对称面，又没有对称中心，就可以初步判断它是手性分子。

4.4　含有一个手性碳原子的化合物

4.4.1　对映体和外消旋体

含有一个手性碳原子的分子一定是手性分子，有一对对映体，每个对映体都具有旋光性，一个分子是右旋，另一个分子则是左旋。例如乳酸 $CH_3CHOHCOOH$ 的一对对映体，一个是左旋，一个是右旋。

一对对映体的性质与其所处环境有密切关系。在非手性环境中，两个对映体的性质是完全相同的，例如，对映异构体的熔点、沸点、溶解度以及在非手性条件下反应时的反应速度都相同。但在手性环境中，对映体的性质就不同了。就好像螺丝钉一样，螺丝钉有左螺旋和右螺旋之分，两者是一对对映体。当它们拧到木板上时（非手性环境），二者都可拧进去，不分彼此，但当它们拧到螺母上（手性条件）时，就分左螺旋和右螺旋了。再如，人的左右脚呈实物和镜像关系，是一对对映体，两者在穿袜子（非手性环境）时，不分左右脚，而在穿鞋（手性环境）时，就要分左右脚了。又如，葡萄糖也有左旋和右旋的，天然存在的葡萄糖为右旋，它可以在人体内代谢，而左旋的葡萄糖就不能在人体内代谢。

当等量的左旋体和右旋体混在一起时，整个物质是无旋光性的，称为外消旋体，用（±）表示。外消旋体和纯对映体除旋光不同外，其他物理性质如熔点、沸点、密度，在同种溶剂中的溶解度等也不同，例如（+）-乳酸和（−）-乳酸的熔点都是 53℃，而（±）-乳酸的熔点是 18℃。外消旋体的化学性质与纯对映体相比，在非手性条件下无差别，但在手性环境中，两个对映体体现的性质不同。如在外消旋酒石酸培养液中放入青霉菌，右旋酒石酸被青霉菌消耗掉，左旋酒石酸剩下来，溶液慢慢由不旋光变成旋光体。

4.4.2　构型的表示方法

透视式、楔形式和纽曼投影式都可以用来表示对映体的空间构型，另外一种常用的构型表示方法是费歇尔（Fischer）投影式。以乳酸为例，用模型来说明 Fischer 投影式的表示方法。

使分子中横键的两个基团朝前，竖键的两个基团朝后，将这样摆放的分子投影到平面上，用"+"字交叉线表示，中间的碳原子不要写出，这样的投影式称为 Fischer 投影式。因此，在乳酸的 Fischer 投影式中，氢和羟基在纸面前，羧基和甲基在纸面后，如图 4-8 所示。

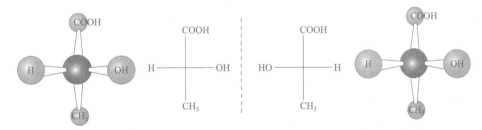

图 4-8　乳酸分子模型和费歇尔投影式

Fischer 投影式虽用平面图形表示分子的结构，但却严格地表示了各基团的空间关系，因为规定横键的两个基团朝前，竖键的两个基团朝后。在使用 Fischer 投影式时要注意以下几点：

投影式不能离开纸面翻转，在纸面上向左或向右旋转 180°，其构型保持不变。

$$
\underset{\text{CH}_3}{\overset{\text{COOH}}{\text{HO}-\!\!-\!\!-\text{H}}} \equiv \underset{\text{COOH}}{\overset{\text{CH}_3}{\text{H}-\!\!-\!\!-\text{OH}}}
$$

投影式在纸面上旋转 90°或 270°后变成它的对映体的投影式。

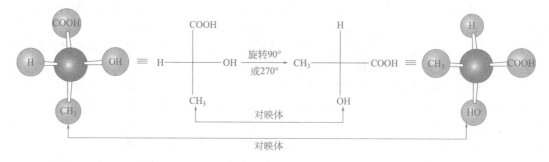

投影式中的四个基团，固定一个基团，其余三个基团顺时针或逆时针旋转，构型保持不变。

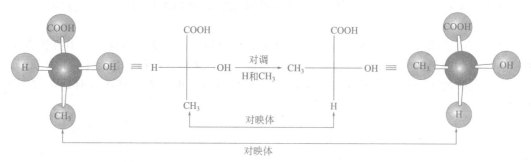

投影式中任意两个基团对调一次后变成它的对映体的投影式。

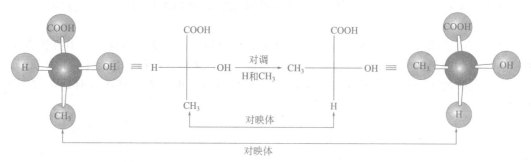

4.4.3 构型的命名

4.4.3.1 *R/S* 标记法

按 IUPAC 命名法建议，将与手性碳相连的四个原子或基团按次序规则排列出基团的大小 a＞b＞c＞d，将最小的基团 d 离观察者最远。其他三个基团按 a→b→c 的顺序。如果是顺时针，称为 *R*（Rectus 拉丁文"右"字的字首）构型；逆时针，称为 *S*（Sinister 拉丁文"左"字的字首）构型。

R 构型   *S* 构型

常见取代基团先后次序：

-I＞-Br＞-Cl＞-SO₃H＞-F＞-OCOR＞-OR＞-OH＞-NO₂＞-NR₂＞-NHR＞-CCl₃＞-CHCl₂＞-COCl＞-CH₂Cl＞-COOR＞-COOH＞-CONH₂＞-COR＞-CHO＞-CR₂OH＞-CHROH＞-CH₂OH＞-CR₃＞-C₆H₅＞-CHR₂＞-CH₂R＞-CH₃＞-D＞-H

乳酸分子中，碳所连的四个基团的大小次序为 OH＞COOH＞CH₃＞H，因此，（R）-乳酸和（S）-乳酸分别为：

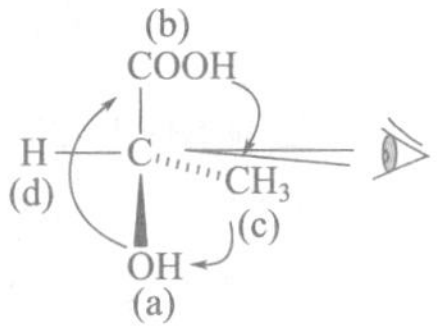

再如：

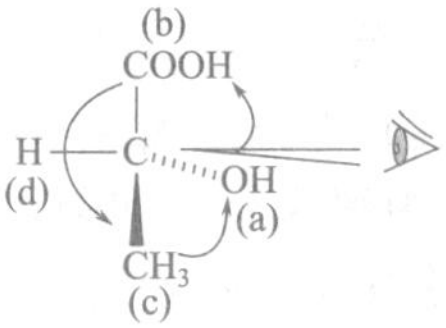

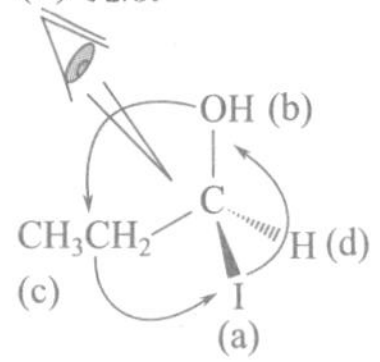

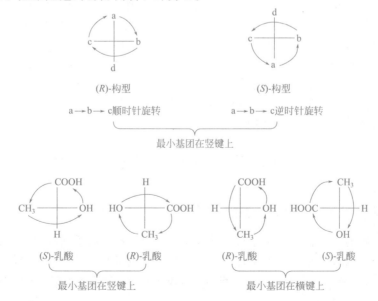

（S）-构型 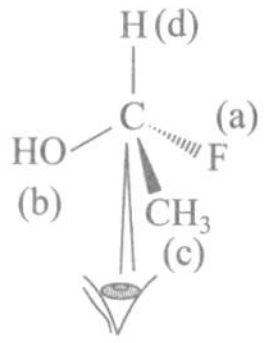　　　　　　　　　（R）-构型

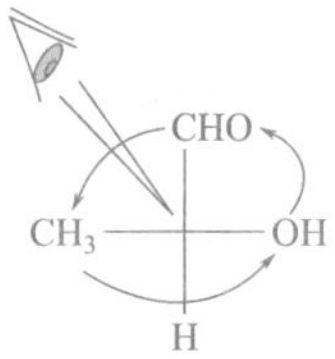

（S）-构型　　　　　　　　　　（R）-构型
最小基团H在纸面后　　　　　最小基团H在纸面前
　　　　　　　　　　　　　　眼睛从纸面后看

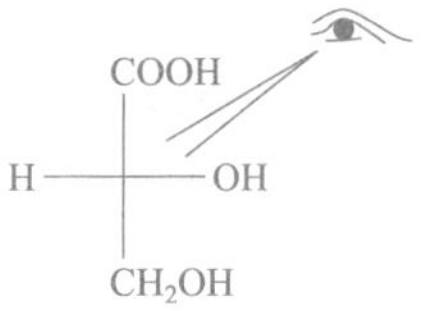

用 Fischer 投影式表示分子构型时，可用下列简单的方法判断 R/S 构型：如果最小基团在竖键上，表示最小基团在纸面后，观察者从前面看，按 a→b→c 顺序，如果是顺时针方向转，即为 R，如果是逆时针方向转，即为 S。

（R）-构型　　　　　　　　　（S）-构型
a→b→c顺时针旋转　　　　　a→b→c逆时针旋转
　　　　　最小基团在竖键上

（S）-乳酸　　（R）-乳酸　　　（R）-乳酸　　（S）-乳酸
　　最小基团在竖键上　　　　　　最小基团在横键上

需要指出的是，R/S 标记法仅表示手性分子中四个基团在空间的相对位置。对于一对对映体来说，一个异构体的构型为 R，另一个则必然是 S，但它们的旋光方向（"＋"或"－"）是不能通过构型来推断，与 R/S 标记无关，而只能通过旋光仪测定得到。R 构型的分子，其旋光方向可能是左旋的，也可能是右旋的。因此，分子的构型与分子的旋光性没有直接关系。只有测定出其中一个手性分子的旋光方向后，才能推测出其对映体的旋光方向，因为二者一定相反。

4.4.3.2　D/L 标记法

由于分子的构型与其旋光方向无关，在过去很长一段时期中人们无法确定手性分子的真实构型（即绝对构型）。为解决这一问题，Fischer 提出了以（＋）-甘油醛的构型为标准来标记其他与甘油醛相关联手性化合物相对构型的一种方法，称为 D/L 标记法。Fischer 任意指定了（＋）-甘油醛的投影式是 CHO 在手性碳的上方，CH_2OH 在下方，OH 在右方，H 在左方，构型用 D 标记；而（－）-甘油醛的 CHO 和 CH_2OH 不变，OH 在左方，H 在右方，构型用 L 标记。

D-(+)-甘油醛　　　　　　　L-(−)-甘油醛

其他手性化合物与甘油醛相关联，不涉及手性碳四条键断裂的，构型保持不变。由此分别得到 D-和 L-构型系列化合物。例如：

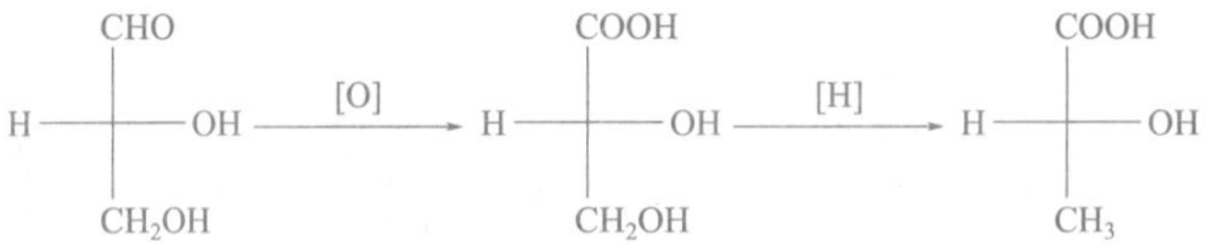

D-(+)-甘油醛　　　　　　　D-(−)-甘油酸　　　　　　　D-(−)-乳酸

1951 年，魏沃（J. M. Bijvoet）用 X-射线单晶衍射法成功地测定了右旋酒石酸铷钠的绝对构型，并由此推断出（＋）-甘油醛的绝对构型。有趣的是实验测得的绝对构型正好与 Fischer 任意指定的相对构型相同。从此与甘油醛相关联的其他化合物的 D/L 构型也都代表绝对构型了。D/L 标记法在糖和氨基酸等天然化合物中使用较为广泛。

显然，D/L 标记法有其局限性，因为这种标记法只能准确知道与甘油醛相关联的手性碳的构型，对于含有多个手性碳的化合物，或不能与甘油醛相关联的一些化合物，这种标记法就无能为力了。因此，对于多个手性碳的化合物（除了糖和氨基酸等天然化合物外），用 R/S 标记每个手性碳的构型较为适用。

4.5　含两个手性碳原子的化合物

4.5.1　含两个不同手性碳原子的化合物

含一个手性碳的分子有两个立体构型异构体，含两个不相同手性碳的分子就有四个立体异构体，如果分子内有 n 个不同的手性碳，立体异构体的数目应是 2^n（n 为正整数）。外消旋体数目为 2^{n-1} 个，例如 2-羟基-3-氯丁二酸（氯代苹果酸）有两个手性碳，有四个立体异构体。

$$\overset{1}{HOOC}-\overset{2}{*CH}-\overset{3}{*CH}-\overset{4}{COOH}$$
$$\quad\quad\quad\;\;|\quad\quad\;|$$
$$\quad\quad\quad\;\;OH\quad\;Cl$$

COOH	COOH	COOH	COOH
H—OH	HO—H	H—OH	HO—H
H—Cl	Cl—H	Cl—H	H—Cl
COOH	COOH	COOH	COOH
Ⅰ	Ⅱ	Ⅲ	Ⅳ
(2S,3S)	(2R,3R)	(2S,3R)	(2R,3S)

这四个异构体中，Ⅰ和Ⅱ为对映体，Ⅲ和Ⅳ为对映体，Ⅰ和Ⅱ或Ⅲ和Ⅳ等量混合，为外消旋体。Ⅰ和Ⅲ的一个手性碳构型相同，另一个相反，因此Ⅰ与Ⅲ之间不存在对映体关系。这样的两个化合物称为非对映体。Ⅰ与Ⅳ、Ⅱ与Ⅲ、Ⅱ与Ⅳ也属于非对映体。非对映体之间不仅旋光能力不同，许多物理性质如沸点、熔点，溶解度等也不同。非对映体具有相同的基团，只是各基团之间的相对位置不同，因此它们的化学性质相似，但在反应速度上可能有差别。

由于非对映体的沸点、熔点及溶解度不同，所以，一般可用分馏或分步结晶等方法将它们分离，也可用色谱法分离它们。

如果分子内含有两个手性碳，且两个手性碳至少含有一个相同的基团时，还可用"赤式"和"苏式"表示两个非对映异构体的构型。这种方法是以赤鲜糖和苏阿糖为基础命名的。用 Fischer 投影式表示构型时，将两个手性碳中相同的基团写在横键上，如果相同基团在同侧，称为"赤式"，在两侧则称为"苏式"。

CHO	R_1	CHO	R_1
H—OH	b—a	HO—H	a—b
H—OH	c—a	H—OH	c—a
CH₂OH	R_2	CH₂OH	R_2
(D)-赤鲜糖	赤式	(D)-苏阿糖	苏式

例如：赤式和苏式-2,3-二氯戊烷的四个 Fischer 投影式表示如下：

CH₃	CH₃	CH₃	CH₃
H—Cl	Cl—H	Cl—H	H—Cl
H—Cl	Cl—H	H—Cl	Cl—H
CH₂CH₃	CH₂CH₃	CH₂CH₃	CH₂CH₃

赤式-2,3-二氯戊烷　　　　　苏式-2,3-二氯戊烷

4.5.2　含有两个相同手性碳原子的化合物

酒石酸含有两个手性碳原子，每个手性碳都连有 COOH、OH、H 和 COOH 四个基团，所以称为含有两个相同手性碳的化合物。酒石酸的四个立体异构体用 Fischer 投影式表示如下：

COOH	COOH	COOH	COOH
H—OH	HO—H	H—OH	HO—H
HO—H	H—OH	H—OH	HO—H
COOH	COOH	COOH	COOH
Ⅰ	Ⅱ	Ⅲ	Ⅳ
(2R,3R)-(+)-	(2S,3S)-(−)-	(2R,3S)	(2S,3R)
酒石酸	酒石酸		

内消旋酒石酸或 meso-酒石酸

Ⅰ和Ⅱ是实物与镜像关系，是一对对映体，Ⅲ和Ⅳ表面上是实物与镜像的关系，但两者能重合，将Ⅲ在纸面上旋转180°便得到Ⅳ，所以Ⅲ和Ⅳ是同一物。分析Ⅲ和Ⅳ的分子对称性，它们分子内都有一个对称面，故分子是非手性分子，无旋光性。这样的化合物称为内消旋体，用meso-表示。含有两个相同手性碳的分子都只有三个立体异构体：一对对映体和一个内消旋体。表 4-1 列出酒石酸的左旋体、右旋体、外消旋体和内消旋体的物理性质。

表 4-1　酒石酸的物理性质

酒石酸	m. p/℃	$[\alpha]_D^{25}$（水分）	溶解度/(g/100g 水)	pKa_1	pKa_2
(＋)—	170	＋12	139	2.93	4.23
(－)—	170	－12	139	2.93	4.23
(±)—	204	0	20.6	2.96	4.24
meso—	104	0	125	3.11	4.80

4.5.3　构象与光学活性

以上分析各化合物的光学异构时，都是用 Fischer 投影式表示的，而 Fischer 投影式是一种重叠的构象形式，真实存在的分子并不是以重叠式存在，而是以交叉式存在的。那么构象的存在形式是否会影响化合物的光学活性？现以酒石酸为例进行分析，酒石酸对映异构体Ⅰ和Ⅱ的交叉式构象表示如下：

Ⅰ
(2R,3R)-(+)-酒石酸

Ⅱ
(2S,3S)-(−)-酒石酸

Ⅰ和Ⅱ呈实物和镜像的关系，但二者不能重合在一起，是手性分子。分析Ⅰ和Ⅱ分子的对称性，两者分子内虽然有一个 C_2 对称轴，但都无对称面和对称中心，所以Ⅰ和Ⅱ都是手性分子。再看内消旋酒石酸的交叉式稳定构象：

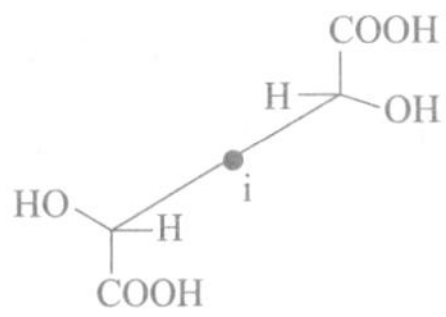

分子内有一个对称中心，所以是非手性的。

从以上分析来看，分子的构象存在形式并不会影响分子的手性。如果分子是手性的，不管以哪种构象形式存在都是手性的；反之，分子是非手性的，不管以哪种构象形式存在都是非手性的，对于其他化合物也是如此。因为用 Fischer 投影式分析光学活性问题比较简单，所以，以后再分析此类问题时，用 Fischer 投影式来分析完全可行。

4.6　环状化合物的立体异构

二取代以上的环状化合物，具有顺反异构体，如果含有手性碳，也可能具有对映异构体。

例如，反-1,3-二甲基是手性分子，存在对映异构体。

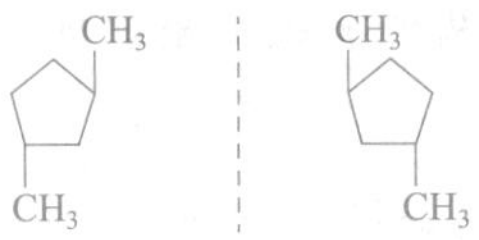

环状化合物中的手性碳也可用 R/S 构型标记，环状化合物判断 R/S 构型时，环上两条碳链的优先次序可从手性碳开始依次比较，如下列环状化合物中的手性碳：

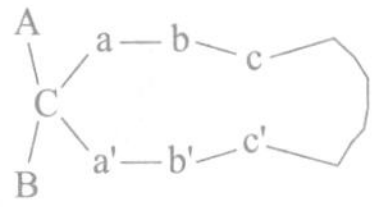

按次序规则，首先比较 a 和 a′ 的大小，如果 a 和 a′ 相同，再比较 b 和 b′，……直至比较出环上两个取代基的大小。

如 1-甲基-3-乙基环己烷中有两个手性碳 C1 和 C3：

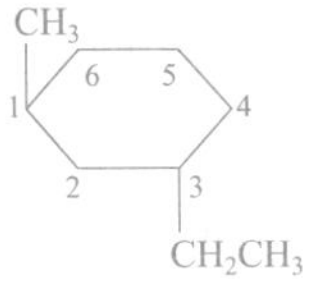

C1 上连有 CH_3、H，环上的两个取代基 C6 和 C2 都是亚甲基，两者大小相同，而 C3 是次甲基，C5 是亚甲基，C3 比 C5 大，所以下边的碳链比上边的碳链大，故 C1 的构型为 S。同理推断，C3 的构型亦为 S。

1,2-二氯环丙烷分子内也有两个手性碳，有下列三个异构体：

反式构型有Ⅰ和Ⅱ两个异构体，两者呈实物和镜像关系，不能重合在一起，所以反-1,2-二氯环丙烷是手性分子，Ⅰ和Ⅱ是一个对对映体；而顺-1,2-二氯环丙烷分子内有一个对称面，是非手性分子，为内消旋体。Ⅲ与Ⅰ或Ⅱ为非对映异构体。

对于 1,2-二甲基环己烷也有顺、反异构体：

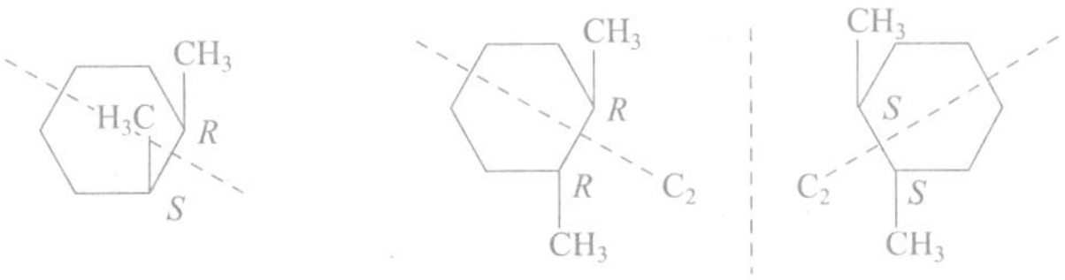

顺式结构中有一个对称面，分子无手性；反式结构中虽有 C2 对称轴，但实物与镜像不能重合，是手性分子，有一对对映异构体。

4.7　不含手性碳原子的化合物的立体异构

讨论的对映异构现象都是分子中含有手性碳的。有些化合物虽然分子内不具有手性碳，但其实物和镜像不能重合，这样的化合物也具有手性。

丙二烯分子中 C2 是 sp 杂化，C1 和 C3 两个碳是 sp^2 杂化，C2 用两个 sp 杂化轨道分别与 C1 和 C3 的两个 sp^2 杂化轨道形成两个 σ 键，剩余两个未参加杂化的 p 轨道分别与 C1 和

C3 的两个 p 轨道形成两个 π 键，这两个 π 键互相垂直。如图 4-9 所示。

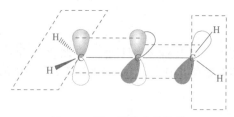

图 4-9 丙二烯的分子结构

如果两端的碳原子 C1 和 C3 分别连有两个不同的基团，分子的实物与镜像就不能重合，分子具有手性。2,3-戊二烯已分离出对映异构体，如图 4-10 所示。

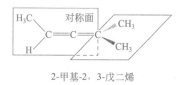

图 4-10 2,3-戊二烯的对映异构体

如果丙二烯两端的任何一个碳上连有两个相同的基团，整个分子不具有手性。
例如 2-甲基-2,3-戊二烯为非手性分子，分子中有对称面。

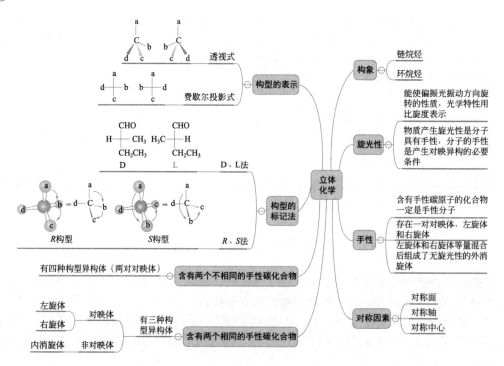

2-甲基-2,3-戊二烯

💡 思维导图

化学名人

吴云东，1957年5月生，江苏溧阳人。1982年和1986年先后获得兰州大学化学学士学位和匹兹堡大学化学博士学位。之后在加州大学洛杉矶分校和德国埃朗根大学从事研究工作。1992年到香港科技大学化学系任教，并于2001年升为教授。2005年当选为中国科学院化学部院士。现任北京大学深圳研究生院化学生物学与生物技术学院教授。

吴云东主要从事理论与计算有机化学的研究，他的研究跨越有机化学、生物化学、材料科学及药物设计等多个领域，主要研究领域为金属有机催化及不对称合成，多肽及蛋白质的二级和三级结构，基于多肽的药物设计，以及发展有效的计算方法用来研究蛋白质结构及蛋白质与蛋白质相互作用，并在此基础上进行抗癌症，抗病毒，及抗老年痴呆症等的药物设计。至今已在主流化学刊物上发表论文近一百七十篇（已被SCI库收录165篇），其中六十多篇发表在Science，PNAS，Acc. Chem. Res.，JACS和Angew. Chem.。论文他引五千八百多次，H-index＝44。吴云东曾67次在国际和国内学术会议上作邀请报告或大会报告，亦被邀请在世界70多所知名大学和研究所作了80场学术报告。

 习题

1. 下列化合物有几种立体异构体？

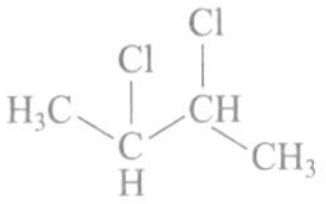

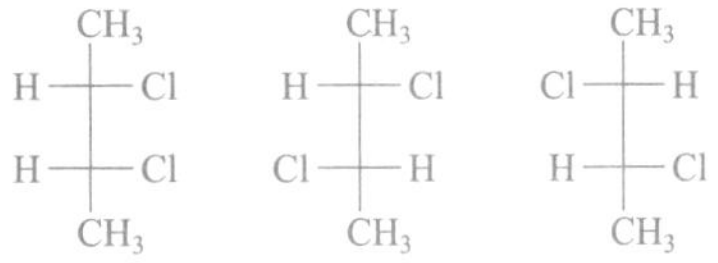

2. 下列化合物有几种立体异构体？

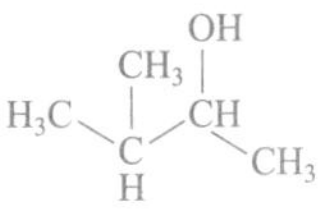

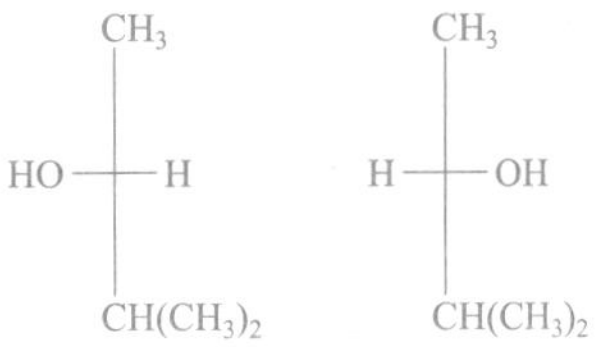

3. 下列化合物有几种立体异构体？

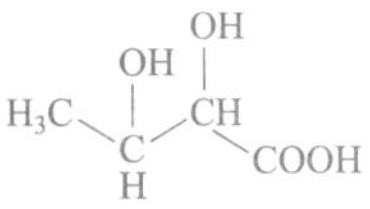

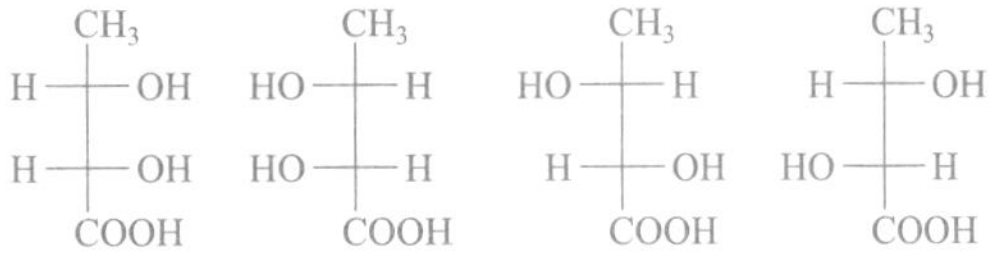

4. 下列化合物有几种立体异构体？

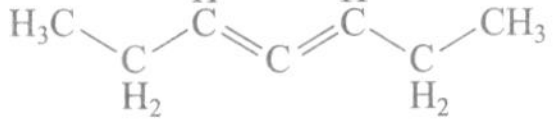

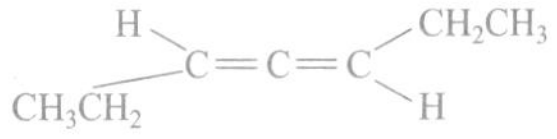

5. 写出下列化合物的所有立体异构体。并指出其中哪些是对映体，哪些是非对映体。

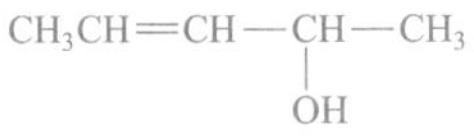

$$CH_3CH=CH-CH-CH_3$$
$$\overset{|}{OH}$$

6. 指出下列化合物是否是手性分子。

(1) 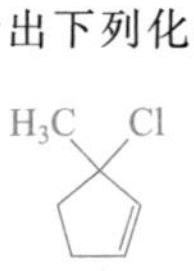   (2)    (3)

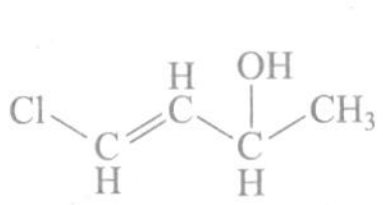

7. 指出下列分子的手性碳。

卤代烃

Chapter 05

📖 学习指南

1. 了解卤代烃的物理性质及其变化规律；
2. 熟悉卤代烃的来源、制法与用途；
3. 掌握卤代烃的命名方法和化学性质；
4. 掌握卤代烃的鉴别方法；
5. 掌握卤代烃在有机合成中的应用。

烃分子中的氢原子被卤原子取代后生成的产物叫作卤代烃，常用通式 R—X 表示，其中卤原子是卤代烃的官能团。

5.1 卤代烃的分类、异构和命名

5.1.1 卤代烃的分类与异构

（1）卤代烃的分类 根据卤代烃分子中的烃基结构不同，可将其分为饱和卤代烃（即卤代烷）、不饱和卤代烃（主要指卤代烯烃）和芳香族卤代烃（即卤代芳烃）。

CH_3CH_2Br $CH_2{=}CHCl$
溴乙烷   氯乙烯   氯苯
（饱和卤代烃）   （不饱和卤代烃）   （芳香族卤代烃）

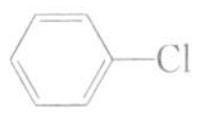

根据分子中所含卤原子的数目不同，卤代烃可分为一卤代烃、二卤代烃和三卤代烃等，二元以上的卤代烃统称为多卤代烃。一卤代烃有 CH_3X，C_6H_5X；多卤代烃有 CHX_3，$C_6H_6X_6$。

CH_3Cl CH_2Cl_2 $CHCl_3$
一氯甲烷   二氯甲烷   三氯甲烷
（一卤代烃）   （多卤代烃）

根据与卤原子直接相连的碳原子类型不同，卤代烃又分为伯卤代烃、仲卤代烃和叔卤代烃。

$CH_3CH_2CH_2Cl$ CH_3CHCH_3 $CH_3\overset{\displaystyle CH_3}{\underset{\displaystyle CH_3}{C}}Cl$
                            |
                            Cl
1-氯丙烷   2-氯丙烷   2-甲基-2-氯丙烷
（伯卤代烃）   （仲卤代烃）   （叔卤代烃）

烯烃分子中的氢原子被卤原子取代后生成的产物叫作卤代烯烃。芳烃分子中的氢原子被卤原子取代后生成的产物叫作卤代芳烃。

卤原子直接与双键碳原子或芳环相连的卤代烃叫作乙烯型卤代烃。

$$CH_2=CHCl$$

氯乙烯

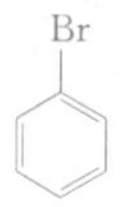

$$\overset{Br}{\underset{\text{溴苯}}{\bigcirc}}$$

卤原子与双键碳原子或芳环相隔一个饱和碳原子的卤代烃叫作烯丙型卤代烃。

$$CH_2=CHCH_2Cl$$

烯丙基氯

$$\overset{CH_2Br}{\underset{\text{苄基溴}}{\bigcirc}}$$

卤原子与双键碳原子或芳环相隔两个或两个以上饱和碳原子的卤代烃叫作孤立型卤代烃。

$$CH_2=CHCH_2CH_2Cl$$

4-氯-1-丁烯

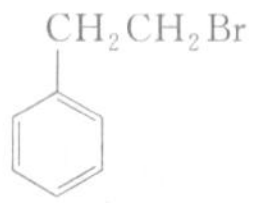

$$\overset{CH_2CH_2Br}{\underset{\text{1-苯-2-溴乙烷}}{\bigcirc}}$$

(2) 卤代烃的同分异构　烷烃分子中的氢原子被卤原子取代后生成的产物叫作卤代烷。这里只讨论卤代烷的同分异构现象。

碳原子数相同的卤代烷，可因碳链构造和卤原子位置不同而产生异构体。四个碳原子的一氯代烷，具有下列四种异构体：

① $CH_3CH_2CH_2CH_2Cl$

② $CH_3CH_2\overset{\displaystyle CHCH_3}{\underset{\displaystyle Cl}{|}}$

③ $CH_3\overset{\displaystyle CHCH_2Cl}{\underset{\displaystyle CH_3}{|}}$

④ $CH_3-\overset{\displaystyle CH_3}{\underset{\displaystyle CH_3}{\overset{|}{\underset{|}{C}}}}-Cl$

其中包括了氯原子位置异构和碳链异构。

卤代烃的同分异构体数目比相同碳数的烷烃异构体要多。卤代烃比烷烃多了官能团的位置异构。

	丙烷	一氯丙烷	丁烷	一氯丁烷
异构体数目	1	2	2	4

5.1.2　卤代烃的命名

(1) 习惯命名法　习惯命名法是在烃基名称的后面加上卤原子的名称，称为"某基卤"。

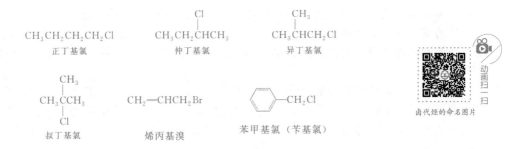

正丁基氯   仲丁基氯   异丁基氯

叔丁基氯   烯丙基溴   苯甲基氯（苄基氯）

动画扫一扫

卤代烃的命名图片

有些卤代烃采用俗名命名。如 $CHCl_3$ 称为氯仿（三氯甲烷），CHI_3 称为碘仿（三碘甲烷），CF_2Cl_2 称为氟利昂（二氟二氯甲烷），$C_6H_6Cl_6$ 称为六六六（1,2,3,4,5,6-六氯环己烷）。

（2）系统命名法　卤代烷的系统命名原则和步骤如下：

① 选主链　选取含有卤原子的最长碳链作主链，卤原子作为取代基。

② 编号　从靠近支链一端开始给主链上的碳原子编号。

③ 写名称　根据主链所含碳原子的数目称为"某烷"，将取代基的位次、名称写在母体名称"某烷"之前。取代基的顺序是先烷基后卤素，不同卤素原子按氟、氯、溴、碘的顺序排列。

$CH_3CH_2CHCH_3$ $CH_2CH_2CHCH_2CH_3$ $CH_3CH_2CHCHCH_2CH_3$

2-溴丁烷 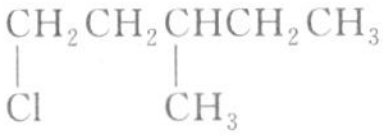   3-甲基-1-氯戊烷 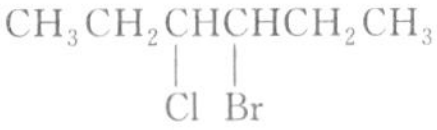   3-氯-4-溴己烷

不饱和卤代烃的命名，应选取既含卤原子又含不饱和键的最长碳链作主链，编号时应使不饱和键的位次最小。

$CH_2=CHCH_2Br$ $CH_2=CCH_2CH_2Cl$

3-溴丙烯   2-甲基-4-氯-1-丁烯

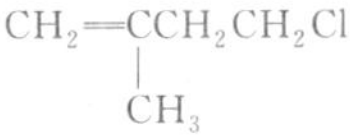

卤代芳烃的命名是以芳烃为母体，卤原子作为取代基。

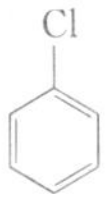

氯苯 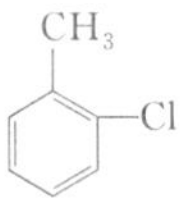   2-氯甲苯 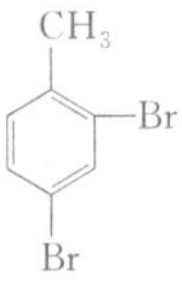   2,4-二溴甲苯

如果卤原子连在苯环的侧链上，命名时则以烷烃为母体，卤原子和苯环作为取代基。

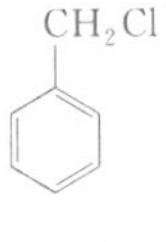

苯基—氯甲烷 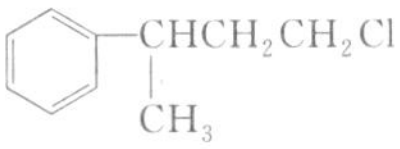   3-苯基-1-氯丁烷

5.2　卤代烷的物理性质

（1）物态　在常温常压下，氯甲烷、溴甲烷和氯乙烷为气体，其他的一卤代烷均为无色液体，蒸气有毒。碘代烷不稳定，见光易分解产生游离碘，久置碘烷常带有红棕色，贮存需用棕色试剂瓶盛装。卤代烷在铜丝上燃烧时能产生绿色火焰，这是鉴定卤原子的简便方法。

（2）沸点　卤代烷的沸点随分子量的增加而升高。由于分子具有极性，所以卤代烷的沸点比相应的烷烃高。烃基相同的卤代烷，其沸点顺序为：$RI > RBr > RCl$。在同分异构体中，直链卤代烷的沸点最高，支链越多，沸点越低。相同碳原子数的卤代烃的沸点：$1°RX > 2°RX > 3°RX$。

（3）密度　一氟代烷与一氯代烷的相对密度小于1，比水轻。一溴代烷和一碘代烷的相对密度大于1，比水重。在同系列中，卤代烷的相对密度随着分子量的增加而减小。这是由于卤原子在分子中质量分数会逐渐减小。碳数相同时，按氯代烷、溴代烷、碘代烷的次序密度升高。

（4）溶解性　卤代烷不溶于水，可溶于醇、醚、烃等有机溶剂。

5.3　卤代烷的化学性质

卤代烷的化学反应主要发生在官能团卤原子以及受卤原子影响而比较活泼的 β-氢原子上。

$$R\overset{\beta}{-}\underset{\underset{H}{|}}{C}\overset{①}{-}\underset{|}{C}\overset{①}{+}X$$

①C—X 键断裂 $\begin{cases} \text{卤原子被取代} \\ \text{与金属镁反应形成 C—Mg 键和 Mg—X 键} \end{cases}$

②C—X 键及 β-C—H 键断裂，形成 C=C 双键

5.3.1　取代反应

卤代烷分子中的碳卤键（C—X）是强极性共价键，在极性试剂作用下，容易发生断裂，卤原子被其他原子或基团取代。

（1）水解　卤代烷与稀碱水溶液共热时，发生水解反应，卤原子被羟基（—OH）取代生成醇。

$$R\boxed{-X+H-}OH \xrightarrow{NaOH} R-OH + NaX + H_2O$$
醇

5.1 单分子亲核取代反应历程　　5.2 双分子亲核取代反应历程

卤代烷的水解是可逆反应，加碱是为了中和生成的氢卤酸，使反应向正向进行。

烯丙型卤代烃也非常容易发生水解、醇解等取代反应。

$$CH_2=CHCH_2Cl + H_2O \xrightarrow{NaOH} CH_2=CHCH_2OH$$
烯丙醇

通常卤代烷是由相应的醇制得，因此该反应只适用于制备少数结构较复杂的醇。

（2）醇解　卤代烷与醇钠在相应的醇溶液中发生醇解反应，卤原子被烷氧基（—OR）取代生成醚。此反应称为威廉逊合成法，是制备混醚的最好方法。溴甲烷与叔丁醇钠反应制取甲基叔丁基醚。

$$CH_3\boxed{-Br + Na-}O\underset{\underset{CH_3}{|}}{\overset{\overset{CH_3}{|}}{C}}CH_3 \xrightarrow{\triangle} CH_3O\underset{\underset{CH_3}{|}}{\overset{\overset{CH_3}{|}}{C}}CH_3 + NaBr$$

叔丁醇钠　　　　　甲基叔丁基醚

甲基叔丁基醚为无色液体，是一种新型的高辛烷值汽油调和剂，可代替有毒的四乙基铅，减少环境污染，提高汽油质量和使用的安全性。

（3）氨解　卤代烷与氨在乙醇溶液中共热时，发生氨解反应，卤原子被氨基（—NH$_2$）取代生成胺。这是制取伯胺的方法之一。1-溴丁烷与过量的氨反应生成正丁胺。

$$CH_3CH_2CH_2CH_2 \boxed{-Br + H-} NH_2 \xrightarrow[\triangle]{乙醇} CH_3CH_2CH_2CH_2NH_2 + NH_4Br$$
$$正丁胺$$

正丁胺为无色透明液体，有氨的气味，可用作裂化汽油防胶剂、石油产品添加剂、彩色相片显影剂，还可用于合成杀虫剂、乳化剂及治疗糖尿病的药物等。

（4）氰解　卤代烷与氰化钠或氰化钾在乙醇溶液中共热时，发生氰解反应，卤原子被氰基（—CN）取代生成腈。用溴乙烷与氰化钾作用制取丙腈：

$$RX + NaCN \xrightarrow{醇} RCN + NaX$$

此反应的特点是产物比原料增加了一个碳原子，在有机合成中用于增长碳链。

在上述取代反应中，各级卤代烷的反应活性顺序为：

$$伯卤烷 > 仲卤烷 > 叔卤烷$$

其中伯卤烷的取代物产率较高，仲卤烷的取代物产率较低，叔卤烷则很难得到相应的取代产物，而主要发生消除反应生成烯烃。

各种卤代烷的反应活性顺序为：

$$RI > RBr > RCl$$

（5）与硝酸银-乙醇溶液反应　卤代烷与硝酸银的乙醇溶液反应生成硝酸酯，同时析出卤化银沉淀。

$$RX + AgNO_3 \xrightarrow{醇} RONO_2 + AgX\downarrow$$
$$硝酸烷基酯$$

此类反应中，不同卤代烷的反应活性为：

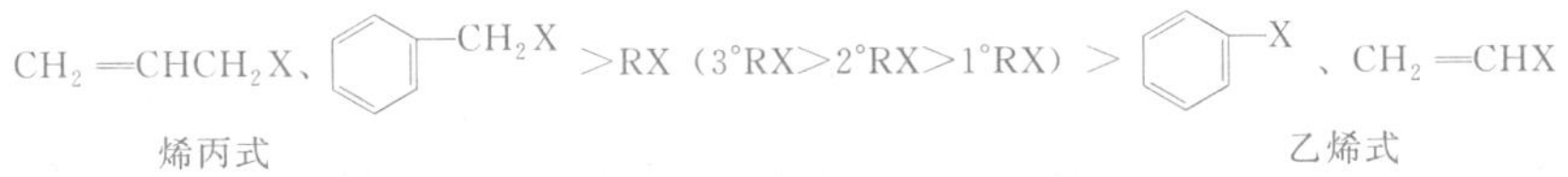

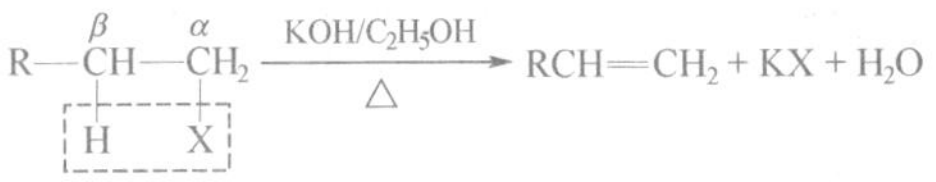

$$R-\overset{\beta}{C}H-\overset{\alpha}{C}H_2 \xrightarrow[\triangle]{KOH/C_2H_5OH} RCH=CH_2 + KX + H_2O$$

5.3.2　消除反应

仲卤烷或叔卤烷在发生消除反应时，因含有不同的 β-氢原子，可以得到两种不同的烯烃。

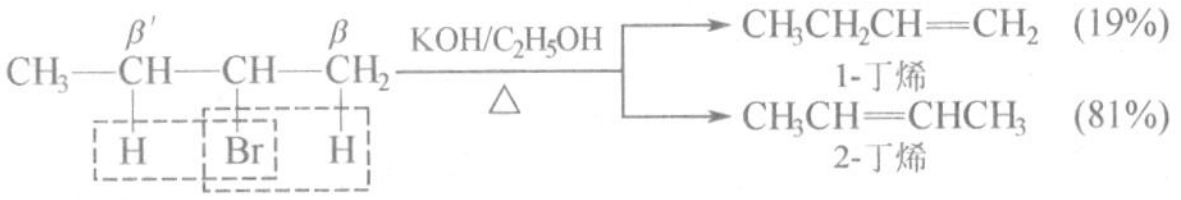

卤代烷脱卤化氢时，主要脱去含氢较少的 β-碳上的氢原子，从而生成含烷基较多的烯烃。这一经验规律叫作扎依采夫（Saytzeff）规则。

$$\underset{\substack{\text{CH}_3\text{CHCH}\text{—CHCH}_3 \\ \boxed{\text{H} \quad \text{Br}}}}{\overset{\text{CH}_3}{}} \xrightarrow[\triangle]{\text{KOH/C}_2\text{H}_5\text{OH}} \underset{}{\overset{\text{CH}_3}{\text{CH}_3\text{CHCH}\text{—CHCH}_3}}$$

$$\underset{\substack{\text{CH}_3\text{CH}\text{—CCH}_3 \\ \boxed{\text{H} \quad \text{Br}}}}{\overset{\text{CH}_3}{}} \xrightarrow[\triangle]{\text{KOH/C}_2\text{H}_5\text{OH}} \underset{}{\overset{\text{CH}_3}{\text{CH}_3\text{CH}\text{—CCH}_3}}$$

各级卤代烷发生消除反应的活性顺序为：

$$\text{叔卤烷} > \text{仲卤烷} > \text{伯卤烷}$$

实际上，卤代烷的消除与取代是同时进行的竞争反应。究竟哪一种反应占优势，取决于卤代烷的结构和反应条件，当卤代烷的结构相同时，在碱的水溶液中有利于取代，而在碱的醇溶液中则有利于消除；当反应条件相同时，伯卤烷容易发生取代，而叔卤烷则容易发生消除。

5.3.3 与金属反应

在绝对乙醚（无水、无醇的乙醚，又称无水乙醚或干醚）中，卤代烷与金属镁作用生成烷基卤化镁。烷基卤化镁又叫格利雅试剂，简称格氏试剂，可用通式 RMgX 表示。

$$\text{CH}_3\text{CH}_2\text{Br} + \text{Mg} \xrightarrow{\text{绝对乙醚}} \underset{\text{乙基溴化镁}}{\text{CH}_3\text{CH}_2\text{MgBr}}$$

卤代烷与金属镁的反应活性为：碘代烷＞溴代烷＞氯代烷。碘代烷价格昂贵，氯代烷活性较小，因此常用溴代烷来制取格氏试剂。

格氏试剂能发生多种化学反应，在有机合成中具有重要的用途。因其性质十分活泼，容易被空气中的水蒸气分解，所以必须保存在绝对乙醚中。一般是在使用时现制备，不需分离，直接用于合成反应。

格氏试剂可被水、醇、酸、氨等含活泼氢的物质分解，生成相应的烷烃。

$$\text{RMgX} \begin{cases} \xrightarrow{\text{H—OH}} \text{RH} + \text{Mg(OH)X} \\ \xrightarrow{\text{H—X}} \text{RH} + \text{MgX}_2 \\ \xrightarrow{\text{H—NH}_2} \text{RH} + \text{Mg(NH}_2)\text{X} \\ \xrightarrow{\text{H—OR}} \text{RH} + \text{Mg(OR)X} \end{cases}$$

上述反应是定量进行的，在有机分析中常用甲基碘化镁与含活泼氢的物质作用，通过测定生成甲烷的体积，计算出被测物质中所含活泼氢原子的数目。

鉴别案例：

（1）1-溴戊烯，4-溴戊烯以及 3-溴戊烯

$$\left.\begin{array}{l} \text{CH}_3\text{CH}_2\text{CH}_2\text{CH}\text{=CHBr} \\ \underset{\substack{| \\ \text{Br}}}{\text{CH}_3\text{CHCH}_2\text{CH}\text{=CH}_2} \\ \underset{\substack{| \\ \text{Br}}}{\text{CH}_3\text{CH}_2\text{CHCH}\text{=CH}_2} \end{array}\right\} \xrightarrow{\text{AgNO}_3/\text{乙醇}} \begin{cases} \text{不生成 AgBr}\downarrow \\ \text{加热，生成 AgBr}\downarrow \\ \text{立即生成 AgBr}\downarrow \end{cases}$$

(a)　(b)　(c)

（2）

$$\text{(a)} \atop \text{(b)} \atop \text{(c)}\ \Big|\ \xrightarrow{\text{AgNO}_3/\text{乙醇}}\ \begin{array}{l}\text{不生成 AgCl} \downarrow \\ \text{立即生成 AgCl} \downarrow \\ \text{加热，生成 AgCl} \downarrow\end{array}$$

5.4 卤代烷的制法和重要的卤代烃

5.4.1 卤代烷的制法

（1）烷烃的卤代 利用烷烃的卤代反应可以制取卤代烷。

$$CH_4 \xrightarrow[350\sim400℃]{Cl_2} CH_3Cl \xrightarrow[350\sim400℃]{Cl_2} CH_2Cl_2 \xrightarrow[350\sim400℃]{Cl_2} CHCl_3 \xrightarrow[350\sim400℃]{Cl_2} CCl_4$$

反应产物为混合物，可通过调整原料配比，使其中的一种氯代烷成为主要产物。这是工业上生产一氯甲烷、二氯甲烷、三氯甲烷和四氯化碳的方法。

（2）烯烃的加成 工业上以烯烃为原料，与卤化氢或卤素发生加成反应，制取一卤代烷或多卤代烷。例如：

$$CH_2{=}CH_2 + HCl \xrightarrow[0.3\sim0.4\text{MPa}]{AlCl_3,\ 30\sim40℃} CH_3CH_2Cl$$
氯乙烷

$$CH_2{=}CH_2 + Cl_2 \xrightarrow[40℃]{FeCl_2} \underset{\underset{\text{Cl}}{|}}{CH_2}{-}\underset{\underset{\text{Cl}}{|}}{CH_2}$$
1,2-二氯乙烷

（3）由醇合成 工业上和实验室中常用醇与氢卤酸反应制取卤代烷。例如：

$$CH_3CH_2{-}\overline{|OH + H|}{-}Br \rightleftharpoons CH_3CH_2Br + H_2O$$
乙醇 　　　　　　　　溴乙烷

这是一个可逆反应，为了使反应向正向进行，以提高卤代烷的产率，通常用干燥的卤化氢与过量的无水乙醇反应，并加入脱水剂除去反应过程中生成的水。例如实验室中制取溴乙烷时，常用溴化钠和浓硫酸的混合物与乙醇共热。溴化钠与浓硫酸作用生成溴化氢，然后与醇反应，过剩的浓硫酸作脱水剂。

此外，醇还能与卤化磷（PX_3、PX_5）或亚硫酰氯（$SOCl_2$）反应制取卤代烷。例如：

$$\underset{\underset{\text{CH}_3}{|}}{CH_3CHCH_2OH} + SOCl_2 \xrightarrow[\text{加热回流}]{\text{吡啶}} \underset{\underset{\text{CH}_3}{|}}{CH_3CHCH_2Cl} + SO_2\uparrow + HCl\uparrow$$

醇与亚硫酰氯的反应只适用于制取氯代烷，该反应的特点是产率高且副产物都是气体，容易提纯。

合成案例：

（1）由碘丙烷制备 2-溴丙烯

$$CH_3CH_2CH_2I \xrightarrow[\triangle]{\text{KOH-醇}} CH_3CH{=}CH_2 \xrightarrow{Br_2} CH_3CHBrCH_2Br \xrightarrow[-2HBr]{\text{KOH-醇}}$$

$$CH_3C{\equiv}CH \xrightarrow{HBr} \underset{\underset{\text{Br}}{|}}{CH_3{-}C}{=}CH_2 \quad (\text{2-溴丙烯})$$

（2）苯制备1-氯-1-苯乙烷、对氯甲基异丙苯

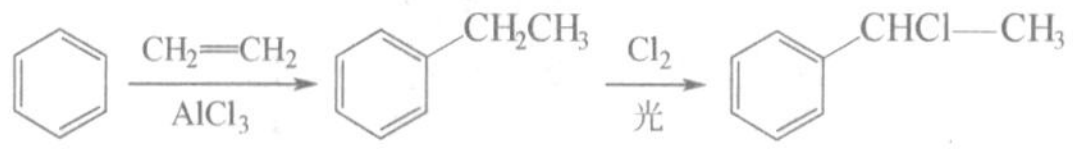

1-氯-1-苯乙烷

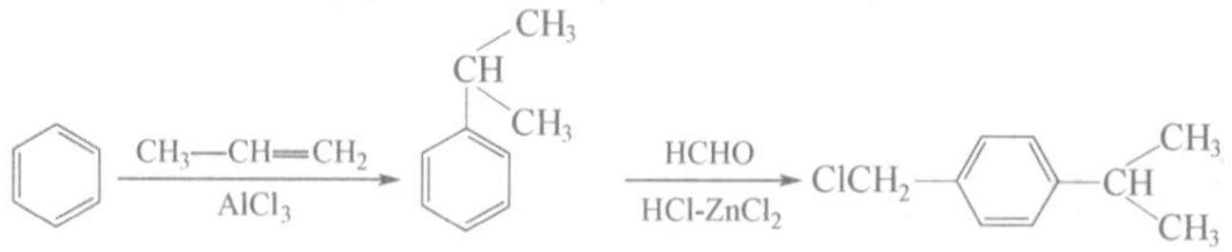

对氯甲基异丙苯

5.4.2 重要的卤代烃

（1）三氯甲烷（$CHCl_3$） 三氯甲烷俗称氯仿，是一种无色有甜味的透明液体，沸点为61.2℃，不溶于水，可溶于乙醇、乙醚、苯及石油醚等有机溶剂。工业上通过甲烷氯代或四氯化碳还原制取三氯甲烷。

$$CCl_4 + H_2 \xrightarrow{Fe} CHCl_3 + HCl$$

氯仿是优良的有机溶剂，能溶解油脂、蜡、有机玻璃和橡胶等。氯仿还具有麻醉性，在医学上曾被用作全身麻醉剂，因其对肝脏有严重伤害，并有致癌作用，现已很少使用。

氯仿在光照下容易被氧化成光气：

$$2CHCl_3 + O_2 \xrightarrow{\text{日光}} 2\,\underset{\text{光气}}{Cl_2C{=}O} + 2HCl$$

光气毒性很大，吸入肺中会引起肺水肿。若每升空气中含有0.5mg光气，人吸入10min后即可致死。所以氯仿应保存在密封的棕色瓶中。若加入1%的乙醇，可以增加其稳定性。

（2）四氯化碳（CCl_4） 四氯化碳是无色液体，沸点为76.8℃，不溶于水，可溶于乙醇和乙醚。工业上由甲烷氯代或由二硫化碳与氯在催化剂存在下制取四氯化碳。

四氯化碳不能燃烧，其蒸气比空气重，能隔绝燃烧物与空气的接触，所以常用作灭火剂，但在高温下遇水能产生剧毒的光气：

$$CCl_4 + H_2O \xrightarrow{500℃} COCl_2 + 2HCl$$

所以用四氯化碳灭火时，要注意空气流通，以防止中毒。现在世界上许多国家已禁止使用这种灭火剂。

（3）氯乙烯（CH_2═CHCl） 氯乙烯为无色气体，沸点为−13.8℃，不溶水，易溶于乙醇及丙酮等有机溶剂。氯乙烯容易燃烧，与空气形成爆炸性混合物，空气中允许的最高浓度为50μg/g。长期接触高浓度氯乙烯可引起许多疾病，并可致癌。氯乙烯主要用于生产聚氯乙烯，也可用作冷冻剂。

工业上可用乙烯、乙炔为原料生产氯乙烯。

乙炔与氯化氢在氯化汞催化下发生加成反应制得氯乙烯：

动画扫一扫

5.3 氯乙烯

$$HC{\equiv}CH + HCl \xrightarrow{HgCl_2,\text{活性炭}} CH_2{=}CHCl$$

此法历史悠久，流程简单，转化率高，但成本也高，而且汞催化剂有毒。

目前工业上生产氯乙烯主要采用以乙烯为原料的氧氯化法。乙烯与氧气、氯化氢在氯化铜催化下反应，先生成 1,2-二氯乙烷，再热解得到氯乙烯：

$$CH_2\!=\!CH_2 + HCl + O_2 \xrightarrow[0.34\sim0.59MPa]{CuCl_2,215\sim300℃} \underset{\underset{Cl}{|}\ \underset{Cl}{|}}{CH_2\text{—}CH_2} \xrightarrow[1.47\sim3.92MPa]{470\sim650℃} CH_2\!=\!CHCl + HCl$$

热解反应中生成的氯化氢可循环使用。

（4）四氟乙烯（$F_2C\!=\!CF_2$）　四氟乙烯为无色气体，沸点为 $-76.3℃$，不溶于水，可溶于有机溶剂，主要用于合成聚四氟乙烯。聚四氟乙烯是一种用途广泛、性能优良的塑料，俗称塑料王。

四氟乙烯在工业上由氯仿与干燥氟化氢在五氯化锑催化下先生成二氟一氯甲烷，再经高温裂解制得：

$$CHCl_3 + 2HF \xrightarrow{SbCl_5} \underset{\text{二氟一氯甲烷}}{CHClF_2} + 2HCl$$

$$2CHClF_2 \xrightarrow{600\sim800℃} \underset{\text{四氟乙烯}}{CF_2\!=\!CF_2} + 2HCl$$

（5）氯苯（  ）　氯苯为无色液体，沸点为 $132℃$，不溶于水，可溶于乙醇、乙醚及氯仿等有机溶剂，有毒，空气中的允许量为 $75\mu g/g$，易燃烧，在空气中的爆炸极限为 $1.3\%\sim7.1\%$（体积分数）。

5.4 氯苯

氯苯可由苯在铁粉存在下直接氯代制取，也可用苯的蒸气、氯化氢与空气在氯化亚铜催化作用下制得：

$$\text{⬡} + HCl + \tfrac{1}{2}O_2 \xrightarrow{Cu_2Cl_2,\ FeCl_3} \text{⬡}\!-\!Cl + H_2O$$

氯苯是重要的化工原料，主要用于制备苯酚、苯胺、硝基氯苯、苦味酸、DDT 等，也可用作涂料溶剂。

（6）苯甲基氯（ ⬡—CH_2Cl ）　苯甲基氯又称苄基氯，为无色油状液体，沸点为 $179℃$，具有强烈刺激性气味，能刺激皮肤和呼吸道黏膜，其蒸气有催泪作用，不溶于水，易溶于乙醇、乙醚、氯仿等有机溶剂，毒性较大，空气中允许量为 $1\mu g/g$，爆炸极限为 $1.1\%\sim14\%$（体积分数）。

工业上，苯甲基氯是在光照下，将氯气通入沸腾的甲苯中制得：

$$\text{⬡}\!-\!CH_3 + Cl_2 \xrightarrow{沸腾} \text{⬡}\!-\!CH_2Cl + HCl$$

苄基氯是重要的化工原料，可用于生产染料、香料、药物及合成树脂等，也可用作溶剂、萃取剂、灭火剂和干洗剂。

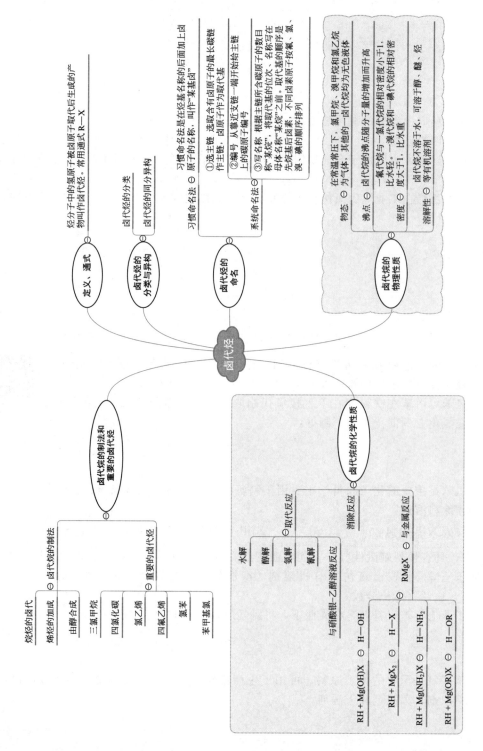

化学名人

戴立信，1924 年 11 月出生于北京，有机化学家，中国科学院院士，中国科学院上海有机化学研究所研究员。早年从事金霉素的提炼和合成研究。20 世纪 60 年代进行有机硼化学和一些国防科研项目研究。80 年代以后研究有机合成、金属有机化学，特别侧重于金属有机化学的不对称合成等。是我国著名的有机化学家，早年毕业于浙江大学，长期在中科院上海有机化学所从事研究工作，结合国家需要，在金霉素研究、有机硼化学和不对称合成等多个领域取得了优秀的成果。获得何梁何利科技进步奖、国家自然科学二等奖等多项殊荣。将全部心血倾注于我国科研事业，为科教兴国做出了杰出的贡献。

 习题

一、命名题

1. $CH_2ClCH_2CH_2CH_2Cl$

2. $CH_2{=}C(Cl)CHCH{=}CHCH_2Br$ （Cl 在第二碳上，CH_3 支链）

3. （结构式：戊烯，Cl 取代）

4. $CH_3CHBrCHCHCH_3$ （支链 CH_3、CH_2CH_3）

5. $Br—\!\!\!\!\!\!\!\!\!\bigcirc\!\!\!\!\!\!\!\!\!—Cl$

6. （环己烯 $—Cl$）

7. $\bigcirc—CH_2Br$

8. $H_3CC{\equiv}C(CH_3)CHCH_2Cl$

9. （环戊烷 $—Br$）

10. $Cl_2C{=}CH_2$

二、选择题

1. 在光照条件下，将 1mol CH_4 与 1mol Cl_2 混合充分反应后，得到的产物是（   ）。

A. CH_3Cl、HCl

B. CCl_4、HCl

C. CH_3Cl、CH_2Cl_2

D. CH_3Cl、CH_2Cl_2、$CHCl_3$、CCl_4、HCl

2. 以 2-溴丙烷为原料制取 1,2-丙二醇，需要经过的反应是（   ）。

A. 加成—消去—取代

B. 取代—消去—加成

C. 消去—取代—加成

D. 消去—加成—取代

3. 有机物 $CH_3—CH{=}CH—Cl$ 不能发生的反应有（   ）。

① 取代反应；②加成反应；③消去反应；④使溴水褪色；⑤使 $KMnO_4$ 酸性溶液褪色；⑥与 $AgNO_3$ 溶液生成白色沉淀；⑦聚合反应。

A. ①②③④⑤⑥⑦   B. ⑦   C. ⑥   D. ②

4. 组成为 $C_3H_2Cl_6$ 的卤代烃，可能存在的同分异构体有（   ）。

A. 3 种   B. 4 种   C. 5 种   D. 6 种

5. 1-溴丙烷（$CH_2—CH_2CH_3$，Br 在第一碳上）和 2-溴丙烷（$CH_3—CH—CH_3$，Br 在第二碳上）分别与 NaOH 的乙醇溶液共热的反应中，两反应（   ）。

A. 产物相同，反应类型相同

B. 产物不同，反应类型不同

C. 碳氢键断裂的位置相同

D. 碳溴键断裂的位置相同

6. 进行一氯取代反应后，只能生成三种沸点不同的产物的是（   ）。

A.
$$CH_3-CH-CH_2-CH_2-CH_3$$
  (with CH_3 below)

B.
$$CH_3-CH_2-CH-CH_3$$
  (with CH_2 and CH_3 below)

C.
$$CH_3-CH-CH-CH_3$$
  (with CH_3 and CH_3 below)

D.
$$CH_3-C-CH_2-CH_3$$
  (with CH_3 above and CH_3 below)

7. 下列化合物中，既能发生消去反应，又能发生水解反应的是（　　）。

A. 一氯甲烷　　　　B. 氯乙烷　　　　C. 乙醇　　　　D. 乙酸乙酯

8. 下列有关除杂质（括号中为杂质）的操作中，肯定错误的是（　　）。

A. 乙烷（乙烯）：通过盛有足量溴水的洗气瓶

B. 溴乙烷（乙醇）：多次加水振荡，分液，弃水层

C. 苯（甲苯）：加酸性高锰酸钾溶液，振荡，分液除去

D. 溴苯（溴）：加稀氢氧化钠溶液充分振荡洗涤后分液

三、完成反应方程式

1. $Cl-\bigodot-CHClCH_3 + H_2O \xrightarrow{NaHCO_3}$

2. $HO-CH_2CH_2CH_2Cl + HBr \longrightarrow$

3. $HOCH_2CH_2Cl + KI \xrightarrow{丙酮}$

4. $\bigcirc + NBS \xrightarrow{CCl_4}$

5. $\bigodot\!\!-\!CH_3 \quad + \quad \overset{O}{HCH} \quad + \quad HCl \xrightarrow{ZnCl_2}$

6. $CH_3CH=CH_2 + Cl_2 \xrightarrow{500℃} \xrightarrow{Cl_2 + H_2O}$

7. $\bigcirc + Cl_2 \xrightarrow[2mol]{(C_2H_5OH)\ KOH}$

8. $ClCH=CHCH_2Cl + CH_3COONa \xrightarrow{CH_3COOH}$

9.
$\bigodot\!\!-\!CH_2Cl \quad + \quad$
 NaCN →
 NH₃ →   ($NH_3 \longrightarrow$)
 C₂H₅ONa →   ($C_2H_5ONa \longrightarrow$)
 NaI/CH₃COCH₃ →   ($NaI/CH_3COCH_3 \longrightarrow$)
 H₂O,OH⁻ →   ($H_2O,OH^- \longrightarrow$)

四、简答题

1. 用化学方法区别下列化合物：

（1）$CH_3CH=CHCl$，$CH_2=CHCH_2Cl$，$CH_3CH_2CH_2Cl$

（2）苄氯、氯苯和氯代环己烷

（3）1-氯戊烷、2-溴丁烷和1-碘丙烷

（4）
$\bigodot\!\!-\!Cl$ 　、　 $\bigodot\!\!-\!CH_2Cl$ 　、　 $\bigodot\!\!-\!CH_2CH_2Cl$

　氯苯　　　　苄氯　　　　1-苯基-2-氯乙烷

2. 已知：$R-CH=CH_2 + HX \longrightarrow RCHXCH_2H$

A、B、C、D、E 有下列转化关系：

其中 A、B 分别是化学式 C_3H_7Cl 的两种同分异构体。

根据上图中各物质的转化关系，填写下列空格：

(1) A、B、C、D、E 的结构简式为：

A：_____。B：_____。C：_____。D：_____。E：_____。

(2) 完成下列反应的化学方程式：

① A→E：_____。

② B→D：_____。

③ C→E：_____。

3. 某烃 C_3H_6 （A）在低温时与氯作用生成 $C_3H_6Cl_2$ （B），在高温时则生成 C_3H_5Cl （C）。使 C 与碘化乙基镁作用得 C_5H_{10} （D），后者与 NBS 作用生成 C_5H_9Br （E）。使 E 与氢氧化钾的乙醇溶液共热，主要生成 C_5H_8 （F），后者又可与丁烯二酸酐发生双烯合成得 G，写出各步反应式，以及 A～G 的构造式。

五、合成题

1. $CH_3\overset{\overset{\displaystyle Br}{|}}{C}HCH_3 \longrightarrow CH_3CH_2CH_2Br$

2. $CH_3\overset{\overset{\displaystyle Cl}{|}}{C}HCH_3 \longrightarrow CH_3CH_2CH_2Cl$

3. $CH_3\overset{\overset{\displaystyle Br}{|}}{C}HCH_3 \longrightarrow \underset{\underset{\displaystyle Cl\;\;\;Cl\;\;\;Cl}{|\;\;\;\;\;|\;\;\;\;\;|}}{CH_2CHCH_2}$

4. $CH_3CH=CH_2 \longrightarrow \underset{\underset{\displaystyle OH\;\;OHOH}{|\;\;\;\;\;|\;\;\;\;|}}{CH_2CHCH_2}$

6 醇、酚、醚

Chapter 06

📖 **学习指南**

1. 了解醇、酚、醚的分类及其物理性质;
2. 掌握醇、酚、醚的命名方法、化学性质及在合成中的应用;
3. 熟悉官能团的特征反应,掌握醇、酚、醚的鉴别方法。

醇、酚、醚都是烃的含氧衍生物,它们均可看作是水分子中的氢原子被烃基取代的产物。水分子中的氢原子被脂肪烃基取代的叫作醇,其通式为 R—OH;被芳烃基取代的叫作酚,其通式为 Ar—OH;两个氢原子被烃基取代的叫作醚,其通式为 R—O—R(R′)。

6.1 醇

醇是分子中含有羟基官能团的一类有机化合物,醇也可看作是烃分子中的氢原子被羟基取代后的生成物,常用通式 R—OH 表示。在醇分子中,C—O 键和 O—H 键都是极性较强的共价键,因此醇的化学活泼性较大。

在醇分子中:O—H 键是 O 原子以一个 sp^3 杂化轨道与 H 原子的 1s 轨道互相重叠结合。C—O 键是 O 原子以一个 sp^3 杂化轨道与 C 原子的 sp^3 轨道互相重叠结合。此外,O 原子还有两对未共享的电子对分别占据其他两个 sp^3 杂化轨道。甲醇分子结构见图 6-1。

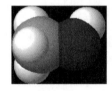

6.1 乙醇

图 6-1 甲醇分子结构

6.1.1 醇的分类及同分异构

根据醇分子中烃基的结构不同可将其分为脂肪醇(饱和脂肪醇和不饱和脂肪醇)、脂环醇(饱和脂环醇和不饱和脂环醇)和芳香醇等。

$CH_3—CH_2—OH$ $H_2C=CH—CH_2—OH$ ⬡—OH   ⬡—OH   ⬡—CH_2OH

饱和脂肪醇   不饱和脂肪醇   饱和脂环醇   不饱和脂环醇   芳香醇

根据醇分子中羟基数目的多少可分为一元醇、二元醇和多元醇。

一元醇   二元醇   多元醇

根据醇分子中的羟基所连的碳原子的类型分为伯醇、仲醇和叔醇。

$$CH_3-CH_2-CH_2-CH_2-OH \qquad CH_3-CH_2-\overset{\overset{\displaystyle OH}{|}}{C}H-CH_3 \qquad CH_3-\overset{\overset{\displaystyle OH}{|}}{\underset{\underset{\displaystyle CH_3}{|}}{C}}-CH_3$$

正丁醇（伯醇） 仲丁醇（仲醇） 叔丁醇（叔醇）

碳原子数相同的醇，可因碳链构造和羟基位置不同而产生异构体。分子中含有四个碳原子的饱和一元醇，具有下列四种异构体：

$$CH_3CH_2CH_2CH_2OH \qquad CH_3\underset{\underset{\displaystyle OH}{|}}{C}HCH_2CH_3 \qquad CH_3\underset{\underset{\displaystyle CH_3}{|}}{C}HCH_2OH \qquad CH_3\overset{\overset{\displaystyle CH_3}{|}}{\underset{\underset{\displaystyle OH}{|}}{C}}CH_3$$

（1） （2） （3） （4）

其中：（1）和（2）、（3）和（4）为官能团羟基位置异构；（1）和（3）、（2）和（4）为碳链异构。

6.1.2 醇的命名

（1）普通命名法　普通命名法是根据相应烃基的名称命名，即在烃基名称后面加上"醇"字。普通命名法仅适用于结构简单的醇。

$$CH_3-OH \qquad CH_3-CH_2-OH \qquad CH_3-CH_2-CH_2-OH \qquad CH_3-\underset{\underset{\displaystyle OH}{|}}{C}H-CH_3$$

甲（基）醇 乙（基）醇 正丙（基）醇 异丙（基）醇

（2）系统命名法

① 选主链　选取含有羟基的最长碳链作为主链，支链作为取代基；对不饱和醇，主链应包括不饱和键，编号时从靠近羟基一端开始。

② 编号　从靠近羟基的一端将主链碳原子的位次编号。

③ 写名称　根据主链所含碳原子的数目称为"某醇"，将取代基的位次、名称和羟基的位次依次写在醇名之前。

命名时要将表示主链碳原子数量的数字放在"烯""炔"的前面，并标出不饱和键的位置，若有顺反异构，要标出其构型；对多元醇，编号时应使羟基的位次之和保持较小。

2-丁醇 4-甲基-1-戊醇 E-4-己烯-2-醇 2-苯基乙醇

3-甲基-1,3-丁二醇 2-环己烯-1-醇 苯甲醇(苄醇) 3-丁炔-1-醇

不饱和醇的命名，应选取既含羟基又含不饱和键的最长碳链作主链，编号时应使羟基位次最小。

$$CH_2=CH-\underset{\underset{\displaystyle OH}{|}}{C}H-\overset{\overset{\displaystyle CH_3}{|}}{C}HCH_3$$

3-甲基-4-戊烯-2-醇

6.1.3 醇的物理性质

（1）**物态** 常温常压下，$C_1 \sim C_4$ 的醇是无色透明带有酒味的液体；$C_5 \sim C_{11}$ 的醇是具有令人不愉快气味的无色油状液体；C_{12} 以上的醇为无色蜡状固体；二元醇、三元醇等多元醇是具有甜味的无色液体或固体。

（2）**沸点** 低级醇的沸点比分子量相近的烃高得多。在醇的同分异构体中，直链醇的沸点比支链醇高，支链越多，沸点越低。分子量相近的高级醇和高级烷烃的沸点也相近。低级醇沸点较高是醇分子间形成氢键的缘故。液态醇分子间可以氢键相互缔合，氢键的键能约为 $21 \sim 30 \text{kJ/mol}$，当将醇加热使其由液态变为蒸气时，就必须供给其较多的能量破坏范德华力和氢键，因此低级醇的沸点较高。与羟基直接相连的烃基对氢键的形成具有空间阻碍作用，烃基越大，阻碍作用越大。因此随着分子量的增加，醇分子间形成氢键的难度加大，沸点也越来越与相应的烷烃接近。二元醇和多元醇，因其分子间能形成更多的氢键，故其沸点更高。一些醇的物理常数见表 6-1。

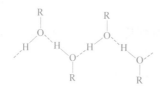

（式中虚线代表氢键）

6.2 醇分子间氢键的形成

表 6-1 一些醇的物理常数

名称	熔点/℃	沸点/℃	相对密度(ρ)	折射率(20℃)	溶解度/(g/100g 水)
甲醇	-93.9	65	0.7914	1.3288	∞
乙醇	-117.3	78.4	0.7893	1.3611	∞
正丙醇	-126.5	97.4	0.8035	1.3850	∞
异丙醇	-89.5	82.4	0.7855	1.3776	∞
正丁醇	-89.0	117.7	0.8098	1.3993	7.9
异丁醇	-108	108.9	0.8018	1.3968	9.5
仲丁醇	114.7	99.5	0.8063	1.3978	12.5
叔丁醇	25.5	82.3	0.7887	1.3878	∞
正戊醇	-79	137.3	0.8144	1.4101	2.7
正己醇	-46.7	158	0.8136	1.4162	0.59
烯丙醇	-129	97	0.8540	1.4135	∞
乙二醇	-11.5	198	1.1088	1.4318	∞
丙三醇	20	290(分解)	1.2613	1.4746	∞
苯甲醇	-15.3	205.3	1.0419	1.5396	4

（3）**水溶性** 由于醇可与水形成氢键，因此低级醇（甲醇、乙醇和丙醇，$C_1 \sim C_3$ 的醇）可与水混溶，但随醇分子中碳原子数的增多，其水溶性降低。随着醇分子中烃基的增大，空间阻碍作用加大，难与水形成氢键，醇在水中的溶解度也逐渐减小，直到不溶，C_9 以上的醇实际上已不溶于水。多元醇的水溶性较大，这是因为多元醇可与水形成更多的氢键。乙二醇、丙三醇等具有强烈的吸水性，常用作吸湿剂和助溶剂。

（4）**相对密度** 饱和一元醇的相对密度小于 1，比水轻。芳香醇和多元醇的相对密度大于 1，比水重。

（5）**生成结晶醇** 低级醇能与某些无机盐类生成结晶醇，例如 $MgCl_2 \cdot 6CH_3OH$、$CaCl_2 \cdot 4C_2H_5OH$ 等等。这些结晶醇可溶于水，但不溶于有机

6.3 醇与水分子氢键的形成

溶剂。这一性质，可使醇与其他化合物分离，或从反应产物中除去少量醇类杂质。无水 $CaCl_2$ 不能用作干燥剂来除去醇中的水。

6.1.4　醇的化学性质

醇的化学反应主要发生在官能团羟基以及受羟基影响而比较活泼的 α-氢原子和 β-氢原子上：

$$R-\underset{\underset{③\ H}{|}}{\overset{\overset{\beta}{|}}{C}}-\underset{\underset{H}{|}}{\overset{\overset{\alpha②}{|}}{C}}+O+\overset{①}{H}$$

① O—H 键断裂，氢原子被取代；
② C—O 键断裂，羟基被取代；
③ α-（或 β-）C—H 键断裂，形成不饱和键。

6.1.4.1　与碱金属的反应

醇羟基中，由于氢与氧相连，氧的电负性大于氢，O—H 键有较大极性，氢可以解离，表现出一定的酸性。醇可以与活泼金属反应。醇与金属钠反应可以放出氢气，得到醇钠。

$$2R-CH_2-O-H+2Na \longrightarrow 2R-CH_2-ONa+H_2$$

乙醇与钠反应生成乙醇钠，生成的乙醇钠可溶解在过量的乙醇中，若反应在无水乙醚中进行，则可得到固体乙醇钠。

醇与金属钠反应比水的慢，这说明醇的酸性比水弱。因此，醇钠遇水则发生水解重新得到醇，利用这个反应可以除去醇中的水。常用这个方法来制备少量无水乙醇。

$$2CH_3-CH_2-OH+2Na \longrightarrow 2CH_3-CH_2ONa+H_2$$
$$CH_3-CH_2-ONa+H_2O \longrightarrow CH_3-CH_2-OH+NaOH$$

醇与钠反应随醇中烃基 α-碳原子上烷基的增多速率变慢。因为烃基的 α-碳原子上烷基越多，其斥电子的诱导效应越强，O—H 键的极性越弱，氢原子活泼性就越小。故各种醇与金属钠的反应活性顺序为：甲醇＞伯醇＞仲醇＞叔醇。

6.1.4.2　与无机酸的反应

（1）与氢卤酸反应　醇与浓氢卤酸反应，分子中的—OH 被—X 取代，生成卤代烃和水：

$$R + OH + H + X \rightleftharpoons RX+H_2O$$

这是一个可逆反应，可通过增加反应物之一的用量或移去一种生成物的方法，使平衡向右移动，提高卤代烃的产率。用正丁醇与过量的氢溴酸（$NaBr+H_2SO_4$）反应制取 1-溴丁烷：

$$CH_3CH_2CH_2CH_2OH \xrightarrow[回流]{NaBr+H_2SO_4（浓）} CH_3CH_2CH_2CH_2Br$$

醇与氢卤酸的反应活性与氢卤酸的类型和醇的结构有关。不同类型的氢卤酸其反应活性为：HI＞HBr＞HCl（HF 通常不能发生此反应）。不同结构的醇其反应活性为：烯丙醇（$CH_2 \!=\! CHCH_2OH$）、苄醇＞叔醇＞仲醇＞伯醇。用无水氯化锌的浓盐酸（1：1）溶液［又叫卢卡斯（Lucas）试剂］与伯、仲、叔三级醇反应：

$$CH_3\underset{\underset{CH_3}{|}}{\overset{\overset{CH_3}{|}}{C}}-OH \xrightarrow[室温，1min]{HCl-ZnCl_2（无水）} CH_3\underset{\underset{CH_3}{|}}{\overset{\overset{CH_3}{|}}{C}}-Cl + H_2O$$

$$CH_3CHCH_2CH_3 \xrightarrow[\text{室温，10min}]{HCl\text{-}ZnCl_2\text{（无水）}} CH_3CHCH_2CH_3 + H_2O$$

（下方标注）OH ... Cl

$$CH_3CH_2CH_2CH_2OH \xrightarrow[\text{室温，1h}]{HCl\text{-}ZnCl_2\text{（无水）}} \text{不反应} \xrightarrow{\triangle} CH_3CH_2CH_2CH_2Cl + H_2O$$

卢卡斯试剂可以用于鉴别六碳以下的伯、仲、叔醇。六碳以下的伯、仲、叔醇，可以溶于卢卡斯试剂，生成的氯代烃不溶解，显出混浊，不同结构的醇的反应速率不一样，根据生成混浊的时间不同，可以推测反应物为哪一种醇。

正丁醇、仲丁醇与叔丁醇的鉴别：

叔丁醇
仲丁醇 } 卢卡斯试剂 → 立刻混浊
正丁醇 → 过1～2min混浊
→ 加热混浊

烯丙型醇和叔醇反应很快，室温立刻反应，出现混浊，由于生成的卤代烷不溶于水，溶液立即变混浊并分层；仲丁醇反应较慢，需加热或振荡 10min 左右才出现混浊并分层；正丁醇室温下不反应，加热长时间可能反应。

（2）与硫酸反应　醇与硫酸作用，C—O 键断裂，生成酸性和中性酯。甲醇与浓硫酸反应，生成硫酸氢甲酯（酸性硫酸酯）：

$$CH_3 + OH + H + OSO_3H \rightleftharpoons CH_3OSO_3H + H_2O$$

硫酸氢甲酯

硫酸氢甲酯在减压下蒸馏，生成硫酸二甲酯（中性硫酸酯）：

$$2CH_3OSO_3H \xrightarrow{\text{减压蒸馏}} (CH_3O)_2SO_2 + H_2SO_4$$

硫酸二甲酯

硫酸二甲酯为无色油状液体，是良好的甲基化试剂。但其蒸气有剧毒，对呼吸器官和皮肤有严重的刺激性，使用时应格外小心。

工业上以十二醇（月桂醇）为原料，与硫酸发生酯化后，再加碱中和，制取十二烷基硫酸钠：

$$C_{12}H_{25}OH + H_2SO_4 \xrightarrow{45\sim55℃} C_{12}H_{25}OSO_3H + H_2O$$

$$C_{12}H_{25}OSO_3H + NaOH \longrightarrow C_{12}H_{25}OSO_3Na + H_2O$$

十二烷基硫酸钠

十二烷基硫酸钠又称月桂醇硫酸钠，为白色晶体，是一种阴离子型表面活性剂，可用作润湿剂、洗涤剂和牙膏发泡剂等。

（3）与硝酸、亚硝酸反应　醇也可与硝酸作用生成硝酸酯。

$$\begin{array}{l} CH_2OH \\ | \\ CHOH \\ | \\ CH_2OH \end{array} + 3HONO_2 \longrightarrow \begin{array}{l} CH_2ONO_2 \\ | \\ CHONO_2 \\ | \\ CH_2ONO_2 \end{array} \quad \text{三硝酸甘油酯}$$

三硝酸甘油酯俗称硝化甘油，是无色或淡黄色黏稠液体，受热或撞击时立即发生爆炸，是一种烈性炸药。由于其具有扩张冠状动脉的作用，在医学上用作治疗心绞痛的急救药物。

$$CH_3CHCH_2CH_2OH + HONO \longrightarrow CH_3CHCH_2CH_2ONO + H_2O$$

（下标）CH_3 ... CH_3

亚硝酸异戊酯

（4）与有机酸反应　醇与有机酸作用生成有机酸酯（羟酸酯）。

$$CH_3-\overset{O}{\overset{\|}{C}}-OH + HOC_2H_5 \underset{}{\overset{H^+}{\rightleftharpoons}} CH_3-\overset{O}{\overset{\|}{C}}-OC_2H_5 + H_2O$$

6.1.4.3 脱水反应

醇在强酸作用下可发生脱水反应，根据反应条件的不同，有两种脱水方式：

（1）分子内脱水　醇在较高温度（400～800℃）下可脱水生成烯烃，如果用浓硫酸或三氯化铝作催化剂，则脱水反应可以在较低的温度下进行。

$$CH_3CH_2OH \xrightarrow[\text{或} Al_2O_3，360℃]{\text{浓} H_2SO_4，170℃} H_2C=CH_2$$

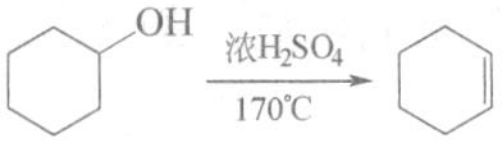

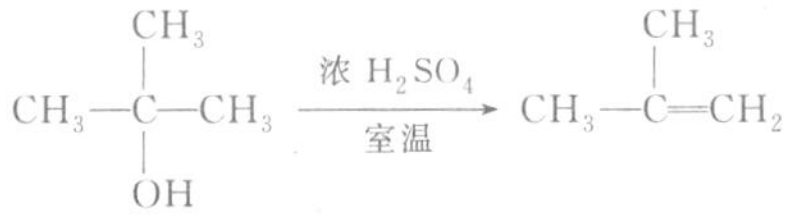

$$\underset{}{\bigcirc}OH \xrightarrow[170℃]{\text{浓}H_2SO_4} \bigcirc$$

$$CH_3-\underset{\underset{OH}{|}}{\overset{\overset{CH_3}{|}}{C}}-CH_3 \xrightarrow[\text{室温}]{\text{浓}H_2SO_4} CH_3-\underset{}{\overset{\overset{CH_3}{|}}{C}}=CH_2$$

伯醇与浓硫酸共热到170℃左右才能发生脱水反应生成烯烃，而仲醇和叔醇与稀硫酸共热即可发生脱水反应，其脱水反应的活性次序为：叔醇＞仲醇＞伯醇。

醇在发生分子内脱水反应时，与卤代烷脱卤化氢相似，遵循扎依采夫（Saytzeff）规则，即脱去羟基和与它相邻的含氢较少碳原子上的氢原子，而生成含烷基较多的烯烃。

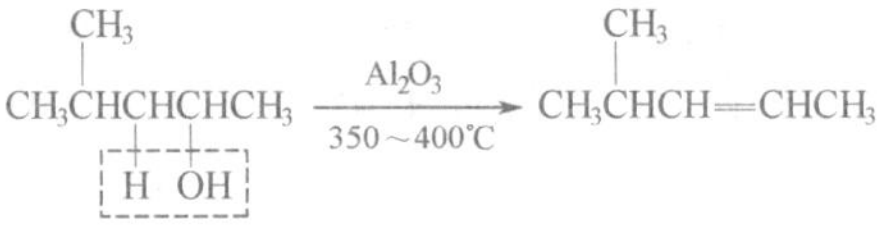

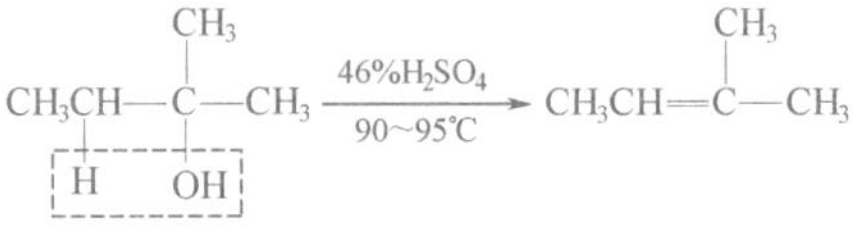

$$CH_3CHCHCHCH_3 \xrightarrow[350\sim400℃]{Al_2O_3} CH_3CHCH=CHCH_3$$

$$CH_3CH-\underset{\underset{\underline{H\ OH}}{|}}{\overset{\overset{CH_3}{|}}{C}}-CH_3 \xrightarrow[90\sim95℃]{46\%H_2SO_4} CH_3CH=\overset{\overset{CH_3}{|}}{C}-CH_3$$

（2）分子间脱水　同分子内脱水相近的条件，在较低温度条件下，两分子醇可发生分子间脱水得到醚。

$$H_3C-CH_2-OH+HO-CH_2-CH_3 \xrightarrow[\text{或} Al_2O_3，260℃]{\text{浓} H_2SO_4，140℃} H_3C-CH_2-O-CH_2-CH_3$$

6.1.4.4 氧化反应

伯醇、仲醇 α-碳原子上有氢，在适当的催化剂作用下，可以被氧化成醛、酮或酸。叔醇的 α-碳原子上没有氢，难于被氧化，酸性条件下，易于脱水成烯，然后再被氧化断键，生成小分子化合物。常用氧化剂有高锰酸钾、铬酸或重铬酸盐、三氧化铬等。

（1）重铬酸钾氧化　伯醇先被氧化成醛，醛很容易继续氧化生成羧酸。由于醛的沸点比醇低，反应中可以蒸出醛，从而防止其被氧化成酸。此反应可以用于制备低沸点的醛。仲醇则被氧化成酮，叔醇则不被氧化。

$$\underset{\text{伯醇}}{RCH_2OH} \xrightarrow{K_2Cr_2O_7/H^+} RCHO \xrightarrow{K_2Cr_2O_7/H^+} RCOOH$$

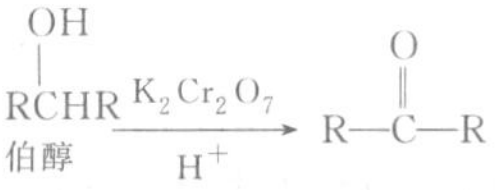

$$\underset{\text{伯醇}}{\overset{\overset{OH}{|}}{RCHR}} \xrightarrow[H^+]{K_2Cr_2O_7} R-\overset{\overset{O}{\|}}{C}-R$$

用重铬酸钾作氧化剂时，酸性重铬酸钾溶液为橙红色，反应后生成的 Cr^{3+} 是绿色，因此，可用来鉴别叔醇与伯醇或仲醇。

$$
\begin{array}{l}
RCH_2OH \\
R_2CHOH \\
R_3COH
\end{array}\Bigg\}\xrightarrow[\text{(橙红色)}]{K_2Cr_2O_7}
\begin{array}{l}
RCHO\xrightarrow{[O]} RCOOH + Cr^{3+}\ \text{(绿色)} \\
R_2C{=}O + Cr^{3+}\ \text{(绿色)} \\
(-)\ \text{颜色不变}
\end{array}
$$

（2）高锰酸钾氧化　在加热（或酸性）条件下高锰酸钾可氧化伯醇得到羧酸，氧化仲醇得到酮。叔醇先脱水成烯，烯再被氧化成羧酸、酮、二氧化碳与水等。

$$R{-}CH_2{-}OH + KMnO_4 \xrightarrow[\triangle]{H_2O/OH^-} R{-}COOK \xrightarrow{H^+} RCOOH$$

$$
\begin{array}{c}
R^2 \\
\ \ \diagdown \\
\ \ \ CH{-}OH \\
\diagup \\
R^1
\end{array}
+ KMnO_4 \xrightarrow[\text{或 }H^+]{H_2O/OH^-,\ \triangle}
\begin{array}{c}
R^2 \\
\diagup \\
C{=}O \\
\ \ \diagdown \\
\ \ R^1
\end{array}
$$

$$
\begin{array}{c}
CH_3 \\
\ \ | \\
H_3C\!\!-\!\!C\!\!-\!\!OH \\
\ \ | \\
CH_3
\end{array}
\xrightarrow[-H_2O]{+H^+}
\left[
\begin{array}{c}
CH_3 \\
\ \ | \\
CH_3\!\!-\!\!C{=}CH_2
\end{array}
\right]
\xrightarrow{KMnO_4}
\begin{array}{c}
O \\
\ \| \\
H_3C\!\!-\!\!C\!\!-\!\!CH_3
\end{array}
+ CO_2 + H_2O
$$

（3）选择性氧化　新制的二氧化锰或沙瑞特（CrO_3/吡啶溶液，称为 Sarett 试剂），可把伯醇氧化成醛，把仲醇氧化成酮，且当醇分子中有双键或三键时，双键、三键不被氧化。

$$HC{\equiv}C{-}CH_2{-}\underset{OH}{\underset{|}{CH}}{-}CH_3 \xrightarrow{\text{新制}MnO_2} HC{\equiv}C{-}CH_2{-}\underset{O}{\overset{\|}{C}}{-}CH_3$$

异丙醇铝也能选择性氧化羟基，同时也可以保留双键。

$$R{-}CH{=}CH{-}\underset{OH}{\underset{|}{CH}}{-}CH_3 \xrightarrow[\text{丙酮}]{[(CH_3)_2CHO]_3Al} R{-}CH{=}CH{-}\underset{O}{\overset{\|}{C}}{-}CH_3$$

（4）脱氢氧化　伯醇和仲醇蒸气在高温下，通过催化剂（铜、银等）可脱氢生成醛或酮。

$$\underset{\text{伯醇}}{RCH_2OH} \underset{325℃}{\overset{Cu}{\rightleftharpoons}} \underset{\text{醛}}{RCHO} + H_2$$

$$\underset{\text{仲醇}}{\underset{R\diagup\ \diagdown R^1}{\overset{OH}{\overset{|}{CH}}}} \underset{325℃}{\overset{Cu}{\rightleftharpoons}} \underset{\text{酮}}{\underset{R\diagup\ \diagdown R^1}{\overset{O}{\overset{\|}{C}}}} + H_2$$

$$CH_3CH_2OH + O_2 \xrightarrow[550℃]{Cu\ \text{或}\ Ag} CH_3CHO + H_2O$$

（5）高碘酸氧化　高碘酸（HIO_4）可以使邻二醇（两个羟基连在相邻碳原子上的二元醇）中连有羟基的两个碳原子间的键断裂，将邻二醇氧化为相应的醛、酮，生成的碘酸与硝酸银反应可以生成白色的碘酸银沉淀。

$$R-\underset{\underset{OH}{|}}{\overset{\overset{H}{|}}{C}}-\underset{\underset{OH}{|}}{\overset{\overset{H}{|}}{C}}-R \xrightarrow{HIO_4} R-\overset{\overset{O}{\|}}{C}-H$$

$$R-\underset{\underset{OH}{|}}{\overset{\overset{H}{|}}{C}}-\underset{\underset{OH}{|}}{\overset{\overset{H}{|}}{C}}-\underset{\underset{OH}{|}}{\overset{\overset{H}{|}}{C}}-R' \xrightarrow{HIO_4} R-\overset{\overset{O}{\|}}{C}-H + HCOOH + R'-\overset{\overset{O}{\|}}{C}-H$$

$$\underset{RCHOH}{R'CHOH} + IO_4^- \longrightarrow \underset{RCHO}{R'CHO}\overset{\overset{O^-}{|}}{\underset{\underset{O}{|}}{I}}\overset{OH}{\underset{OH}{}} \longrightarrow R'CHO + RCHO + IO_3^- + H_2O$$

$$IO_3^- + AgNO_3 \longrightarrow AgIO_3\downarrow (白色) + NO_3^-$$

1,3-二醇或两个羟基相距更远的多元醇不发生以上反应，因此，用此方法可鉴别邻二醇。

α-羟基醛或α-羰基酮也都可以被高碘酸氧化，其中反应物分子中的羰基（C$=$O）被氧化为羧酸或 CO_2。

鉴别案例：

2,3-丁二醇，1,4-丁二醇和对甲基苯酚。

$$\left.\begin{array}{l}2,3\text{-丁二醇}\\1,4\text{-丁二醇}\\\text{对甲基苯酚}\end{array}\right\}\underset{\text{斐林溶液}}{\overset{HIO_4}{\longrightarrow}}\begin{array}{l}\sqrt{}\ \text{砖红色}\downarrow\\\times\\\times\end{array}\left.\right\}\xrightarrow{FeCl_3}\begin{array}{l}\times\\\sqrt{}\ \text{紫色}\end{array}$$

6.1.4.5 与卤化磷和 $SOCl_2$ 反应

伯醇、仲醇与卤化磷（PX_3 或 PX_5，X$=$Br，I）或亚硫酰氯（氯化亚砜，$SOCl_2$）反应生成卤代烷。

$$3H_3C-CH_2-OH+PBr_3 \longrightarrow 3H_3C-CH_2-Br+H_3PO_3$$

$$ROH+PBr_5 \longrightarrow RBr+POBr_3+HBr$$

$$H_3C-\underset{\underset{OH}{|}}{CH}-CH_3 + SOCl_2 \longrightarrow H_3C-\underset{\underset{Cl}{|}}{CH}-CH_3 + SO_2 + HCl$$

6.1.5 醇的制备

（1）**烯烃水合** 以烯烃为原料，用直接或间接水合法生产低级醇。

$$CH_2=CH_2+H_2O \xrightarrow[7MPa,\ 250\sim300℃]{磷酸\text{-}硅藻土} \underset{乙醇}{CH_3CH_2OH}$$

$$CH_3CH=CH_2+H_2O \xrightarrow[2MPa,\ 95℃]{磷酸\text{-}硅藻土} \underset{异丙醇}{CH_3\underset{\underset{OH}{|}}{CH}CH_3}$$

（2）**卤代烃水解** 通常卤代烃都是由相应的醇制取的。只有相应的卤代烃比较容易得到时，才采用此法制醇。

$$CH_2=CH-CH_2-Cl+H_2O \longrightarrow \underset{烯丙醇}{CH_2=CH-CH_2OH}$$

$$\text{（苯环）}-CH_2Cl+H_2O \xrightarrow{Na_2CO_3} \underset{苄醇}{\text{（苯环）}-CH_2OH}$$

（3）羰基还原　醛、酮、羧酸和酯都是分子中含有羰基的有机化合物，用化学还原剂或催化加氢都可使羰基还原生成醇。催化加氢还原制备醇或用 CH_3CH_2OH 与 Na、$LiAlH_4$、$NaBH_4$ 等化学还原剂还原制备醇。

以巴豆醛为原料催化加氢制取正丁醇。

$$CH_3CH \!=\! CHCHO \xrightarrow[\text{加压，加热}]{H_2，Cu} CH_3CH_2CH_2CH_2OH$$
巴豆醛　　　　　　　　　　　　　正丁醇

如果选用氢化铝锂作还原剂，上述反应可在不影响 $C \!=\! C$ 键的情况下，还原成醇。

$$CH_3CH \!=\! CHCHO \xrightarrow{LiAlH_4} CH_3CH \!=\! CHCH_2OH$$
巴豆醇

醛、羧酸和酯还原都得到伯醇，酮还原则得仲醇。

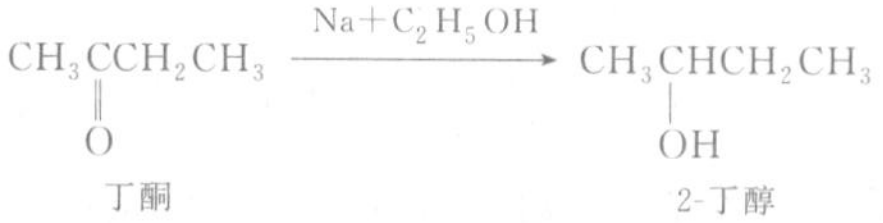

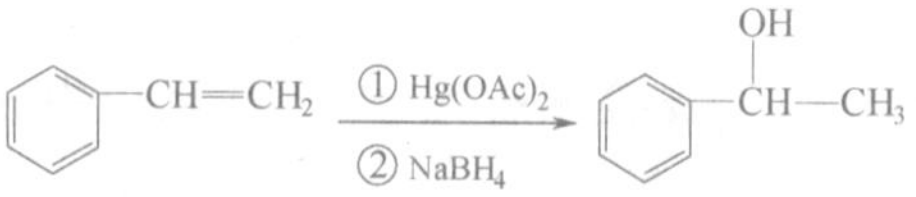

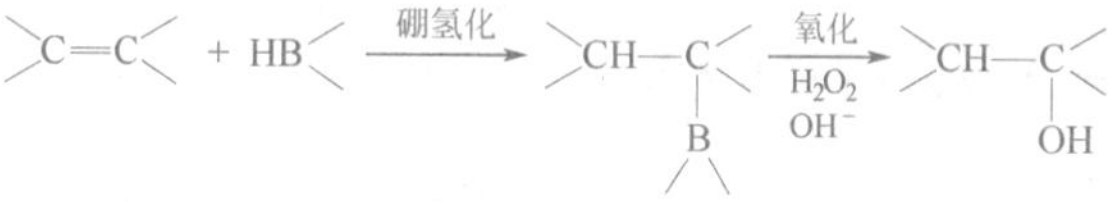

$$CH_3CCH_2CH_3 \xrightarrow{Na+C_2H_5OH} CH_3CHCH_2CH_3$$

丁酮　　　　　　　　　　　　　2-丁醇

（4）由格氏试剂合成　常用格氏试剂在无水乙醚的条件下与醛或酮反应制取醇。其中甲醛与格氏试剂反应可制得伯醇，其他醛与格氏试剂反应制得仲醇，酮与格氏试剂反应则可制得叔醇。

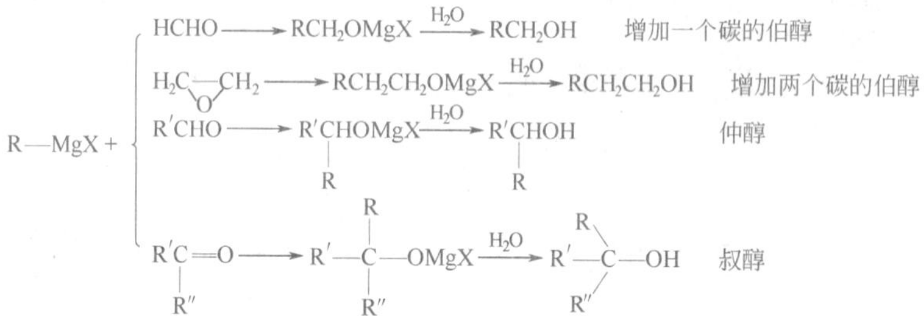

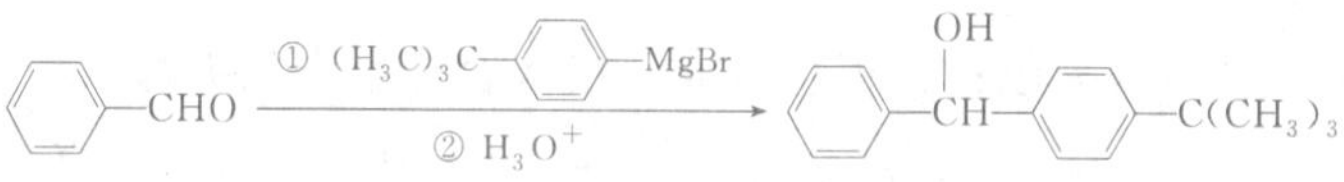

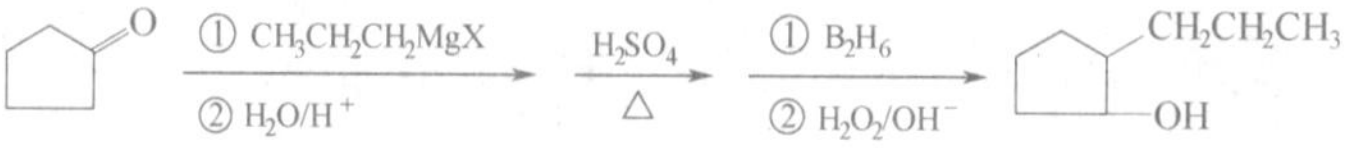

合成案例：

苯合成苯乙醇。

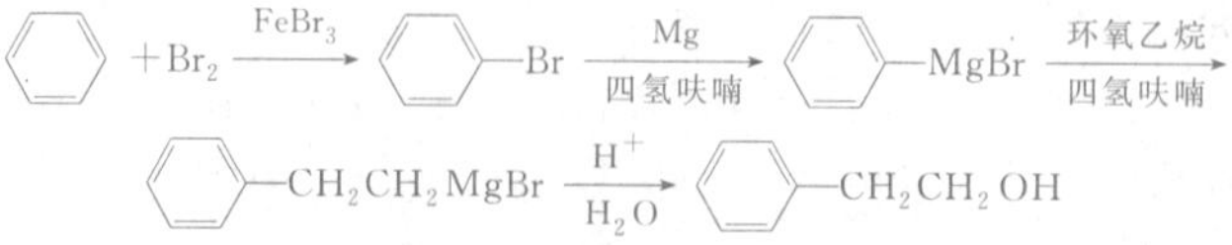

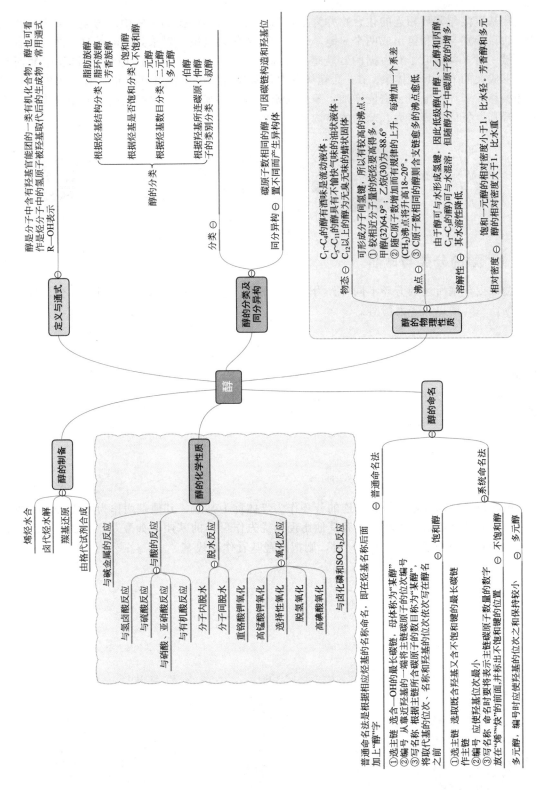

醇是分子中含有羟基官能团的一类有机化合物。醇也可看作是烃分子中的氢原子被羟基取代后的生成物。常用通式 R—OH 表示

定义与通式

醇的分类与结构

醇的分类
- 根据烃基结构分类：脂肪族醇、脂环族醇、芳香族醇
- 根据烃基是否饱和分类：饱和醇、不饱和醇
- 根据羟基数目分类：一元醇、二元醇、多元醇
- 根据羟基所连碳原子的类别分类：伯醇、仲醇、叔醇

分类 ⊖

同分异构 ⊖ 碳原子数相同的醇，可因碳链结构异构和羟基位置不同而产生异构体

醇的物理性质

物态 ⊖
- C_1—C_4 的醇有酒味是流动液体；
- C_5—C_{11} 的醇具有不愉快气味的油状液体；
- C_{12} 以上的醇为无臭无味的蜡状固体。

沸点 ⊖
- 较相近分子量的烷烃要高得多。
  ① 甲醇(32)64.9°；乙烷(30)为-88.6°
  ② 随 C 原子数增加而有规律的上升，每增加一个系差(CH_2)沸点升高18～20°。
  ③ C 原子数相同的醇则含支链愈多的沸点愈低

溶解性 ⊖
- 由于醇可与水形成氢键，因此低级醇(甲醇、乙醇和丙醇、C_1—C_3 的醇)可与水混溶，其水溶性降低

相对密度 ⊖
- 饱和一元醇的相对密度小于1，比水轻。芳香醇和多元醇的相对密度大于1，比水重

醇

醇的制备
- 烯烃水合
- 卤代烃水解
- 羰基还原
- 由格氏试剂合成

醇的化学性质
- 与碱金属的反应
- 与酸的反应
  - 与氢卤酸反应
  - 与硫酸反应
  - 与硝酸、亚硝酸反应
  - 与有机酸反应
- 脱水反应
  - 分子内脱水
  - 分子间脱水
- 氧化反应
  - 重铬酸钾氧化
  - 高锰酸钾氧化
  - 选择性氧化
    - 脱氢氧化
    - 高碘酸氧化
- 与卤化磷和$SOCl_2$反应

醇的命名

普通命名法 ⊖ 普通命名法是根据相应烃基的名称命名，即在烃基名称后面加上"醇"字

系统命名法 ⊖
- 饱和醇
  ①选主链 选合—OH 的最长碳链，母体称为"某醇"
  ②编号 从靠近羟基的一端将主链碳原子的位次编号，将名称和羟基的位次依次写在醇名之前
  ③写名称 根据主链所含碳原子的数目称为"某醇"，将取代基的位次·名称和羟基的位次写在醇名之前
- 不饱和醇
  ①选主链 选取既含羟基又含不饱和键的最长碳链作主链
  ②编号 命名时要将表示不饱和键原子的数字应使羟基位次最小
  ③写名称"烯"的前面，并标出不饱和键的位置 放在"烯"编号时应使羟基的位次之和保持较小
- 多元醇 多元醇·编号时应使羟基的位次小

6.2 酚

羟基直接与芳环相连的化合物称为酚,酚的通式为 Ar—OH。酚中氧为 sp² 杂化,两个杂化轨道分别与碳和氢形成两个 σ 键,剩余一个杂化轨道被一对未共用电子对占据,还有一个也被一对未共用电子对占据的 p 轨道,此 p 轨道垂直于苯环并与环上的 π 键发生侧面重叠,形成大的 p-π 共轭体系。p-π 共轭体系中,氧起着给电子的共轭作用,氧上的电子云向苯环偏移,苯环上电子云密度增加,苯环的亲电活性增加,氧氢之间的电子云密度降低,增强了羟基上氢的解离能力。苯酚的结构见图 6-2。

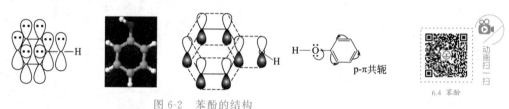

图 6-2　苯酚的结构

6.4 苯酚

6.2.1　酚的分类与命名

酚根据羟基所连的芳环不同可分为苯酚、萘酚、蒽酚等;按照羟基数目的多少,可分为一元酚、二元酚以及多元酚等。

动画扫一扫

酚的分类与
命名图片

苯酚　　　　　对苯二酚　　　　　间苯三酚

2-萘酚
(β-萘酚)　　　　　　　　1-蒽酚

酚的命名是以羟基及与其相连的芳环作为母体称为某酚,其他基团作为取代基,编号从与羟基相连的碳开始。芳环上若有其他比羟基优先作母体的基团,如醛基(—CHO)、羧基(—COOH)、磺酸基(—SO₃H)时,则把酚羟基看作取代基。

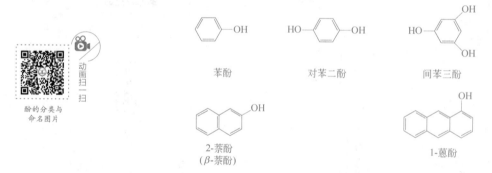

对甲苯酚　　　　对苯二酚　　　　间氨基苯酚　　　　5-硝基萘酚

邻羟基苯甲酸　　　　　邻羟基苯甲醛　　　　　对羟基苯磺酸
(水杨酸)　　　　　　　(水杨醛)

6.2.2 酚的物理性质

（1）**物态**　常温下，除少数酚为高沸点液体外，大多数酚是无色结晶固体。酚容易被空气氧化，氧化后常带有颜色，一般为红褐色。

（2）**沸点**　酚可以发生氢键缔合作用，根据结构不同，可发生分子间缔合或分子内缔合，所以酚的沸点都比较高。同分异构体中，对于二酚物质的沸点，对位＞间位＞邻位。邻硝基苯酚可以发生分子内缔合，即形成分子内氢键；对硝基苯酚可以发生分子间缔合，即形成分子间氢键。邻硝基苯酚发生了分子内缔合，降低了分子间缔合的能力，其沸点比对硝基苯酚低，因此可用蒸馏的方法把二者分开。

邻硝基苯酚　　　　　　　　　　　　间硝基苯酚

（3）**熔点**　酚的熔点与分子的对称性有关。一般说来，对称性较大的酚，其熔点较高，对称性较小的酚，熔点较低。

（4）**溶解性**　酚具有极性，也能与水分子形成氢键，应该易溶于水，但由于酚的分子量较高，分子中烃基所占比例较大，因此一元酚只能微溶于水，多元酚由于分子中极性的羟基增多，在水中的溶解度也随之增大。酚的物理性质见表 6-2。

表 6-2　酚的物理性质

名称	熔点/℃	沸点/℃	溶解度(25℃)/(g/100g 水)	折射率(20℃)	pK_a(25℃)
邻甲苯酚	31	191	2.5	1.5361	10.2
间甲苯酚	11.5	202.2	2.6	1.5438	10.01
对甲苯酚	34.8	201.6	2.3	1.5312	10.17
邻苯二酚	105	245	45	1.6040	9.4
间苯二酚	111	281	123		9.4
对苯二酚	173	285	8		10.0
1,2,3-苯三酚	133	309	62	1.5610	7.0
1,3,5-苯三酚	218	升华	1		7.0
邻氯苯酚	9	174.9	2.8	1.5524	
间氯苯酚	33	214	2.6	1.5565	
对氯苯酚	43.2	219.8	2.7	1.5579	
邻硝基苯酚	45.3	216	0.2	1.5723	
间硝基苯酚	97	197	2.2		
对硝基苯酚	114.9	279(分解)	1.3		
α-萘酚	96	288	＜0.1		9.3
β-萘酚	123	295	0.1		9.5
苯酚	43	181.8	9.3	1.5509	9.95

6.2.3 酚的化学性质

酚中羟基与苯环形成大的 p-π 共轭体系，由于氧的给电子共轭作用，与氧相连的碳原子上电子云密度增高，所以酚不像醇那样易发生亲核取代反应；相反，由于氧的给电子共轭作用使苯环上的电子云密度增高，使得苯环上易发生亲电取代反应。

6.2.3.1 羟基的反应

(1) 酸性　酚比醇的酸性大，这是因为酚分子中的 p-π 共轭作用，使得氧原子的共用电子对向苯环转移，氧氢原子之间的电子云密度减小，氢氧键减弱，易于断裂，显示出弱酸性。由下列 pK_a 值（数值越小酸性越强）可知，苯酚的酸性比羧酸、碳酸弱，比水、醇强。

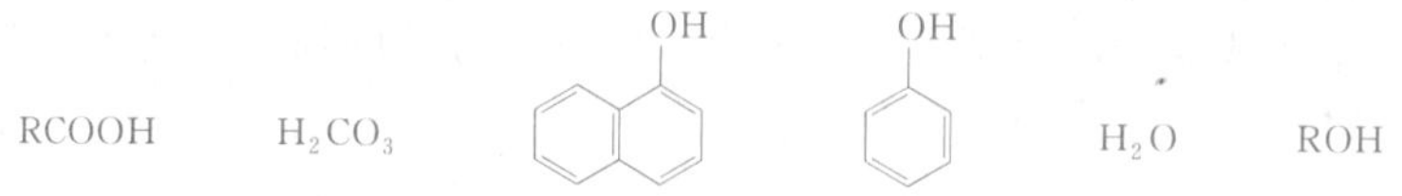

	RCOOH	H$_2$CO$_3$			H$_2$O	ROH
$pK_a^\ominus$	约为 5	约为 6.35	9.65	9.95	15.7	16～19

酚羟基上的氢不仅能被活泼金属取代，而且能与强碱溶液作用成盐，故酚可以溶于氢氧化钠。可见酚的酸性不但比醇强，而且也比水强，但比碳酸弱。

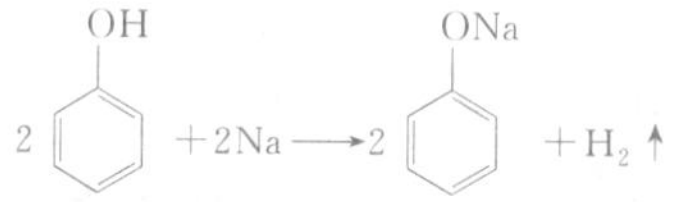

酚可以与氢氧化钠反应生成酚钠，故酚可以溶于氢氧化钠溶液中。

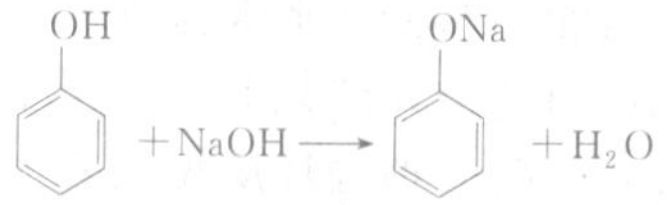

酚的酸性比碳酸的酸性弱，向苯酚钠的水溶液中通入二氧化碳，则可使苯酚重新游离出来。利用此反应可以把酚同其他有机化合物分离。

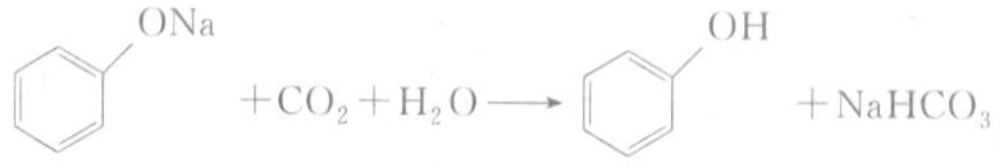

如果芳环上连有取代基，则取代基将会对酚的酸性产生一定的影响。当芳环上连有吸电子基团时，由于共轭效应和诱导效应的影响，使得氧氢原子之间的电子云向芳环移动，氧氢原子之间的电子云密度减小，更易解离出氢离子，从而显示出更强的酸性。且吸电子基团的吸电子能力越强、数目越多，酸性越强；相反，当芳环上连有给电子基团时，其酸性减弱，给电子基团的给电子能力越强、数目越多，酸性越弱。

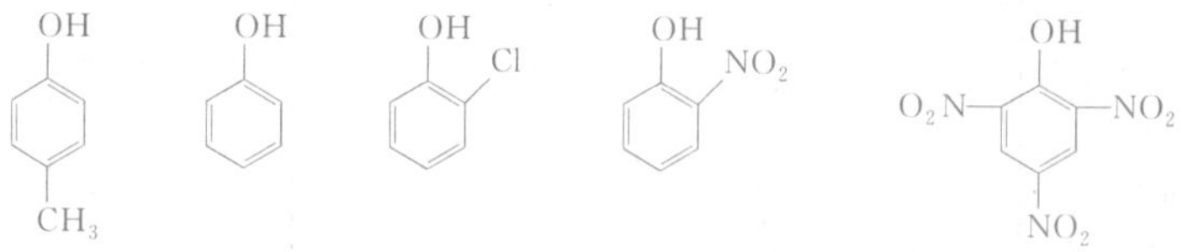

$pK_a^\ominus$	10.2	9.95	8.81	7.1	0.38

酚类物质的酸性强弱：

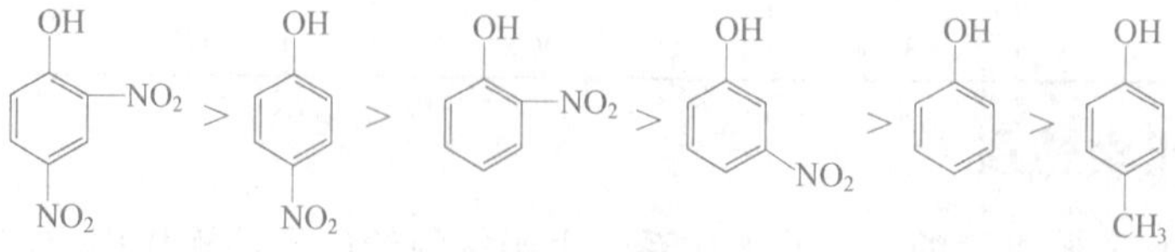

（2）成醚及成酯反应 一般由酚的钠盐与卤代烷或硫酸酯作用生成酚醚。

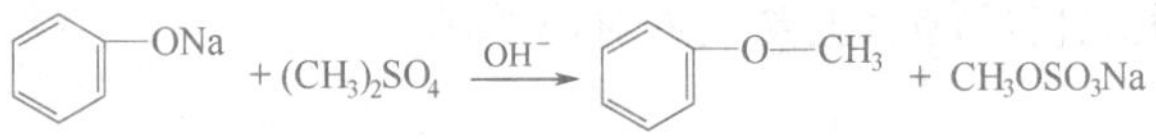

苯甲醚

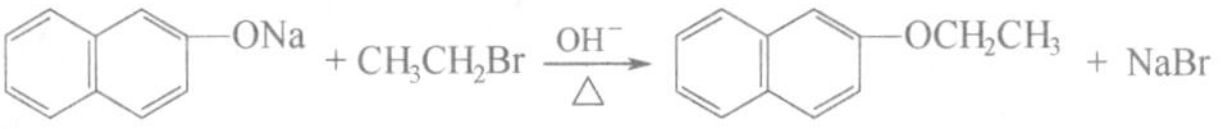

β-萘酚钠　　　　　　　　　　　　　β-萘乙醚

酚与酰氯、酸酐等作用时，生成酚酯。

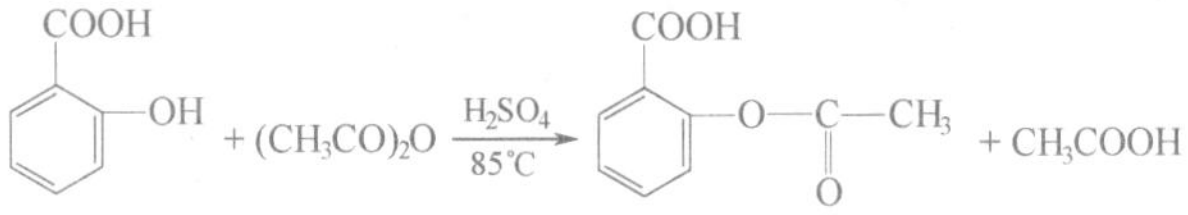

邻羟基苯甲酸　　乙酸酐　　　　　　　乙酰水杨酸
（水杨酸）

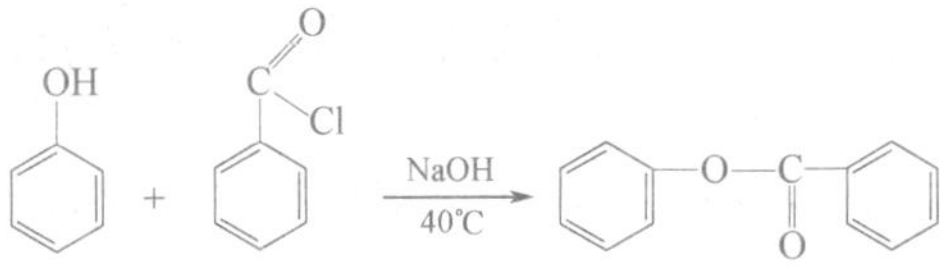

苯甲酰氯　　　　　　　苯甲酸苯酯

（3）与三氯化铁反应 酚类可与三氯化铁溶液作用，生成带有颜色的配合物。不同的酚，生成配合物的颜色也不相同。这一类反应叫作酚与三氯化铁的显色反应，常用于鉴别酚类化合物，见表6-3。

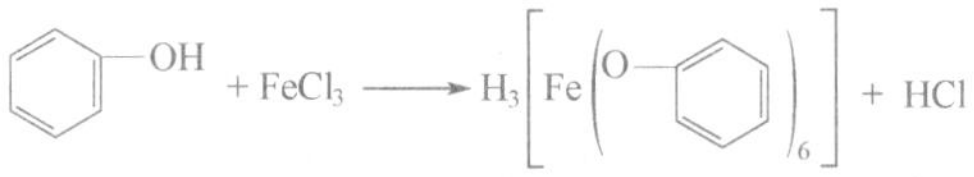

紫色

表6-3 酚和三氯化铁的反应与颜色变化

化合物	生成的颜色	化合物	生成的颜色
苯酚	紫	间苯二酚	紫
邻甲苯酚	蓝	对苯二酚	暗绿色结晶
间甲苯酚	蓝	1,2,3-苯三酚	淡棕红色
对甲苯酚	蓝	1,3,5-苯三酚	紫色沉淀
邻苯二酚	绿	α-萘酚	紫色沉淀

6.2.3.2 苯环上的反应

酚中由于羟基的给电子作用，使得芳环上电子云密度增大，芳环的活性增大，容易发生亲电取代反应，如卤代、硝化、磺化、烷基化等反应，生成邻、对位取代物，也还可生成多元取代物。

（1）卤化 苯酚与溴水反应非常快，室温下立刻反应得到三溴苯酚白色沉淀，反应非常灵敏，现象明显，$10mg/L$的苯酚溶液也可以检出，此反应可用于苯酚的定性鉴别和定量测定。

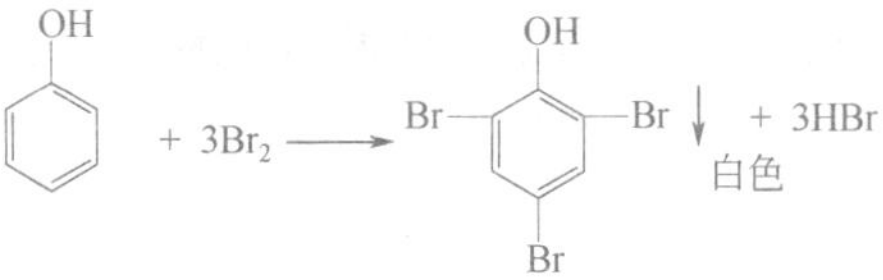

白色

如果控制反应条件，可以使卤化反应停留在生成一取代物阶段。例如，在低温和非极性溶剂中，苯酚与溴发生取代反应，主要生成对溴苯酚。

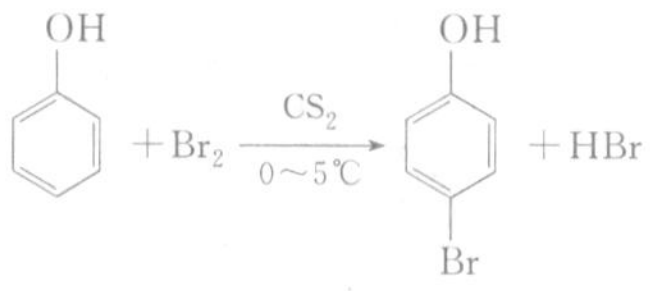

氯气与苯酚也能起相似的反应，用三氯化铁或三氯化铝作催化剂，可得到五氯苯酚。

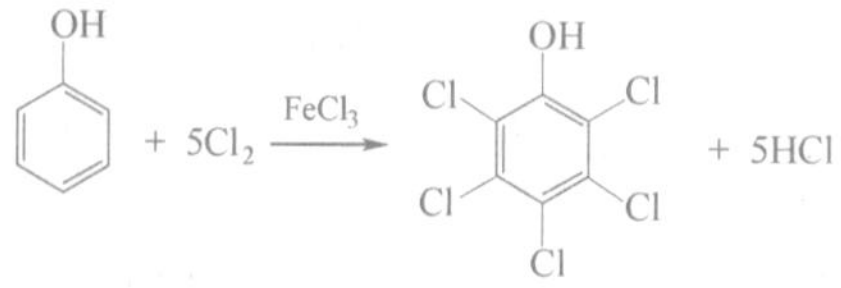

五氯苯酚是无色粉末或晶体，熔点为 $190 \sim 191℃$，几乎不溶于水，而溶于稀碱液、乙醇、乙醚、丙酮、苯等，微溶于烃类。五氯苯酚酸性很强，具有杀菌、杀虫、除草等作用，常用于稻田除稗草、木材防腐。

（2）硝化　苯酚的硝化反应比苯容易，只需用稀硝酸在室温下即可进行。

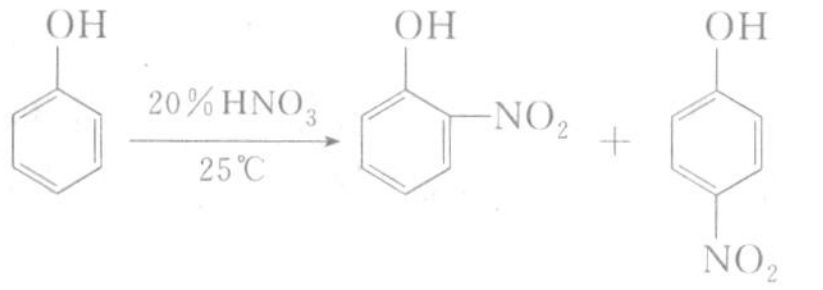

邻硝基苯酚　对硝基苯酚
（30%～40%）　（15%）

邻硝基苯酚能形成分子内氢键，并容易随水蒸气挥发；对硝基苯酚能形成分子间氢键，不易挥发，因此可采用水蒸气蒸馏的方法将这两种异构体分离开。

苯酚与浓硝酸作用，可生成 2,4,6-三硝基苯酚。2,4,6-三硝基苯酚为黄色结晶，俗名苦味酸，为烈性炸药。

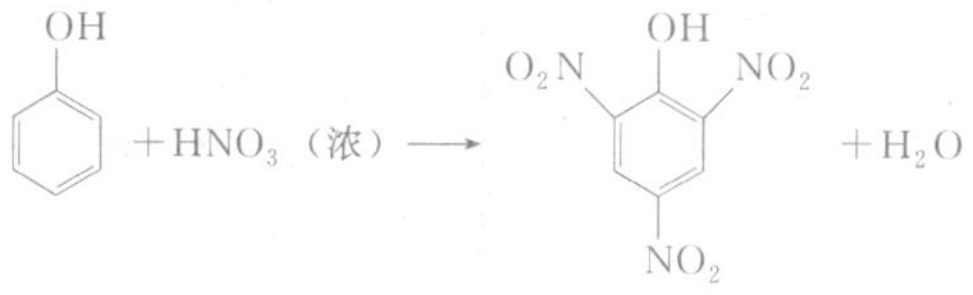

苯酚与亚硝酸作用，可以产生亚硝化产物。

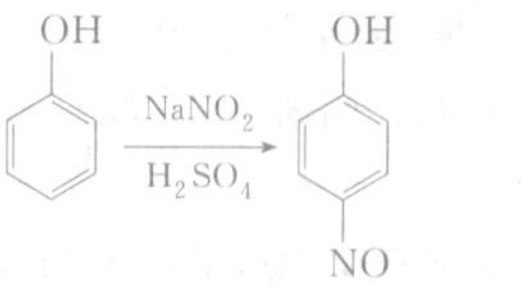

（3）磺化　室温下苯酚与浓硫酸作用，发生磺化反应，得到邻位取代产物，升高温度（100℃）主要得到对位取代产物。由于磺酸基位阻大，温度升高时，邻位的位阻效应显著，所以取代反应主要在对位上进行，进一步磺化可得到苯酚的二磺酸。若以发烟硫酸磺化，则得到二取代产物。

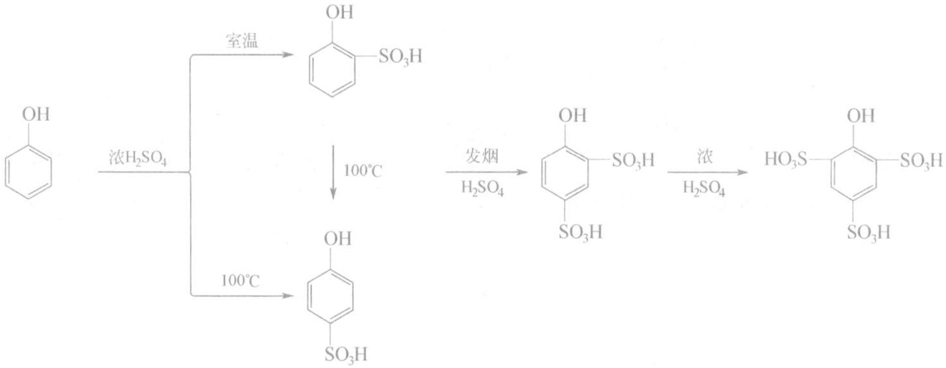

（4）烷基化　酚的烷基化反应也比较容易进行，用异丁烯作烷基化试剂，在催化剂存在下，与对甲苯酚作用制取 4-甲基-2,6-二叔丁基苯酚。

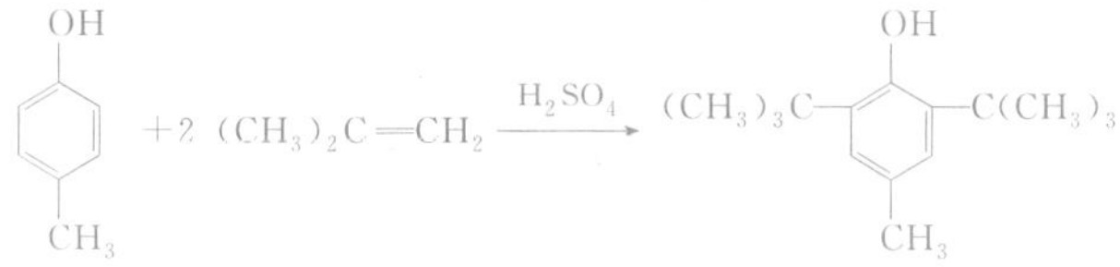

4-甲基-2,6-二叔丁基苯酚

（5）傅-克反应　苯酚在催化剂的作用与卤代烃或有机酸发生取代反应，生成对位产物。

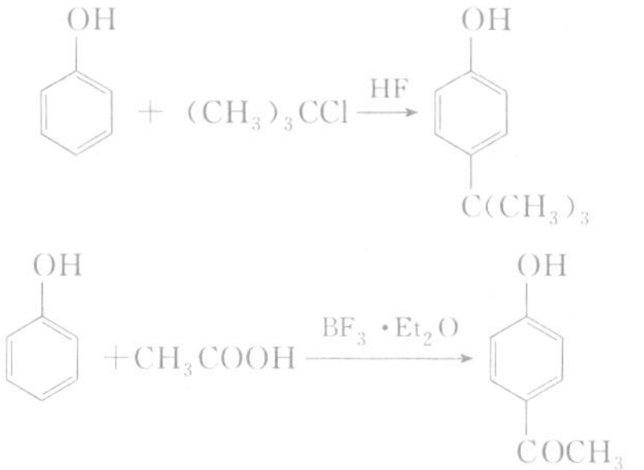

（6）酚醛缩合　苯酚邻、对位上的氢比较活泼，能与甲醛发生加成反应。

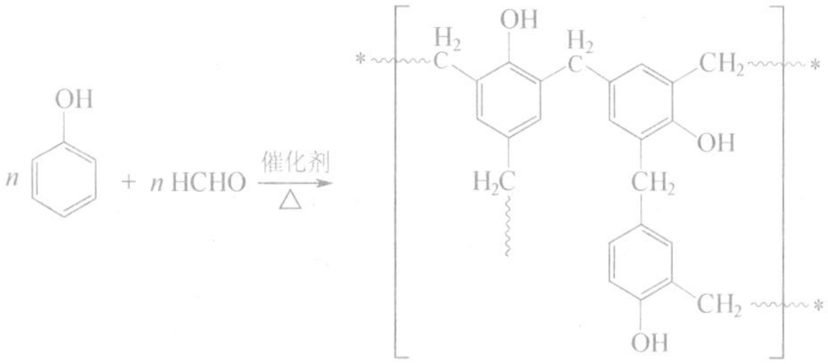

（7）氧化反应　酚容易发生氧化反应。苯酚在空气中放置时颜色逐渐变深就是因为被空气氧化成醌。多元酚更容易被氧化。

苯酚用强氧化剂（高锰酸钾、重铬酸钾等）作用，则生成对苯醌。

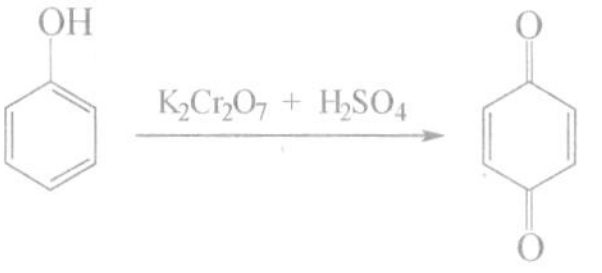

对苯醌(黄色)

对苯二酚能被感光后的溴化银氧化成醌，而溴化银则被还原成金属银。

合成案例：

苯酚合成 4,4'-二氨基-3,3'-二甲氧基联苯。

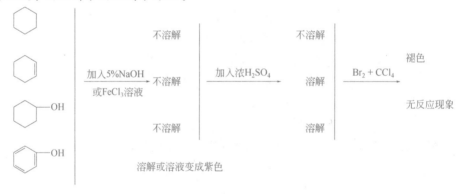

鉴别案例：

2,3-丁二醇、1,4-丁二醇、对甲氧基苯酚、叔丁醇。

```
2,3-丁二醇                          ┌→ 蓝色均相液体
1,4-丁二醇     CuSO₄/NaOH,H₂O       ├→ 蓝色↓
对甲氧基苯酚  ──────────────────→   ├→ 蓝色↓↓        FeCl₃/H₂O    ┌→×                加热混浊
叔丁醇                               └→ 蓝色↓↓       ──────────→   ┤  显色  卢卡斯    ├→
                                                                   └→×         试剂   立即混浊
```

环己烷、环己烯、环己醇、苯酚。

```
〇                    不溶解                          不溶解
                                                                          褪色
〇                加入5%NaOH   不溶解    加入浓H₂SO₄    溶解    Br₂+CCl₄
           ─────────────→            ─────────────→        ──────────→
〇—OH          或FeCl₃溶液                               溶解              无反应现象

                     不溶解                             溶解

〇—OH

                 溶解或溶液变成紫色
```

6.2.4 酚的制备

异丙苯氧化法是以苯作为基本原料，首先发生烷基化反应制取异丙苯，后用空气氧化异丙苯生成过氧化物，再用稀酸分解过氧化物，最后得到产物苯酚和丙酮。

$$\text{〇} + CH_2{=}CH{-}CH_3 \xrightarrow[90\sim95℃]{AlCl_3} \text{异丙苯}$$

$$\text{异丙苯} + O_2 \xrightarrow[110\sim120℃]{0.5MPa} \text{过氧化物}$$

$$\text{过氧化物} \xrightarrow[\text{稀} H_2SO_4]{60℃} \text{〇—OH} + CH_3{-}\underset{O}{C}{-}CH_3$$

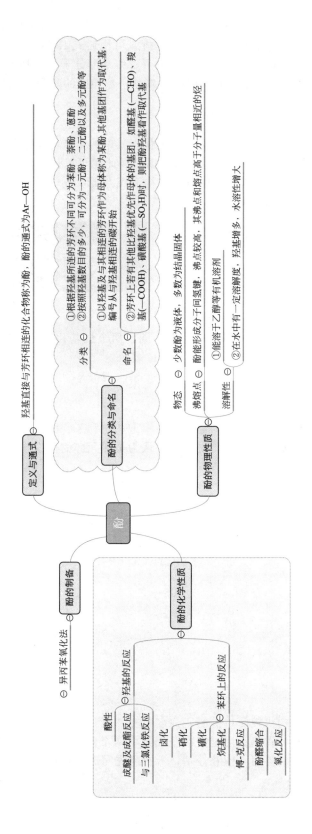

酚

- **定义与通式**：羟基直接与芳环相连的化合物称为酚，酚的通式为Ar—OH

- **酚的分类与命名**
  - 分类
    - ①根据羟基所连的芳环不同可分为苯酚、萘酚、蒽酚
    - ②按照羟基数目的多少，可分为一元酚、二元酚以及多元酚等
  - 命名
    - ①以羟基及其他与相连的芳环作为母体称为某酚，其他基团作为取代基，编号从与羟基相连的碳开始
    - ②芳环上若有其他比羟基优先（作母体）的基团，如醛基（—CHO）、羧基（—COOH）、磺酸基（—SO_3H）时，则把酚羟基看作取代基

- **酚的物理性质**
  - 物态：少数酚为液体，多数为结晶固体
  - 沸熔点：酚能形成分子间氢键，沸点较高，其沸点和熔点高于分子量相近的烃
  - 溶解性
    - ①能溶于乙醇等有机溶剂
    - ②在水中有一定溶解度，羟基增多，水溶性增大

- **酚的制备**：异丙苯氧化法

- **酚的化学性质**
  - 羟基的反应
    - 酸性
    - 成醚及成酯反应
    - 与三氯化铁反应
  - 苯环上的反应
    - 卤化
    - 硝化
    - 磺化
    - 烷基化
    - 傅-克反应
    - 酚醛缩合
    - 氧化反应

6.3 醚

氧原子与两个烃基相连的有机化合物叫作醚，可用通式 R—O—R 表示。醚可以看作是水分子中的两个氢原子被烃基取代的产物，也可看作是醇分子中羟基上氢原子被烃基取代的产物。其中—O—叫作醚键，是醚的官能团。碳原子数相同的醇和醚互为同分异构体。

6.3.1 醚的结构、分类和命名

（1）醚的结构和分类　醚中的氧为 sp^3 杂化，其中两个杂化轨道分别与两个碳形成两个 σ 键，余下两个杂化轨道各被一对孤电子对占据，因此醚可以作为路易斯碱，接受质子形成锌盐，也可与水、醇等形成氢键。醚的分子结构为 V 字形，分子中 C—O 键是极性键，故分子有极性。乙醚的结构见图 6-3。

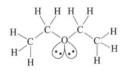

图 6-3　乙醚的结构

醚分子中的两个烃基可以相同，也可以不同。两个烃基相同的叫单醚，可用 R—O—R 表示，两个烃基不同的叫混醚，可用 R—O—R′ 表示。

$CH_3—O—CH_3$ $\qquad$ $CH_3—O—CH_2CH_3$
二甲醚 $\qquad\qquad$ 甲乙醚
（单醚）$\qquad\qquad$ （混醚）

根据烃基的结构不同，醚可分为饱和醚、不饱和醚和芳香醚，若烃基和氧原子连接成环则称为环醚。含有多个醚键的为多元醚（可以认为是多元醇的衍生物）和冠醚。

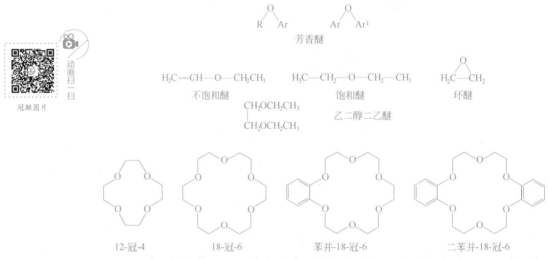

（2）醚的命名　结构比较简单的醚，命名时在"醚"字前加上烃基的名称即可，表示相同的烃基的"二"字常可省略；混醚按次序规则将两个烃基分别列出，然后加上"醚"字，不饱和醚则先写饱和烃基再写不饱和烃基；芳香醚先写芳香烃基，再写出脂烃基。

$CH_3CH_2—O—CH_2CH_3$
二乙基醚（简称乙醚）

二苯基醚（简称二苯醚，苯醚）

$$CH_3-O-CH(CH_3)_2$$
甲基异丙基醚（简称甲异丙醚）

苯基甲基醚（简称苯甲醚）

结构复杂的醚采用系统命名法命名。命名时以烃基为母体，选择最长碳链为主链，将碳原子数较少的烃基与氧原子连在一起称为烷氧基，如为不饱和醚，则选不饱和程度较大的烃基为母体，环醚称为环氧化合物。

$$\overset{5}{C}H_3\overset{4}{C}H_2\overset{3}{C}H_2\overset{2}{C}H-O-CH_3$$
$$\underset{\overset{1}{C}H_3}{}$$
2-甲氧基戊烷

$$\overset{1}{C}H_3\overset{2}{C}H=\overset{3}{C}H-\overset{4}{C}H-O-CH_2CH_3$$
$$\underset{\overset{5}{C}H_2\overset{6}{C}H_3}{}$$
4-乙氧基-2-己烯

$$(CH_3)_2CHCH=CHCH_2OCH_3$$
4-甲基-1-甲氧基-2-戊烯

$$CH_3-O-\text{〈苯环〉}-CH_2OH$$
对甲氧基苯甲醇

$$CH_3-\underset{\overset{OCH_3}{|}}{\overset{\overset{CH_3}{|}}{C}}H-CH_3$$
2-甲基-3-甲氧基丁烷

$$CH_3-O-CH_2-CH_2-O-CH_3$$
1,2-二甲氧基乙烷

环戊氧基苯

$$CH_3-CH_2-O-\underset{\overset{|}{CH_3}}{\overset{\overset{CH_3}{|}}{C}}=CH-CH_3$$
2-乙氧基-2-丁烯

$$H_2C\overset{\diagup O \diagdown}{-}CH_2$$
环氧乙烷

1,4-二氧六环

6.3.2 醚的物理性质

（1）物态　大多数醚为无色、易挥发、易燃烧液体。常温下，甲醚、甲乙醚是气体，其他醚一般为具有香味的无色液体。

（2）沸点　醚分子间不能以氢键相互缔合，沸点与分子量相当的烷烃接近，比分子量相当的醇、酚的沸点低得多。醚的物理常数见表6-4。

表 6-4　醚的物理常数

名称	熔点/℃	沸点/℃	密度(20℃)/(g/cm³)
甲醚	−138.5	−23	0.6610
乙醚	−116.2	34.5	0.7138
正丁醚	−95.3	142	0.7689
苯甲醚	−37.5	155	0.9940
二苯醚	26.8	258	1.0740
环氧乙烷	−111	13.5	0.8824
四氢呋喃	−65	67	0.8892
1,4-二氧六环	11.8	101	1.0337

（3）溶解性　醚具有较弱的极性，且含有电负性较大的氧原子，所以在水中可以与水分子间形成氢键，其在水中的溶解度与相应的醇接近。乙醚和正丁醇的分子量相同，二者在水中的溶解度也大致相同。甲醚、环氧乙烷、四氢呋喃、1,4-二氧六环等可以与水混溶。醚能溶解许多有机物，并且活性非常低，是良好的有机溶剂。

（4）相对密度　大多数液体醚的相对密度小于1，比水轻。二苯醚和二氧六环等醚的密度大于1。

6.3.3 醚的化学性质

醚的官能团是醚键（—O—），醚键的极性很弱，因此醚的化学性质比较稳定。在一般情况下，醚与强碱、强氧化剂、强还原剂都不发生反应，因此在许多有机化学反应中，用醚作为溶剂。醚的稳定性是相对的，当遇到强酸时，可与其作用生成锌盐，也可发生醚键的断裂。

（1）锌盐的生成　醚可溶于冷的浓硫酸或浓盐酸，生成一种不稳定的盐，这种盐叫作锌盐。

$$R-\overset{\cdot\cdot}{\underset{\cdot\cdot}{O}}-R + H_2SO_4 \longrightarrow [R-\overset{H}{\underset{\cdot\cdot}{\overset{|}{O}}}-R]^+ HSO_4^-$$

锌盐

$$ROR + HX \longrightarrow \left[\begin{matrix}H\\ R-\overset{|}{\underset{+}{O}}-R\end{matrix}\right] X^- \xrightarrow{H_2O} R-O-R + H_3O^+ + X^-$$

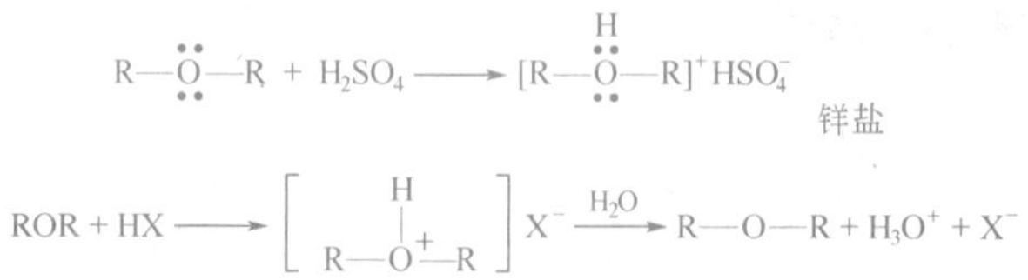

生成的锌盐只能存在于浓酸中，当加水稀释时，锌盐立即分解，醚又重新游离出来。利用这一性质，可鉴别醚或把醚从烷烃、卤代烃中分离出来。

（2）醚键的断裂　醚与浓的氢碘酸或氢溴酸作用时，发生醚键断裂，生成醇和卤代烷。浓氢碘酸的作用最强，在常温下就可使醚键断裂。

$$R-O-R' \xrightarrow{HI} ROH + R'I$$

$$CH_3CH_2-O-CH_2CH_3 + HI \xrightarrow{\triangle} CH_3CH_2OH + CH_3CH_2I$$

$$\text{⬡}-O-CH_3 + HI \xrightarrow{\triangle} \text{⬡}-OH + CH_3I$$

盐酸、氢溴酸与醚的反应需要较高的反应温度和浓度。氢碘酸的反应活性高，反应产物为醇和卤代烃。如果卤化氢过量，则生成的醇继续反应生成相应的卤代烃；卤化氢不过量时，一般是较小的烃基生成卤代烃，较大的生成醇。

碳氧键断裂的顺序为：三级烷基＞二级烷基＞一级烷基＞芳香烃基。

（3）过氧化物的生成　醚中如果与氧原子相连的碳原子上有氢原子，则由于氧原子的影响，此类氢原子易被氧化，形成过氧化物。过氧化物不稳定，受热时容易分解发生爆炸，因此蒸馏醚类化合物时不能蒸干。

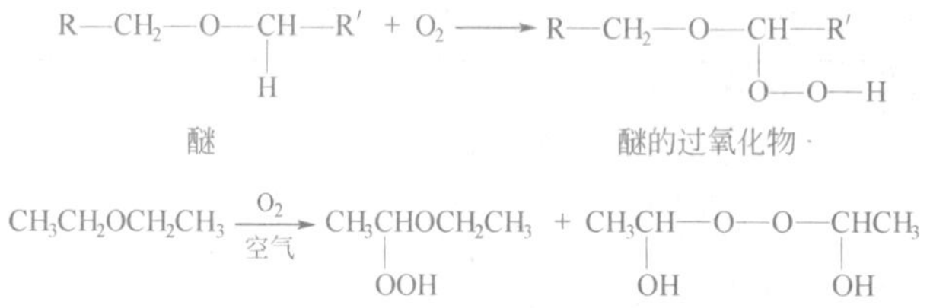

$$\underset{\text{醚}}{R-CH_2-O-\underset{H}{\overset{|}{C}}H-R'} + O_2 \longrightarrow \underset{\text{醚的过氧化物}}{R-CH_2-O-\underset{\overset{|}{O-O-H}}{C}H-R'}$$

$$CH_3CH_2OCH_2CH_3 \xrightarrow[\text{空气}]{O_2} \underset{OOH}{CH_3\overset{|}{C}HOCH_2CH_3} + \underset{OH}{CH_3\overset{|}{C}H}-O-O-\underset{OH}{\overset{|}{C}HCH_3}$$

检验过氧化物的方法：

① 硫酸亚铁和硫氰化钾（KSCN）混合溶液与醚振荡，如有过氧化物存在，会将亚铁离子氧化成铁离子，后者与SCN^-作用生成血红色的络离子。

$$\text{过氧化物} + Fe^{2+} \longrightarrow Fe^{3+} \xrightarrow{SCN^-} \underset{\text{(红色)}}{Fe(SCN)_6^{3-}}$$

② 淀粉-碘化钾试纸检验，试纸显紫色，证明有过氧化物存在，KI被氧化成I_2。

$$\text{过氧化物} + KI \longrightarrow I_2 \xrightarrow{\text{淀粉}} \text{蓝色络合物}$$

除过氧化物的方法：

① 贮藏时，可在醚中加入少许金属钠或铁屑，以避免过氧化物形成。

② 除去过氧化物的方法是在蒸馏以前，加入适量5%的$FeSO_4$于醚中并摇动，使过氧化物分解破坏，或加入其他还原剂，如亚硫酸钠、氯化亚铜、硼氢化钠、四氢铝锂等。

醚类化合物一般应存放在深色的玻璃瓶内，或加入抗氧化剂（对苯二酚等），防止过氧化物的生成。

6.3.4　重要的醚类化合物

6.3.4.1　环氧乙烷

环氧乙烷为无色液体，能溶于水、乙醇、乙醚中。环氧乙烷为三元环，非常活泼，在酸性或碱性条件下易与含活泼氢的试剂发生反应，C—O 键断裂，从而开环。

（1）开环反应

① 酸催化开环反应

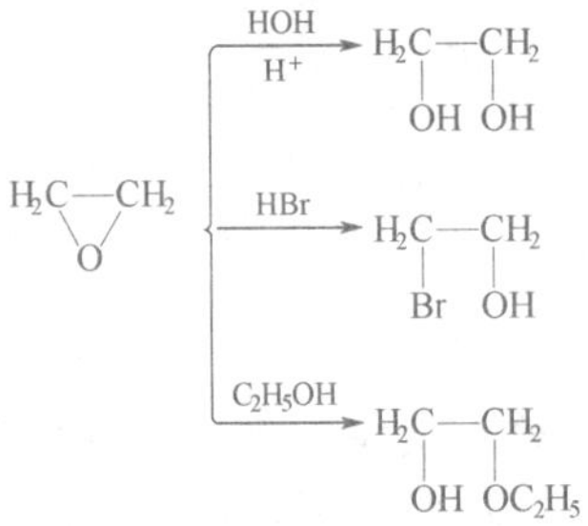

② 碱催化开环反应

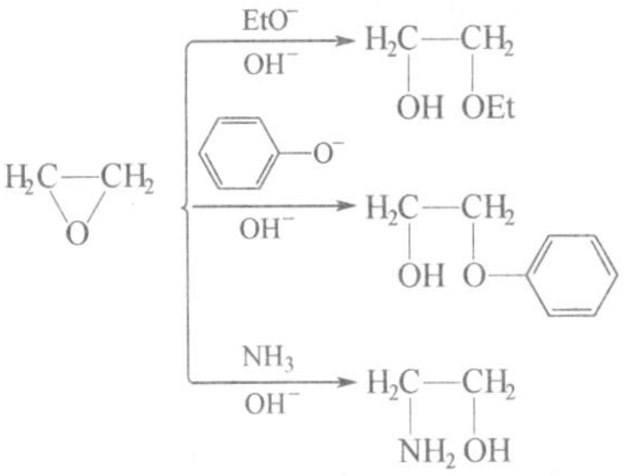

（2）与格氏试剂的反应　醚与格氏试剂作用，制备增加 2 个碳的醇。

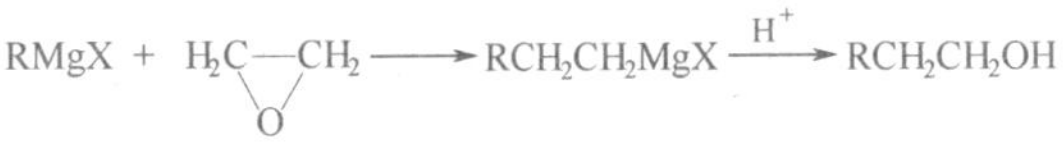

$$RMgX + H_2C-CH_2 \longrightarrow RCH_2CH_2MgX \xrightarrow{H^+} RCH_2CH_2OH$$

（3）环氧乙烷的制备

① 氯乙醇法

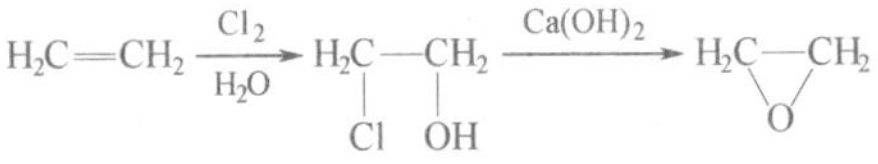

② 直接氧化法

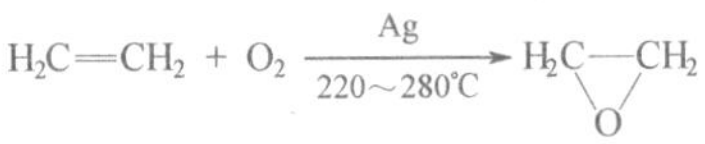

$$H_2C=CH_2 + O_2 \xrightarrow[220\sim280℃]{Ag} H_2C-CH_2$$

6.3.4.2　冠醚

冠醚是含有多个氧原子的大环醚，其结构形似皇冠，故称冠醚，是 20 世纪 70 年代发展起来的具有特殊络合性能的化合物，名称可用 X-冠-Y 表示，X 表示环上所有原子的数目，Y 表示环上氧原子的数目。例如：

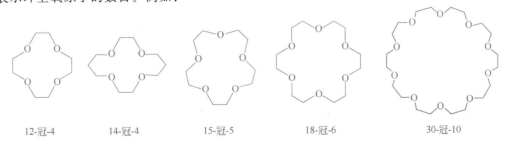

12-冠-4　　　14-冠-4　　　　15-冠-5　　　　18-冠-6　　　　　30-冠-10

冠醚有其特殊的结构，即分子中间有一个空隙。由于环中有氧原子，氧原子有未共用电子对，可与金属离子络合。不同的冠醚有不同大小的空隙，可以容纳不同大小的金属离子，形成络离子。如 12-冠-4 可与锂离子络合，18-冠-6 可与钾离子络合，因此冠醚可用于分离金属离子。有机合成中冠醚可以作为相转移催化剂，加快反应速率。如 KCN 与卤代烃反应，由于 KCN 不溶于有机溶剂，KCN 与卤代烃的反应在有机溶剂中不容易进行，加入 18-冠-6 反应立刻进行。其原因是，冠醚可以溶于有机溶剂，K^+ 通过与冠醚络合进入反应体系中，CN^- 通过与 K^+ 之间的作用，也进入反应体系中，从而顺利地与卤代烃反应，冠醚的这种作用称为相转移催化作用。

$$R{-}X + KCN \xrightarrow{\text{冠醚}} R{-}CN + KX$$

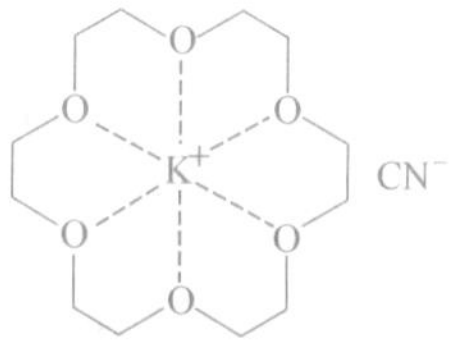

冠醚作为相转移催化剂，可使许多反应比通常条件下容易进行，反应选择性强、产品纯度高，比传统的方法反应温度低、反应时间短，在有机合成中非常有用。但是由于冠醚比较昂贵，并且毒性也非常大，因此还未能得到广泛应用。

鉴别案例：

苯酚、乙醚以及正丁醇。

苯酚、乙醚、正丁醇 $\xrightarrow{FeCl_3}$ 苯酚：√ 紫色；乙醚：×；正丁醇：×

乙醚、正丁醇 $\xrightarrow{Na}$ 乙醚：×；正丁醇：√ 放出气体

6.3.5 醚的制备

（1）醇的分子间脱水　在酸催化下，醇受热时可发生分子间脱水生成醚，适用于制备低级简单醚。

$$R{-}OH + H{-}O{-}R \xrightarrow[\triangle]{H^+} R{-}O{-}R + H_2O$$

$$2CH_3CH_2OH \xrightarrow[140℃]{\text{浓 } H_2SO_4} CH_3CH_2{-}O{-}CH_2CH_3 + H_2O$$

一级醇（伯醇）产量最高，二级醇（仲醇）的产量很低，三级醇（叔醇）则只能得到烯烃，酚一般不能脱水成醚。

（2）威廉逊（Williamson）合成法　醇钠或酚钠与卤代烃作用时生成醚。这种方法叫威廉逊合成法，适用于制备混醚等。注意避免使用叔卤代烷，因为醇钠是强碱，叔卤代烷在强碱作用下，主要发生脱卤化氢反应而生成烯烃。

$$R{-}X + NaO{-}R' \longrightarrow R{-}O{-}R' + NaX$$

$$R{-}X + NaO{-}Ar \longrightarrow R{-}O{-}Ar + NaX$$

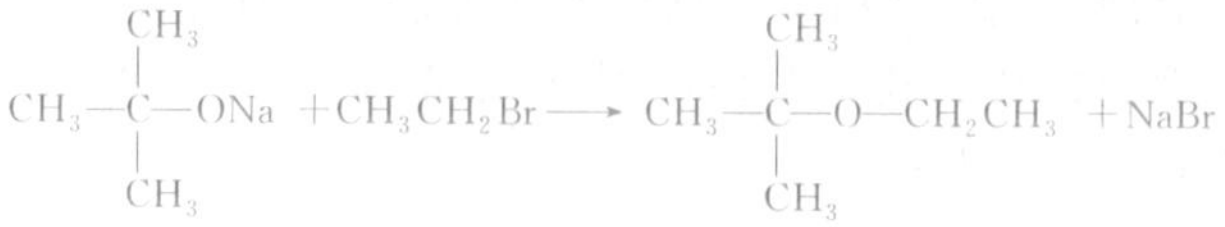

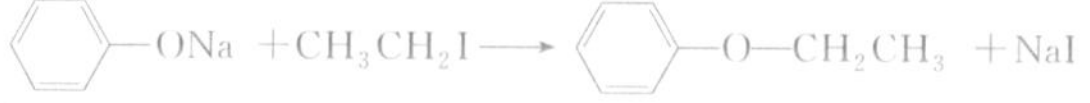

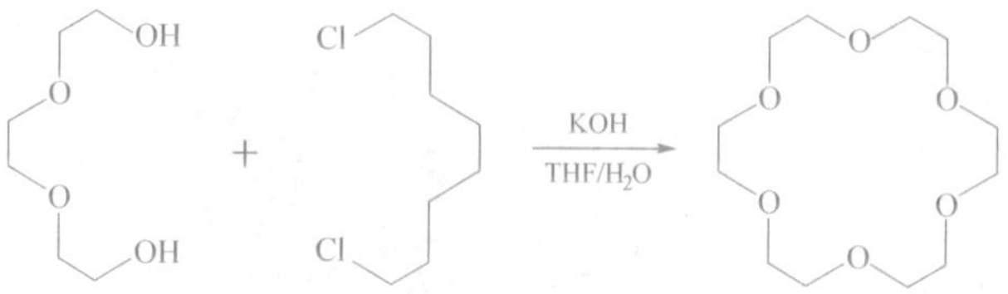

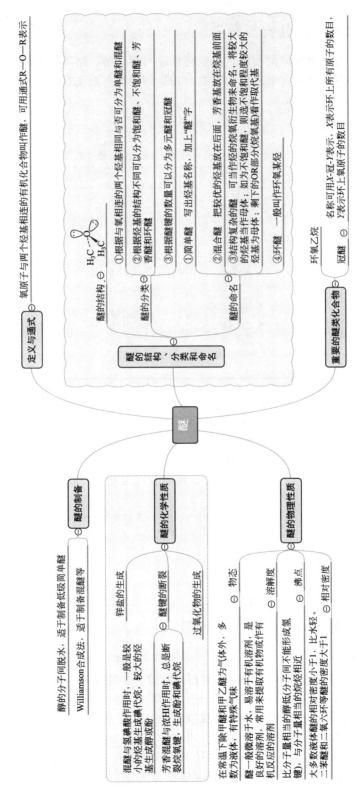

6.4 含硫化合物

6.4.1 含硫化合物的分类与命名

硫与氧同族，有与氧相似的性质，硫也可形成与醇、酚、醚等相类似的化合物，分别为硫醇、硫酚和硫醚等。某些含氧有机化合物与相应的含硫有机化合物见表6-5。

$$R-CH_2SH \qquad \bigcirc\!\!-SH \qquad CH_3-S-CH_3$$
$$\text{硫醇} \qquad\quad \text{硫酚} \qquad\quad \text{硫醚}$$

表 6-5 某些含氧的有机化合物与相应的含硫有机化合物

含氧有机化合物		含硫有机化合物	
醇	R—OH	硫醇	R—SH
酚	Ar—OH	硫酚	Ar—SH
醚	R—O—R	硫醚	R—S—R
醛、酮	$\begin{array}{c}R\\(H)R\end{array}\!\!\Big\rangle C=O$	硫酮(醛)	$\begin{array}{c}R\\(H)R\end{array}\!\!\Big\rangle C=S$
羧酸	$\begin{array}{c}O\\ \parallel\\ R-C-OH\end{array}$	硫代羧酸	$\begin{array}{c}O\\ \parallel\\ R-C-SH\end{array}\rightleftharpoons\begin{array}{c}S\\ \parallel\\ R-C-OH\end{array}$ $\begin{array}{c}S\\ \parallel\\ R-C-SH\end{array}$

其命名方法非常简单，按相应的含氧化合物命名，只是在名称前加一个"硫"字，例如，乙硫醇、甲硫醚、苯硫酚。$C_2H_5-S-S-C_2H_5$ 叫二乙基二硫。—SH 叫巯基或称硫氢基。

硫虽然与氧在同一族，但分别在不同的周期。硫在第三周期，最外层电子离核远，并且有 3d 轨道。3s，3p，3d 轨道能量相差不大，所以，与氧相比，硫可以形成多价化合物。

$$\begin{array}{cccc}
\begin{array}{c}O\\ \parallel\\ R-S-OH\\ \parallel\\ O\end{array} &
\begin{array}{c}O\\ \parallel\\ R-S-OH\end{array} &
\begin{array}{c}O\\ \parallel\\ R-S-R\\ \parallel\\ O\end{array} &
\begin{array}{c}O\\ \parallel\\ R-S-R\end{array}\\
\text{磺酸} & \text{亚磺酸} & \text{砜} & \text{亚砜}
\end{array}$$

上述化合物的命名可以在相应烃基后加上相应的母体即可。

6.4.2 硫醇、硫酚和硫醚的物理性质

硫醇与硫酚中的硫原子采取 sp^3 杂化，硫上的两对孤对电子分别占据一个 sp^3 杂化轨道，剩下的两个 sp^3 杂化轨道分别与碳、氢形成 σ 键。甲硫醇中的碳硫键键长为 182pm，硫氢键键长为 133.5pm，键角∠CSH 为 96°。

硫醇的巯基之间相互作用弱，难以形成氢键，故其沸点比相应的醇低；硫酚的沸点也比相应的酚低。甲硫醇沸点为 6℃，甲醇沸点为 65℃，硫酚的沸点为 168℃，苯酚的沸点为 181.4℃。巯基与水也难以形成氢键，因此硫醇在水中的溶解度比相应的醇小，乙醇能与水以任何比例混溶，而乙硫醇在 108g 水中的溶解度为 1.5g。

低级硫醇有毒且有极难闻的臭味。乙硫醇在空气中的浓度达到 10^{-11} g/L 时，即可闻到臭味。硫酚与硫醇相似，气味也很难闻。随着分子量的增大，臭味逐渐减弱。

6.4.3 硫醇、硫酚和硫醚的化学性质

6.4.3.1 硫醇和硫酚的酸性

与醚和酚类似，S—H 键也可以断裂，解离出质子。硫的最外层电子离核远，成键弱，S—H 键易断裂，因此硫醇、硫酚的酸性比醇和酚的酸性强。

$$CH_3CH_2SH \qquad pK_a^{\ominus}=10.60 \qquad CH_3CH_2OH \qquad pK_a^{\ominus}=15.9$$

$$\langle\!\!\!\!\!\!\!\!\bigcirc\!\!\!\!\!\!\!\!\rangle\!-\!SH \qquad pK_a^{\ominus}=7.8 \qquad \langle\!\!\!\!\!\!\!\!\bigcirc\!\!\!\!\!\!\!\!\rangle\!-\!OH \qquad pK_a^{\ominus}=9.95$$

硫醇的酸性比硫酚弱，只能与强碱反应：

$$RSH + NaOH \longrightarrow RSNa + H_2O$$

$$\langle\!\!\!\!\!\!\!\!\bigcirc\!\!\!\!\!\!\!\!\rangle\!-\!SH + NaHCO_3 \longrightarrow \langle\!\!\!\!\!\!\!\!\bigcirc\!\!\!\!\!\!\!\!\rangle\!-\!SNa + CO_2 + H_2O\uparrow$$

硫醇易与重金属盐如砷、汞、铅、铜等的盐反应，生成不溶于水的硫醇盐。

$$2RSH + HgO \longrightarrow (RS)_2Hg\downarrow + H_2O$$
硫醇汞（白色）

许多重金属盐能引起人畜中毒。其原因是这些重金属离子与生物体内酶的巯基结合，使酶失去活性。临床上利用硫醇能与重金属离子形成络合物或不溶性盐的性质，将其用作解毒剂。例如，2,3-二巯基-1-丙醇就是一种硫醇解毒剂，它可以与重金属离子形成稳定的配合物，从尿中排出，从而消除了重金属离子对酶的破坏作用。

6.4.3.2 硫醇和硫酚的氧化

（1）弱氧化剂氧化　由于硫原子对其最外层电子吸引力小，因此很容易给出电子，甚至在弱氧化剂（如过氧化氢、碘甚至空气中的氧）的作用下就能给出电子而被氧化，生成二硫化物。

$$2RSH + I_2 \xrightarrow[25℃]{C_2H_5OH/H_2O} RSSR + 2HI$$

如果采用标准碘溶液，上述反应可用来测定硫醇的含量，生成的二硫化剂用还原剂（如锌粉和酸）可将其还原成硫醇。硫醇与二硫化物之间的氧化还原反应是生物体内十分重要的转化过程。例如，蛋白质中的胱氨酸与半胱氨酸之间就存在着这种转化：

$$
2\underset{\substack{| \\ \text{COOH}}}{\overset{\substack{\text{CH}_2-\text{SH} \\ |}}{\text{CH}-\text{NH}_2}} \underset{[\text{H}]}{\overset{[\text{O}]}{\rightleftharpoons}} \underset{\substack{| \\ \text{COOH}}}{\overset{\substack{\text{CH}_2-\text{S}-\text{S}-\text{CH}_2 \\ | \qquad\qquad |}}{\text{CHNH}_2 \qquad \text{CHNH}_2}}
$$

半胱氨酸　　　　　　　胱氨酸

（2）强氧化剂氧化　强氧化剂如高锰酸钾、硝酸等可将硫醇、硫酚氧化成磺酸。

$$
\text{C}_2\text{H}_5\text{SH} \xrightarrow{\text{KMnO}_4} \text{C}_2\text{H}_5\text{SO}_3\text{H}
$$

乙磺酸

$$
\langle\text{C}_6\text{H}_5\rangle\text{—SH} \xrightarrow{\text{浓 HNO}_3} \langle\text{C}_6\text{H}_5\rangle\text{—SO}_3\text{H}
$$

苯磺酸

硫醚也可以被氧化为高价含硫化合物，在等物质的量的过氧化氢作用下，硫醚被氧化成亚砜，如用过量的过氧化氢作用则进一步氧化成砜。

$$
\text{CH}_3\text{—S—CH}_3 \xrightarrow{\text{H}_2\text{O}_2/\text{HAc}} \text{CH}_3\overset{\text{O}}{\underset{}{\text{—S—}}}\text{CH}_3 \xrightarrow{\text{H}_2\text{O}_2/\text{HAc}} \text{CH}_3\overset{\text{O}}{\underset{\text{O}}{\text{—S—}}}\text{CH}_3
$$

二甲亚砜　　　　　　　　　　　　二甲砜

6.4.3.3　磺酸

磺酸可看作是硫酸中的一个羟基被烃基取代的产物。

（1）物理性质　磺酸是有吸湿性的固体，易溶于水，难溶于有机溶剂，酸性非常强，与硫酸的酸性相当。有机合成中，磺酸基常作为亲水基被引入分子中，从而增加分子的水溶性。

（2）化学性质

① 羟基的取代反应　磺酸中的羟基可被卤原子、氨基或烷氧基取代，分别生成磺酰卤、磺酰胺和磺酰酯。

$$
3\text{C}_6\text{H}_5\text{SO}_2\text{OH} + \text{PCl}_3 \longrightarrow 3\text{C}_6\text{H}_5\text{SO}_2\text{Cl} + \text{H}_3\text{PO}_3
$$

苯磺酸　　　　　　　　　　苯磺酰氯

磺酰卤的活性高，是较好的磺酰化试剂。用它与氨和醇钠作用可得相应的磺酰胺或磺酰酯。

$$
\text{C}_6\text{H}_5\text{SO}_2\text{Cl} + \text{NH}_3 \longrightarrow \text{C}_6\text{H}_5\text{SO}_2\text{NH}_2 + \text{HCl}
$$

苯磺酰胺

$$
\text{C}_6\text{H}_5\text{SO}_2\text{Cl} + \text{NaOC}_2\text{H}_5 \longrightarrow \text{C}_6\text{H}_5\text{SO}_2\text{OC}_2\text{H}_5 + \text{NaCl}
$$

苯磺酸乙酯

② 磺酰基的取代反应　磺酸基是好的离去基团，可以被氧原子或烃基等基团取代，苯磺酸与水共热则磺酸基被氢原子取代：

$$
\langle\text{C}_6\text{H}_5\rangle\text{—SO}_3\text{H} \xrightarrow[\text{H}_2\text{O}]{\text{H}_2\text{SO}_4} \langle\text{C}_6\text{H}_6\rangle
$$

工业上利用苯磺酸与氢氧化钠共熔制苯酚：

（3）磺胺类药物　磺胺类药物是指对氨基磺酰胺及其衍生物。在青霉素问世之前，磺胺类药物是使用最广泛的抗菌药。

对氨基苯磺酰胺是白色晶体，难溶于水，分子中既有碱性基团氨基，也有酸性基团磺酰氨基，显两性，它既可溶于酸成盐，也可溶于碱成盐。

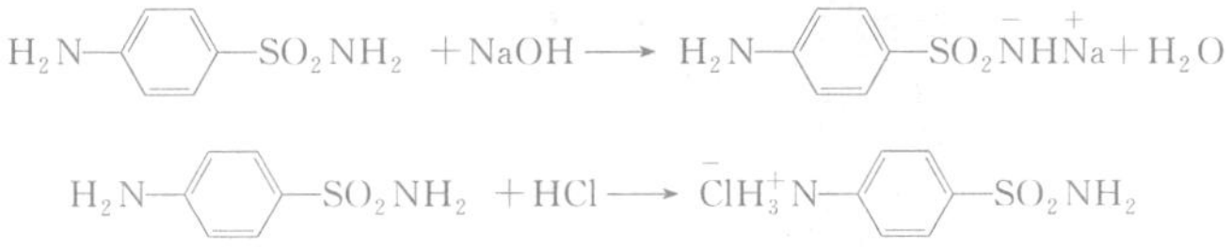

磺胺类药物种类极多，但只有少数疗效较好且副作用小。随着抗生素类药物的问世，磺胺类药物的应用逐渐减少。磺胺甲基异噁唑（SMZ），又名新诺明，为典型的磺胺类药物，用于治疗急性炎症，其构造式为：

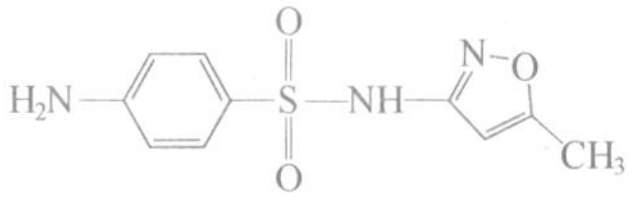

另外两个应用较多的是磺胺脒和磺胺嘧啶，其构造式分别为：

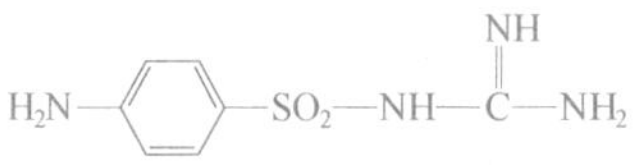

磺胺脒(SG,用于治疗肠炎、细菌性痢疾) 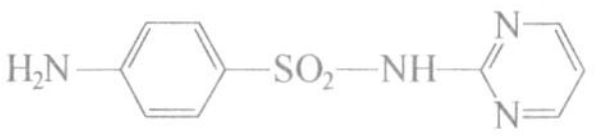　　　　磺胺嘧啶(SD,用于治疗脑膜炎、肺炎)

鉴别案例：

酸性依次增强的顺序。

酸性增强：

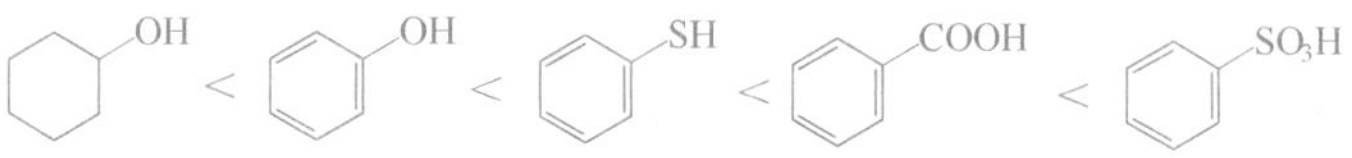

合成案例：

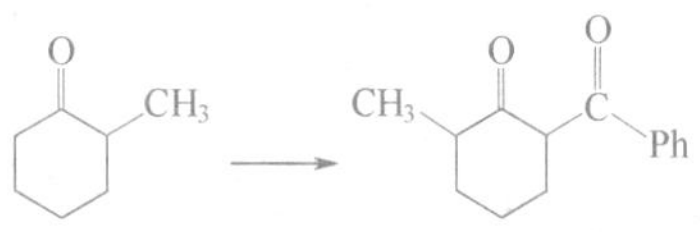

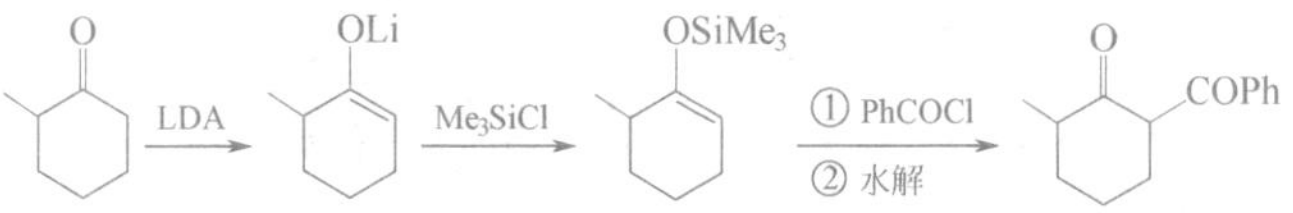

LDA—二异丙基氨基锂

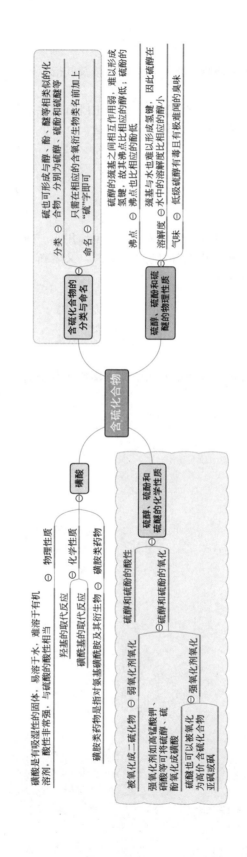

化学名人

唐勇，男，汉族，1964年9月出生于四川省井研县，有机化学家，中国科学院院士。现任中国科学院上海有机化学研究所所长。主要从事金属有机化学研究。针对均相催化领域的选择性控制与催化等核心科学问题，发展了在催化剂的活性中心区域装载配位基团以调控其催化行为的方法，提出了边臂策略设计金属有机催化剂的理念。运用该策略，设计了系列新型手性配体并成功应用于十余类重要的不对称催化反应；发展了一些叶立德反应选择性调控的新方法；设计了新型单中心聚烯烃催化剂，为聚乙烯多样性链结构的选择性合成提供了高效的途径。其回顾多年来的科研过程，指出"在科学研究的实践中，失败和偶然是重要发现的提示符和信号灯，是成功的前奏；在人生的道路上，失败和挫折为你人生的目标和定位提供重要机遇"。

习题

一、命名题

1. $(CH_3)_2COHCH_3$

2. $CH_2=CHCH_2OH$

3. $CH_3CH_2\underset{\underset{OH}{|}}{\overset{\overset{OCH_3}{|}}{CH}}CHCH_3$

4.
$CH_3CH_2CHCH_2OH$ （苯环结构，带OH）

5. （环己基）CH_2OH

6. （苯酚，间位两个 H_3C 取代）

7. （苯酚，O_2N、NO_2、NO_2 取代）

8. $CH_3OC(CH_3)_3$

9. $CH_3OCH=CH_2$

10. $H_2C—CH—CH_2Cl$ （环氧结构）

二、完成反应方程式

1. （苯基—$CH_2C(CH_3)$，带H和OH） $\xrightarrow[\triangle]{\text{浓 } H_2SO_4}$

2. （环己烯，带两个 CH_3） $\xrightarrow[H^+]{H_2O}$ $\xrightarrow[-H_2O]{\text{浓硫酸}}$ $\xrightarrow{KMnO_4/H^+}$

3. $CH_3—\underset{\underset{CH_3}{|}}{\overset{\overset{CH_3}{|}}{C}}—\underset{\underset{OH}{|}}{CH_2}$ $\xrightarrow{PBr_3}$

4. （水杨酸，带 COOH 和 OH） $+ (CH_3CO)_2O \longrightarrow$ $+ CH_3COOH$

5. $\underset{\underset{H}{|}}{\overset{\overset{H_3C}{|}}{C}}\underset{\underset{H_3C}{}}{}—\underset{\underset{OH}{|}}{\overset{\overset{CH_3}{|}}{C}}$ $\xrightarrow[-H_2O]{H^+}$ $\xrightarrow[H_3PO_4]{H_2O}$

6. （环氧乙烷）$+ CH_3CH_2OH \xrightarrow{OH^-}$

三、选择题

1. 与卢卡斯试剂作用最快的是（　　）。

A. $CH_3CH_2CHOHCH_3$　　　　B. $CH_3CH_2C(CH_3)_2OH$

C. $(CH_3)_2CHCH_2OH$　　　　D. $CH_3CH_2CH(CH_3)CH_2OH$

2. 下面物质酸性最强的是（　　）。

A.苯酚　　　　　B.间甲苯酚　　　　　C.间硝苯酚　　　　　D. 2,4,6-三硝基苯酚

3.与钠反应最快的是（　　）。

A.$(CH_3)_2CHOH$　　　B. CH_3CH_2OH　　　C. $(CH_3)_3COH$　　　D. $CH_3CH_2CHOHCH_3$

4.下列化合物，能形成分子内氢键的是（　　）。

A. 邻甲基苯酚　　　　　B. 对甲基苯酚　　　　　C. 邻硝基苯酚　　　　　D. 对硝基苯酚

5. 2-甲基-3-戊醇脱水的主要产物是（　　）。

A. 2-甲基-1-戊烯　　　B. 2-甲基戊烷　　　C. 2-甲基-2-戊烯　　　D. 2-甲基-3-戊烯

6.乙醇的水溶性大于1-丁烯，这主要因为（　　）。

A.乙醇的分子量小于正丁烷　　　　　　　　B.乙醇分子中没有 π 键

C.乙醇分子中的氧原子为 sp^3 杂化　　　　　D.乙醇可与水形成氢键

四、鉴别题

1.苯甲醇、甲苯、乙醚

2.己烷、1-己醇、对甲苯酚

五、合成题

1.由乙烯和溴苯合成 —CH_2CH_2OH

2.由丙烯合成异丙基烯丙基醚

六、推断题

1.有一化合物 A（$C_5H_{11}Br$）和 NaOH 水溶液共热后生成 $C_5H_{12}O$（B）。B 具有旋光性，能与金属钠反应放出氢气，和浓硫酸共热生成 C_5H_{10}（C）。C 经臭氧氧化和在还原剂存在下水解，生成丙酮和乙醛。试推测 A、B、C 的结构。

2.某化合物 A 与溴作用生成含有三个溴原子的化合物 B，A 能使 $KMnO_4$ 溶液褪色，生成含有一个溴原子的1,2-二醇；A 很容易与 NaOH 作用生成 C 和 D，C 和 D 氢化后得到两种互为异构体的饱和一元醇 E 和 F。E 比 F 更容易脱水，且脱水后产生两个异构体；而 F 脱水后仅生成一个产物。这些脱水产物都能被还原为正丁烷。写出 A～F 的构造式。

醛和酮

Chapter 07

学习指南

1. 了解醛和酮的分类及其物理性质；
2. 掌握醛和酮的命名方法、化学性质及在合成中的应用；
3. 熟悉官能团的特征反应，掌握醛与酮的鉴别方法。

醛和酮分子中都含有相同的官能团——羰基（ —C— ），所以又叫羰基化合物。羰基至
少与一个氢原子相连的化合物叫醛，通式为 R—C—H （甲醛除外）， —C—H 称为醛基，是醛
的官能团。羰基与两个烃基相连的化合物叫作酮，常用通式 R—C—R′ 表示，酮分子中的羰
基又称酮基，是酮的官能团。碳原子数相同的醛和酮互为同分异构体。

7.1　醛和酮的结构、分类与命名

醛和酮的官能团是羰基，在羰基中碳原子与氧原子以双键相连，与碳碳双键相似，碳氧
双键也是由一个 σ 键和一个 π 键组成的。但与碳碳双键不同的是，碳氧双键中氧原子的电负
性比碳原子大，吸引电子的能力强，使 π 电子云的分布不均匀，氧原子上的电子云密度较
高，带有部分负电荷（δ^-），而碳原子上的电子云密度较低，带有部分正电荷（δ^+），因此
羰基是极性基团。醛和酮都是具有极性的分子。羰基的结构见图 7-1。

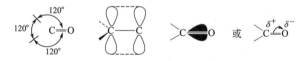

图 7-1　羰基的结构

根据与羰基相连的烃基不同，醛、酮可以分为脂肪族醛、酮，脂环族醛、酮和芳香族
醛、酮三类。在脂肪族醛、酮中，根据烃基结构的不同又可分为饱和醛、酮和不饱和醛、
酮。分子中羰基数目可以是一个、两个或多个，因而又可分为一元醛、酮，二元醛、酮和多
元醛、酮等。

醛、酮 {
芳香族醛酮：羰基与芳环直接相连的化合物
脂肪族醛酮：羰基与脂肪烃基相连的化合物
脂环族醛酮：羰基与脂环烃基相连的化合物
}

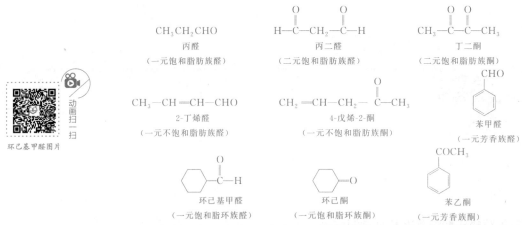

CH₃CH₂CHO
丙醛
（一元饱和脂肪族醛）

丙二醛
（二元饱和脂肪族醛）

丁二酮
（二元饱和脂肪族酮）

CH₃—CH=CH—CHO
2-丁烯醛
（一元不饱和脂肪族醛）

4-戊烯-2-酮
（一元不饱和脂肪族酮）

苯甲醛
（一元芳香族醛）

环己基甲醛
（一元饱和脂环族醛）

环己酮
（一元饱和脂环族酮）

苯乙酮
（一元芳香族酮）

动画扫一扫
环己基甲醛图片

　　脂肪族醛、酮的系统命名法与醇相似，首先是选择包括羰基碳原子在内的最长碳链作为主链，按照主链碳原子数称为某醛或某酮。主链碳原子的编号从靠近羰基碳原子的一端开始。在普通命名法中，主链碳原子的位次也可以用希腊字母 α，β，γ，…来表示。编号从与羰基相连的碳原子开始，即与官能团相连的碳原子为 α-碳原子。不饱和醛、酮按系统命名法命名时需标出不饱和键和羰基的位置。

$$\overset{\delta}{\underset{5}{CH_3}}-\overset{\gamma}{\underset{4}{CH_2}}-\overset{\beta}{\underset{3}{CH}}-\overset{\alpha}{\underset{2}{CH_2}}-\overset{}{\underset{1}{CHO}}$$
CH₃
3-甲基戊醛(或 β-甲基戊醛)

$$\overset{\delta}{\underset{5}{CH_2}}=\overset{\gamma}{\underset{4}{CH}}-\overset{\beta}{\underset{3}{CH}}-\overset{\alpha}{\underset{2}{CH_2}}-\overset{}{\underset{1}{CHO}}$$
CH₃
3-甲基-4-戊烯醛

CH₃—C—CH—CH₂—C—CH₃
CH₂
CH₃
3-乙基-2,5-己二酮

CH₃CH₂—C—CHCHO
CH₃
2-甲基己醛-4-酮

CH₃—C—CH₃
丙酮

环己酮

1,2-环己二酮

CHO
CHO
乙二醛

CH₃CC(CH₃)₃
α,α-二甲基丁酮

CH₃
CH₃CHCHO
α-甲基丙醛

Br
CH₃CHCH₂CHO
β-溴代丁醛

　　含有芳香环的醛、酮常将芳香环当作取代基来命名。

—CHO
苯甲醛
（苦杏仁油）

CH=CHCHO
β-苯基丙烯醛

C—CH₂—C
1,3-二苯基-1,3-丙二酮

　　很多醛习惯采用俗名，而多数俗名是按其氧化后所得相应羧酸的俗名命名的。

HCHO　　CH₃(CH₂)₁₀CHO　　CH₃CH=CHCHO
蚁醛　　　　月桂醛　　　　　巴豆醛　　　　水杨醛　　　　肉桂醛

结构简单的酮常用普通命名法命名，酮的普通命名法是按与酮基所连的两个烃基名称来命名，即指明与羰基相连的两个烃基，称为某基某基甲酮。两个烃基不同时，按次序规则，较优基团在后；两个烃基相同时，称为二某基甲酮，有时烃基的"基"字及甲酮的"甲"字可省略。

$$CH_3CCH_2CH_3$$

甲乙酮
（甲基乙基甲酮）

苯乙酮
（甲基苯基甲酮）

二苯酮
（二苯基甲酮）

7.2　醛和酮的物理性质

（1）物态　常温常压下，除甲醛是气体外，12 个碳原子以下的醛、酮是液体，高级醛、酮和芳香酮多为固体。甲醛是具有刺激气味的气体，其他低级醛是具有刺激性气味的液体，低级酮是具有令人愉快气味的液体。

（2）沸点　低级醛酮的沸点比分子量相近的醇低很多，但比分子量相近的烃或醚高。这是因为醛（酮）分子间没有缔合作用，因此沸点比相应的醇低。但羰基具有较强的极性，其分子间的作用力比烃或醚大，所以它们的沸点比相应的烃或醚高。随着分子量增大，醛和酮与醇或烃沸点的差别逐渐变小，这是因为随着分子量的增加，醇分子间形成氢键的难度加大，而羰基在醛和酮分子中所占的比例也在减小，所以，它们的沸点越来越接近。

（3）溶解性　醛和酮分子中羰基上的氧原子可以与水分子中的氢原子形成氢键，因此，低级醛和酮能溶于水。如甲醛、乙醛、丙酮可以任意比例与水混溶。醛、酮的溶解度随着碳原子数目增加而递减。随着碳原子数的增加，对形成氢键有空间阻碍作用的烃基增大，醛和酮在水中的溶解度也逐渐减小，直至不溶，五个碳原子以上的醛、酮微溶或不溶于水，但易溶于有机溶剂。芳醛和芳酮一般难溶于水，但它们都能溶于有机溶剂。丙酮是良好的有机溶剂，能溶解很多有机化合物。

（4）相对密度　脂肪醛和脂肪酮的相对密度小于 1，比水轻；芳醛、芳酮以及三氯乙醛等的相对密度大于 1。

某些醛、酮的主要物理常数见表 7-1。

表 7-1　某些醛、酮的主要物理常数

名称	熔点/℃	沸点/℃	相对密度(ρ)	溶解度/(g/100g 水)
甲醛	−92	−21	0.815	55
乙醛	−121	20.8	$0.783\frac{18}{4}$	16
丙醛	−81	48.8	0.807	20
丁醛	−99	75.7	0.817	4
丙烯醛	−86.5	53	0.8410	易溶
苯甲醛	−26	178.6	1.046	0.33
三氯乙醛	−57	97.8	$1.505\frac{25}{4}$	易溶
水杨醛	1~2	196.5	$1.153\frac{25}{4}$	微溶
丙酮	−95.4	56.2	0.791	∞
丁酮	−86.9	79.6	0.805	35.3
2-戊酮	−77.8	102.4	0.809	几乎不溶
3-戊酮	−39.9	102.0	0.810	4.7
环己酮	−16.4	155.7	0.947	溶

续表

名称	熔点/℃	沸点/℃	相对密度(ρ)	溶解度/(g/100g 水)
苯乙酮	20.5	202	1.028	微溶
二苯甲酮	48.1	305.9	1.083	不溶

7.3 醛和酮的化学性质

醛和酮的化学反应主要发生在官能团羰基及受羰基影响变得比较活泼的 α-氢原子上。

(R,R′=H或烃基)

① >C=O 中 π 键断裂，发生加成及还原反应；

② $-\overset{O}{\overset{\|}{C}}-H$ 中C—H 键断裂，发生氧化反应；

③ α-C—H 键断裂，发生卤代或缩合反应。

7.3.1 羰基的加成反应

醛和酮分子中的羰基是不饱和键，其中 π 键比较活泼，容易断裂，可以和水、氢氰酸、亚硫酸氢钠、醇、格氏试剂以及氨的衍生物等发生加成反应。

(1) 与水加成　羰基化合物能与水反应，生成双二醇，这类反应称为羰基水合。

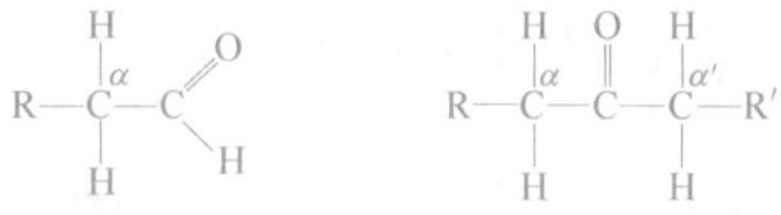

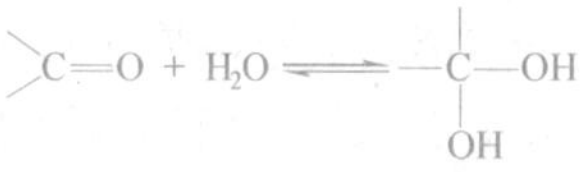

双二醇

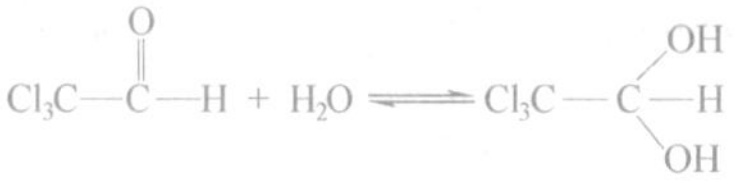

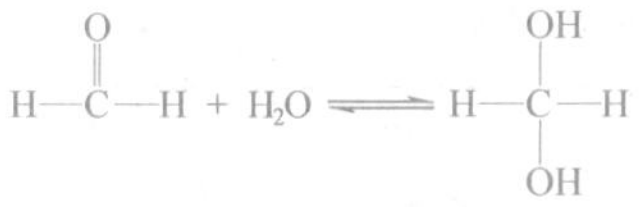

(2) 与氢氰酸加成　醛和脂肪族甲基酮可以与氢氰酸发生加成反应，在少量碱催化下，醛和酮与氢氰酸加成生成 α-羟基腈（又叫 α-氰醇）。

α-羟基腈

动画扫一扫

7.1 简单的亲核加成反应机理

该反应过程加入少量碱，能大大加速反应；若加入酸，则抑制反应。由于产物氰醇比原来的醛和酮多了一个碳原子，这是一种增长碳链的反应。同时氰醇中的氰基能水解成羧基，也能还原成氨基，可以转化成多种化合物。

和 HCN 加成的难易比较：甲醛＞脂肪醛＞芳香醛＞丙酮＞脂肪族甲基酮＞芳香族甲基酮＞芳酮。

实验表明羰基所连的基团越小越利于反应的进行。

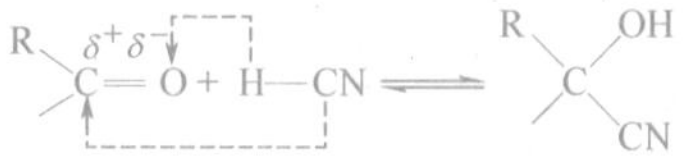

α-羟基腈在合成中的应用：

$$H_3C-\underset{\underset{OH}{|}}{\overset{\overset{CN}{|}}{C}}-CH_3 \quad \begin{cases} \xrightarrow{-H_2O} & H_2C=\underset{\underset{CH_3}{}}{\overset{\overset{CN}{|}}{C}} \\[2mm] \xrightarrow{H_3O^+} & H_3C-\underset{\underset{OH}{|}}{\overset{\overset{COOH}{|}}{C}}-CH_3 \\[2mm] \xrightarrow{[H]} & H_3C-\underset{\underset{OH}{|}}{\overset{\overset{CH_2NH_2}{|}}{C}}-CH_3 \end{cases}$$

$$CH_3-\overset{O}{\overset{||}{C}}-CH_3 \xrightarrow{HCN,\ OH^-} CH_3-\underset{\underset{OH}{|}}{\overset{\overset{CH_3}{|}}{C}}-CN \xrightarrow{H_3^+O} CH_3-\underset{\underset{OH}{|}}{\overset{\overset{CH_3}{|}}{C}}-COOH \xrightarrow[H_2SO_4,\ \triangle]{CH_3OH} CH_2=\underset{}{\overset{\overset{CH_3}{|}}{C}}-COOCH_3$$

α-甲基-α-羟基丙腈   α-甲基-α-羟基丙酸

（3）与格氏试剂加成　格氏试剂容易与羰基进行加成反应，产物水解后生成相应的醇。其中，甲醛与格氏试剂反应生成伯醇，其他醛生成仲醇，酮则得到叔醇。

$$R-MgX+\begin{cases} HCHO \longrightarrow RCH_2OMgX \xrightarrow{H_2O} RCH_2OH \text{ 增加一个 C 的伯醇} \\[2mm] R'CHO \longrightarrow R'\underset{\underset{R}{|}}{\overset{}{C}}HOMgX \xrightarrow{H_2O} R'\underset{\underset{R}{|}}{\overset{}{C}}HOH \text{ 仲醇} \\[2mm] R'\overset{}{\underset{R''}{\overset{|}{C}}}=O \longrightarrow R'-\underset{\underset{R''}{|}}{\overset{\overset{R}{|}}{C}}-OMgX \xrightarrow{H_2O} R'-\underset{\underset{R''}{|}}{\overset{\overset{R}{|}}{C}}-OH \text{ 叔醇} \end{cases}$$

环己基甲醇(64%~69%)
(伯醇)

4-甲基-3-庚醇
(仲醇)

三苯甲醇(55%)
(叔醇)

（4）与亚硫酸氢钠加成　醛、低级的环酮（小于 C_8）及脂肪族甲基酮可与饱和的亚硫酸氢钠溶液（40%）发生加成反应，生成 α-羟基磺酸钠。

$$\underset{(CH_3)H}{\overset{R}{\diagdown}}C=O + NaHSO_3 \rightleftharpoons \underset{(CH_3)H}{\overset{R}{\diagup}}\overset{O^-Na^+}{\underset{SO_3H}{\diagdown}}C \rightleftharpoons \underset{(CH_3)H}{\overset{R}{\diagup}}\overset{OH}{\underset{SO_3^-Na^+}{\diagdown}}C$$

α-羟基磺酸钠为无色结晶，易溶于水，但不溶于饱和的亚硫酸氢钠溶液。由于反应后有晶体析出，因此可用于鉴别醛、C_8 以下的环酮和脂肪族甲基酮。生成的 α-羟基磺酸钠，在稀酸或稀碱的作用下，可以分解成原来的醛和酮。可利用这一性质来分离、精制醛和酮。

$$\underset{SO_3^-Na}{\overset{R-CH-OH}{|}} \underset{\frac{1}{2}Na_2CO_3}{\overset{HCl}{\longrightarrow}} \begin{array}{l} RCHO + NaCl + SO_2 + H_2O \\ RCHO + Na_2SO_3 + \frac{1}{2}CO_2 + \frac{1}{2}H_2O \end{array}$$

（5）与醇加成　在干燥的氯化氢存在下，醛能与饱和一元醇发生加成反应生成半缩醛。半缩醛不稳定，与醇进一步发生脱水反应生成缩醛。

$$\underset{H}{\overset{R}{\diagdown}}C=O + R'-OH \overset{\text{干燥HCl}}{\longrightarrow} \underset{H}{\overset{R}{\diagup}}\overset{OH}{\underset{OR'}{\diagdown}}C \overset{\text{干燥HCl}}{\longrightarrow} \underset{H}{\overset{R}{\diagup}}\overset{OR''}{\underset{OR'}{\diagdown}}C + H_2O$$
半缩醛　　　　　　　缩醛

$$\underset{H}{\overset{CH_3}{\diagdown}}C=O + H\overset{}{\underset{}{}}OC_2H_5 \overset{\text{干HCl}}{\rightleftharpoons} \underset{H}{\overset{CH_3}{\diagup}}\overset{OH}{\underset{OC_2H_5}{\diagdown}}C \overset{C_2H_5OH}{\underset{\text{干HCl}}{\rightleftharpoons}} CH_3CH\overset{OC_2H_5}{\underset{OC_2H_5}{\diagdown}} + H_2O$$
乙醛缩一乙醇　　　　　乙醛缩二乙醇
（半缩醛）　　　　　　（缩醛）

由于半缩醛不稳定，一般很难分离，因此，上述反应可以看成是 1mol 醛与 2mol 醇分子间脱去 1mol 水，生成缩醛。

$$\underset{H}{\overset{CH_3}{\diagdown}}C=O + H\overset{OC_2H_5}{\underset{OC_2H_5}{\diagdown}}H \overset{\text{干HCl}}{\rightleftharpoons} CH_3CH\overset{OC_2H_5}{\underset{OC_2H_5}{\diagdown}} + H_2O$$

从结构上看，缩醛相当于同碳二元醇的醚，化学性质与醚相似，对碱、氧化剂及还原剂都非常稳定，但在稀酸中易水解生成原来的醛。

$$CH_3CH\overset{OC_2H_5}{\underset{OC_2H_5}{\diagdown}} \overset{H_2O}{\underset{H^+}{\longrightarrow}} CH_3CHO + 2C_2H_5OH$$

合成案例：
选用适当的原料合成下列化合物。

$CH_3CHCH_2CH_2OH$
$\quad\;|$
$\quad CH_3$

① 合成产物为伯醇，因此应选择甲醛和相应的格氏试剂来制备。
② 把将要合成的化合物拆分成两个结构单元。因为该醇中与羟基相连的碳原子应是原料甲醛的羰基碳，与这个碳原子相连的烃基应来源于格氏试剂，所以可将醇中连有羟基的碳原子与烃基之间的键断开 $CH_3CHCH_2\!\!\mid\!\!CH_2OH$（下标 CH_3），从而推知合成物是由甲醛和异丁基卤化镁加成而得。
③ 写出合成路线：

$$HCHO + \underset{\underset{CH_3}{|}}{CH_3CHCH_2}MgX \xrightarrow{\text{干醚}} \underset{\underset{CH_3}{|}}{CH_3CHCH_2CH_2}OMgX \xrightarrow{H_2O} \underset{\underset{CH_3}{|}}{CH_3CHCH_2CH_2}OH$$

当利用醛与格氏试剂反应合成仲醇（ $\underset{OH}{\overset{|}{RCHR'}}$ ）时，因连有羟基的碳原子上有 R 和 R′ 两个烃基，故所用醛和格氏试剂可有两种选择。即断裂 $\underset{R \,|\, CH-R'}{\overset{OH}{|}}$ ，选择 RMgX 和 R′MgX，或断裂 $\underset{R-CH \,|\, R'}{\overset{OH}{|}}$ ，选择 RCHO 和 R′CHO。

同理，合成叔醇（ $\left(\underset{\underset{R'}{|}}{\overset{\overset{OH}{|}}{R-C-R''}} \right)$ ）时，可选择三种不同的格氏试剂和相应的酮来制备。

（6）与氨的衍生物加成　在酸催化下，NH_3 或取代氨（氨的衍生物，包括伯胺、羟胺、肼、苯肼、2,4-二硝基苯肼以及氨基脲）能和醛酮的羰基发生加成反应，反应是可逆的。生成醇胺，醇胺不稳定脱水生成相应碳氮双键化合物（烯胺，$R=N-R'$）。

$$\underset{}{\overset{}{>}}C=O + H_2N-Y \rightleftharpoons \underset{\underset{OH}{|}}{\overset{}{>}}C-NH-Y \xrightarrow{-H_2O} \underset{}{\overset{}{>}}C=N-Y$$
$$\text{醇胺}$$

上式也可以直接写成：

$$\underset{}{\overset{}{>}}C\boxed{=O + H_2}N-Y \rightleftharpoons \underset{}{\overset{}{>}}C=N-Y + H_2O$$

反应的结果是在醛、酮与氨的衍生物分子间脱去一分子水，生成含有 $C=N$ 双键的化合物。这一反应又叫醛、酮与氨的衍生物的缩合反应。

$$>C=O + H_2N-OH \xrightarrow{-H_2O} >C=N-OH \quad (\text{肟})$$

$$>C=O + H_2N-NH_2 \xrightarrow{-H_2O} >C=N-NH_2 \quad (\text{腙})$$

$$>C=O + H_2N-NHC_6H_5 \xrightarrow{-H_2O} >C=N-NHC_6H_5 \quad (\text{苯腙})$$

$$>C=O + H_2N-NHCONH_2 \xrightarrow{-H_2O} >C=N-NHCONH_2 \quad (\text{缩氨脲})$$

$$>C=O + H_2N-R \xrightarrow{-H_2O} >C=N-R \quad (\text{取代亚胺，不太稳定})$$

2,4-二硝基苯肼　　　　　　　　　　　　环己酮-2,4-二硝基苯腙醛、酮与氨的衍生物缩合后，反应产物一般为具有固定熔点的晶体。其中 2,4-二硝基苯肼有颜色并且容易结晶，常用 2,4-二硝基苯肼作羰基试剂来鉴别醛、酮。此外，由于反应产物可在稀酸作用下分解成原来的醛和酮，所以又可用于醛、酮的分离和提纯。

7.3.2 氧化反应

在强氧化剂（如 $KMnO_4$、$K_2Cr_2O_7+H_2SO_4$）的作用下，醛可被氧化为相同碳原子数的羧酸；酮则发生碳链断裂，生成碳原子数较少的羧酸混合物。

如果采用较弱的氧化剂（如托伦试剂、费林试剂），则醛能发生氧化反应，而酮却不能。这是因为醛基上的氢原子比较活泼，容易被氧化。

（1）与强氧化剂的反应　在强烈的氧化条件下（如在酸性 $KMnO_4$ 中或浓 NH_3 中长时间共热），在羰基两侧的碳链断裂，生成小分子的羧酸。产物是两种酸的混合物，在制备羧酸过程中很少采用。醛容易被强氧化剂氧化成酸。

环己酮　　　己二酸

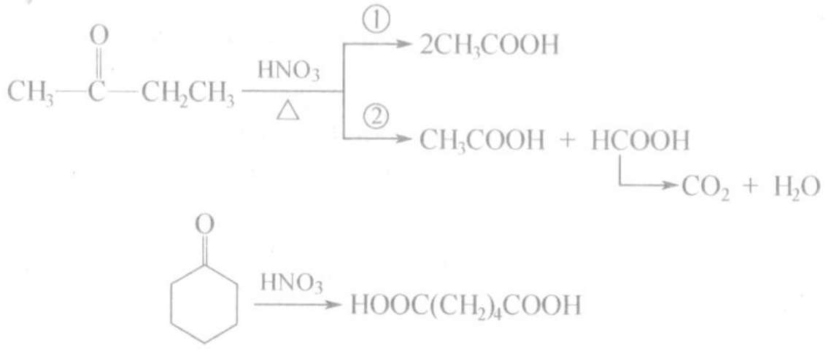

（2）与托伦（Tollens）试剂反应　托伦试剂是硝酸银的氨溶液，具有较弱的氧化性，可将醛氧化成羧酸，而银离子被还原成 Ag。若在洁净的玻璃容器中反应，可在容器壁上形成光洁明亮的银镜，因此这一反应又称为银镜反应。

$$R-\overset{O}{\overset{\|}{C}}-H+2[Ag(NH_3)_2]^+ +2OH^- \longrightarrow R-\overset{O}{\overset{\|}{C}}-O^- +NH_4^+ +2Ag\downarrow +3NH_3+H_2O$$

托伦试剂对碳碳双键、碳碳三键没有氧化作用，是很好的选择性氧化剂。

$$\underset{\text{巴豆醛}}{CH_3-CH=CH-CHO} \xrightarrow{Ag(NH_3)_2OH} \underset{\text{巴豆酸}}{CH_3-CH=CH-COOH}$$

巴豆酸有顺式和反式两种异构体，其中反式巴豆酸比较稳定，为无色晶体，可用于制备增塑剂、合成树脂和药物，是重要的化工原料。

（3）与费林（Fehling）试剂反应　费林试剂是酒石酸钾钠的碱性硫酸铜溶液，可使醛氧化成羧酸，而本身被还原成砖红色 Cu_2O 沉淀。

$$R-\overset{O}{\overset{\|}{C}}-H+2Cu^{2+}+5OH^- \longrightarrow R-\overset{O}{\overset{\|}{C}}-O^- +\underset{\text{(红棕色)}}{Cu_2O\downarrow}+3H_2O$$

芳醛一般不能发生此反应。甲醛的还原性较强，与费林试剂反应可生成铜镜。

$$HCHO+Cu^{2+}+NaOH \longrightarrow HCOONa+Cu\downarrow+2H^+$$

醛与托伦试剂、费林试剂的反应可用来区别醛和酮。其中费林试剂还可区别脂肪醛和芳醛，并可鉴定甲醛。

7.3.3 还原反应

（1）采用催化剂 Ni、Pt 和 Pd，醛或酮与氢气反应，分别被还原为伯醇或仲醇。

用催化加氢的方法，不仅能还原羰基，还可以还原碳碳双键和碳碳三键。

$$\begin{array}{c} R \\ H \end{array} C=O + H_2 \xrightarrow{\ Ni\ } \begin{array}{c} R \\ H \end{array} CH-OH$$
伯醇

$$\begin{array}{c} R \\ R' \end{array} C=O + H_2 \xrightarrow{\ Ni\ } \begin{array}{c} R \\ R' \end{array} CH-OH$$
仲醇

$$\bigcirc\!=\!O + H_2 \xrightarrow[\substack{25℃,0.3MPa \\ C_2H_5OH}]{Pt} \bigcirc\!\!\begin{array}{c}H\\OH\end{array}$$
（98%）

$$CH_2=CH-CHO \xrightarrow[H_2]{Pt} CH_3CH_2CH_2OH$$

工业上以 2-乙基-2-己烯醛为原料催化加氢制取 2-乙基-1-己醇。

$$CH_3CH_2CH_2CH=\underset{\underset{CH_2CH_3}{|}}{C}-CHO \xrightarrow[Ni]{H_2} CH_3CH_2CH_2CH_2\underset{\underset{CH_2CH_3}{|}}{CH}CH_2OH$$
2-乙基-2-己烯醛 　　　　　2-乙基-1-己醇

2-乙基-1-己醇为无色有特殊气味的液体，是生产聚氯乙烯增塑剂邻苯二甲酸二辛酯的基本原料，也可用于合成润滑剂。

（2）在化学还原剂（如硼氢化钠 NaBH$_4$、氢化铝锂 LiAlH$_4$）作用下或催化加氢，醛和酮分子中的羰基可以发生还原反应，醛还原成伯醇，酮还原成仲醇。

硼氢化钠是一种缓和的还原剂，并且选择性较高，一般只还原醛和酮中的羰基，而不影响其他的不饱和基团。氢化铝锂的还原性比硼氢化钠强，除还原醛和酮中的羰基外，还可以还原羧酸、酯中的羰基以及—NO$_2$、—CN 等许多不饱和基团。但是，它们都不能还原碳碳双键和碳碳三键。

$$\bigcirc\!-CH=CHCHO \xrightarrow[\substack{或 NaBH_4}]{LiAlH_4} \bigcirc\!-CH=CHCH_2OH$$
肉桂醛 　　　　　肉桂醇

$$CH_3-CH=CH-CHO \xrightarrow{NaBH_4} CH_3-CH=CH-CH_2OH$$
巴豆醛 　　　　　巴豆醇

$$\bigcirc\!=\!O \xrightarrow{NaBH_4} \bigcirc\!\!\begin{array}{c}H\\OH\end{array}$$
2-环戊烯-1-酮 　　　　　2-环戊烯-1-醇

（3）克莱门森还原　醛和酮与锌汞齐、浓盐酸一起加热，其羰基直接还原成亚甲基，这个反应叫克莱门森（Clemmensen）还原法，该还原适合于对酸稳定的醛和酮。

$$\underset{(H)R'}{\overset{R}{\diagup}}C=O \xrightarrow[\triangle]{Zn-Hg,\ \text{浓 HCl}} \underset{(H)R'}{\overset{R}{\diagup}}CH_2 + H_2O$$

烃

基斯内尔-沃尔夫-黄鸣龙还原法：将醛或酮和水合肼、氢氧化钾（或氢氧化钠），在高沸点溶剂（如乙二醇、缩乙二醇等）中加热回流，可使羰基还原成亚甲基，该还原适合于对碱稳定的醛和酮。

$$\underset{(H)}{R-C-R'} \xrightarrow[-H_2O]{NH_2NH_2} \underset{(H)}{\underset{R'}{\overset{R-C=NNH_2}{|}}} \xrightarrow[200℃]{KOH,\ \text{乙二醇}} \underset{(H)}{R-CH_2-R'} + N_2\uparrow$$

腙　　　　　　　烃

（4）坎尼扎罗反应　不含 α-氢的醛在浓碱溶液中，可以发生自身氧化还原反应。一分子醛被氧化成羧酸，另一分子醛被还原成醇。此反应又叫歧化反应。

$$HCHO + HCHO \xrightarrow[\triangle]{\text{浓NaOH}} HCOONa + CH_3OH$$

$$2\ \text{◯}-CHO \xrightarrow[\triangle]{\text{浓NaOH}} \text{◯}-COONa + \text{◯}-CH_2OH$$

$$\text{furyl}-CHO \xrightarrow{NaOH} \text{furyl}-COONa + \text{furyl}-CH_2OH$$

7.3.4　α-氢原子的反应

受官能团羰基的影响，醛、酮分子中的 α-氢原子非常活泼，可以发生卤代反应和羟醛缩合反应。

（1）卤代反应　在酸或碱的催化作用下，醛和酮分子中的 α-氢原子很容易被卤素原子取代，生成 α-卤代醛、酮。在酸催化下的卤代反应速率缓慢，可以控制在生成一卤代物阶段。

$$CH_3\overset{O}{\overset{\|}{C}}CH_3 + Br_2 \xrightarrow[65℃]{CH_3COOH} CH_3\overset{O}{\overset{\|}{C}}CH_2Br + HBr$$

碱催化下的卤代反应速率很快，较难控制。若醛、酮分子中含有 $CH_3-\overset{O}{\overset{\|}{C}}-$ 结构，则甲基上的三个氢原子都能被取代，生成同碳三卤代物 $CX_3-\overset{O}{\overset{\|}{C}}-$ ，这种三卤代物在碱性条件下很不稳定，容易进一步分解生成羧酸盐和三卤甲烷（卤仿）。

$$(H)R-\overset{O}{\overset{\|}{C}}-CH_3 + 3NaOX \longrightarrow (H)R-\overset{O}{\overset{\|}{C}}-CX_3 + 3NaOH$$
$$(X_2 + NaOH) \qquad\qquad \xrightarrow{NaOH} (H)RCOONa + CHX_3$$

由于上述反应最终生成了卤仿，所以又叫作卤仿反应。

次卤酸盐本身是氧化剂，可使 $CH_3-\overset{OH}{\overset{|}{CH}}-$ 结构氧化成 $CH_3-\overset{O}{\overset{\|}{C}}-$ 结构，因而含有

"$CH_3-\overset{\overset{\displaystyle OH}{|}}{CH}-$" 结构的醇也能发生卤仿反应。

$$CH_3-\overset{\overset{\displaystyle OH}{|}}{CH}-CH_3 \xrightarrow{NaOI} CH_3-\overset{\overset{\displaystyle O}{\|}}{C}-CI_3 \xrightarrow{NaOI} CH_3-COONa+CHI_3$$
异丙醇 　　　　　　　　　　　　　　　　　乙酸钠　碘仿

碘仿是不溶于水的亮黄色固体，有特殊的气味，易于识别，因此可利用碘仿反应来鉴定含有甲基的醛、酮和能被氧化成甲基醛、酮的醇类。这一反应还用于制备用一般方法难于制备的羧酸。

$$\triangleright-\overset{\overset{\displaystyle O}{\|}}{C}CH_3 + Br_2 + NaOH \longrightarrow \triangleright-COONa + CHBr_3$$
$$\Big\downarrow H^+$$
$$\triangleright-COOH$$

（2）羟醛缩合反应　　含有 α-氢原子的醛在稀碱溶液中相互作用，其中一分子醛断裂 α-碳氢键，与另一分子醛的羰基发生加成反应，生成 β-羟基醛。β-羟基醛在受热的情况下很不稳定，容易脱水生成 α,β-不饱和醛。这个反应叫作羟醛缩合反应。通过羟醛缩合反应可以形成 C—C 键，增长碳链，从而制备许多中间体，在有机合成中具有广泛的应用。工业上以乙醛为原料利用羟醛缩合反应制取巴豆醛。

$$CH_3\overset{\overset{\displaystyle O}{\|}}{C}-H + CH_2CHO \underset{\text{稀}OH^-}{\Longleftrightarrow} CH_3-\overset{\overset{\displaystyle OH}{|}}{CH}-CHCHO \xrightarrow[\triangle]{-H_2O} CH_3CH=CHCHO$$
巴豆醛

巴豆醛是一种重要的化工原料，可用来制备正丁醇、正丁醛等许多化工产品。常温下为无色可燃性液体，有催泪特性，因此又可用作烟道气警告剂。

不相同的醛也可以发生羟醛缩合反应。若两种醛都含有 α-氢，则得到四种产物，一般在合成中没有实用价值。但当一种醛不含 α-氢，而另一种醛含有 α-氢时，如果使不含 α-氢的醛过量，就能得到收率较高的单一产物。例如，苯甲醛和乙醛反应时，先将苯甲醛与NaOH 水溶液混合后，再慢慢加入乙醛；并控制在低温（0～6℃）条件下反应，则生成的主要产物为肉桂醛。

$$\text{（苯环）}-CHO + CH_3CHO \xrightarrow{\text{稀}NaOH} \text{（苯环）}-CH=CH-CHO$$
肉桂醛

肉桂醛是淡黄色液体，有肉桂油的香气，可用于配制皂用香精，也用作糕点等食品的增香剂。含有 α-氢的酮在碱催化下，也可发生类似反应，称为羟酮缩合，但反应比醛难以进行。

鉴别案例：

（1）丙醛、丙酮、丙醇以及异丙醇

$$\left.\begin{array}{l}\text{丙醛}\\\text{丙酮}\\\text{丙醇}\\\text{异丙醇}\end{array}\right\}\xrightarrow{\text{Lucas试剂}}\begin{array}{l}\times\\\times\\\times\\\text{混浊}\end{array}\xrightarrow{Ag(NH_3)_2^+}\left.\begin{array}{l}Ag\downarrow\\\times\\\times\end{array}\right\}\xrightarrow{NaOI}\begin{array}{l}CHI_3\downarrow\\\times\end{array}$$

（2）甲醇、乙醇、乙醛和丙酮

$$\left.\begin{array}{l}甲醇\\乙醇\\乙醛\\丙酮\end{array}\right\}\xrightarrow{2,4-二硝基苯肼}\left.\begin{array}{l}\times\\\times\\黄色结晶\\黄色结晶\end{array}\right\}\xrightarrow[\text{费林试剂}]{I_2+NaOH}\begin{array}{l}\times\\CHI_3\downarrow\\Cu_2O\downarrow\\\times\end{array}$$

（3）鉴别：$CH_3CCH_2COC_2H_5$ $CH_2(COOC_2H_5)_2$ 苯甲酸邻羟基（COOH, OH） $CH_3CHCOOH$（OH）

$$\left.\begin{array}{l}CH_3CCH_2COC_2H_5\\CH_2(COOC_2H_5)_2\\邻COOH\,OH\\CH_3CHCOOH\,OH\end{array}\right\}\xrightarrow{OH^-}\left.\begin{array}{l}不溶解\\不溶解\end{array}\right\}\xrightarrow{I_2+NaOH}\begin{array}{l}CHI_3\downarrow(黄色)\\\times\end{array}$$

$$\left.\begin{array}{l}溶解\\溶解\end{array}\right\}\xrightarrow{FeCl_3\,溶液}\begin{array}{l}显紫色\\不显紫色\end{array}$$

（4）鉴别：$CH_3CCH_2CCH_3$（O O） CH_3CCH_3（O）

$$\left.\begin{array}{l}CH_3CCH_2CCH_3\,(O\,O)\\CH_3CCH_3\,(O)\end{array}\right\}\xrightarrow{Br_2/CCl_4}\begin{array}{l}褪色\\不褪色\end{array}$$

合成案例：

（1）苯合成苄甲醛

苯 $\xrightarrow[Fe]{Br_2}$ 溴苯 $\xrightarrow[无水乙醚]{Mg}$ 苯基MgBr $\xrightarrow[H_2O,H^+]{CH_2-CH_2(O)}$

苯—CH_2CH_2OH $\xrightarrow{CrO_3,\,吡啶}$ 苯—CH_2CHO

（2）丙醛合成 2-丁酮

$$CH_3CH_2CHO+CH_3MgBr\xrightarrow{干醚}CH_3CH_2-\underset{OMgBr}{CH}-CH_3\xrightarrow[H_2O]{H^+}$$

$$CH_3CH_2-\underset{OH}{CH}-CH_3\xrightarrow{K_2Cr_2O_7,\,H^+}CH_3CH_2-\underset{O}{C}-CH_3$$

（3）苯甲醛合成对硝基苯甲醛

苯—CHO $\xrightarrow[H^+]{2HOR}$ 苯—$CH(OR)_2$ $\xrightarrow{浓\,HNO_3}$ 对硝基—$CH(OR)_2$（NO_2） $\xrightarrow[H^+]{H_2O}$ 对硝基—CHO（NO_2）

（4）乙炔合成 4-辛酮

$$HC \equiv CH \xrightarrow[]{2NaNH_2} \xrightarrow{2CH_3CH_2CH_2Br} CH_3(CH_2)_2C \equiv C(CH_2)_2CH_3$$

$$\xrightarrow[Hg^{2+}+H_2SO_4]{H_2O} CH_3CH_2CH_2CH_2 \overset{\displaystyle}{\underset{\displaystyle O}{C}} CH_2CH_2CH_3$$

7.4 醛、酮的制法和重要的醛、酮

7.4.1 醛、酮的制法

（1）炔烃水合　工业上曾以炔烃为原料，在汞盐催化下制备醛和酮。

$$HC \equiv CH + H_2O \xrightarrow[90\sim95℃，0.1\sim0.2MPa]{HgSO_4，H_2SO_4} CH_3CHO$$
乙醛

$$\text{环己基乙炔} \quad C \equiv CH + H_2O \xrightarrow{HgSO_4，H_2SO_4} \text{甲基环己基酮}$$

由于汞盐有剧毒，现已开发了用锌、镉、铜盐催化的新工艺条件。

（2）羰基合成　α-烯烃与一氧化碳和氢气在催化剂（如八羰基二钴）作用下生成醛的反应叫作羰基合成，也叫作烯烃的醛化。工业上利用此反应生产脂肪醛。

$$CH_2 = CH_2 + CO + H_2 \xrightarrow[110\sim120℃，10\sim20MPa]{[Co(CO)_4]_2} CH_3CH_2CHO$$

$$CH_3-CH=CH_2 + CO + H_2 \xrightarrow[170℃，25MPa]{[Co(CO)_4]_2} CH_3CH_2CH_2CHO + CH_3\underset{\underset{\displaystyle CH_3}{|}}{CH}CHO$$
丁醛（75%）　　　异丁醛（25%）

（3）醇的氧化和脱氢　伯醇和仲醇在重铬酸钾和硫酸等氧化剂作用下，被氧化成相应的醛和酮。由于醛很容易继续被氧化成羧酸，在反应过程中，应及时将生成的醛从反应体系内分离出来，因此，这种方法适用于制备沸点较低、挥发性较大的低级醛。酮一般较难氧化，因此更适合于用这种方法制备。

以 4-甲基-3-庚醇为原料可氧化制取 4-甲基-3-庚酮。

$$CH_3CH_2-\underset{\underset{\displaystyle 4\text{-甲基-3-庚醇}}{}}{\overset{\overset{\displaystyle OH}{|}}{CH}}-\overset{\overset{\displaystyle CH_3}{|}}{CH}CH_2CH_2CH_3 \xrightarrow[H_2SO_4]{K_2Cr_2O_7} CH_3CH_2-\underset{\underset{\displaystyle 4\text{-甲基-3-庚酮}}{}}{\overset{\overset{\displaystyle O}{||}}{C}}-\overset{\overset{\displaystyle CH_3}{|}}{CH}CH_2CH_2CH_3$$

在催化剂的作用下，醇也可以发生脱氢反应。醇脱氢所得产品纯度高，但需要供给大量的热。若在脱氢时，通入一定量的空气，使生成的氢与氧作用结合成水，氢与氧结合时放出的热量可直接供给脱氢反应。这种方法叫氧化脱氢法，是工业上常用的方法。

$$CH_3CHCH_3 + \frac{1}{2}O_2 \xrightarrow[380℃]{ZnO} CH_3CCH_3 + H_2O$$
（结构图，丙醇上的OH，丙酮上的O）

（4）芳烃的酰基化 芳烃与酰氯或酸酐在无水 $AlCl_3$ 作用下进行酰基化反应，可直接在芳环上引入酰基得到芳酮。

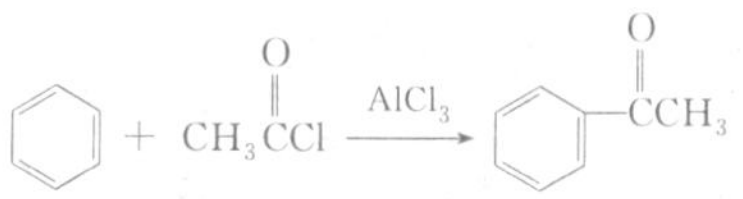

$$\text{(苯)} + CH_3CCl \xrightarrow{AlCl_3} \text{(苯乙酮 CCH}_3\text{)}$$

7.4.2　重要的醛、酮

（1）甲醛（HCHO） 甲醛俗称蚁醛，是具有强烈刺激性气味的气体，沸点为 $-21℃$，容易燃烧。其蒸气与空气形成爆炸性混合物，爆炸极限为 $7\%\sim73\%$（体积分数）。

甲醛易溶于水，一般以水溶液的形式保存和出售。含 8% 甲醇的 40% 甲醛水溶液称为"福尔马林"，常用作消毒剂和保存动物标本或尸体的防腐剂，也可用作农药防止稻瘟病。甲醛有毒，对眼黏膜、皮肤都有刺激作用，过量吸入其蒸气会引起中毒。

甲醛性质活泼，极易聚合。其水溶液久置或蒸发浓缩可以生成直链的聚合体——多聚甲醛 $\{CH_2O\}_n$。多聚甲醛为白色固体，加热至 $180\sim200℃$，可以解聚成气态甲醛，这是保存甲醛的一种重要形式。也因为这种性质，用它来作为仓库熏蒸剂或病房消毒剂。

将甲醛水溶液在少量硫酸存在下煮沸，可得到三聚甲醛。

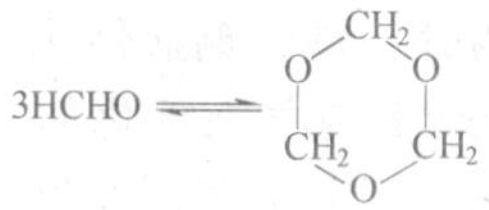

$$3HCHO \rightleftharpoons \text{(三聚甲醛结构式)}$$

三聚甲醛为无色晶体。以三聚甲醛为原料能制得高分子量的聚甲醛，经过处理后可用作性能优良的工程塑料。

甲醛在工业上用途极为广泛，是非常重要的有机原料，除制备聚甲醛外，还大量用于生产酚醛树脂、脲醛树脂及合成纤维和季戊四醇等。

现代工业以甲醇或天然气为原料经催化氧化来制取甲醛。

$$CH_3OH + \frac{1}{2}O_2 \xrightarrow[600℃]{Ag\ 或\ Cu} HCHO + H_2O$$

$$CH_4 + O_2 \xrightarrow[600℃]{NO} HCHO + H_2O$$

（2）乙醛（CH_3CHO） 乙醛是无色透明、有刺鼻气味的液体，沸点为 $20.8℃$，容易挥发和燃烧，在空气中的爆炸极限是 $4.0\%\sim57.0\%$（体积分数）。

乙醛也很容易聚合，通常在室温及少量酸的存在下可以聚合成三聚乙醛，在 $0℃$ 或 $0℃$ 以下聚合成四聚乙醛。

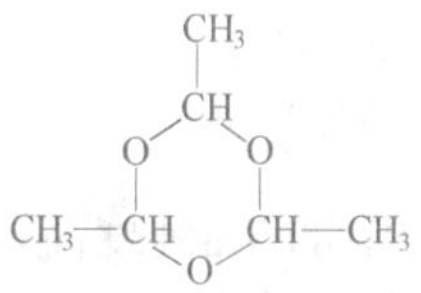

（三聚乙醛结构式）　　　　（四聚乙醛结构式）

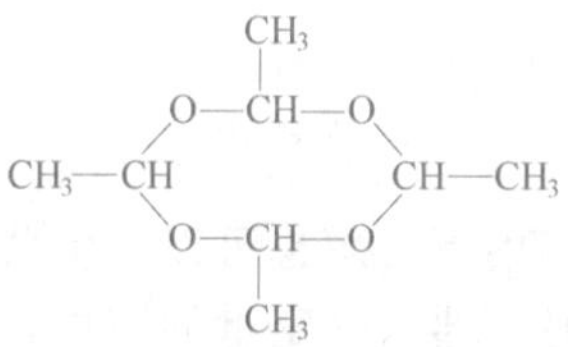

三聚乙醛　　　　　　　　　　四聚乙醛

三聚乙醛是无色透明有特殊气味的液体，难溶于水。在医药上又称副醛，是比较安全的催眠药。三聚乙醛在硫酸存在下加热，可以解聚成乙醛，是乙醛的一种储存形式。

四聚乙醛是白色晶体，熔点为 246.2℃，不溶于水，可升华，燃烧时无烟，可用作固体燃料，但有毒，使用时要注意安全。

工业上常用乙炔水合法、乙醇氧化法和乙烯直接氧化法制乙醛。目前，乙烯氧化是生成乙醛的主要方法。

$$CH_2=CH_2 + \frac{1}{2}O_2 \xrightarrow[100℃,\ 1MPa]{PdCl_2\text{-}CuCl_2} CH_3CHO$$

乙醛最主要的用途是生产乙酸和乙酸酐，也用于生产正丁醇、季戊四醇、三氯乙醛等有机产品。

（3）苯甲醛（ 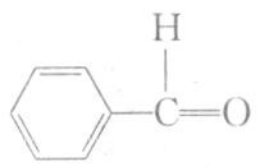 ）　苯甲醛是最简单的芳醛，又叫苦杏仁油，是无色有杏仁气味的液体，沸点为 179℃，微溶于水，易溶于乙醛、乙醚等有机溶剂，在自然界以糖苷的形式存在于桃、杏等水果的核仁中。

苯甲醛在工业上用于生产肉桂醛、肉桂酸等有机产品，又可用作调味剂。现代工业常用甲苯氧化制取苯甲醛，也可利用苯二氯甲烷水解来制得。

（4）丙酮（ ）　丙酮是最简单的饱和酮，为无色透明、具有清香气味的液体，容易挥发和燃烧，在空气中的爆炸极限为 2.55％～12.80％（体积分数），可以任意比例与水混合，也能溶解油脂、树脂和橡胶等许多物质，是良好的有机溶剂。

工业上可用淀粉发酵、异丙醇催化氧化或催化脱氢、异丙苯氧化水解和丙烯直接催化氧化等方法制取丙酮。目前，使用较多的是异丙苯氧化制苯酚的同时制取丙酮的方法，也常用丙烯直接氧化法：

$$CH_3CH=CH_2 + \frac{1}{2}O_2 \xrightarrow[90\sim120℃,\ 1MPa]{PdCl_2\text{-}CuCl_2} CH_3\overset{O}{\overset{\|}{C}}CH_3$$

丙酮大量用作溶剂，广泛用于涂料、电影胶片的生产中。

（5）环己酮（ 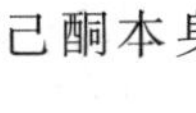 ）　环己酮是无色油状液体，沸点为 155.7℃，微溶于水，易溶于乙醇和乙醚。环己酮本身也是一种常用的有机溶剂。现代工业以环己烷为原料制取环己酮。

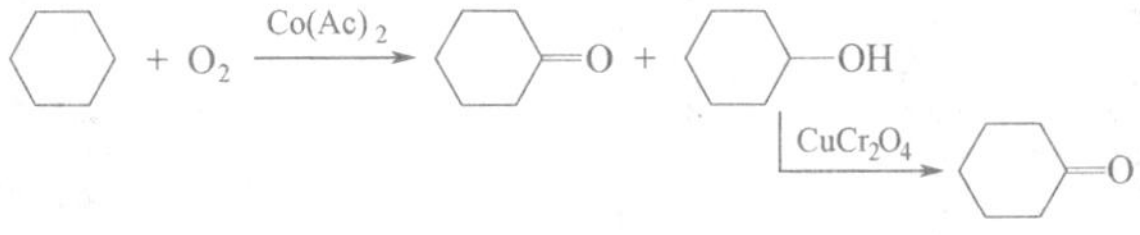

思维导图

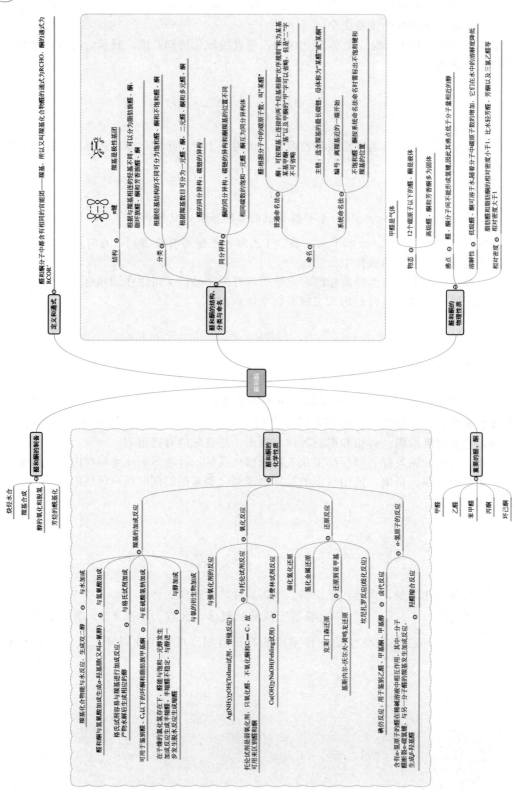

化学名人

　　白春礼，1953 年 9 月出生，辽宁丹东人。化学家和纳米科技专家。1997 年当选为中国科学院院士。现任中国科学院院长，党组书记，中国科学院学部主席团执行主席，发展中国家科学院院长。先后从事过高分子催化剂的结构与物性、有机化合物晶体结构的 X 射线衍射、分子力学和导电高聚物的 EXAFS 等研究。从 20 世纪 80 年代中期开始从事纳米科技的重要领域——扫描隧道显微学的研究。在他的主持下，成功研制了计算机控制的扫描隧道显微镜（STM），获 1989 年中国科学院科技进步二等奖；与此同时，与中国科学院电子显微镜实验室合作，研制并开发另一台 STM，获 1989 年中国科学院科技进步二等奖；这两项工作的进一步完善，共同获得 1990 年国家科技进步二等奖，这也是中国第一项关于扫描隧道显微学领域的奖励。随后，他率领的科研小组研制成功了我国第一台原子力显微镜（AFM）（获得中国科学院科技进步一等奖，国家科技进步三等奖）、第一台激光原子力显微镜、低温扫描隧道显微镜、弹道电子发射显微镜、超高真空扫描隧道显微镜等多种扫描探针显微仪器。所获得的这些科研成果，由于以不同于国外的创新方式解决了一系列重要技术难题，先后获得六项国家发明专利。这些新型系列显微仪器的研制成功，为扫描隧道显微学的应用研究，奠定了必要的物质基础，为中国在这一领域工作的开展起到了促进作用。此外，他在纳米结构、分子纳米技术方面还进行了较系统的工作。白春礼院士说：当今世界科学技术发展呈现出多点、群发突破的态势，某些领域将会引发群发性、系统性突破，产生一批重大理论和技术创新，涌现一批新兴交叉前沿方向和领域，进而引发新一轮科技革命。新一轮科技革命和产业革命，涉及科学和技术的深刻变革，为中国科技发展提供了难得的机遇，也带来了前所未有的挑战。科技工作者身处时代潮流，也肩负着伟大历史使命，理应将目光投向黎明，理应勇于获得新一轮科技革命的"第一棵蘑菇"，敢于成为"第一只领头羊"。

习题

一、命名题

1. CH₃CH₂COCH(CH₃)₂

2. CH₃CH₂CHCH₂CHCH₂CHO （两个 CH₃ 取代）

3. (CH₃)(H)C=C(H)(CH₂CH₂CHO)

4. CH₃CH₂CHCHO （Cl 取代）

5. （环己酮，3,5-二甲基）

6. （苯环：CHO、OCH₃、OH 取代）

7. C₆H₅—CO—CO—C₆H₅

8. C₆H₅—CO—CH(OH)—C₆H₅

9. CH₂CH₂CHO （OH 取代）

10. CH₃—CO—CH(CH₃)CH₂CHO

二、完成反应方程式

1. CH₃CH₂COCH₃ $\xrightarrow{\text{HCN}}$ $\xrightarrow{\text{稀 H}_2\text{SO}_4}$

2. CH₃COCH₃ $\xrightarrow[\text{H}_2\text{O}]{\text{NaHSO}_3}$ $\xrightarrow{\text{OH}^-}$

3. $CH_3\overset{O}{\overset{\|}{C}}CH_2CH_3 \xrightarrow{CH_3MgBr} \xrightarrow{H_2O}$

4. $H_3C\overset{CH_3}{\underset{CH_3}{\overset{|}{\underset{|}{C}}}}\overset{O}{\overset{\|}{C}}CH_3 \xrightarrow[NaOH]{I_2} \xrightarrow{H_3O^+}$

5. $CH_3O\overset{O}{\overset{\|}{C}}$—⬡=O $\xrightarrow{NaBH_4}$

6. ⬡=O $+HCHO+ (CH_3)_2NH \xrightarrow{HCl}$

三、选择题

1.黄鸣龙是我国著名的有机化学家,他（　　　）。
A.完成了青霉素的合成　　　　　　B.在有机半导体方面做了大量工作
C.改进了用肼还原羰基的反应　　　　D.在元素有机化学方面做了大量工作

2.下列化合物与 HCN 加成反应的活性最大的是（　　　）。

A. CH_3CHO　　　　B. $C_6H_5COCH_3$　　　　C. CH_3COCH_3　　　　D. $C_6H_5\overset{O}{\overset{\|}{C}}C_6H_5$

3.下列化合物能与 $NaHSO_3$ 发生加成反应的是（　　　）。
A. $CH_3CH_2COCH_2CH_3$　　B. $(CH_3)_2CHOH$　　C. $C_6H_5COCH_3$　　D. CH_3CHO

4.下列化合物能够发生碘仿反应的是（　　　）。

A. ⬡—CHO　　　　B. $CH_3CH_2COCH_2CH_3$　　C. $(CH_3)_2CHOH$　　D. ⬡—CHO

5.下列化合物能够与托伦试剂反应的是（　　　）。

A. $C_6H_5COCH_3$　　　B. C_6H_5CHO　　　C. $C_6H_5\overset{O}{\overset{\|}{C}}C_6H_5$　　　D. CH_3COCH_3

6.下列化合物能与甲醛发生交叉坎尼扎罗反应的是（　　　）。

A. C_6H_5CHO　　　　B. ⬡—CHO　　C. ⬡=O　　　D. CH_3CHO

7.下列化合物不能够与费林试剂反应的是（　　　）。

A. $HCHO$　　　　B. CH_3CHO　　　C. C_6H_5CHO　　　D. $(CH_3)_2CHCHO$

四、鉴别题

1.环己烯、环己酮、环己醇

2.乙醛、乙烷、氯乙烷、乙醇

3. A. ⬡—OH　　　B. ⬡—CHO　　　C. ⬡—OH　　　D. ⬡=O

4. 2-己酮中含有少量 3-己酮,试将其分离除去

五、合成题

1. $CH_3\overset{O}{\overset{\|}{C}}CH_3 \longrightarrow (CH_3)_2C=CH-COOH$

2. $CH_3\overset{O}{\overset{\|}{C}}CH_3 \longrightarrow (CH_3)_3CCH_2COOH$

3.  HOH_2C—⬡—CHO $\longrightarrow$ HOOC—⬡—CHO

六、推断题

1.有一伯醇 A 的分子式为 $C_4H_{10}O$,与 $SOCl_2$ 作用可生成B,B分子式为 C_4H_9Cl,A 与 B 进行消除反应时都得到相同的 C。C 与 HCl 反应可得到 D,而 D 与 B 互为同分异构体。将 C 进行氧化则得到分子式为 $C_3H_6O_2$ 的 E 和二氧化碳和水。写出 A、B、C、D、E 的构造式。

2.某化合物 A，分子式为 $C_9H_{10}O_2$，能溶于 NaOH 溶液，易与溴水、羟氨反应，不能与托伦试剂反应。A 经 $LiAlH_4$ 还原后得化合物 B，分子式为 $C_9H_{12}O_2$。A、B 都能发生碘仿反应。A 用 Zn-Hg 在浓盐酸中还原得化合物 C，分子式为 $C_9H_{12}O$；C 与 NaOH 反应再用碘甲烷煮沸得化合物 D，分子式为 $C_{10}H_{14}O$；D 用高锰酸钾溶液氧化后得对甲氧基苯甲酸，试推测各化合物的结构。

3.写出丙醛与下列各试剂反应的产物：

（1）H_2，Pt；

（2）$LiAlH_4$，后水解；

（3）$NaBH_4$，氢氧化钠水溶液；

（4）稀氢氧化钠水溶液；

（5）稀氢氧化钠水溶液，后加热；

（6）饱和亚硫酸氢钠溶液；

（7）饱和亚硫酸氢钠溶液，后加 NaCN；

（8）Br_2/CH_3COOH；

（9）C_6H_5MgBr，然后水解；

（10）托伦试剂。

羧酸及其衍生物

Chapter 08

 学习指南

1. 了解羧酸及其衍生物的分类和物理性质；
2. 掌握羧酸及其衍生物的命名方法、化学性质及在合成中的应用；
3. 熟悉官能团的特征反应，掌握羧酸及其衍生物的鉴别方法。

酸是分子中含有羧基$\left(\begin{smallmatrix} & O \\ & \| \\ -C&-OH \end{smallmatrix}\right)$的化合物。其通式为 RCOOH，其中 R— 可以是烷基或芳基。羧酸分子中羧基上的羟基被其他原子或基团取代后的产物称为羧酸衍生物，羧酸分子中烃基上的氢原子被其他原子或基团取代后的产物称为取代酸。

8.1　羧酸的结构

羧基是羧酸的官能团，它决定着羧酸的主要性质。羧基是由羰基和羟基相连而成的，但羧基作为一个整体，其性质并不是羰基和羟基性质的简单加合。羧基中的碳原子采用 sp^2 杂化，其中三个 sp^2 杂化轨道分别与 α-碳原子和两个氧原子形成了三个共平面的 σ 键，键角大约为 120°，未参与杂化的 p 轨道与羰基氧原子的 p 轨道重叠形成 C═O 双链中的 π 键。其中 C═O 双键键长为 123pm，C—O 单键键长为 136pm。π 键又与羟基氧原子 p 轨道上的孤对电子形成 p-π 共轭体系。由于 p-π 共轭体系产生的共轭效应使 C═O 键上碳原子的电子云密度增加，难以发生类似醛、酮的亲核加成反应。羧酸的结构见图 8-1。

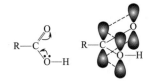

图 8-1　羧酸的结构

8.2　羧酸的分类

根据分子中烃基的结构不同可将羧酸分为脂肪族羧酸、脂环族羧酸和芳香族羧酸；根据烃基是否饱和，又可分为饱和羧酸和不饱和羧酸；根据羧酸分子中所含的羧基数目不同，可分为一元酸、二元酸和多元酸。例如：

$$CH_3—CH—COOH$$
$$|$$
$$CH_3$$
异丁酸
（脂肪族饱和一元羧酸）

$$CH_2═CH—COOH$$
丙烯酸
（脂肪族不饱和一元羧酸）

$$HOOCCH_2COOH$$
丙二酸
（脂肪族饱和二元羧酸）

动画扫一扫

异丁酸图片

环己基甲酸 　　　　　苯甲酸 　　　　　　　对苯二甲酸
（脂环族一元羧酸）　　（芳香族一元羧酸）　　（芳香族二元羧酸）

8.3　羧酸的命名

（1）羧酸常用俗名　通常根据天然来源命名。如 HCOOH 称为蚁酸，HOOC—COOH 称为草酸，CH_3COOH（乙酸）是食用醋的主要成分，所以叫醋酸。

（2）IUPAC 命名法　与醛的命名相同，即选择含有羧基的最长碳链为主链，靠近羧基一端开始编号；对于脂环族羧酸和芳香族羧酸，则把脂环或芳环看作取代基来命名；多元羧酸，选择含两个羧基的碳链为主链，按碳原子数目称为某二酸；如有不饱和键要标明烯（或炔）键的位次，并使主链包括双键和三键。如：

$$\overset{5}{C}H_3\overset{4}{C}H_2\overset{3}{C}H—\overset{2}{C}H\overset{1}{C}OOH$$
$$\underset{CH_3}{|} \quad \underset{CH_3}{|}$$
2,3-二甲基戊酸

$$\overset{3}{C}H_3\overset{2}{C}H_2\overset{1}{C}OOH$$
$$\underset{4}{|}$$
$$\underset{CH_2CH_3}{\underset{5}{}}$$
3-甲基戊酸

$$\overset{4}{C}H_2=\overset{3}{C}H\overset{2}{C}H\overset{1}{C}OOH$$
$$\underset{CH_3}{|}$$
2-甲基-3-丁烯酸

芳香族羧酸或脂环族羧酸命名时，若羧基连在芳环或脂环侧链上，以芳环或脂环为取代基。

3-环己基丁酸　　　　　　　　3-苯基丙烯酸

二元羧酸命名时，选择包含两个羧基的最长碳链为主链，根据主链碳原子的数目称为"某二酸"；芳香族或脂环族二元酸必须注明两个羧基的位次。

$$HOOC—\overset{1}{C}H—\overset{2}{C}H—\overset{4}{C}OOH$$
$$\underset{CH_3}{|} \quad \underset{C_2H_5}{|}$$
2-甲基-3-乙基丁二酸

邻苯二甲酸

1,3-环戊基二甲酸

8.4　羧酸的物理性质

（1）物态　常温常压下，甲酸、乙酸、丙酸有较强的刺鼻气味，水溶液有酸味。4～9个碳原子的酸有难闻的酸臭味。高级脂肪酸无气味，挥发性很低。10 个碳原子以下的饱和一元酸是液体。高级脂肪酸是蜡状固体。二元脂肪酸和芳香酸均为结晶固体。

C_1～C_3 的羧酸都是无色透明具有刺激性气味的液体，C_4～C_9 的羧酸是具有腐败气味的油状液体，C_{10} 以上的直链一元羧酸是无臭无味的白色蜡状固体。脂肪族二元羧酸和芳香族羧酸都是白色晶体。

（2）沸点　饱和一元羧酸的沸点随着分子量的增加而升高。羧酸的沸点比分子量相同的醇的沸点要高。

化合物	甲酸	乙醇	乙酸	丙醇
分子量	46	46	60	60
沸点/℃	100.8	78.4	118	98

羧酸分子间及羧酸分子与水分子间可以形成氢键而缔合成较稳定的二聚体或多聚体，羧酸的沸点高于分子量相近的醇。

羧酸与水的氢键缔合　　　　　双分子缔合体(二聚体)

8.1 羧酸分子中二缔合体的形成

在固态和液态时，羧酸主要以双分子缔合体的形式存在，据测定，甲酸和乙酸在气态时仍以这种形式存在。因此，羧酸具有较高的沸点。

（3）熔点　直链饱和一元羧酸的熔点随碳原子数增加而呈锯齿状升高。含偶数碳原子的羧酸比相邻两个奇数碳原子的羧酸熔点要高。这是因为偶数碳原子的羧酸分子对称性较高，排列比较紧密，分子间作用力较大。

（4）溶解性　羧酸分子可与水形成氢键，所以低级羧酸能与水混溶，随着分子量的增加，非极性的烃基愈来愈大，使羧酸的溶解度逐渐减小。$C_1 \sim C_4$ 的羧酸都易溶于水，可以任意比例与水混溶；C_5 以上的羧酸溶解度逐渐降低；C_{10} 以上的羧酸已不溶于水，但都易溶于乙醇、乙醚、氯仿等有机溶剂。二元羧酸在水中的溶解度比同碳原子数的一元羧酸大，芳香族羧酸一般难溶于水。

（5）相对密度　直链饱和一元羧酸的相对密度随碳原子数增加而降低。其中，甲酸、乙酸的相对密度大于1，比水重，其他饱和一元羧酸的相对密度都小于1，比水轻。二元羧酸和芳香族羧酸的相对密度都大于1。

常见羧酸的物理常数见表8-1。

表 8-1　常见羧酸的物理常数

名称（俗名）	熔点/℃	沸点/℃	溶解度/[g/(100g 水)]	$pK_a^\ominus$ 或 $pK_{a1}^\ominus$(25℃)
甲酸（蚁酸）	8.4	100.8	∞	3.77
乙酸（醋酸）	16.6	118	∞	4.76
丙酸（初油酸）	−21	141	∞	4.88
丁酸（酪酸）	−7.9	166.5	∞	4.82
戊酸（缬草酸）	−34.5	186	3.7	4.84
己酸（羊油酸）	−3.4	205	1.1	4.88
十六碳酸（软脂酸）	62.9	269(13.33kPa)	不溶	—
十八碳酸（硬脂酸）	70	287(13.33kPa)	不溶	—
苯甲酸（安息香酸）	122	249	2.9	4.19
苯乙酸（苯醋酸）	76.5	265.5	加热可溶	4.31
乙二酸（草酸）	189		10	1.27
丙二酸（缩苹果酸）	136		73.5	2.86
丁二酸（琥珀酸）	188		5.8	4.21
戊二酸（胶酸）	98		63.9	4.34
己二酸（肥酸）	151		1.5	4.43
顺丁烯二酸（马来酸）	131		79	1.94

名称(俗名)	熔点/℃	沸点/℃	溶解度/[g/(100g 水)]	$pK_a^\ominus$ 或 $pK_{a1}^\ominus$(25℃)
反丁烯二酸(延胡索酸)	302		0.7	3.02
邻苯二甲酸(酞酸)	213		0.7	2.95
对苯二甲酸	300(升华)		不溶	3.54

8.5 羧酸的化学性质

羧基是羧酸的官能团。羧酸的化学反应主要发生在羧基和受羧基影响变得比较活泼的 α-氢原子上。

$$R-\underset{\substack{|\\H}}{\overset{\substack{④\ \ ③}}{CH}}\ C\ \overset{②}{\ }\ O\ \overset{①}{\ }H$$

① O—H 键断裂，表现出酸性；

② C—O 键断裂，羟基被取代；

③ C—C 键断裂，发生脱羧反应；

④ α-C—H 键断裂，α-氢原子被取代。

8.5.1 弱酸性

羧基中的氢可以离解为氢离子而显示酸性。表示为：

$$RCOOH \Longrightarrow RCOO^- + H^+$$

K_a 越大，或 pK_a 越小，酸性越强。大多数羧酸的 pK_a 值为 $2.5\sim5$，其酸性比碳酸（$pK_a=6.35$）和苯酚（$pK_a=9.95$）的酸性都强。因此羧酸能与碳酸钠、碳酸氢钠反应生成羧酸盐。但羧酸的酸性比无机酸弱，所以在羧酸盐中加入无机酸时，羧酸又游离出来。

羧酸具有明显的弱酸性，在水溶液中能离解出 H^+，并使蓝色石蕊试纸变红。羧酸的酸性比碳酸强，不仅能与氢氧化钠和碳酸钠作用成盐，而且能与碳酸氢钠作用成盐：

$$RCOOH + NaHCO_3 \longrightarrow RCOONa + H_2O + CO_2\uparrow$$

羧酸钠盐具有盐的一般性质，易溶于水，不挥发，加入无机强酸又可以使羧酸重新游离析出。

$$RCOONa + HCl \longrightarrow RCOOH + NaCl$$

根据羧酸与 Na_2CO_3、$NaHCO_3$ 反应放出 CO_2 的性质，不仅可以鉴别羧酸和苯酚，还可以用来鉴别、分离提纯有关羧酸类的化合物。

羧酸类物质既溶于 NaOH，又溶于 $NaHCO_3$；苯酚或其他酚可溶于 NaOH，不溶于 $NaHCO_3$；醇类物质不溶于 NaOH，不溶于 $NaHCO_3$。

不同结构的羧酸，其酸性强弱也不同。

羧酸的酸性强弱与其结构有关，诱导效应和共轭效应对酸性都有影响。羧基连接吸电子基团时，酸性增强，吸电子诱导效应越强，吸电子基团个数越多，酸性越强。羧基上连接给电子基团时，酸性减弱，给电子诱导效应越强，给电子基团个数越多，酸性越弱。例如，乙酸甲基上的氢原子被氯原子取代，电子沿着原子链向氯原子方向偏移，结果使羧酸负离子的负电荷分散而稳定，氢离子比较容易解离而酸性增强。如果乙酸甲基上的氢原子逐个被氯原子取代，酸性逐渐增强，如三氯乙酸是强酸。

	CH_3COOH	$BrCH_2COOH$	$ClCH_2COOH$	FCH_2COOH
$pK_a^{\ominus}$	4.76	2.90	2.86	2.59
	CH_3COOH	$ClCH_2COOH$	$Cl_2CHCOOH$	Cl_3CCOOH
$pK_a^{\ominus}$	4.76	2.86	1.26	0.64
	HCOOH	CH_3COOH	$(CH_3)_2CHCOOH$	$(CH_3)_3CCOOH$
$pK_a^{\ominus}$	3.77	4.76	4.86	5.05

在邻、对位取代的苯甲酸中，使苯环活化的基团使酸性减弱，使苯环钝化的基团使酸性增强，这由诱导效应和共轭效应共同决定。

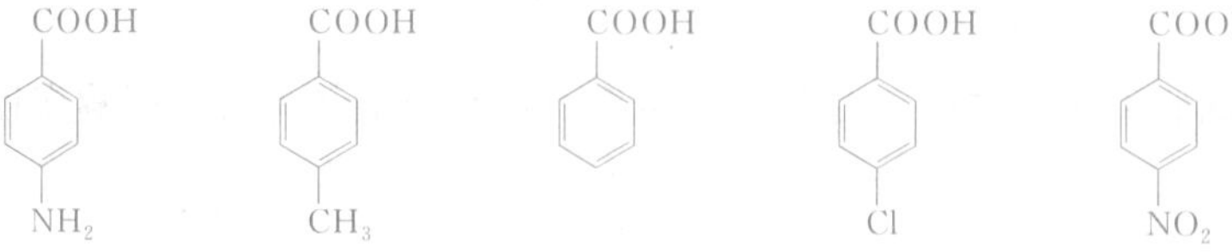

$pK_a^{\ominus}$	4.92	4.39	4.19	3.97	3.42

羧基是强吸电子基团，对于两个羧基相距较近的二元羧酸来说，酸性都大于碳原子数相同的一元羧酸，若两个羧基相距较远，则酸性显著降低。

羧酸的酸性强弱与羧基上所连基团的性质密切相关。当羧基与吸电子基相连时，酸性增强，与供电子基相连时，酸性减弱。例如下列羧酸的酸性强弱顺序为：

$$ClCOOH > HCOOH > CH_3COOH$$

这是因为卤素原子的电负性比碳原子强，具有较强的吸电子作用，使羟基氧原子上电子云密度降低，对氢原子的吸引力减弱，从而容易离解出质子，所以酸性增强。而烷基是供电子基，使羟基氧原子上电子云密度增加，对氢原子的吸引力增强，使氢原子较难离解为质子，所以酸性减弱。

吸电子基的数目越多，电负性越大，离羧基越近，羧酸的酸性越强。这种吸电子作用可沿碳链传递且逐渐减弱，一般经过三个以上原子时，其影响可忽略不计。

8.5.2 羟基被取代

在一定条件下，羧基中的羟基可以被其他原子或基团取代，生成羧酸衍生物。

（1）被卤原子取代　羧酸与三氯化磷（PCl_3）、五氯化磷（PCl_5）、亚硫酰氯（$SOCl_2$）等试剂作用时，分子中的羟基被氯原子取代生成酰氯。

$$\underset{}{R-\overset{\overset{\displaystyle O}{\|}}{C}-OH} + \underset{\text{三氯化磷}}{PCl_3} \longrightarrow \underset{\text{酰氯}}{R-\overset{\overset{\displaystyle O}{\|}}{C}-Cl} + \underset{\substack{\text{亚磷酸}\\(200℃\text{分解})}}{H_3PO_3}$$

$$R-\overset{\overset{\displaystyle O}{\|}}{C}-OH + \underset{\text{五氯化磷}}{PCl_5} \longrightarrow R-\overset{\overset{\displaystyle O}{\|}}{C}-Cl + \underset{\text{三氯氧磷}}{POCl_3} + \underset{(\text{沸点为 }107℃)}{HCl}$$

$$R-\overset{\overset{\displaystyle O}{\|}}{C}-OH + \underset{\text{亚硫酰氯}}{SOCl_2} \longrightarrow R-\overset{\overset{\displaystyle O}{\|}}{C}-Cl + SO_2\uparrow + HCl\uparrow$$

若用 PBr_3 与羧酸作用可以制得酰溴。

在制备酰卤时采用哪种试剂，取决于原料、产物和副产物之间是否容易分离。例如常用 PCl_3 来制取低沸点的酰氯，因为副产物 H_3PO_3 不易挥发，加热到 200℃才分解，因此很容易把低沸点的产物从反应体系中分离出来。PCl_5 则用来制取高沸点的酰氯，因为生成的副产物 $POCl_3$ 沸点较低，可以先蒸馏除去。而用 $SOCl_2$ 反应生成的副产物都是气体，容易提纯，且产率较高，所以 $SOCl_2$ 可以制取任何酰氯，是制备酰氯常用的试剂。

（2）被酰氧基取代　羧酸在脱水剂（如五氧化二磷、乙酸酐等）的作用下，发生分子间脱水生成酸酐。例如：

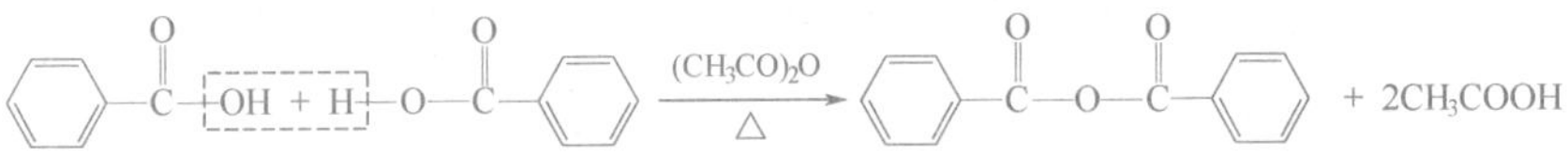

苯甲酸酐

某些二元酸受热后可分子内脱水生成环状的酸酐。例如：

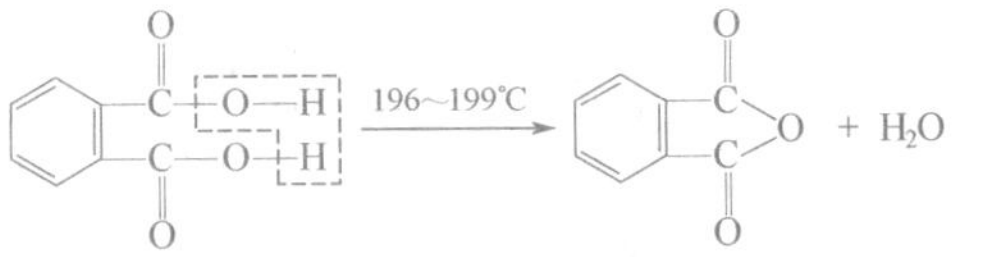

邻苯二甲酸　　　　邻苯二甲酸酐

（3）被烷氧基取代　羧酸和醇作用发生分子间脱水生成酯，这一反应叫作酯化反应。酯化反应是可逆的，速度很慢，因此必须在酸催化下进行。如果使反应物之一过量，或在反应过程中不断除去生成的水，则可破坏平衡，提高酯的产率。例如，在实验室中采用分水器装置，用过量的乙酸和异戊醇反应制取乙酸异戊酯。

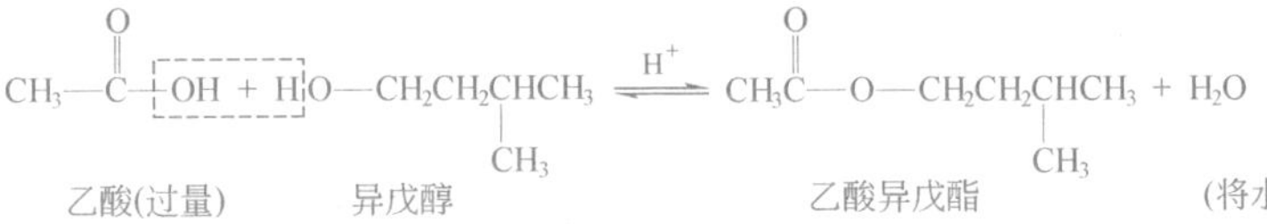

乙酸(过量)　　异戊醇　　乙酸异戊酯　　(将水移走)

乙酸异戊酯为无色透明液体，因具有令人愉快的香蕉气味又称香蕉水，常用作溶剂、萃取剂、香料和化妆品的添加剂，也是一种昆虫信息素。

（4）被氨基取代　羧酸与氨作用时首先生成铵盐，干燥的羧酸铵受热脱水后生成酰胺。

$$\underset{\text{羧酸}}{R-\overset{O}{\overset{\|}{C}}-OH} + NH_3 \longrightarrow \underset{\text{羧酸铵}}{R-\overset{O}{\overset{\|}{C}}-ONH_4} \xrightarrow[\triangle]{} \underset{\text{酰胺}}{R-\overset{O}{\overset{\|}{C}}-NH_2} + H_2O$$

8.5.3　脱羧反应

羧酸在加热条件下脱去羧基、放出 CO_2 的反应叫作脱羧反应。除甲酸外，饱和一元羧酸一般不发生脱羧反应，若将羧酸盐和碱石灰混合，在强热下可以脱去羧基生成烃。例如在实验室中加热无水乙酸钠和碱石灰的混合物可以制取甲烷。

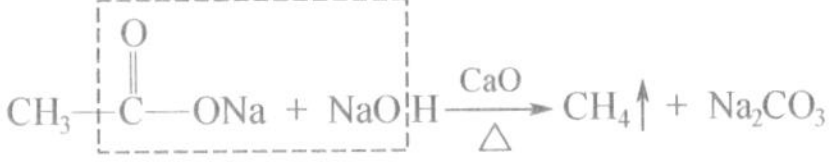

乙酸钠

当羧酸的 α-碳原子上连有吸电子基时，羧基不稳定，受热容易脱羧。例如：

$$Cl_3CCOOH \xrightarrow[\triangle]{} CHCl_3 + CO_2\uparrow$$

$$CH_3\overset{O}{\overset{\|}{C}}CH_2COOH \xrightarrow[\triangle]{} CH_3\overset{O}{\overset{\|}{C}}CH_3 + CO_2\uparrow$$

8.5.4　α-氢的卤代反应

受羧基的影响，羧酸中的 α-氢原子有一定的活泼性，在少量红磷、硫或碘催化剂的存在下，可被卤原子（—Cl、—Br）取代生成 α-卤代酸。

$$RCH_2COOH + X_2 \xrightarrow[\triangle]{P} \underset{\underset{X}{|}}{R}CHCOOH + HX$$

通过控制条件，可使反应停留在一元取代阶段，也可以继续发生多元取代。例如，工业上利用此反应制取一氯乙酸、二氯乙酸和三氯乙酸。

$$CH_3COOH \xrightarrow{Cl_2}{P} \underset{\underset{Cl}{|}}{CH_2}COOH \xrightarrow{Cl_2}{P} \underset{\underset{Cl}{|}}{CH}COOH \xrightarrow{Cl_2}{P} Cl-\underset{\underset{Cl}{|}}{\overset{\overset{Cl}{|}}{C}}-COOH$$

一氯乙酸　　　二氯乙酸　　　三氯乙酸

一氯乙酸、三氯乙酸是无色晶体，二氯乙酸是无色液体。三者都是重要的有机化工原料，广泛用于有机合成和制药工业。如一氯乙酸是制备农药乐果、植物生长激素 2,4-D 和增产灵的原料。

α-卤代酸中的卤原子可以被—CN、—NH₂、—OH 等基团取代生成各种 α-取代酸，因此羧酸的 α-卤代反应在有机合成中具有重要意义。

鉴别案例：

（1）甲酸、乙酸以及乙醛

$$\left.\begin{array}{l}甲酸\\乙酸\\乙醛\end{array}\right\}\xrightarrow{I_2 + NaOH}\left.\begin{array}{l}\times\\\times\\CHI_3\downarrow(黄色)\end{array}\right\}\xrightarrow{KMnO_4溶液}\begin{array}{l}紫红色消失\\\times\end{array}$$

（2）乙酸、草酸以及丙二酸

$$\left.\begin{array}{l}乙酸\\草酸\\丙二酸\end{array}\right\}\xrightarrow{\triangle}\left.\begin{array}{l}\times\\CO_2\uparrow\\CO_2\uparrow\end{array}\right\}\xrightarrow{KMnO_4溶液}\begin{array}{l}褪色\\\times\end{array}$$

（3）甲酸、乙醛、乙酸、乙醇以及乙酰氯

$$\left.\begin{array}{l}甲酸\\乙醛\\乙酸\\乙醇\\乙酰氯\end{array}\right\}\xrightarrow[C_2H_5OH,\triangle]{AgNO_3}\left.\begin{array}{l}\times\\\times\\\times\\\times\\AgCl\downarrow\end{array}\right\}\xrightarrow{Ag(NH_3)_2^+}\begin{array}{l}Ag\downarrow\\Ag\downarrow\\\times\\\times\end{array}\left.\begin{array}{l}\xrightarrow{NaHCO_3}CO_2\uparrow\\\times\\\xrightarrow{NaHCO_3}CO_2\uparrow\\\times\end{array}\right.$$

合成案例：

（1）

(2)

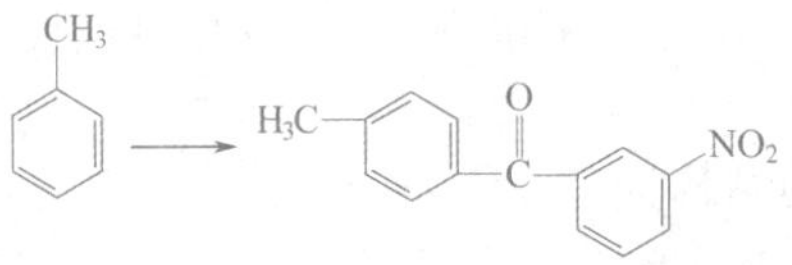

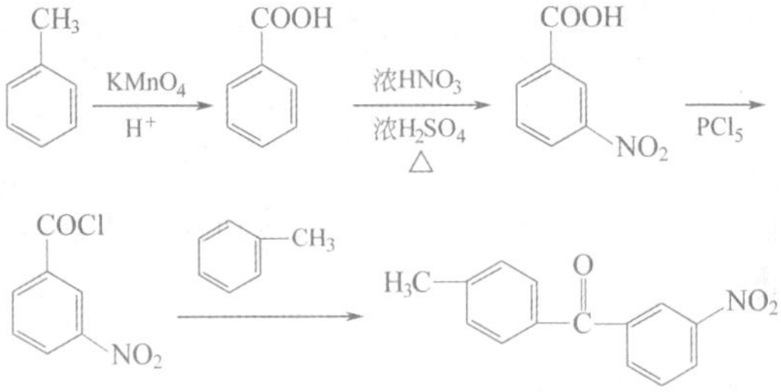

8.6　羧酸的制法和重要的羧酸

（1）羧酸的制法

① 伯醇和醛的氧化　这是制备羧酸最常用的方法。例如，工业上利用此法生产丁酸和乙酸。

$$CH_3CH_2CH_2CH_2OH \xrightarrow[\text{丁酸钴}]{O_2} CH_3CH_2CH_2CHO \xrightarrow[\text{丁酸钴}]{O_2} CH_3CH_2CH_2COOH$$

$$CH_3CHO + \frac{1}{2}O_2 \xrightarrow[60\sim80℃，0.8MPa]{\text{乙酸锰}} CH_3COOH$$

② 腈的水解　腈在酸或碱溶液中水解生成羧酸。例如，工业上由苯乙腈水解制取苯乙酸。

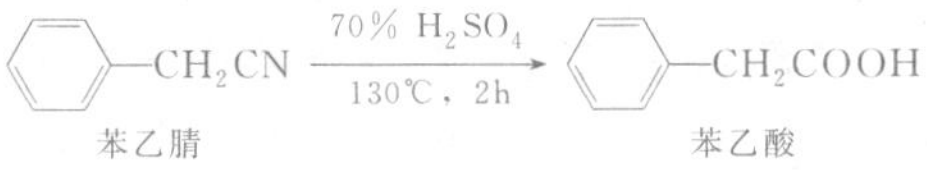

苯乙酸是合成青霉素等医药或农药的中间体。

由于腈可通过卤代烷制得，所以此反应适合由伯醇或伯卤代烷制取增加一个碳原子的羧酸。

③ 由格氏试剂制备　将二氧化碳在低温下通入格氏试剂的乙醚溶液中，或将格氏试剂倾于干冰上即可发生加成反应，再将加成产物进行水解，便得到羧酸。

$$RMgCl + CO_2 \xrightarrow{\text{无水乙醚}} RC\overset{O}{\underset{|}{-}}OMgCl\downarrow \xrightarrow{H_2O} RCOOH$$

此反应适合制取增加一个碳原子的羧酸。

（2）重要的羧酸

① 甲酸（HCOOH）　甲酸俗称蚁酸。现代工业以水煤气为原料来制取。

$$CO + H_2O \xrightarrow[200\sim300℃，20MPa]{H_2SO_4} HCOOH$$

甲酸是具有刺激气味的无色透明液体，沸点为 100.8℃，可与水混溶，易溶于乙醇、乙醚、甘油等，易燃，在空气中的爆炸极限为 18%～57%（体积分数）。甲酸腐蚀性较强，并刺激皮肤，使用时应避免与皮肤接触。

甲酸的结构比较特殊，同时具有羧基和醛基的结构。

因此，甲酸既具有酸性又具有还原性，能被高锰酸钾氧化为二氧化碳和水，也能发生银镜反应。可利用这一性质区别甲酸与其他羧酸。

$$HCOOH \xrightarrow{KMnO_4} CO_2 + H_2O$$

$$HCOOH + 2Ag(NH_3)_2OH \longrightarrow 2Ag\downarrow + (NH_4)_2CO_3 + 2NH_3 + H_2O$$

甲酸加热到 160℃ 以上，发生分解生成二氧化碳和氢气。

$$HCOOH \xrightarrow{160℃} CO_2 + H_2$$

当甲酸与浓硫酸共热时，则分解成一氧化碳和水。

$$HCOOH \xrightarrow[60～80℃]{浓硫酸} CO + H_2O$$

甲酸是重要的有机化工原料，广泛用于制取冰片、氨基比林、咖啡因、维生素 B_1、杀虫脒等医药或农药，由于其具有杀菌能力，又可用作消毒剂和防腐剂。此外，甲酸还可用作酸性还原剂、橡胶凝聚剂以及媒染剂等。

② 乙酸（CH_3COOH）　乙酸俗称醋酸。普通食醋中约含 6%～8% 的乙酸。人类最早制备乙酸的方法是谷物发酵法，这一方法至今仍应用于食醋工业。现代工业主要采用乙醛催化氧化法制取乙酸。

乙酸是具有刺激气味的无色透明液体，沸点为 118℃，可与水、乙醇、乙醚混溶。纯乙酸在低于 16.6℃ 时为冰状结晶，故称冰醋酸。

乙酸是常用的有机溶剂，也是重要的化工原料，可用于制造照相材料、人造纤维、合成纤维、染料、香料、药品、橡胶、食品等。乙酸还具有杀菌能力，0.5%～2% 的乙酸稀溶液可用于烫伤或灼伤感染的创面洗涤。用食醋熏蒸室内，可预防流行性感冒。用食醋佐餐可防治肠胃炎等疾病。

③ 丙烯酸（$CH_2{=\!=}CH—COOH$）　丙烯酸为最简单的不饱和脂肪酸，是具有刺激性酸味的无色液体，沸点为 140.9℃，能与水、乙醇、乙醚等互溶。

丙烯酸可以由丙烯腈水解得到，现代工业主要以丙烯为原料直接氧化来制取。

$$CH_3—CH{=\!=}CH_2 + \frac{3}{2}O_2 \xrightarrow[650℃,\ 1MPa]{MoO_3} CH_2{=\!=}CH—COOH + H_2O$$

丙烯酸是制造丙烯酸酯（包括甲酯、乙酯和 2-乙基己酯）的重要原料。这些酯类可制成乳液状聚合物，用作纸张加工、皮革整理和无纺纤维的黏合剂。另外丙烯酸酯与乙烯型单体共聚可得到丙烯酸树脂涂料。用丙烯酸树脂涂料生产的高级油漆色泽鲜艳，经久耐用，广泛用于汽车、飞机、家用电器、家具、建筑等领域。

④ 苯甲酸(—COOH)　苯甲酸是典型的芳香酸。因最初来源于安息香胶，故俗称安息香酸。现代工业由甲苯氧化或甲苯氯化后水解来制取。

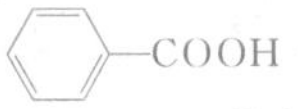

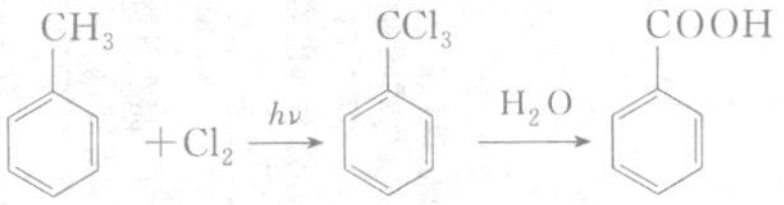

苯甲酸是鳞片状或针状白色晶体，熔点为 122.0℃，微溶于冷水，可溶于热水和乙醇、乙醚等有机溶剂，能升华，具有较强的抑菌、防腐作用，其钠盐是食品和药液中常用的防腐剂。苯甲酸也用于制备药物、香料和染料等。

⑤ 乙二酸(COOH | COOH)　乙二酸是最简单的二元酸，俗称草酸，以钾盐和钙盐的形式广泛存在于植物体中。现代工业以一氧化碳和氢氧化钠为原料先制取甲酸钠，然后将甲酸钠迅速加热至 360℃ 脱氢生成草酸钠，再经石灰苛化、硫酸酸化制得草酸。

草酸常带有两分子的结晶水，是无色单斜片状晶体，熔点为 101.5℃，易溶于水和乙醇，将其加热到 105℃ 左右时，就失去结晶水生成无水草酸，无水草酸的熔点为 189.5℃。

草酸除具有一般羧酸的性质外，还有还原性，可以被高锰酸钾氧化成二氧化碳和水。这一反应是定量进行的，在分析中常用纯草酸来标定高锰酸钾溶液的浓度。

草酸是制造抗生素和冰片等药物的重要原料，在工业上还常用作还原剂、漂白剂和除锈剂等。

⑥ 水杨酸(—COOH OH)　水杨酸又称柳酸，学名为邻羟基苯甲酸，存在于柳树、水杨树皮及其他许多植物中。现代工业用以下方法来制取。

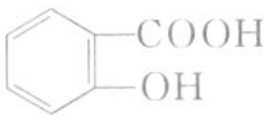

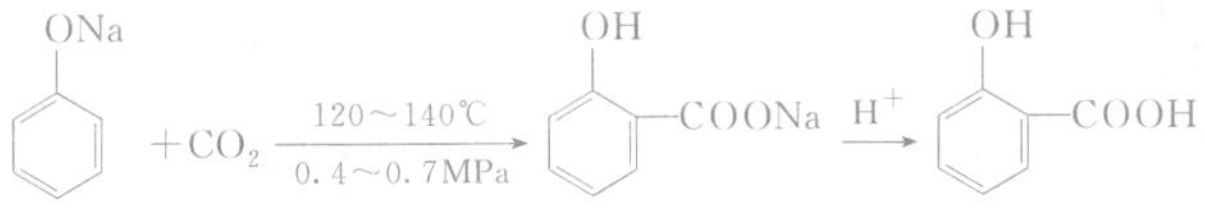

水杨酸是白色针状晶体，熔点为 159℃，微溶于冷水，易溶于沸水和乙醇。由于分子中含有羟基和羧基，因此它具有酚和羧酸的一般性质，如易氧化，遇三氯化铁呈紫色，水溶液显酸性，能成盐、成酯等。将水杨酸加热到熔点以上，能脱羧生成苯酚。

水杨酸有抑制细菌生长的作用，可用作防腐剂和杀菌剂。水杨酸的许多衍生物都是重要的药物，例如：

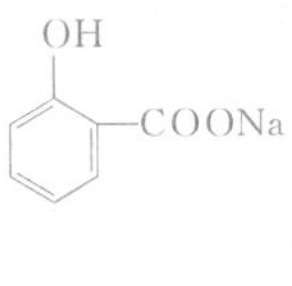

水杨酸钠 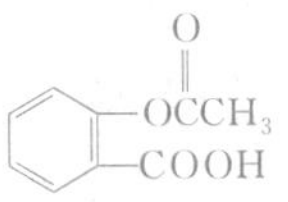　　　　乙酰水杨酸（阿司匹林） 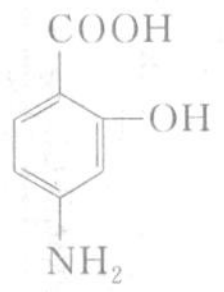　　　对氨基水杨酸

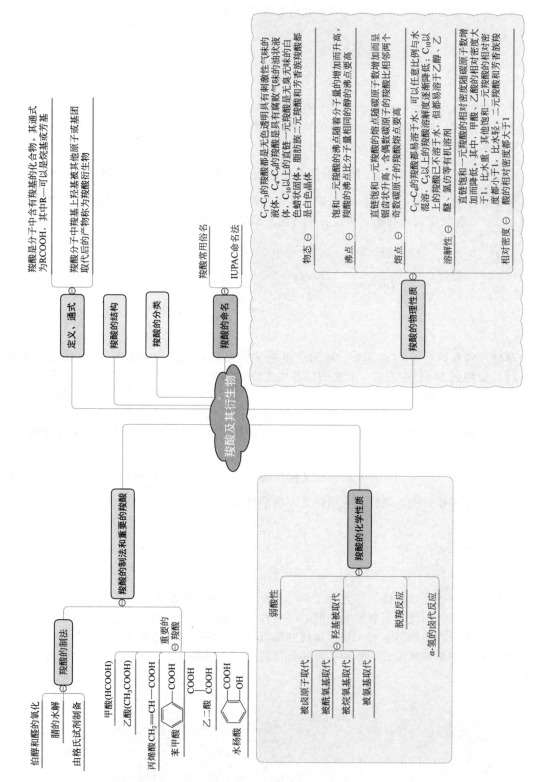

化学名人

胡宏纹，1925年3月生于四川广安。有机化学家，南京大学化学化工学院教授，中国科学院院士。长期从事有机化学的教学和有机合成化学研究，主要涉及有机化学、有机金属化学、冠醚的合成与性质、中氮茚合成、杂环化合物合成及超分子化学等方面。先后四次主编有机化学教材，总印数近40万册，为有机化学教育做出了重大贡献。用顺磁共振谱证明芳醛肟脱氢二聚体在氯仿中加热时分解成亚胺氧自由基，并研究了亚胺氧自由基与苯乙烯类似物和共轭二烯的加成反应以及与酚类的取代反应。开发了一种新的Gabriel试剂——N-甲酰基甲酰胺钠，可用于伯胺、α-氨基酮及α-酮酸酯的合成。发展了在氧化剂存在下，用吡啶N-叶立德与烯烃的1,3-和1,5-偶极环化加成反应合成中氮茚衍生物的新方法。首次合成了双冠醚与碱金属盐的1:1和2:2络合物，并测定了它们的晶体结构。胡宏纹教授一生热爱祖国、忠诚于党的教育事业，崇尚科学、追求真理，与人为善、淡泊名利，将全部心血奉献给了化学教育与有机合成研究。

 习题

一、命名或写出下列化合物构造式

1. $\text{C}_6\text{H}_5\text{—CH—CH}_2\text{—COOH}$
   $\qquad\qquad\quad |$
   $\qquad\qquad\ \ \text{CH}_3$

2. 苯酐结构

3. $\text{CH}_3\text{CHCH}_2\text{COOH}$
   $\qquad\quad |$
   $\qquad\ \ \text{CH}_2\text{CH}_3$

4. $\text{H}_2\text{C}\!=\!\text{CH}_2\text{CHCOOH}$
   $\qquad\qquad\quad\ \ |$
   $\qquad\qquad\quad\ \ \text{CH}_3$

5. 环己基 CHCH_2COOH
   $\qquad\qquad\quad |$
   $\qquad\qquad\ \ \text{CH}_3$

6. HOOC—CH—CH—COOH
   $\qquad\qquad\ |\qquad\ |$
   $\qquad\quad\ \ \text{CH}_3\ \ \text{CH}_2\text{CH}_3$

7. $\text{CH}_3\text{—C}(=\!\text{O})\text{—N}(\text{CH}_3)_2$

8. 2,3-二甲基戊酸

9. 邻苯二甲酸

10. 草酸

11. 阿司匹林

12. N,N-二甲基甲酰胺

13. 苯甲酰氯

14. 2-甲基丙烯酸甲酯

二、填空题

1. X是最简单的烯烃。现有如下的反应关系（已知F是一种常见的塑料）：

$$X \xrightarrow[\text{催化剂}]{\text{H}_2\text{O}} A \xrightarrow[\text{催化剂}]{\text{氧化}} B \xrightarrow[\text{催化剂}]{\text{氧化}} C$$

$$X \xrightarrow{\text{Cl}_2} D \xrightarrow{\text{脱去1分子HCl}} E \xrightarrow{\text{聚合}} F$$

用结构简式表示：A _____；C _____；F _____。

2. 羧酸的衍生物主要有_____，_____，_____，_____。

3. 酰卤的结构通式是_____，酯的结构通式是_____。

4. 乙酰水杨酸俗名又叫_____，结构式为_____，有_____作用。

5. 酯、酸酐、酰氯、酰胺等羧酸衍生物水解、酰化能力的活性次序由强至弱的顺序是_____＞_____＞_____＞_____。

6. 水杨酸具有酚羟基，能与_____试剂呈现颜色反应，此性质可作为阿司匹林的纯度检验。

三、选择题

1. 一定质量的某有机物和足量金属钠反应，得到 V_A（L）气体，等质量的该有机物与足量 Na_2CO_3 溶液反应，可得 V_B（L）气体，已知同温同压下 $V_A > V_B$。则该有机物可能是（　　）。

A. $CH_3CH(OH)COOH$ B. $HO(CH_2)_2CHO$

C. $HOOC-COOH$ D. $HO-CH_2-CH_2-OH$

2.用一种试剂鉴别乙醛、乙醇、乙酸和甲酸 4 种溶液，此试剂是（　　　）。

A.银氨溶液   B. Na_2CO_3 溶液   C.溴水   D.新制 $Cu(OH)_2$ 悬浊液

3.除去乙酸乙酯中含有的乙酸，最好的处理操作是（　　　）。

A.蒸馏   B.水洗后分液

C.用过量饱和碳酸钠溶液洗涤后分液   D.用过量氢氧化钠溶液洗涤后分液

4.将 [结构式 COONa / OCOCH$_3$] 转变为 [结构式 COONa / OH] 的方法为（　　　）。

A.与足量的 NaOH 溶液共热后，再通入 CO_2

B.溶液加热，通入足量的 HCl

C.与稀 H_2SO_4 共热后，加入足量 Na_2CO_3

D.与稀 H_2SO_4 共热后，加入足量 NaOH

5.某种药物主要成分 X 的分子结构如下：

[结构式]

关于有机物 X 的说法中，错误的是（　　　）。

A. X 难溶于水，易溶于有机溶剂   B. X 不能跟溴水反应

C. X 能使高锰酸钾酸性溶液褪色   D. X 的水解产物能发生消去反应

6.羧酸的沸点比分子量相近的烃，甚至比醇还高，主要原因是由于（　　　）。

A.分子极性   B.酸性   C.分子内氢键   D.形成二缔合体

7.下列关于乙酸的说法不正确的是（　　　）。

A.乙酸是一种重要的有机酸，是具有强烈刺激性气味的液体

B.乙酸分子中含有四个氢原子，所以乙酸是四元酸

C.无水乙酸又称冰醋酸，它是纯净物

D.乙酸易溶于水和乙醇

8.烹鱼时加入少量食醋和料酒可以使烹制的鱼具有特殊的香味，这种香味来自（　　　）。

A.食盐   B.食醋中的乙酸

C.料酒中的乙醇   D.料酒中的乙醇与食醋中的乙酸反应生成的乙酸乙酯

9.夏天蚊子特别多，被蚊子叮咬后人会感觉痛痒，这是由于蚊子分泌出的酸性物质有刺激作用，该酸性物质的主要成分是甲酸（CH_2O_2）。下列有关说法正确的是（　　　）。

A.甲酸溶液能使紫色石蕊试液变蓝

B.甲酸中碳、氢、氧三种元素的质量比为 6∶1∶16

C.甲酸分子由 1 个碳原子、2 个氢原子和 2 个氧原子构成

D.可选用浓氢氧化钠溶液等碱性物质来涂抹患处

10.乙醚、丁醇、丁酸的沸点高低以及在水中的溶解度由大到小的顺序是（　　　）。

A.乙醚、丁醇、丁酸   B.丁酸、丁醇、乙醚

C.丁醇、乙醚、丁酸   D.丁酸、乙醚、丁醇

四、推断题

1.化合物 A、B、C 的分子式均为 $C_3H_6O_2$，只有 A 能与 $NaHCO_3$ 作用放出二氧化碳，B、C 不能；B 和 C 在氢氧化钠溶液中水解，B 的水解产物之一能发生碘仿反应，而 C 则不行。推测 A、B、C 的结构式。

2.化合物 A、B、C 的分子式都是 $C_3H_6O_2$，C 能与 $NaHCO_3$ 反应放出 CO_2，A、B 不能。把 A、B 分别放入 NaOH 溶液中加热，然后酸化，从 A 得到酸 a 和醇 a，从醇 a 氧化得酸 b，醇 b 氧化得酸 a，试推测 A、B、C 的构造式，并写出有关反应式。

3. A 是一种酯，分子式是 $C_{14}H_{12}O_2$。A 可以由醇 B 跟羧酸 C 发生酯化反应得到。A 不能使溴（CCl_4 溶液）褪色，氧化 B 可得到 C。试推测 A、B、C 的构造式。

五、完成反应方程式

1. 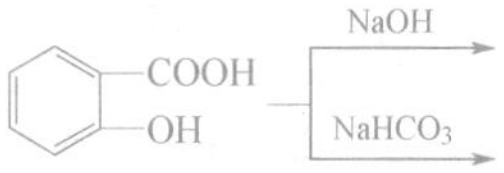
$$\text{邻羟基苯甲酸(COOH/OH)} \xrightarrow[\text{NaHCO}_3]{\text{NaOH}} \rightarrow$$

2. 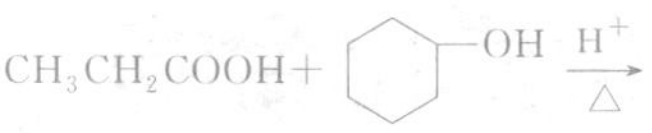 $CH_3CH_2COOH + \text{环己醇—OH} \xrightarrow[\triangle]{H^+}$

3. $H_3C-\overset{O}{\underset{}{C}}-OH + PCl_3 \longrightarrow$

4. 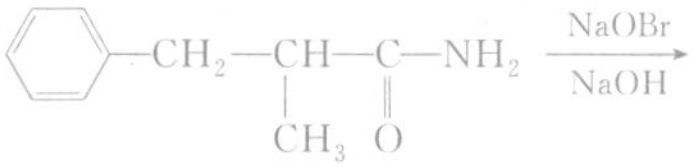 $\text{苯基—}CH_2-\underset{CH_3}{\overset{}{CH}}-\overset{O}{\underset{}{C}}-NH_2 \xrightarrow[\text{NaOH}]{\text{NaOBr}}$

5. $CH_3\overset{O}{\underset{}{C}}CH_2COOH \xrightarrow{\triangle}$

6. 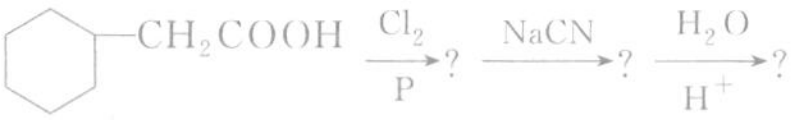 $\text{环己基—}CH_2COOH \xrightarrow[P]{Cl_2} ? \xrightarrow{NaCN} ? \xrightarrow[H^+]{H_2O} ?$

六、综合题

1. 由指定原料合成下列化合物（无机试剂任选）。

(1) $CH_3CH_2COOH \longrightarrow CH_3CH_2CH_2CH_2COOH$

(2)  环己酮=O $\longrightarrow$ 环己基(COOH/OH)

2. 将下列各组化合物按从强到弱、从大到小的顺序排列。

(1) 水解反应活性：乙酰氯、乙酸乙酯、乙酐、乙酰胺

(2) 酸性：① 甲酸、乙酸、苯甲酸

② 苯甲酸、对甲基苯甲酸、对硝基苯甲酸

③ $BrCH_2COOH$；$Br_2CHCOOH$；Br_3CCOOH

④ $CH_3CH_2\underset{Cl}{\overset{}{CH}}CO_2H$ ；$CH_3\underset{Cl}{\overset{}{CH}}CH_2CO_2H$ ；$\underset{Cl}{\overset{}{CH_2}}CH_2CH_2CO_2H$ ；$\underset{H}{\overset{}{CH_2}}CH_2CH_2CO_2H$

3. 用化学方法鉴别下列各组化合物。

(1) 甲酸、乙酸、草酸水溶液

(2) 水杨酸、水杨醛、水杨醇

4. 试用化学方法从1-己醇和己酸的混合物中分离出己酸。

含氮化合物

Chapter 09

📖 **学习指南**

1. 了解各类含氮化合物的分类、物理性质及其变化规律；
2. 熟悉各类含氮化合物的制备方法；
3. 熟悉官能团的特征反应，掌握伯、仲、叔胺的鉴别方法；
4. 掌握各类含氮化合物的命名方法、化学性质及其在合成中的应用。

分子中含有 C—N 键的有机化合物称为含氮有机化合物，若从另一个角度看，含氮的有机化合物也可以看作相应的无机氮化合物的衍生物。含氮化合物的分类见表 9-1。

表 9-1　含氮化合物的分类

无机氮化合物		相应的有机氮化合物	
名称	构造式	名称	构造式
氨	NH_3	胺	$R—NH_2$，$Ar—NH_2$，R_2NH，$(Ar)_2NH$，R_3N，$(Ar)_3N$
氨水	$NH_3 \cdot H_2O$	季铵碱	$R_4N^+OH^-$
铵盐	NH_4Cl	季铵盐	$R_4N^+Cl^-$
联胺（肼）	$H_2N—NH_2$	肼	$R—NH—NH_2$，$Ar—NH—NH_2$
硝酸	$HO—NO_2$	硝基化合物	$R—NO_2$，$Ar—NO_2$
亚硝酸	$HO—NO$	亚硝基化合物	$R—NO$，$Ar—NO$

含氮有机化合物种类很多，除以上列举的化合物之外，还有其他含氮有机化合物，如酰胺类、腈类、重氮化合物、偶氮化合物、含氮杂环化合物和生物碱等。

9.1　硝基化合物

分子中含有硝基（—NO_2）官能团的有机化合物叫作硝基化合物，它可以看成是烃分子中的氢原子被硝基取代后的产物。

其中硝基与脂肪族烃基相连的叫作脂肪族硝基化合物，与芳香族烃基相连的叫作芳香族硝基化合物。芳香族硝基化合物比脂肪族硝基化合物应用广泛，因此，本节主要讨论芳香族硝基化合物。

9.1.1　硝基化合物的结构和命名

（1）硝基化合物的结构　芳香族硝基化合物通常是指硝基直接与苯环相连的一类有机化合物，可用通式 $Ar—NO_2$ 来表示。

在芳香族硝基化合物中，—NO$_2$ 是分子中的官能团，其结构式为 $-N\begin{smallmatrix}O\\\\O\end{smallmatrix}$。硝基是较强的钝化基，苯环上连接硝基后，其取代反应活性明显降低。

（2）硝基化合物的命名　芳香族硝基化合物命名时，以芳烃为母体，硝基作为取代基。

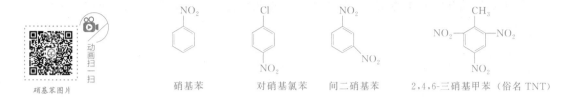

硝基苯　　　　对硝基氯苯　　　间二硝基苯　　2,4,6-三硝基甲苯（俗名 TNT）

9.1.2　硝基化合物的性质

9.1.2.1　物理性质

（1）物态与气味　芳香族一硝基化合物为无色或淡黄色液体或固体。芳香族多硝基化合物为黄色晶体，具有爆炸性，可用作炸药。有的多硝基化合物具有麝香香味，可用作香料。

（2）密度与溶解性　硝基化合物的相对密度均大于1，比水重，不溶于水，易溶于有机溶剂。

此外，硝基化合物有毒，应避免与皮肤直接接触或吸入其蒸气。

9.1.2.2　化学性质

芳香族硝基化合物的性质比较稳定。其化学反应主要发生在官能团硝基以及被硝基钝化的苯环上。

（1）硝基上的还原反应

① 还原剂还原　芳香族硝基化合物在酸性介质中与还原剂作用，硝基被还原成氨基，生成芳胺。常用的还原剂有铁与盐酸、锡与盐酸等。工业上和实验室中以铁为还原剂，在稀盐酸中还原硝基苯制取苯胺。

$$\underset{}{\text{NO}_2} \xrightarrow[\triangle]{\text{Fe,HCl}} \underset{\text{苯胺}}{\text{NH}_2}$$

② 催化加氢　在一定温度和压力下，催化加氢也可使硝基苯还原成苯胺。

$$\underset{}{\text{NO}_2} \xrightarrow[\triangle,\text{加压}]{\text{H}_2,\text{Ni}} \underset{}{\text{NH}_2}$$

由于催化加氢法在产品质量和收率等方面均优于还原剂还原法，因此是目前生产苯胺常用的方法。

③ 选择性还原　还原多硝基化合物时，选择不同的还原剂，可使其部分还原或全部还原。在间二硝基苯的还原反应中，如果选用硫氢化钠作还原剂，可只还原其中的一个硝基，生成间硝基苯胺：

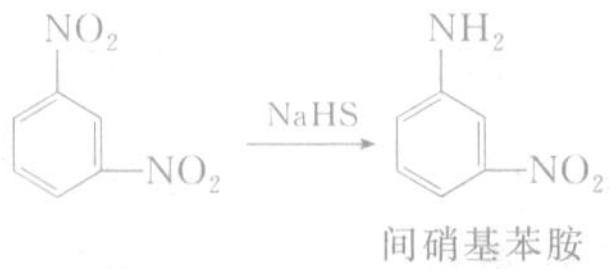

间硝基苯胺

但如果选用铁和盐酸作还原剂或催化加氢，则两个硝基全部被还原，生成间苯二胺：

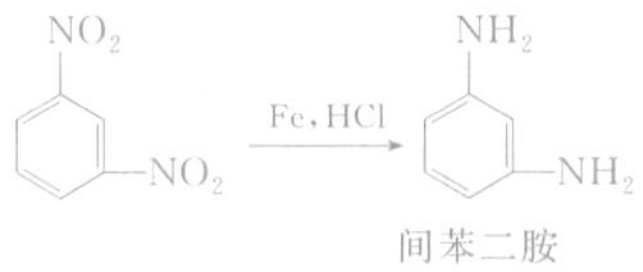

间苯二胺

利用多硝基苯的选择还原可以制取许多有用的化工产品。间硝基苯胺为黄色晶体，主要用于生产偶氮染料。间苯二胺为白色晶体，是合成聚氨酯和杀菌剂的原料，也用作毛皮染料和环氧树脂固化剂。

（2）苯环上的取代反应　硝基是间位定位基，可使苯环钝化，硝基苯的环上取代反应主要发生在间位且比较难于进行。

由于硝基对苯环的强烈钝化作用，硝基苯不能发生傅-克烷基化和酰基化反应。

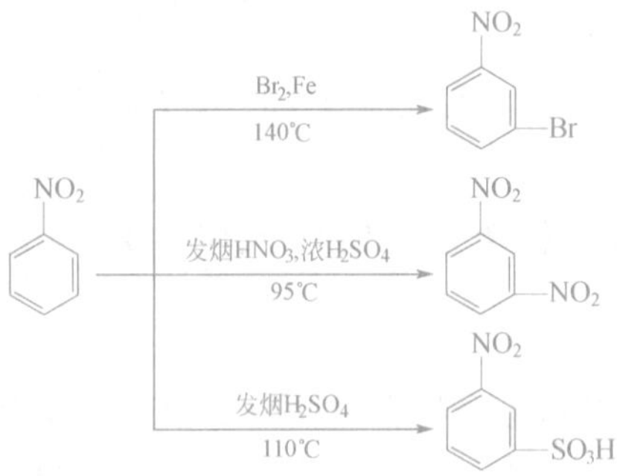

9.1.3　硝基对苯环上其他基团的影响

硝基不仅钝化苯环，使苯环上的取代反应难于进行，而且对苯环上其他取代基的性质也会产生显著的影响。

（1）使卤苯的水解容易进行　在通常情况下，氯苯很难发生水解反应。但当其邻位或对位上连有硝基时，由于硝基具有较强的吸电子作用，使与氯原子直接相连的碳原子上电子云密度大大降低，从而带有部分正电荷，有利于 OH^- 的进攻，因此，水解反应变得容易发生。硝基越多，反应越容易进行。

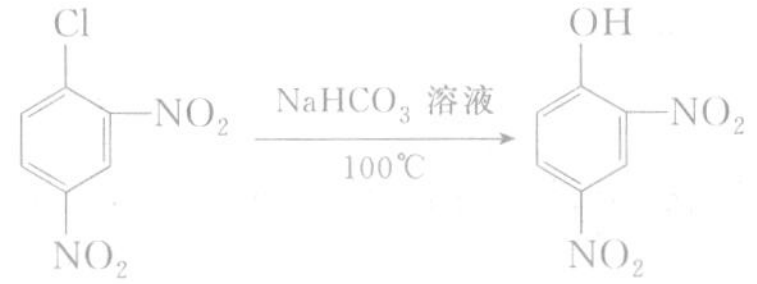

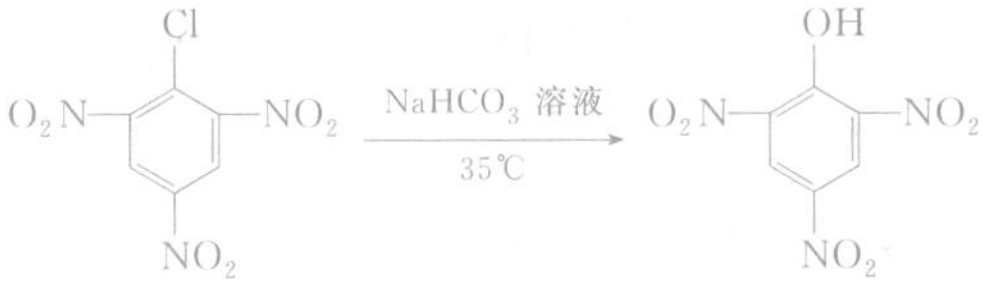

2,4,6-三硝基氯苯   2,4,6-三硝基苯酚

此反应可用于制备硝基酚。对硝基苯酚为无色或淡黄色晶体，主要用于合成染料、药物等。2,4-二硝基苯酚为黄色晶体，是合成染料、苦味酸和显像剂的原料。2,4,6-三硝基苯酚为黄色晶体，用于合成染料，也可用作炸药等。

（2）使酚的酸性增强 当酚羟基的邻位或对位上有硝基时，由于硝基的吸电子作用，使酚羟基氧原子上的电子云密度大大降低，对氢原子的吸引力减弱，容易变成质子离去，因而使酚的酸性增强，硝基越多，酸性越强。

酸性：

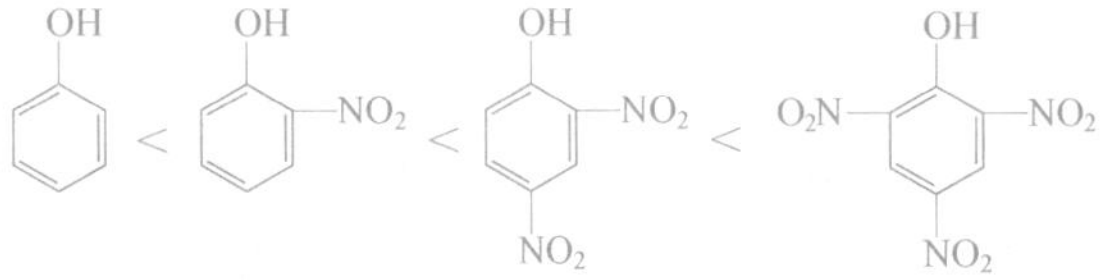

其中2,4-二硝基苯酚的酸性与甲酸相近，2,4,6-三硝基苯酚的酸性与强无机酸相近，能使刚果红试纸由红色变成蓝紫色。

9.1.4 硝基化合物的制法和常用的硝基化合物

9.1.4.1 芳香族硝基化合物的制法

直接硝化法是工业上和实验室中制取芳香族硝基化合物最重要的方法。苯与混酸共热时发生硝化反应，生成硝基苯：

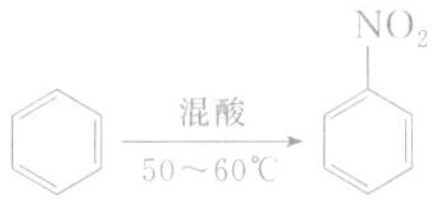

硝基苯继续硝化时，可得到间二硝基苯：

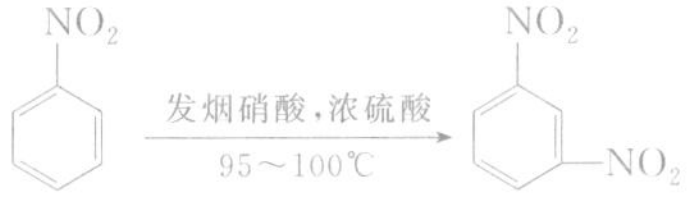

甲苯的硝化反应在30℃时就可以进行，主要得到邻硝基甲苯和对硝基甲苯：

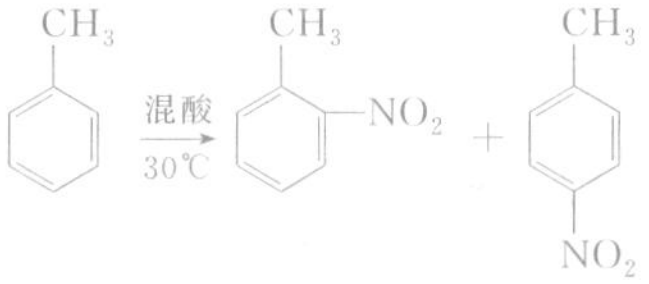

9.1.4.2 常用的硝基化合物

(1) 硝基苯 $\left(\begin{array}{c} \text{C}_6\text{H}_5\text{NO}_2 \end{array}\right)$ 硝基苯为淡黄色油状液体，沸点为 210℃，不溶于水，可溶于苯、乙醇和乙醚等有机溶剂，相对密度为 1.203，比水重，具有苦杏仁味，有毒，由苯硝化制得。硝基苯是重要的化工原料，主要用于制造苯胺、联苯胺、偶氮苯、染料等。

(2) 2,4,6-三硝基甲苯 $\left(\begin{array}{c} \text{O}_2\text{N} \quad \text{CH}_3 \quad \text{NO}_2 \\ \text{NO}_2 \end{array}\right)$ 2,4,6-三硝基甲苯俗称 TNT，为黄色晶体，熔点为 80.1℃，不溶于水，可溶于苯、甲苯和丙酮，有毒，由甲苯直接硝化制得。

TNT 是一种重要的军用炸药。因其熔融后不分解，受震动也相当稳定，所以装弹运输比较安全，经起爆剂引发，就会发生猛烈爆炸。原子弹、氢弹的爆炸威力常用 TNT 的万吨级来表示。TNT 也可用在民用筑路、开山、采矿等爆破工程中，此外，还可用于制造染料和照相用药品等。

(3) 2,4,6-三硝基苯酚 $\left(\begin{array}{c} \text{O}_2\text{N} \quad \text{OH} \quad \text{NO}_2 \\ \text{NO}_2 \end{array}\right)$ 2,4,6-三硝基苯酚为黄色晶体，熔点为121.8℃，味苦，俗称苦味酸，不溶于冷水，可溶于热水、乙醇和乙醚，有毒，并有强烈的爆炸性。苦味酸是一种强酸，其酸性与强无机酸相近，由 2,4-二硝基氯苯经水解再硝化制得。

苦味酸是制造硫化染料的原料，也可作为生物碱的沉淀剂，医药上用作外科收敛剂。

练一练

一、给下列化合物命名

(1) 　　(2) 　　(3)

二、写出下列化合物的构造式

(1) 对硝基乙苯　　(2) 2-氯-4-硝基甲苯　　(3) 间二硝基苯

三、完成下列化学反应

(1) 苯 $\xrightarrow[\text{50~60℃}]{\text{混酸}}$? $\xrightarrow{\text{Fe,HCl}}$?　　(2) 苯 $\xrightarrow{\text{?}}$ 间二硝基苯 $\xrightarrow{\text{NaHS}}$?

四、完成下列转变

(1) 苯 $\longrightarrow$ 间硝基苯胺　　(2) 苯 $\longrightarrow$ 间氯苯胺

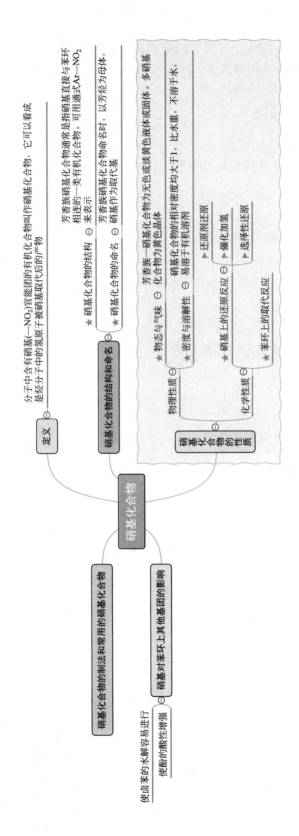

★ 物态与气味 ○ 芳香族一硝基化合物为无色或淡黄色液体或固体。多硝基
化合物为黄色晶体。

★ 密度与溶解性 ○ 硝基化合物的相对密度均大于1，比水重，不溶于水，
易溶于有机溶剂

★ 硝基上的还原反应 ○
▶ 还原剂还原
▶ 催化加氢
▶ 选择性还原

★ 苯环上的取代反应 ○

物理性质 ○

化学性质 ○

硝基化合物的性质 ○

★ 硝基化合物的结构 ○
芳香族硝基化合物通常是指硝基直接与苯环
相连的一类有机化合物。可用通式Ar—NO₂
来表示

★ 硝基化合物的命名 ○
芳香族硝基化合物命名时，以芳烃为母体，
硝基作为取代基

硝基化合物的结构和命名

定义 ○
分子中含有硝基(—NO₂)官能团的有机化合物叫作硝基化合物。它可以看成
是烃分子中的氢原子被硝基取代后的产物

硝基化合物

硝基化合物的制法和常用的硝基化合物

硝基对苯环上其他基团的影响 ○
使卤苯的水解容易进行
使酚的酸性增强

9.2 胺

分子中含有氨基（—NH$_2$）官能团的有机化合物叫作胺，可以看成是氨分子中的氢原子被烃基取代后的产物，常用通式 R—NH$_2$ 表示。胺类和它们的衍生物是十分重要的化合物，其与生命活动有密切的关系。

9.2.1　胺的分类和命名

（1）胺的分类

① 根据胺分子中氮上连接的烃基不同，分为脂肪胺与芳香胺。

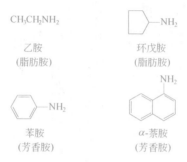

CH$_3$CH$_2$NH$_2$
乙胺
（脂肪胺）

环戊胺
（脂肪胺）

苯胺
（芳香胺）

α-萘胺
（芳香胺）

② 根据胺分子中与氮相连的烃基的数目，可以分为一级胺（伯胺）、二级胺（仲胺）、三级胺（叔胺）。

NH$_3$　　RNH$_2$　　R$_2$NH　　R$_3$N
氨　　　伯胺　　　仲胺　　　叔胺

③ 根据胺分子中所含氨基的数目，可以有一元胺、二元胺或多元胺。

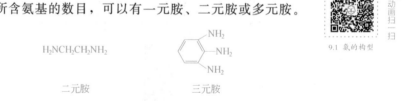

CH$_3$NH$_2$　　　　H$_2$NCH$_2$CH$_2$NH$_2$

一元胺　　　　　　　二元胺　　　　　　　　三元胺

9.1 氨的构型

与铵盐及氢氧化铵对应的四烃基取代物分别称为季铵盐和季铵碱。

R$_4$N$^+$Cl$^-$　　　　　　R$_4$N$^+$OH$^-$
季铵盐　　　　　　　　　季铵碱

不同级数的胺中"伯、仲、叔"含义与醇不同。它们分别指氮原子上连有一个，两个或是三个烃基，而与连接氨基的碳原子是伯、仲或叔碳原子没有关系。

（2）胺的命名　简单的胺按普通命名法命名，把"胺"字作为类名，前面加上烃基的名称和数目。即按照分子中烃基的名称及数目叫作"某胺"。

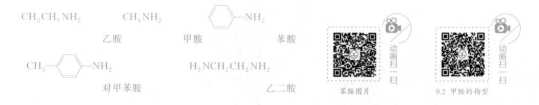

CH$_3$CH$_2$NH$_2$　　　　CH$_3$NH$_2$

乙胺　　　　　　甲胺　　　　　　苯胺

CH$_3$——NH$_2$　　　　H$_2$NCH$_2$CH$_2$NH$_2$

对甲苯胺　　　　　　　　乙二胺

苯胺图片　　　9.2 甲胺的构型

CH_3NHCH_3

二甲胺

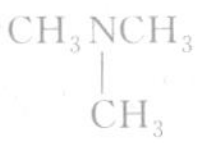

三甲胺

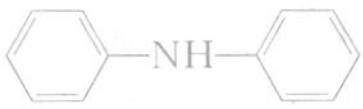

二苯胺

动画扫一扫

9.3 三甲胺的构型

当胺分子中氮原子上所连烃基不同时，按次序规则把基团列在类的前面。

$CH_3CH_2NHCH_3$

甲乙胺

$CH_3CH_2NHCH_2CH_2CH_3$

乙丙胺

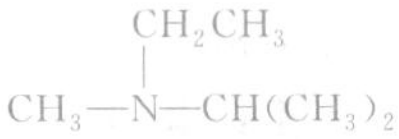

甲乙异丙胺

若分子中有两个或两个以上氨基时要用数字表明氨基的数目，即为几元胺。

$H_2NCH_2CH_2NH_2$

乙二胺

$H_2NCH_2(CH_2)_4CH_2NH_2$

1,6-己二胺

对苯二胺

对于芳香仲胺和叔胺，命名时常以芳香胺为母体，脂肪烃基作为芳胺氮原子上的取代基，并在基团名称前冠以“*N*”字（每个“*N*”只能指示一个取代基的位置），以表示该脂肪烃基是连在氮原子上，而不是连在芳环上，并把基团名称和数目按次序规则排在母体名称前面。

N-甲基苯胺

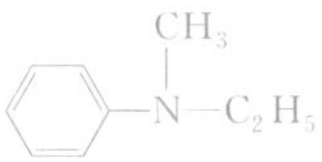

N-甲基-*N*-乙基苯胺

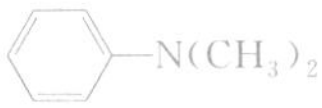

N,*N*-二甲基苯胺

季铵盐或季铵碱命名方法与铵盐或氢氧化铵类似。

$(CH_3)_4N^+OH^-$

氢氧化四甲铵

(四甲基氢氧化铵)

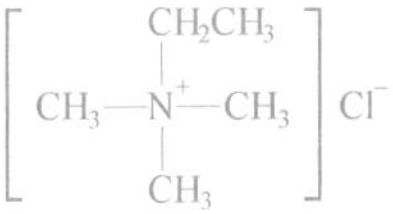

氯化三甲基乙基铵

(三甲基乙基氯化铵)

对于比较复杂的胺，按系统命名法命名，以烃为母体，氨基为取代基。

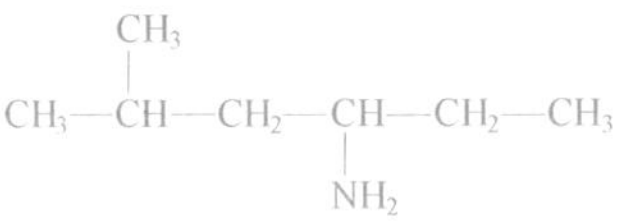

2-甲基-4-氨基己烷

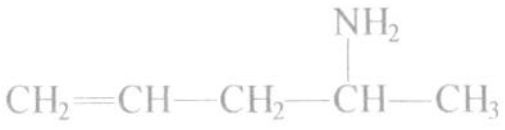

4-氨基-1-戊烯

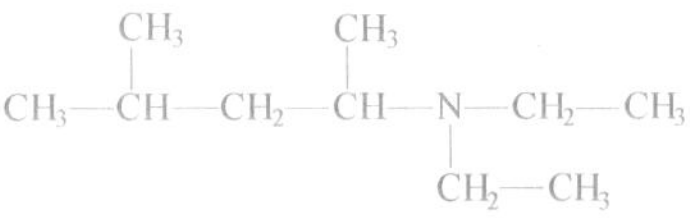

2-甲基-4-(二乙氨基)戊烷

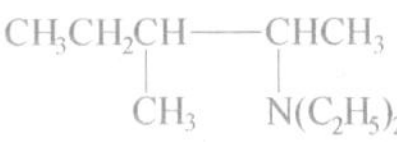

2-(*N*,*N*-二乙氨基)-3-甲基戊烷

在命名含氮化合物时应注意"氨""胺""铵"字的含义，在表示基团（如氨基、亚氨基等）时，用"氨"；表示 NH_3 的烃基衍生物时，用"胺"；季铵盐或季铵碱中则用"铵"。

9.2.2 胺的物理性质

胺有氨的刺激性气味及腥臭味。芳胺有特殊气味且毒性较大，与皮肤接触或吸入其蒸气都会引起中毒，所以使用时要格外小心。

（1）物态 常温常压下，甲胺、二甲胺、三甲胺为无色气体，其他胺为液体或固体。低级胺有类似氨的气味，高级胺无味。

（2）沸点 胺的沸点比分子量相近的烃和醚高，比醇和羧酸低。在分子量相同的脂肪胺中，伯胺的沸点最高，仲胺次之，叔胺最低。这是因为伯胺、仲胺分子中存在极性的 N—H 键，可以形成分子间氢键。而叔胺分子中无 N—H 键，不能形成分子间氢键，所以其沸点远远低于伯胺和仲胺。胺的物理常数见表 9-2。

表 9-2　胺的物理常数

名称	构造式	沸点/℃	$pK_b^\ominus(25℃)$
甲胺	CH_3NH_2	−7.5	3.38
二甲胺	$(CH_3)_2NH$	7.4	3.27
三甲胺	$(CH_3)_3N$	3	4.21
乙胺	$CH_3CH_2NH_2$	17	3.36
二乙胺	$(CH_3CH_2)_2NH$	55	3.06
三乙胺	$(CH_3CH_2)_3N$	89	3.25
正丙胺	$CH_3CH_2CH_2NH_2$	48.7	3.29
正丁胺	$CH_3CH_2CH_2CH_2NH_2$	77.8	3.23
苯胺	〔苯环〕—NH_2	184.13	9.40
N-甲基苯胺	〔苯环〕—$NHCH_3$	196	9.60
N,N-二甲基苯胺	〔苯环〕—$N(CH_3)_2$	194	9.62
邻甲苯胺	〔苯环，CH_3〕—NH_2	200	9.56
间甲苯胺	〔苯环，H_3C〕—NH_2	203	9.28
对甲苯胺	CH_3—〔苯环〕—NH_2	200	8.90

由于氮的电负性小于氧，N—H 键的极性比 O—H 键弱，形成的氢键也较弱，因此伯胺、仲胺的沸点比分子量相近的醇和羧酸低。

（3）水溶性 低级胺易溶于水，随着分子量的增加，胺的溶解度降低。甲胺、二甲胺、乙胺、二乙胺等可与水以任意比例混溶，C_6 以上的胺则不溶于水。

因为低级胺与水分子间能形成氢键，所以易溶于水。随着胺分子中烃基的增大，空间阻碍作用增强，难与水形成氢键，因此高级胺难溶于水。

9.2.3 胺的化学性质

胺的化学反应主要发生在官能团氨基和侧链上。

（1）弱碱性 胺与氨相似，由于氮原子上有一对未共用电子，容易接受质子形成铵离子，因而呈碱性。

$$RNH_2 + H_2O \rightleftharpoons RNH_3^+ + OH^-$$

胺是弱碱，可与酸发生中和反应生成盐而溶于水中，生成的弱碱盐与强碱作用时，胺又重新游离出来。

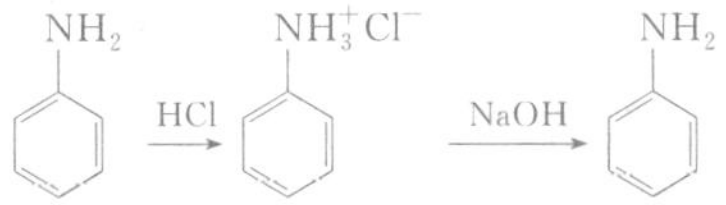

利用这一性质可分离、提纯和鉴别不溶于水的胺类化合物。

胺的碱性强弱可用 pK_b 值表示。pK_b 值愈小，其碱性愈强。pK_b 值可以看出，脂肪胺的碱性比氨（$pK_b = 4.76$）强，芳胺的碱性比氨弱。碱性大小为：

脂肪胺＞氨＞芳香胺

这是因为烷基是给电子基，它能使氮原子周围的电子云密度增大，接受质子的能力增强，所以碱性增强。氮原子上连接的烷基越多，碱性越强。

在水溶液中，由于受溶剂的影响，不同脂肪胺的碱性强弱顺序为：

$$(CH_3)_2NH > CH_3NH_2 > (CH_3)_3N$$

芳胺分子中由于苯环的吸电子作用，使氮原子周围的电子云密度减小，接受质子的能力减弱，所以碱性较弱。

不同芳胺的碱性强弱顺序为：

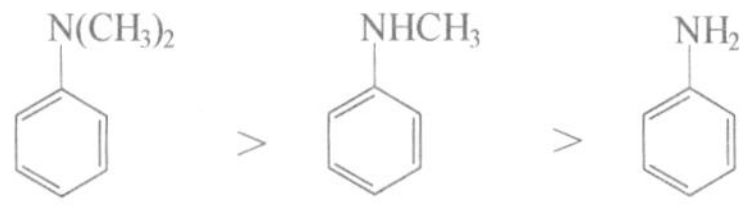

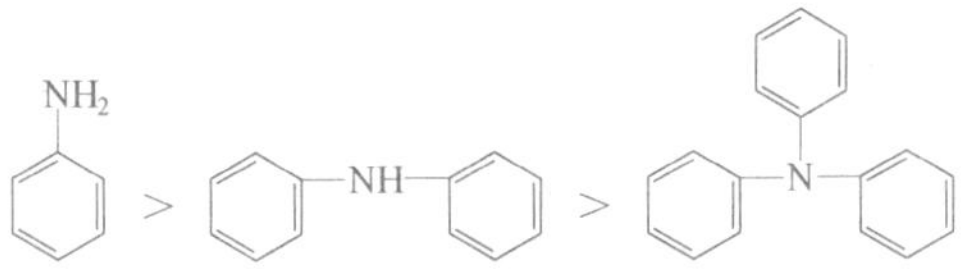

当芳胺的苯环上连有给电子基时，可使其碱性增强，而连有吸电子基时，则使其碱性减弱。芳胺的碱性强弱顺序为：

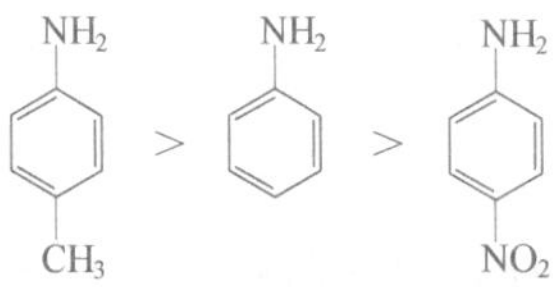

（2）烷基化 胺和氨一样，可与卤代烷等烷基化试剂作用，氨基上的氢原子被烷基取代，这个反应称为胺的烷基化。

胺与卤代烷、醇等烷基化试剂反应时，氨基上的氢原子被烷基取代生成仲胺、叔胺和季铵盐的混合物。

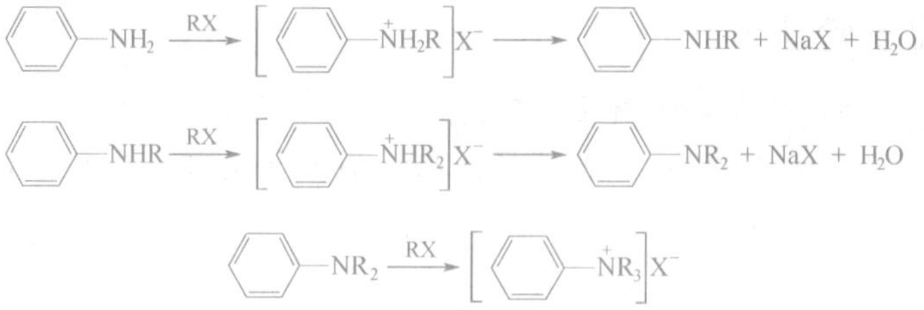

利用苯胺与甲醇在硫酸催化下来进行甲基化，加热、加压制取 *N*-甲基苯胺和 *N*,*N*-二甲基苯胺。

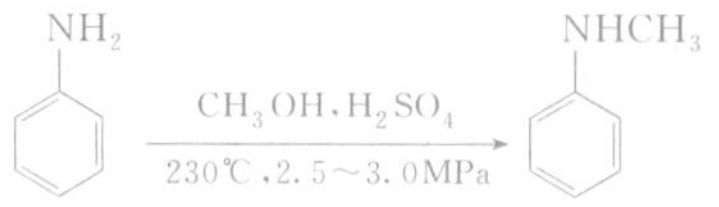

N-甲基苯胺

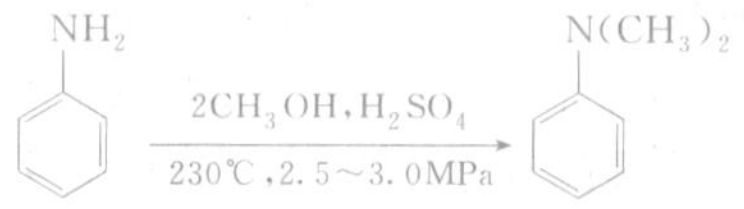

N,*N*-二甲基苯胺

当苯胺过量时，主要产物为 *N*-甲基苯胺，若甲醇过量，则主要产物为 *N*,*N*-二甲基苯胺。

N-甲基苯胺为无色液体，用于提高汽油的辛烷值及有机合成，也可作溶剂。*N*,*N*-二甲基苯胺为淡黄色油状液体，用于制备香草醛、偶氮染料和三苯甲烷染料等。

(3) 酰基化　伯胺、仲胺都能与酰基化试剂（乙酰氯、乙酸酐）作用，氨基上的氢原子被酰基取代，生成 *N*-烷基（代）酰胺，这种反应叫作胺的酰基化。叔胺因氮原子上没有可以取代的氢原子而不发生酰基化反应。

$$RNH_2 + CH_3COCl \longrightarrow RNHCOCH_3 + HCl$$

$$R_2NH + CH_3COCl \longrightarrow R_2NCOCH_3 + HCl$$

芳香伯胺、芳香仲胺也能与酰氯或酸酐起酰化作用。

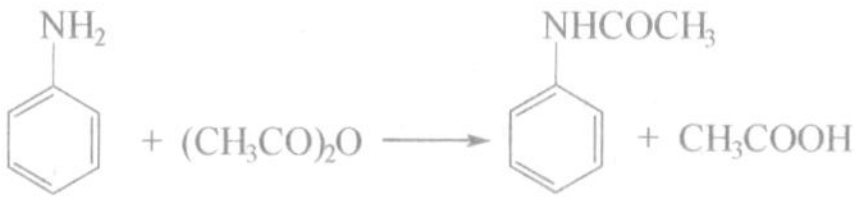

乙酰苯胺

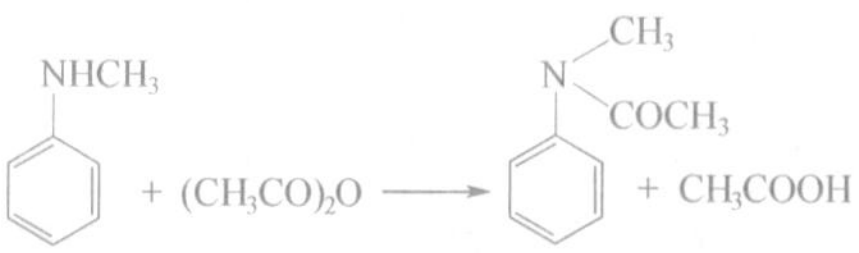

N-甲基乙酰苯胺

胺的酰基衍生物为无色晶体，具有固定的熔点，可用于鉴定伯胺和仲胺。所以利用酰胺的熔点可以鉴定伯胺和仲胺，叔胺不起酰基化反应，此性质可区别叔胺，并可从伯胺、仲胺、叔胺的混合物中分离叔胺。

酰胺及其衍生物在酸或碱的催化下，可水解游离出原来的胺。此性质也可用于胺的鉴别与提纯。

$$CH_3CONHR + H_2O \xrightarrow{H^+ \text{ 或 } OH^-} RNH_2 + CH_3COOH$$

$$CH_3CONR_2 + H_2O \xrightarrow{H^+ \text{ 或 } OH^-} R_2NH + CH_3COOH$$

由于芳香胺的氨基活泼，容易被氧化，而且芳香胺与酰基化试剂容易生成酰胺，酰胺不容易被氧化，水解后又可得原来的胺，因此在有机合成中可以用酰基化的方法来保护芳胺的氨基。

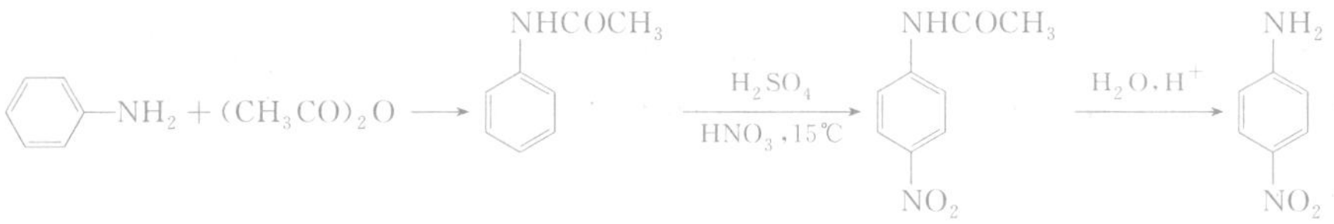

实际上，人们常采用磺酰化的方法来鉴别和分离伯胺、仲胺、叔胺。

胺与磺酰化试剂（苯磺酰氯或对甲苯磺酰氯）作用，氮原子上的氢原子被磺酰基取代，生成磺酰胺，这种反应叫磺酰化反应，又称为兴斯堡（Hinsberg）反应。

N-烃基苯磺酰胺

N,N-二烃基对甲苯磺酰胺

叔胺的氮原子上没有氢原子，不能发生磺酰化反应。

兴斯堡反应可用于鉴别、分离和纯化伯胺、仲胺、叔胺。这是由于苯磺酰基是较强的吸电子基，由伯胺生成的固体 N-烃基苯磺酰胺受其影响，氮原子上的氢原子具有一定的酸性，能与氢氧化钠反应生成可溶于水的盐。而仲胺固体 N,N-二烃基苯磺酰胺，氮原子上没有氢原子，不能继续与碱反应形成盐。叔胺不与苯磺酰氯作用，也不溶于碱。

将三种胺的混合物与苯磺酰氯反应，由于叔胺不与苯磺酰氯反应，成油状物与碱溶液分层，经蒸馏即分离得到；将残余物过滤，所得固体为仲胺和伯胺的磺酰胺，加酸水解后即得仲胺，滤液酸化后加热水解，得到伯胺。

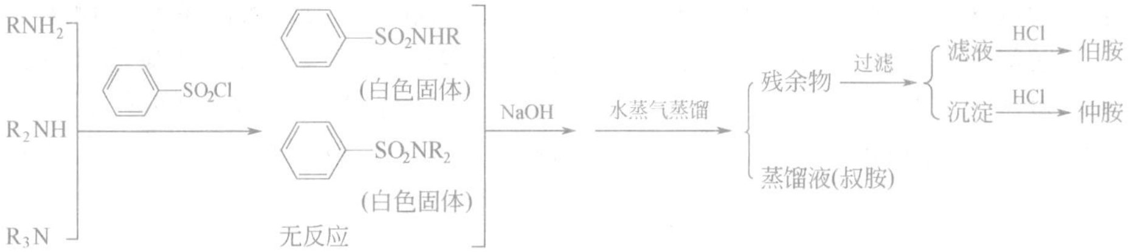

（4）与亚硝酸反应　伯胺、仲胺、叔胺与亚硝酸反应时，生成不同的产物。由于亚硝酸不稳定，易分解，一般用亚硝酸钠与盐酸（或硫酸）在反应过程中作用生成亚硝酸。

① 伯胺的反应　脂肪族伯胺与亚硝酸反应，形成极不稳定的脂肪族重氮盐，分解放出氮气，同时生成醇、烯烃等混合物。

$$\underset{(NaNO_2+HCl)}{RNH_2 + HNO_2} \longrightarrow [R^+N_2X^-] \longrightarrow N_2 + \underbrace{R^+ + X^-}_{\text{醇、烯烃、卤代烃等混合物}}$$

$$2CH_3CH_2NH_2 \xrightarrow[HCl]{NaNO_2} CH_3CH_2OH + CH_2{=}CH_2 + N_2\uparrow$$

此反应在合成上无实用价值。但反应能定量地放出氮气，可用于伯胺的鉴定。

② 仲胺的反应　脂肪族和芳香族仲胺与亚硝酸反应都生成 N-亚硝基胺。

$$(CH_3)_2NH + HONO \longrightarrow (CH_3)_2N{-}N{=}O + H_2O$$

N-亚硝基二甲胺

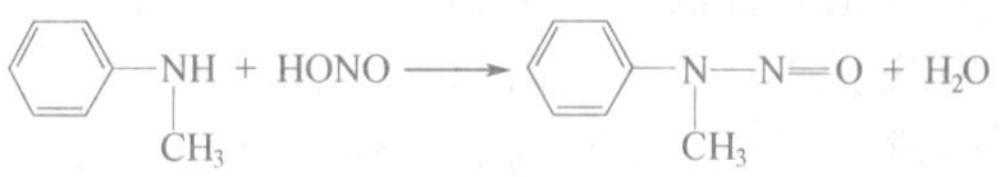

N-甲基-N-亚硝基苯胺

N-亚硝基胺为黄色油状液体或固体，与稀盐酸共热则分解成原来的仲胺，因此该反应可用于鉴别、分离和提纯仲胺。

③ 叔胺的反应　脂肪族叔胺与亚硝酸发生中和反应，生成亚硝酸盐。这是弱酸弱碱盐，不稳定，容易水解成原来的叔胺，因此向脂肪族叔胺中加入亚硝酸无明显现象发生。

$$R_3N + HNO_2 \longrightarrow R_3N^+HNO_2^-$$

芳香族叔胺与亚硝酸作用，发生环上取代反应，在芳香环上引入亚硝基，生成绿色对亚硝基取代物，在酸性溶液中呈黄色，若对位上已有取代基，则亚硝基取代在邻位。

芳香族叔胺与亚硝酸作用，在芳环上发生亲电取代反应，氨基对位上的氢原子被取代，生成有颜色的对亚硝基胺。

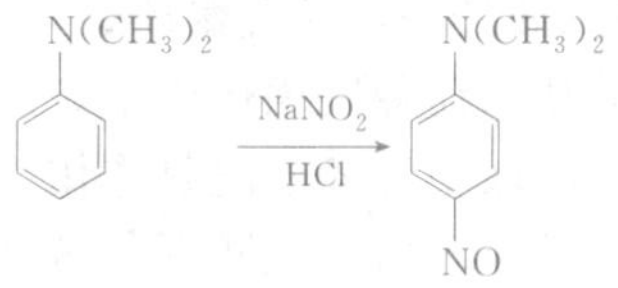

对亚硝基-N,N-二甲基苯胺

对亚硝基-N,N-二甲基苯胺为绿色晶体，用于制造染料。

由于不同的胺与亚硝酸反应现象不同，可用于鉴别脂肪族及芳香族伯胺、仲胺、叔胺。

（5）芳胺的环上取代反应　在芳胺中，氨基直接与苯环相连，由于氨基是很强的邻、对位定位基，可活化苯环，使其邻、对位上的氢原子变得非常活泼，容易被取代。

① 卤化　苯胺与溴水反应，立即生成 2,4,6-三溴苯胺白色沉淀。

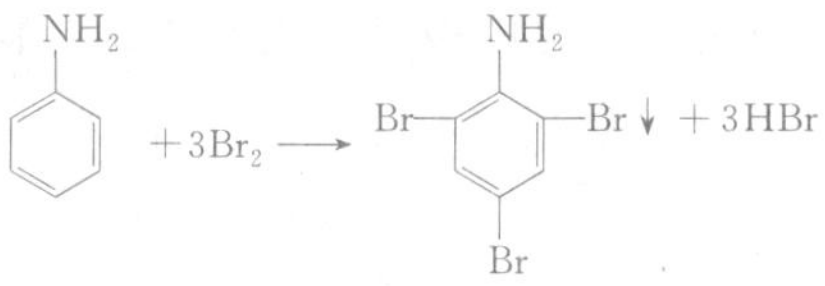

2,4,6-三溴苯胺

此反应非常灵敏，可用于鉴别苯胺。

苯胺的卤化反应很难停留在一元取代阶段。若要制备一取代苯胺，必须降低氨基的活性。一般是通过酰基化反应，先将氨基转变成酰胺基，卤代后再水解制得。

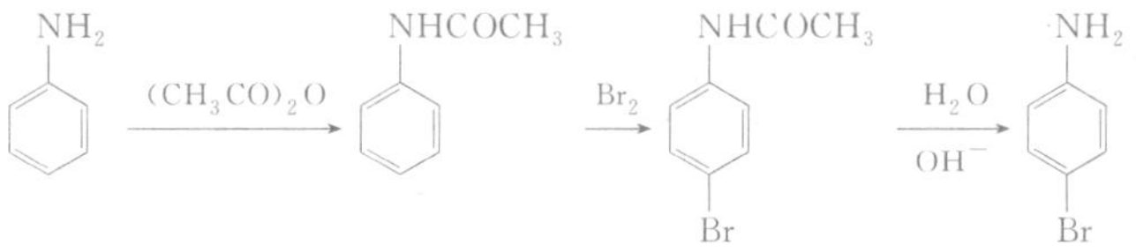

（主要产物）

② 硝化　苯胺很容易被氧化，而硝酸又具有强氧化性，因此苯胺在硝化时，常伴有氧化反应发生。为防止苯胺被氧化，通常先发生酰基化反应保护氨基，再于不同的溶剂中进行硝化反应，得到不同的硝化产物。

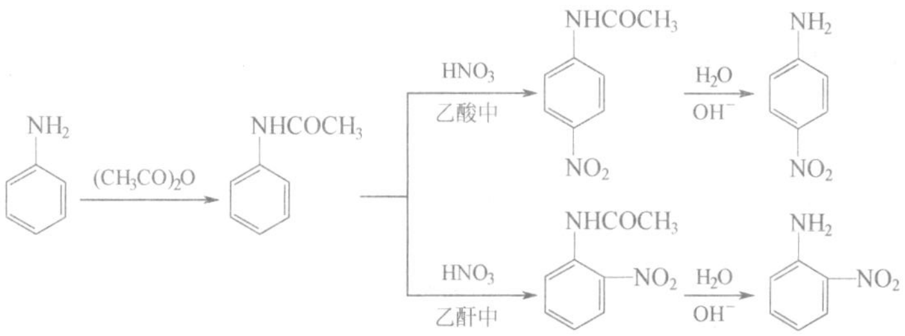

邻硝基苯胺是橙黄色晶体，对硝基苯胺是亮黄色针状晶体。它们都是剧毒物质，急性中毒能导致死亡，长期慢性中毒能损害肝脏，燃烧时产生有毒蒸气，可很快被皮肤吸收。其粉尘能发生爆炸。二者都是重要的有机合成原料，可用于生产染料、医药、农药和防老化剂等。

③ 磺化　苯胺可在常温下与浓硫酸反应，生成苯胺硫酸盐，将其加热到180～190℃时，则得到对氨基苯磺酸。

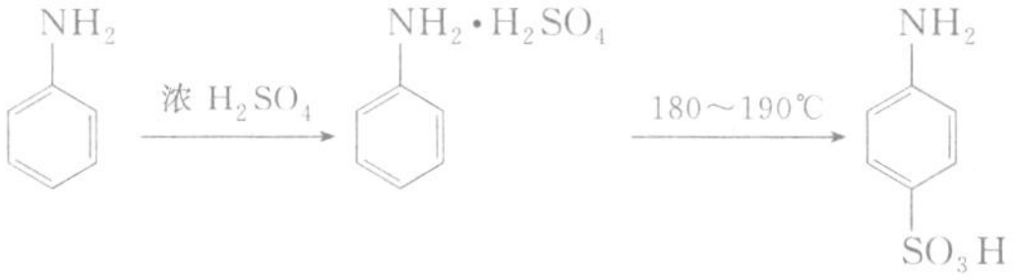

对氨基苯磺酸

这是工业上生产对氨基苯磺酸的方法。对氨基苯磺酸为白色晶体，主要用于制造偶氮染料。

（6）氧化反应　胺很容易发生氧化反应，尤其是芳香族伯胺更容易被氧化。如纯净的苯胺为无色油状液体，在空气中放置时因逐渐被氧化而由无色变成黄色甚至红棕色。

苯胺遇漂白粉变成紫色，此反应可用于苯胺的鉴别。

苯胺在二氧化锰与硫酸的作用下，可以被氧化成醌类化合物。

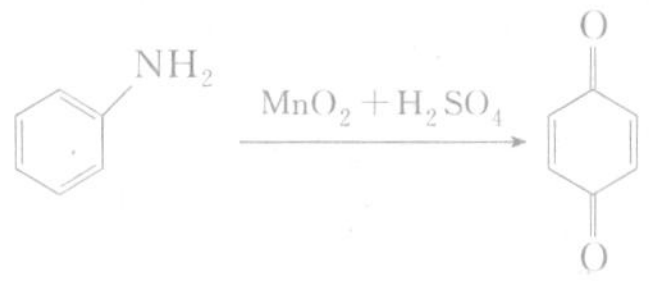

$$NH_2 \xrightarrow{MnO_2 + H_2SO_4} O=\!\!\!\!=\!\!\!\!=O$$

合成案例：

（1）甲苯合成 2-硝基-4-甲苯胺

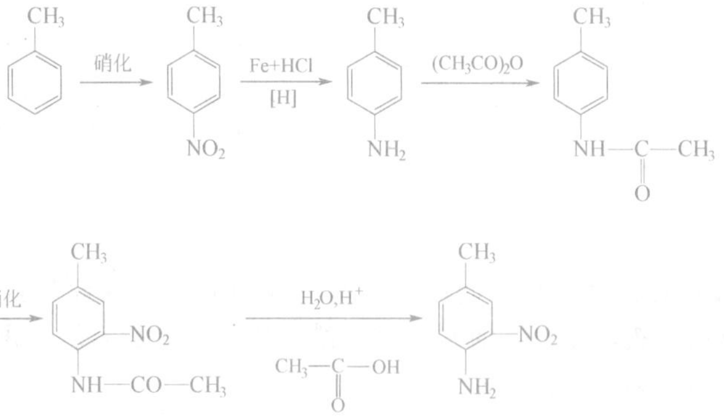

$$CH_3 \xrightarrow{硝化} CH_3/NO_2 \xrightarrow[\text{[H]}]{Fe+HCl} CH_3/NH_2 \xrightarrow{(CH_3CO)_2O} CH_3/NH-CO-CH_3$$

$$\xrightarrow{硝化} \xrightarrow[CH_3-C(=O)-OH]{H_2O,\,H^+}$$

（2）甲苯合成 3-氨基苯甲酸

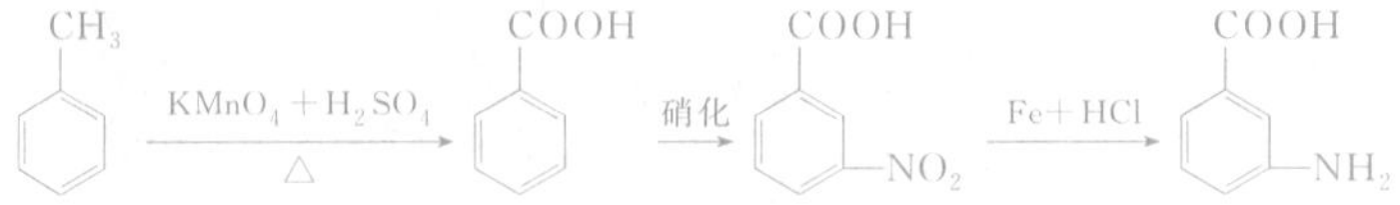

$$CH_3 \xrightarrow[\triangle]{KMnO_4 + H_2SO_4} COOH \xrightarrow{硝化} COOH/NO_2 \xrightarrow{Fe+HCl} COOH/NH_2$$

（3）

$$CH_3 \longrightarrow H_2N-\!\!\!\!\!-\!\!\!\!\!\!\!\!NH_2,\,NH_2$$

$$CH_3 \xrightarrow[\triangle]{KMnO_4/H^+} \xrightarrow{SOCl_2} \xrightarrow{NH_3} \xrightarrow{Br_2/OH^-} NH_2 \xrightarrow{(CH_3CO)_2O} NHCCH_3$$

$$\xrightarrow{H_2SO_4(浓)} \xrightarrow[\triangle]{HNO_3-H_2SO_4} \xrightarrow{稀H^+,H_2O} \xrightarrow{Fe/HCl}$$

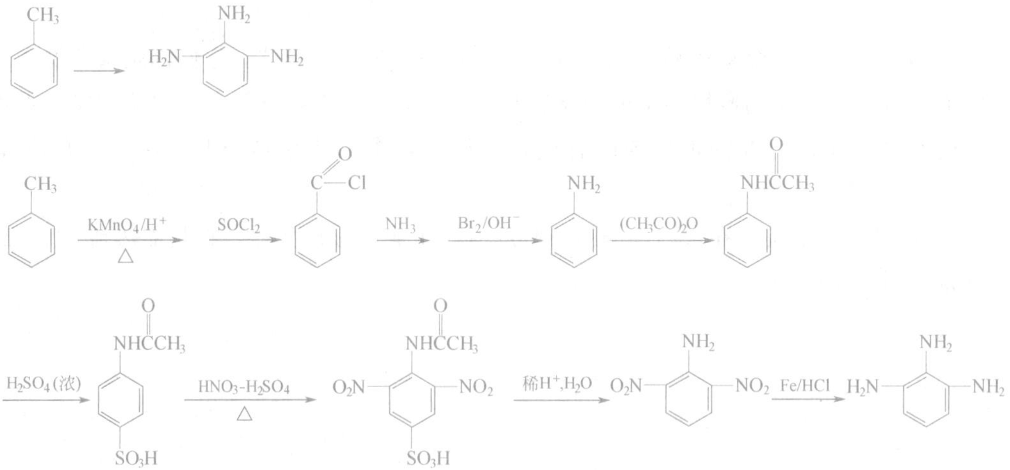

9.2.4 胺的制法和常用的胺

9.2.4.1 胺的制法

（1）**氨的烷基化**　氨与卤代烷或醇等烷基化试剂作用生成胺。氨与卤代烷反应时，通常得到伯胺、仲胺、叔胺和季铵盐的混合物。由于产物难于分离，因此这个反应在应用上受到限制。

$$RX + NH_3 \longrightarrow RNH_2 \xrightarrow{RX} R_2NH \xrightarrow{RX} R_3N \xrightarrow{RX} R_4NX$$

$$RX + NaN_3 \longrightarrow RN_3 \xrightarrow{LiAlH_4} RNH_2$$

（2）含氮化合物的还原

① 硝基化合物的还原　将硝基化合物还原可以得到伯胺。由于芳香族硝基化合物容易制得，因此这是制取芳伯胺最常用的方法。

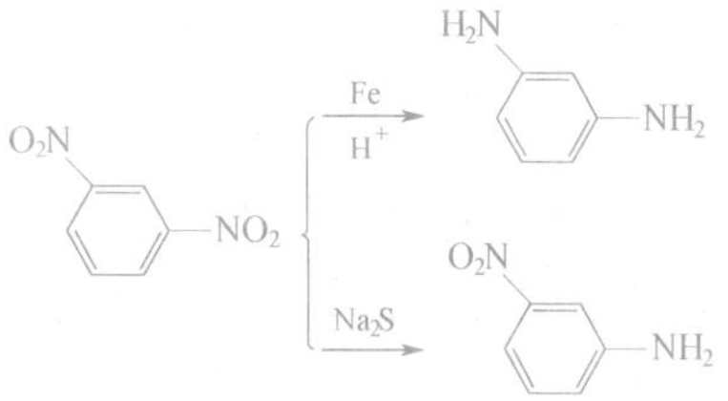

酸性介质中金属还原硝基是将芳香族硝基化合物转变为芳香胺的常用方法，但选择性不好且污染严重。Na_2S 只还原一个硝基，选择性好。

② 腈、硝基化合物、酰胺的加氢还原　腈、硝基化合物、酰胺用催化加氢或化学还原剂还原可以得到伯胺。

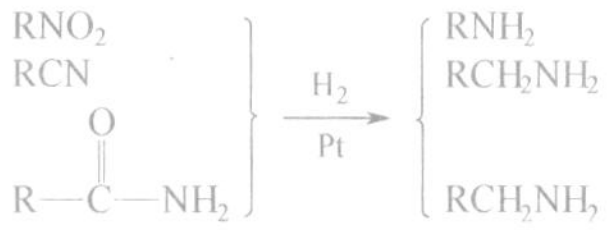

工业上采用此法制取己二胺：

$$NC(CH_2)_4CN \xrightarrow[\triangle,加压]{H_2,Ni} H_2N(CH_2)_6NH_2$$
　　　　己二腈　　　　　　　　　己二胺

酰胺也可还原成胺。不同结构的酰胺经还原可以制取伯、仲、叔三级胺。工业上用 N，N-二乙基乙酰胺经还原制得三乙胺：

$$CH_3\overset{\overset{O}{\|}}{C}N(CH_2CH_3)_2 \xrightarrow{LiAlH_4} (CH_3CH_2)_3N$$

（3）酰胺的霍夫曼降解反应　酰胺经霍夫曼降解反应，可以得到比原来酰胺少一个碳原子的伯胺。这是制取伯胺的一种方法。

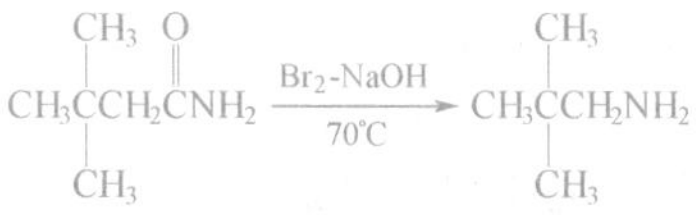

3,3-二甲基丁酰胺　　　　　　　　新戊胺

（4）羧酸与其衍生物制备胺　邻苯二甲酰亚胺与氢氧化钾的乙醇溶液作用转变为邻苯二甲酰亚胺盐，此盐和卤代烷反应生成 N-烷基邻苯二甲酰亚胺，然后在酸性或碱性条件

下水解得到一级胺和邻苯二甲酸，这是制备纯净的一级胺的一种方法，又称 Gabriel 合成法。

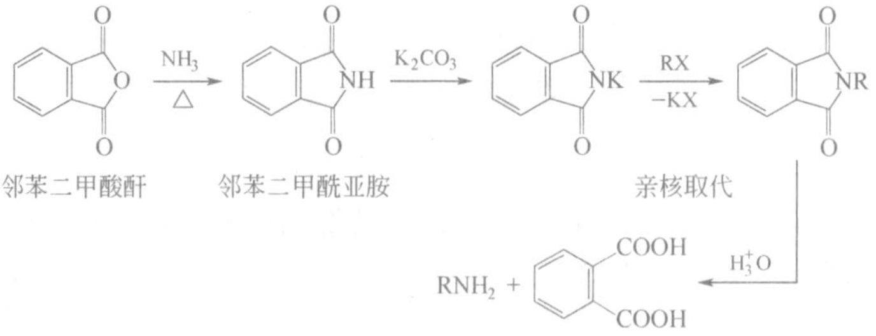

邻苯二甲酸酐　　　邻苯二甲酰亚胺　　　　　　亲核取代

9.2.4.2　常用的胺

（1）二甲胺[$(CH_3)_2NH$]　　二甲胺为无色气体，沸点为 7.4℃，易溶于水、乙醇和乙醚，其低浓度气体有鱼腥臭味，高浓度气体有令人不愉快的氨味，易燃，与空气可形成爆炸性混合物，爆炸极限为 2.80%～14.40%（体积分数）。二甲胺有毒，对皮肤、眼睛和呼吸器官都有刺激性，空气中允许浓度为 $10\mu g/g$，工业上由甲醇与氨在高温、高压和催化剂存在下制得。

二甲胺主要用于医药、农药、染料等工业，是合成磺胺类药物、杀虫脒、二甲基甲酰胺等的中间体。

（2）乙二胺（$H_2N—CH_2CH_2—NH_2$）　　乙二胺是最简单的二元胺，为无色黏稠状液体，沸点为 116.5℃，易溶于水。

乙二胺与氯乙酸在碱性溶液中作用生成乙二胺四乙酸盐，后者经酸化得到乙二胺四乙酸，简称 EDTA。

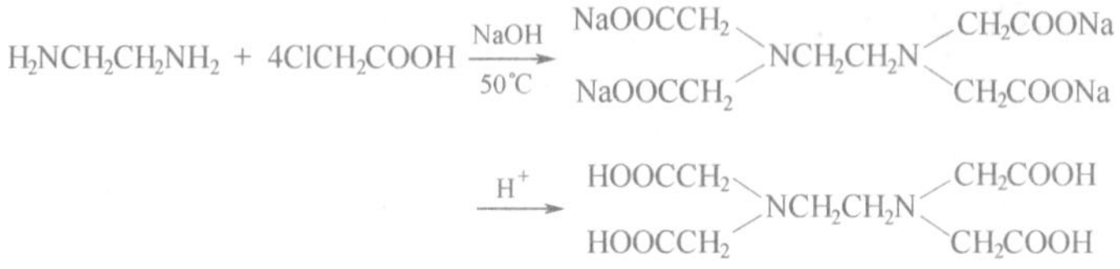

EDTA 及其盐是分析化学中常用的金属螯合剂，用于配合和分离金属离子。EDTA 二钠盐还是重金属中毒的解毒药。

乙二胺是有机合成原料，主要用于制造药物、农药和乳化剂等。

（3）己二胺 [$H_2N—(CH_2)_6—NH_2$]　　己二胺为无色片状晶体，熔点为 42℃，微溶于水，溶于乙醇、乙醚和苯。工业上制取己二胺主要用于合成高分子化合物，是尼龙-66、尼龙-610、尼龙-612 的单体。

（4）苯胺 $\left(\langle\!\!\!\!\bigcirc\!\!\!\!\rangle\!—NH_2\right)$　　苯胺存在于煤焦油中，为无色油状液体，沸点为 184.13℃，具有特殊气味，有毒，微溶于水，可溶于苯、乙醇、乙醚。工业上苯胺主要由硝基苯还原制得。

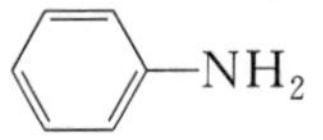

苯胺是重要的有机合成原料，主要用于制造医药、农药、染料和炸药等。

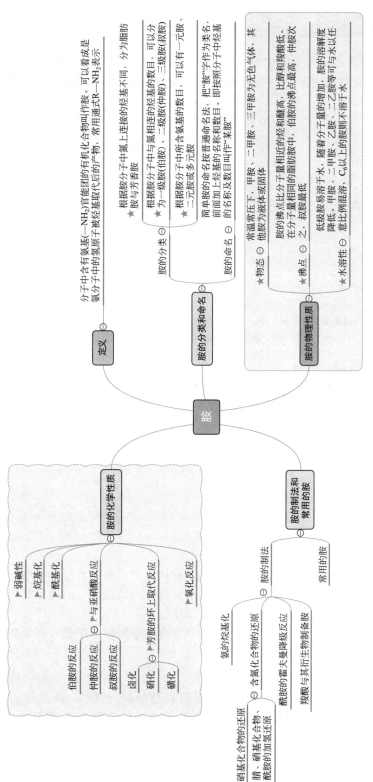

定义
分子中含有氨基（—NH₂）官能团的有机化合物叫作胺。可以看成是氨分子中的氢原子被烃基取代后的产物，常用通式R—NH₂表示

胺的分类和命名

胺的分类 ⊖
- ★根据胺分子中氮上连接的烃基不同，分为脂肪胺与芳香胺
- ★根据胺分子中与氮相连的烃基的数目，可以分为一级胺(伯胺)、二级胺(仲胺)、三级胺(叔胺)
- ★根据胺分子中所含氨基的数目，可以有一元胺、二元胺或多元胺

胺的命名 ⊖ 简单胺的命名按普通命名法，把"胺"字作为类名，前面加上烃基的名称和数目，即按照分子中烃基的名称及数目叫作"某胺"

胺的物理性质

物态 ⊖ 常温常压下，甲胺、二甲胺、三甲胺为无色气体，其他胺为液体或固体

沸点 ⊖ 胺的沸点比分子量相近的烃和醚高，比醇和羧酸低。在分子量相同的脂肪胺中，伯胺的沸点最高，仲胺次之，叔胺最低

水溶性 ⊖ 低级胺易溶于水，随着分子量的增加，胺的溶解度降低。甲胺、三甲胺、乙胺等可与水以任意比例混溶，C₆以上的胺则不溶于水

胺

胺的化学性质

伯胺的反应 ⊖
- ★弱碱性
- ★烷基化
- ★酰基化

仲胺的反应 ⊖ ★与亚硝酸反应

叔胺的反应 ⊖ ★芳胺的环上取代反应
- 卤化
- 硝化
- 磺化

★氧化反应

胺的制法和常用的胺

胺的制法 ⊖
- 氨的烷基化
- 含氮化合物的还原
  - 硝基化合物的还原
  - 腈、硝基的加氢还原
  - 酰胺的霍夫曼降级反应
- 羧酸与其衍生物制备胺

常用的胺

9.3 重氮和偶氮化合物

9.3.1 重氮和偶氮化合物的结构

重氮盐和偶氮化合物分子中都含有—N_2—基团，如果—N_2—的两端中一端连有烃基，而另一端与非碳原子相连，这类化合物称为重氮化合物，如果两端都和烃基相连则称为偶氮化合物。

$$CH_3-N=N-CH_3$$

偶氮甲烷

偶氮苯

$$(H_3C)_2C-N=N-C(CH_3)_2$$
$$\qquad | \qquad\qquad\qquad |$$
$$\qquad CN \qquad\qquad\quad CN$$

偶氮二异丁腈

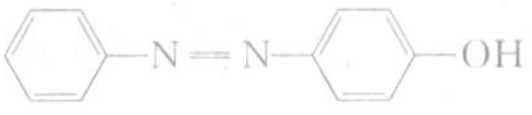

对羟基偶氮苯

$$C_6H_5N\overset{+}{=}N Cl^-$$

氯化重氮苯

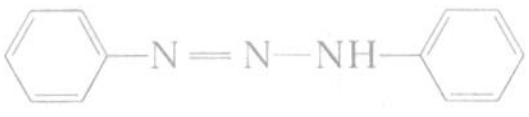

N-重氮氨基苯

偶氮苯图片

偶氮化合物的结构可用 R—N=N—R′ 表示。重氮和偶氮化合物都不存在于自然界中，是人工合成的产物，尤以芳香族重氮和偶氮化合物最为重要。

9.3.2 重氮反应

芳香族伯胺与亚硝酸在低温（0～5℃）及强酸溶液中反应，生成重氮盐。这一反应叫作重氮化反应。

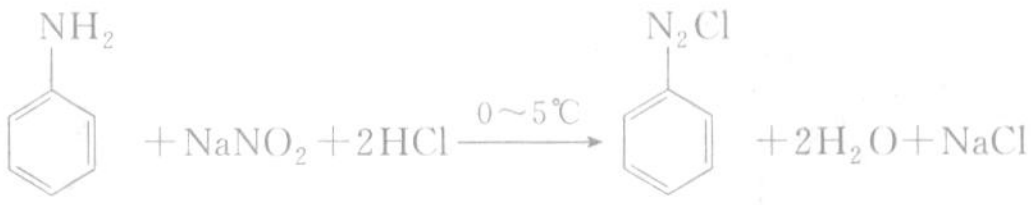

$$+NaNO_2+2HCl \xrightarrow{0～5℃} +2H_2O+NaCl$$

氯化重氮苯

9.3.3 重氮盐的性质及用途

重氮盐具有盐的通性，可溶于水，不溶于有机溶剂，其水溶液能导电。干燥的重氮盐极不稳定，受热或震动时容易爆炸，但在低温水溶液中比较稳定，因此重氮化反应一般在水溶液中进行，且不需分离，可直接用于有机合成中。

重氮盐的性质很活泼，能够发生许多化学反应，根据反应中是否有氮气放出，可以分为失去氮的反应和保留氮的反应。

9.3.3.1 失去氮的反应

在不同条件下，重氮盐分子中的重氮基可以被羟基、氰基、卤原子、氢原子等取代，生成各种不同的有机化合物，同时放出氮气，这类反应称为失去氮的反应，又叫放氮反应。

主要反应类型包括：

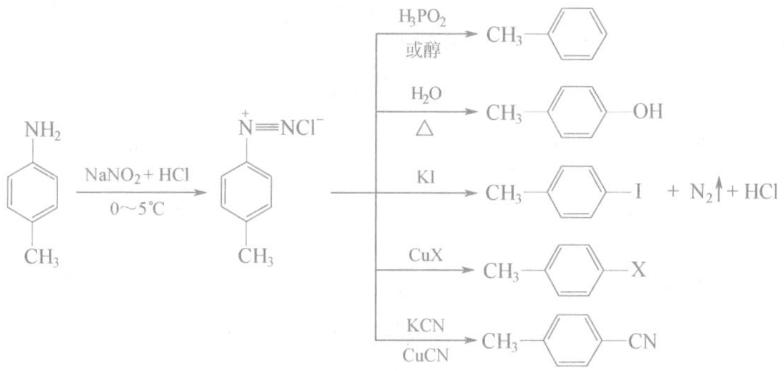

（1）被羟基取代　在酸性条件下，重氮盐可以发生水解反应，重氮基被羟基取代生成苯酚，同时放出氮气。

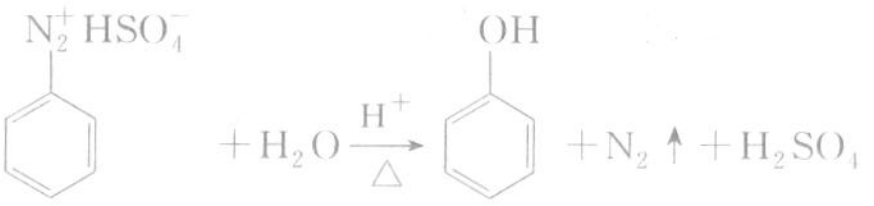

此反应一般用重氮苯硫酸盐在 $40\%\sim50\%$ 的硫酸溶液中进行，这样可以防止反应生成的酚与未反应的重氮盐发生偶合反应。

在有机合成中可通过生成重氮盐的途径将氨基转变成羟基，来制备一些不能由其他方法合成的酚。

间溴苯胺制备间溴苯酚：间溴苯酚不宜用间溴苯磺酸钠碱熔法制取，因为溴原子在碱熔时也会发生水解，所以在有机合成中，可用间溴苯胺经重氮化反应再水解制得。

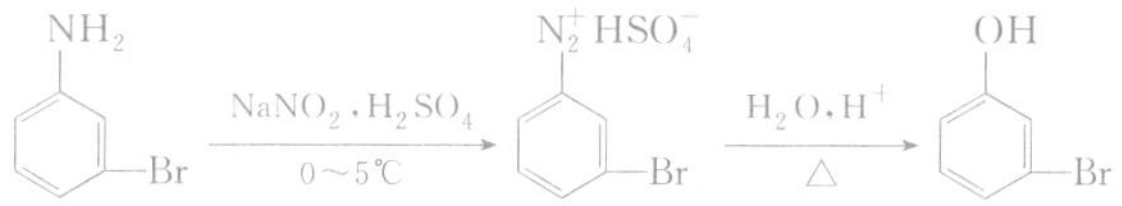

（2）被卤原子取代　重氮盐与氯化亚铜的浓盐酸溶液或溴化亚铜的浓氢溴酸溶液共热，重氮基可被氯原子或溴原子取代，生成氯苯或溴苯，同时放出氮气。

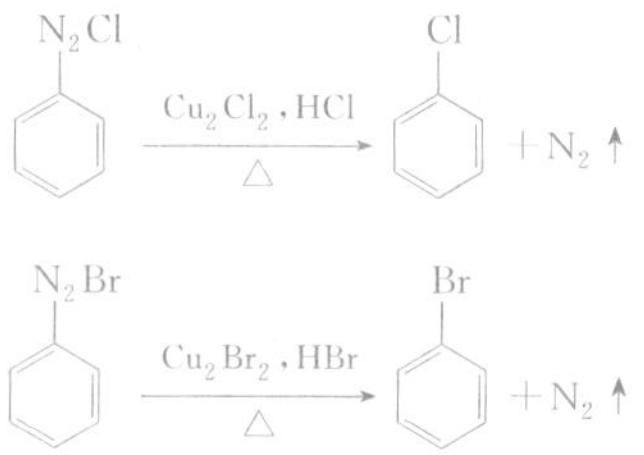

重氮基被碘取代比较容易，加热重氮盐与碘化钾的混合溶液，就会生成碘苯，同时放出氮气。

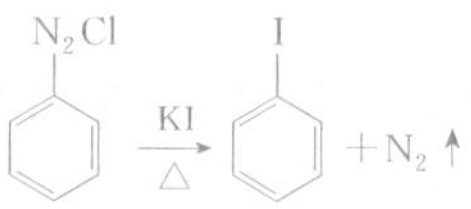

苯制备间二溴苯：

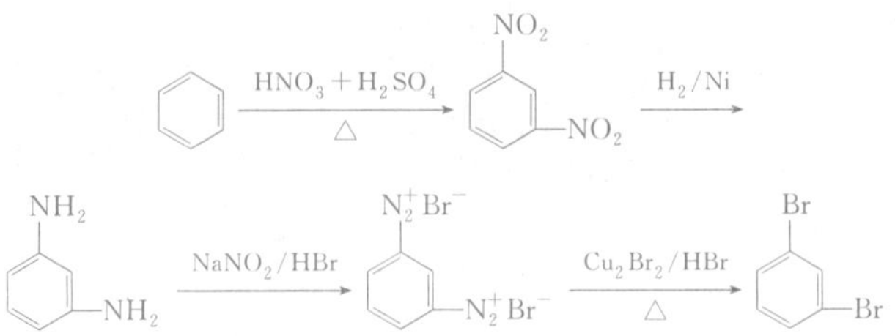

甲苯制备对碘苯甲酸：

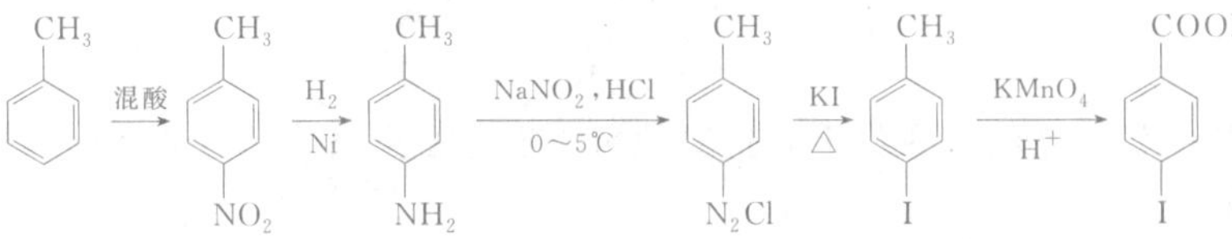

（3）被氰基取代　重氮盐与氰化亚铜的氰化钾溶液共热，重氮基被氰基取代生成苯甲腈，同时放出氮气。

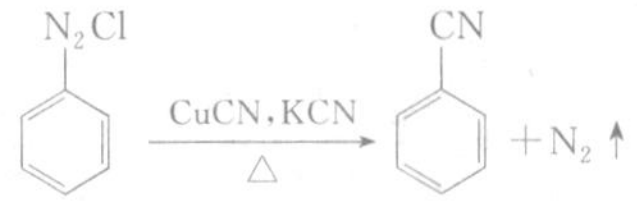

苯甲腈

氰基可水解成羧基，也可还原成氨甲基。

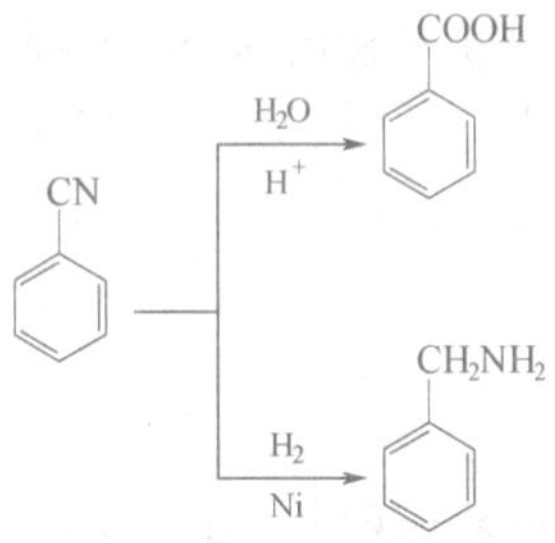

苯甲胺（苄胺）

通过此反应可在芳环上引入羧基或氨甲基。苄胺是无色油状液体，对皮肤及黏膜有强烈刺激性，主要用作有机合成中间体，如可用于制磺胺类药物磺胺米隆等。

（4）被氢原子取代　重氮盐与次磷酸（H_3PO_2）或乙醇反应，重氮基被氢原子取代，同时放出氮气。

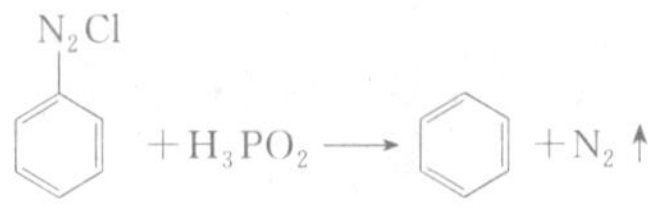

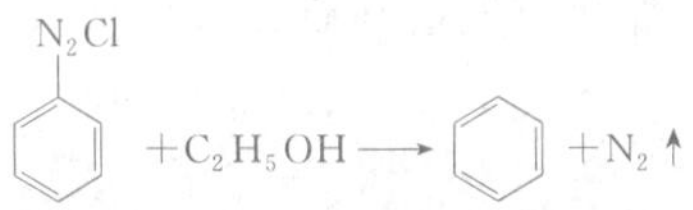

利用此反应可从芳环上除去硝基和氨基。1,3,5-三溴苯无法由苯直接溴代得到，可由苯胺通过溴代、重氮化再还原制得：

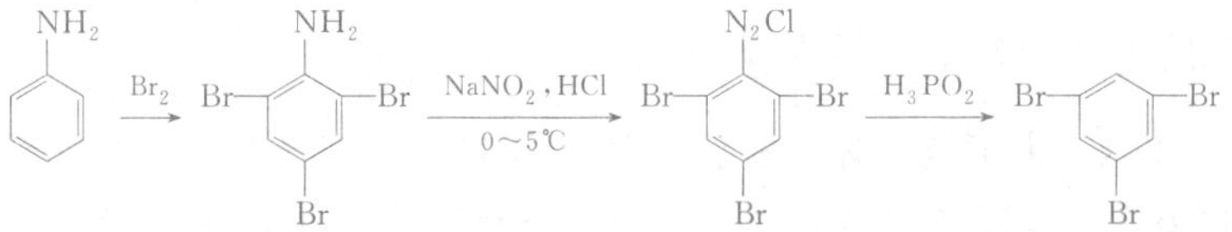

利用氨基的定位效应和活化作用将取代基导入指定位置后，再脱去重氮基，可用来制备酚类、卤代芳烃类和芳香族腈类等用其他方法难以制备的化合物。

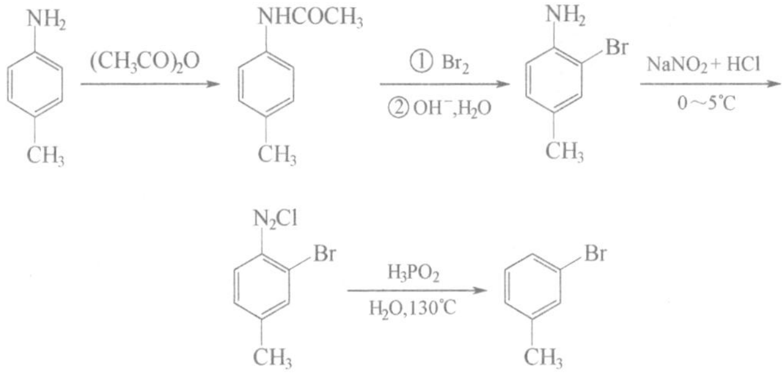

9.3.3.2　保留氮的反应

重氮盐在反应中没有氮气放出，分子中的重氮基被还原成肼或转变为偶氮基的反应叫作保留氮的反应。

（1）还原反应　重氮盐可被硫代硫酸钠、亚硫酸钠、亚硫酸氢钠、氯化亚锡加盐酸等还原成肼类。肼类有毒，不溶于水，有强碱性，是检验醛、酮等羰基化合物和糖类化合物的重要试剂。

$CH_3-\\overset{+}{N_2}X^- + Na_2S_2O_3 + NaOH + 2H_2O \\xrightarrow[\\text{碱性介质}]{0℃} CH_3-\\!\\!-NHNH_2 + NaX + 2NaHSO_3$

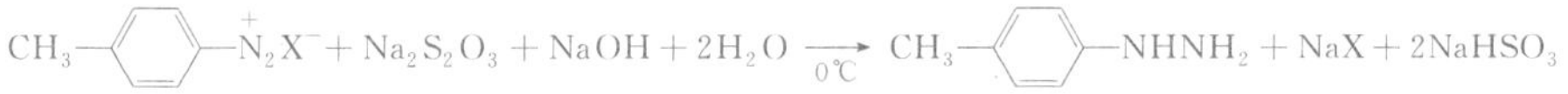

对甲基苯肼

苯肼为无色油状液体，在空气中容易被氧化而呈红棕色，但它的盐比较稳定。其毒性较大，使用时应特别注意。苯肼是常用的羰基试剂，用于鉴定醛、酮和糖类化合物。

（2）偶合反应　在适当的条件下，重氮盐与芳胺或酚作用，由偶氮基把两个分子偶联起来生成偶氮化合物的反应，也称为偶联反应。偶合反应相当于在一个芳环上引入苯重氮基，只有比较活泼的芳烃衍生物（如酚和芳胺）才能与重氮盐发生偶合反应，生成偶氮化合物。

偶合反应主要发生在活性基团如羟基或氨基的对位，对位被占，则发生在邻位。重氮盐与酚类的偶合反应通常在弱碱性介质（pH 值为 8～10）中进行，与芳胺的偶合反应通常在弱酸或中性介质（pH 值为 5～7）中进行。

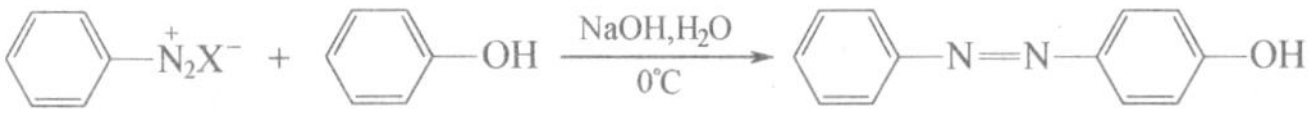

对羟基偶氮苯(橘红色)

对(N,N-二甲基)氨基偶氮苯(黄色)

9.3.4　重氮盐制备与常用的重氮化合物

重氮甲烷(CH_2N_2)为黄色气体，有强刺激性气味，溶于乙醇、乙醚，受热、遇火、摩擦、撞击会导致爆炸。重氮甲烷是一种常用的甲基化试剂，相对密度（水＝1）为 1.40，分子量为 42.04，熔点为 $-145.0℃$，沸点为 $-23.0℃$。重氮甲烷的制备方法为：

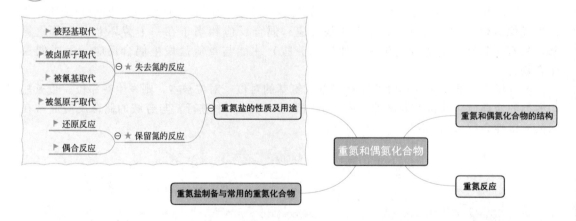

重氮甲烷在合成过程中主要应用于甲基化反应，也可以使得醛、酮增加一个碳。

9.4 酰胺

酰胺是羧酸的衍生物。在构造上酰胺可看作是羧酸分子中羧基的羟基被氨基或烃氨基（—NHR 或—NR₂）取代而生成的化合物；也可看作是氨或胺分子中的氢原子被酰基取代而生成的化合物。

9.4.1 酰胺的结构、分类和命名

酰胺都是含有酰胺键的化合物。酰胺可根据其结构分为：酰胺、酰亚胺、内酰胺及 *N*-取代酰胺。胺分子中的两个氢原子被酰基取代的产物叫作酰亚胺，含有酰胺键的环状结构的酰胺叫作内酰胺，酰胺分子中氮原子上的氢原子被烃基取代的酰胺，叫作 *N*-取代酰胺。

酰基　　　酰胺　　　　　　　　*N*-取代酰胺

酰胺一般根据相应的羧酸得到酰基名称，然后在后面加上"胺"或"某胺"，称为"某酰胺"或"某酰某胺"。当酰胺氮原子上连有烃基时，可将烃基的名称写在酰基名称的前面，并在烃基名称前加上"*N*-"。"*N*，*N*-"，表示两个烃基是与氮原子相连的。

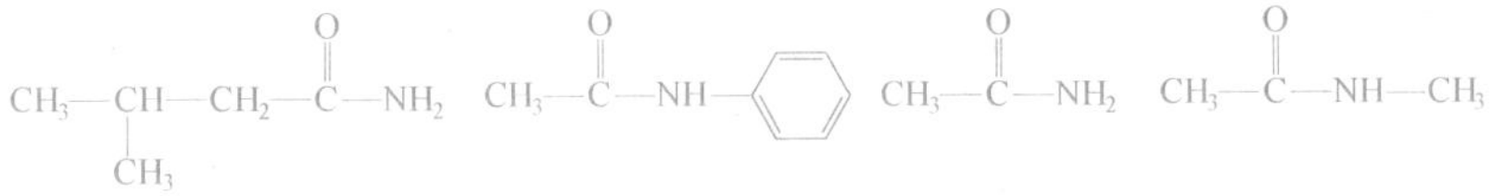

3-甲基丁酰胺　　乙酰苯胺　　乙酰胺　　*N*-甲基乙酰胺

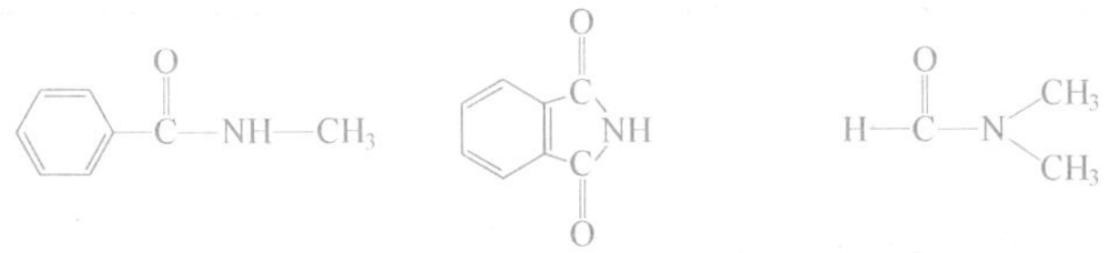

N-甲基苯酰胺　　邻苯二甲酰亚胺　　*N*，*N*-二甲基甲酰胺

乙酰苯胺图片

酰胺可以通过加热铵盐使之部分失水制备，也可以从酰氯、酸酐和酯的氨解制备，还可由腈类化合物部分水解制备。

9.4.2 酰胺的物理性质

酰胺和 *N*-取代酰胺的氮原子采用 sp³ 杂化，未共用电子对处于 p 轨道并和酰基形成 p-π 共轭体系。在酰胺中，C—N 键的键长为 0.132nm（正常 C—N 键为 0.147nm）。共轭的结果不但使酰胺分子中的电子云密度、键长趋于平均化，也使 C—N 的旋转受阻。

除甲酰胺是液体外，其他酰胺多为无色晶体，具有一定的熔点。低级（$C_5 \sim C_6$）的酰胺可溶于水，随着分子量的增大，溶解度逐渐减小。液体酰胺不但可以溶解有机化合物，而且也可以溶解许多无机化合物，是良好的溶剂。*N*，*N*-二甲基甲酰胺和 *N*，*N*-二甲基乙酰胺可与水和大多数有机溶剂以及许多无机液体以任意比例混合，是很好的非质子极性溶剂，都是合成纤维的优良溶剂。

由于酰胺分子间氢键缔合能力较强，因此其熔点、沸点甚至比分子量相近的羧酸还高。当氨基上的氢原子被烃基取代后，由于其分子间的氢键缔合作用减小，其沸点也降低。如甲酸的沸点为100.8℃，甲酰胺沸点为210℃，N-甲基甲酰胺沸点为199.5℃，N,N-二甲基甲酰胺沸点为153.0℃。一些常见酰胺的熔、沸点见表9-3。

表9-3 一些常见酰胺的熔、沸点

名称	构造式	熔点/℃	沸点/℃
甲酰胺	$HCONH_2$	2	210
乙酰胺	CH_3CONH_2	81	222
丙酰胺	$CH_3CH_2CONH_2$	79	222.2
丁酰胺	$CH_3CH_2CH_2CONH_2$	116	216
戊酰胺	$CH_3(CH_2)_3CONH_2$	106	232
己酰胺	$CH_3(CH_2)_4CONH_2$	101	255
苯甲酰胺	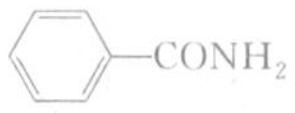 ⌬—$CONH_2$	129～130	288～290
乙酰苯胺	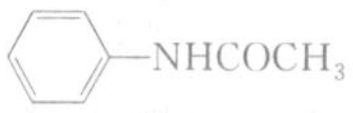 ⌬—$NHCOCH_3$	112～115	304～305
N-甲基甲酰胺	$HCONHCH_3$	−4	199.5
N,N-二甲基甲酰胺	$HCON(CH_3)_2$	−60.4	153.0
N,N-二甲基乙酰胺	$CH_3CON(CH_3)_2$	−20	165.5
邻苯二甲酰亚胺	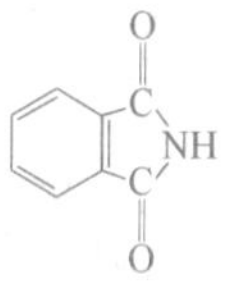	238	升华

9.4.3 酰胺的化学性质

（1）酸碱性 酰胺作为氨或胺的酰基衍生物，一般是近中性的化合物，不能使石蕊变色。

酰胺在一定条件下可表现出弱碱性。如果氨分子中两个氢原子被一种二元酸的酰基取代，生成的环状酰亚胺呈现弱酸性。这是由于两个羰基的吸电子作用，使氮原子上的电子云密度降低，却使N—H键的极性增强，氮原子上的氢原子较易变为质子，从而表现出微弱的酸性。如邻苯二甲酰亚胺可与氢氧化钾（或氢氧化钠）作用生成邻苯二甲酰亚胺钾（或钠）。

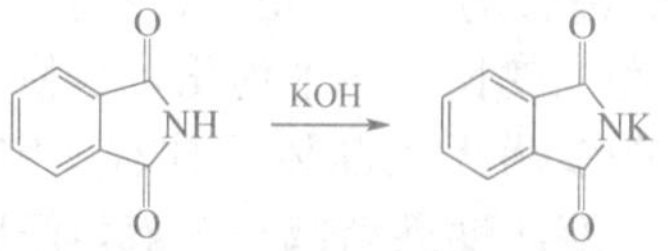

邻苯二甲酰亚胺　　　邻苯二甲酰亚胺钾

邻苯二甲酰亚胺为无色固体，熔点为238℃。所得的盐可与卤代烷作用，生成 N-烷基邻苯二甲酰亚胺，再经水解生成伯胺。

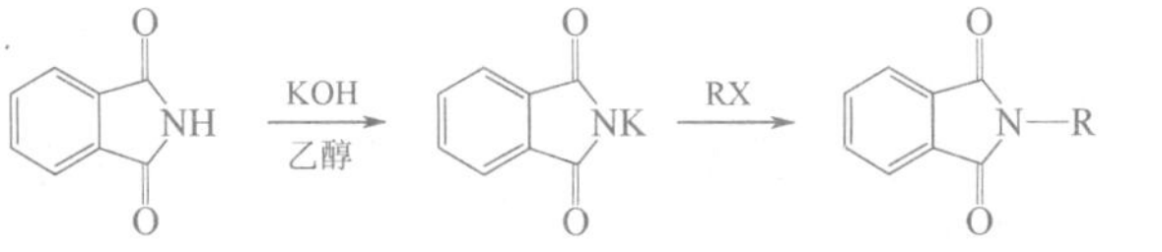

N-烷基邻苯二甲酰亚胺

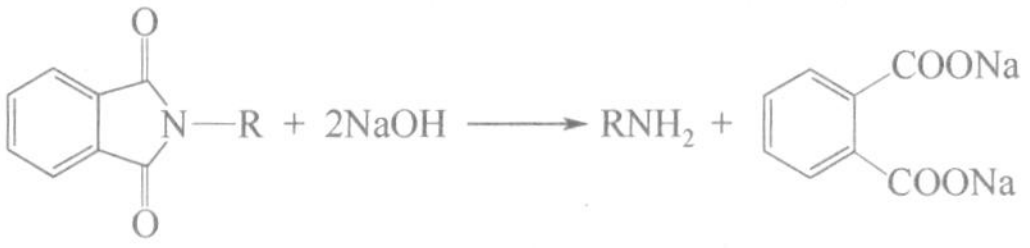

这是制备纯伯胺的一种方法，称为盖布瑞尔（Gabriel）合成法。此反应中若用 α-卤代酸酯代替卤代烷，则可用于合成 α-氨基酸。

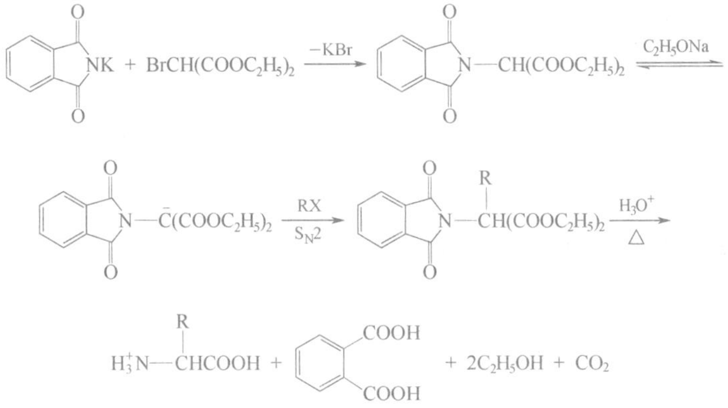

（2）水解　酰胺在酸或碱的催化下可以水解为酸和氨（或胺、铵），反应条件比其他羧酸衍生物强，一般需要强酸或强碱以及较长时间。

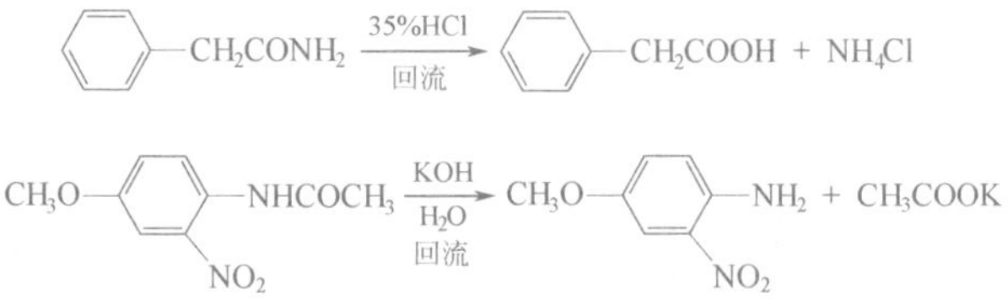

酸催化的作用除使酰胺的羰基质子化外，可以中和平衡体系中产生的氨或胺，使它们生成铵盐，使化学平衡向水解方向移动，促进水解的进行。碱催化是 OH^- 进攻羰基碳原子，同时中和生成的羧酸，促进水解反应。

空间位阻较大的酰胺较难水解。如果用亚硝酸处理，可以在室温水解得到羧酸，并放出氮气，且产率也较高。

$$(CH_3)_3CCNH_2 + HNO_2 \xrightarrow[35℃]{H_2SO_4,H_2O} (CH_3)_3CCOOH + N_2\uparrow$$
$$(81\%)$$

酰胺加一分子水成为羧酸的铵盐，失一分子水即变为腈。这也是实验室制备腈的一种方法。酰胺在高温条件下或与强脱水剂如五氧化二磷、氯化亚砜均匀混合后共热，可发生分子内脱水生成腈。

$$(CH_3)_2CHCONH_2 \xrightarrow[220\sim230℃]{P_2O_5} (CH_3)_2CHCN$$
$$(86\%)$$

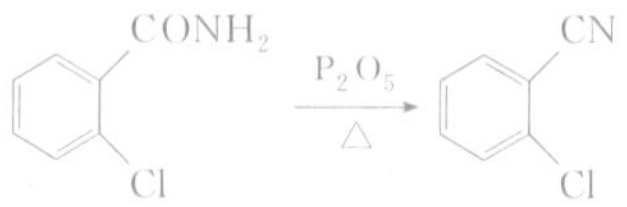

（3）还原反应　酰胺不易还原，用催化氢化法可以将酰胺还原为胺，反应需要在高温高压下进行。一级酰胺、二级酰胺可以被氢化铝锂还原为一级胺、二级胺。

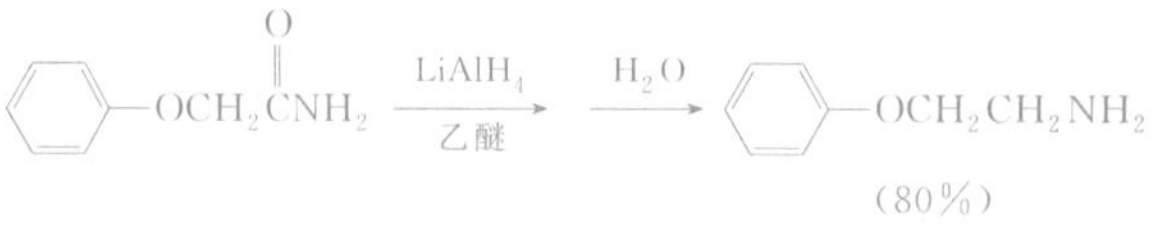

$$CH_3\overset{O}{\overset{\|}{C}}NHC_6H_5 \xrightarrow[乙醚]{LiAlH_4} \xrightarrow{H_2O} CH_3CH_2NHC_6H_5$$
$$(60\%)$$

三级酰胺与过量氢化铝锂反应，可得三级胺。

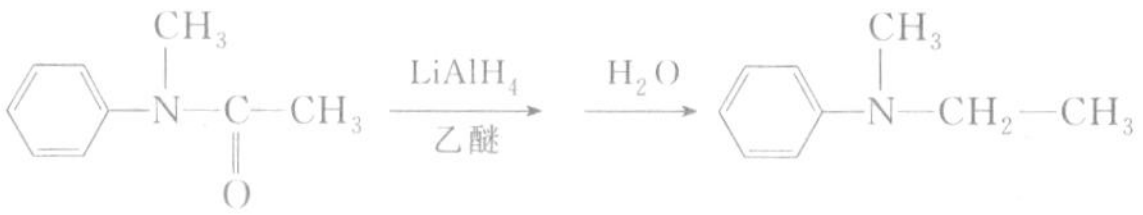

如果在反应过程中控制氢化铝锂的用量，可以得到醛。

$$CH_3CH_2CH_2\overset{O}{\overset{\|}{C}}\underset{\overset{|}{C_6H_5}}{N}CH_3 \xrightarrow[乙醚,0℃]{LiAlH_4} \xrightarrow{H_2O} CH_3CH_2CH_2CHO + C_6H_5NHCH_3$$
$$(58\%)$$

（4）霍夫曼降解反应　8个碳原子以下的酰胺在碱（NaOH）溶液中与溴或氯（次溴酸钠或次氯酸钠）作用，在反应中羰基脱去生成碳酸盐，并生成少一个碳原子的伯胺，称为霍夫曼降解反应。这是缩短碳链的一种方法，可用于少一个碳原子伯胺的制备。此类反应的收率相对较高。

$$R\overset{O}{\overset{\|}{C}}NH_2 + Br_2 + 4NaOH \longrightarrow RNH_2 + Na_2CO_3 + 2NaBr + 2H_2O$$

$$(CH_3)_3CCH_2CONH_2 \xrightarrow{NaOBr} (CH_3)_3CCH_2NH_2$$
$$新戊胺（94\%）$$

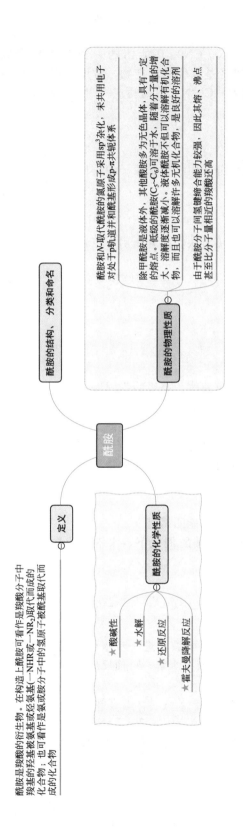

酰胺

酰胺的结构、分类和命名

酰胺的物理性质

酰胺和N-取代酰胺的氮原子采用sp³杂化，未共用电子对处于p轨道并和酰基形成p-π共轭体系

除甲酰胺是液体外，其他酰胺多为无色晶体，具有一定的熔点。低级的酰胺(C₅～C₆)可溶于水，随着分子量的增大，溶解度逐渐减小。液体酰胺不但可以溶解许多有机化合物，而且也可以溶解许多无机化合物，是良好的溶剂

由于酰胺分子间氢键缔合能力较强，因此其熔、沸点甚至比分子量相近的羧酸还高

定义

酰胺的化学性质

★ 酸碱性

★ 水解

★ 还原反应

★ 霍夫曼降解反应

酰胺是羧酸的衍生物。在构造上酰胺可看作是羧酸分子中羧基的羟基被氨基或烃氨基(—NHR或—NR₂)取代而成的化合物；也可看作是氨或胺分子中的氢原子被酰基取代而成的化合物

9.5　腈

腈是分子中含有氰基（—CN）官能团的一类有机化合物，它可以看成是氢氰酸（HCN）分子中的氢原子被烃基取代后的产物，常用通式 RCN 表示。氰基中的碳原子与氮原子以三键相连，构造式为—C≡N，可简写成—CN。C≡N 三键是较强的极性键，因此腈是具有极性的化合物。

9.5.1　腈的命名

（1）习惯命名法　根据分子中所含碳原子的数目称为"某腈"。

动画扫一扫
乙腈图片

$$CH_3CN \qquad CH_2\!=\!CHCN \qquad NC(CH_2)_4CN$$
　　乙腈　　　　　　　丙烯腈　　　　　　　己二腈

（2）系统命名法　以烃为母体，氰基作为取代基，叫作"氰基某烃"。

$$CH_3CH_2\underset{\underset{CN}{|}}{CH}CH_2CH_3$$
3-氰基戊烷

9.5.2　腈的物理性质

（1）物态　低级腈为无色液体，高级腈为固体。

（2）沸点　由于腈分子间引力较大，因此其沸点比分子量相近的烃、醚、醛、酮和胺的沸点高，与醇的沸点相近，比相应羧酸的沸点低。

（3）溶解性　低级腈易溶于水，随着分子量的增加，在水中溶解度降低。乙腈与水混溶，丁腈以上难溶于水。腈可以溶解许多无机盐类，其本身是良好的溶剂。

9.5.3　腈的化学性质

腈的化学反应主要发生在官能团氰基上。

（1）水解反应　腈在酸或碱的催化下，水解生成羧酸。工业上由己二腈水解制取己二酸：

$$NC(CH_2)_4CN \xrightarrow[\triangle]{H_2O,\ H^+} HOOC(CH_2)_4COOH$$

腈发生水解反应时首先得到酰胺，进一步水解生成羧酸。如果控制反应条件，在含有 6%～12% H_2O_2 的氢氧化钠溶液中水解，可使反应停留在生成酰胺阶段：

$$RCN + H_2O_2 \xrightarrow{NaOH} RC\overset{\overset{\displaystyle O}{\|}}{-}NH_2 + \frac{1}{2}O_2$$

（2）还原反应　腈经催化加氢或用氢化锂铝还原生成伯胺。工业上由乙腈在高压下催化加氢制取乙胺：

$$CH_3CN \xrightarrow[\text{高压}]{H_2,\ Ni} CH_3CH_2NH_2$$

乙胺为无色液体，极易挥发，有氨的气味，用于制造染料、表面活性剂，也可用作萃取剂等。

合成案例:

(1) 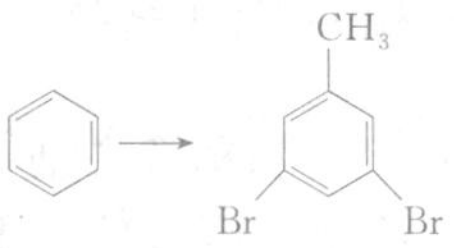

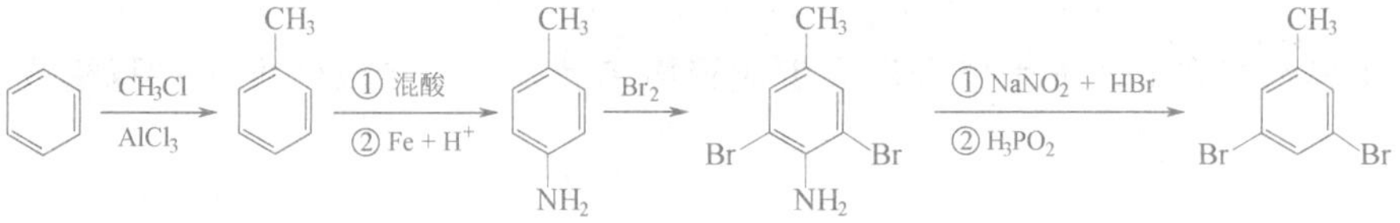

(2) 苯为原料合成 3-氟苯胺

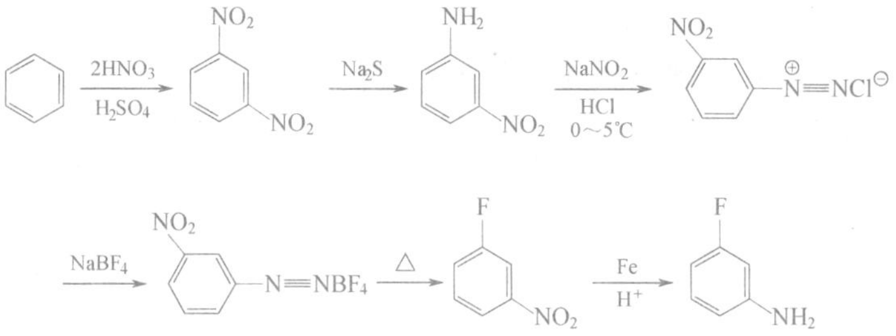

9.5.4 腈的制法和常用的腈

9.5.4.1 腈的制法

(1) 卤代烃氰解　腈可由卤代烃与氰化钠发生氰解反应制得。

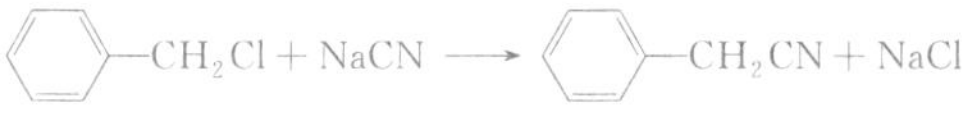

苯乙腈

此法特点是引入氰基后，分子中的碳原子数增加，这是一个增碳反应。

(2) 酰胺脱水　酰胺与五氧化二磷共热时，发生脱水反应得到腈。

$$CH_3\overset{O}{\overset{\|}{C}}NH_2 \xrightarrow[\triangle]{P_2O_5} CH_3CN$$

(3) 由重氮盐制备　重氮盐与氰化亚铜的氰化钾溶液反应，重氮基被氰基取代制得腈，这是在芳环上引入氰基的重要方法。

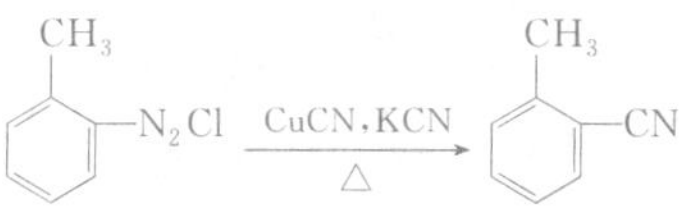

9.5.4.2 重要的腈

（1）乙腈（CH_3CN） 乙腈为无色液体，沸点为 $80\sim82℃$，有芳香气味，有毒，可溶于水和乙醇。乙腈水解生成乙酸，还原时生成乙胺，能聚合成二聚物和三聚物。

乙腈在工业上由碳酸二甲酯与氰化钠作用或由乙炔与氨在催化剂存在下反应制得，也可由乙酰胺脱水制得。

乙腈可用于制备维生素 B_1 等药物及香料，也用作脂肪酸萃取剂、酒精变性剂等。

（2）丙烯腈（$CH_2\!=\!CHCN$） 丙烯腈为无色液体，沸点为 $77.3\sim77.4℃$，微溶于水，易溶于有机溶剂。其蒸气有毒，能与空气形成爆炸性混合物，爆炸极限为 $3.05\%\sim17.0\%$（体积分数）。

丙烯腈在引发剂存在下，发生聚合反应生成聚丙烯腈，聚丙烯腈纤维又叫腈纶或人造羊毛。

丙烯腈主要用于制造聚丙烯腈、丁腈橡胶和其他合成树脂等，工业上由丙烯通过氨氧化法或由乙炔和氢氰酸直接加成制得。

鉴别案例：

甲苯合成对氰基苯甲酸。

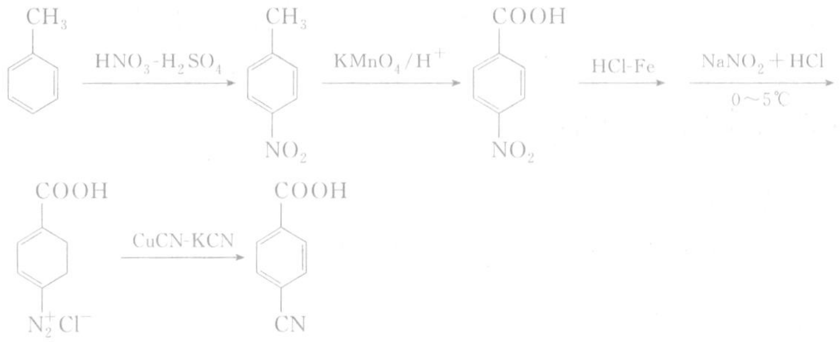

思维导图

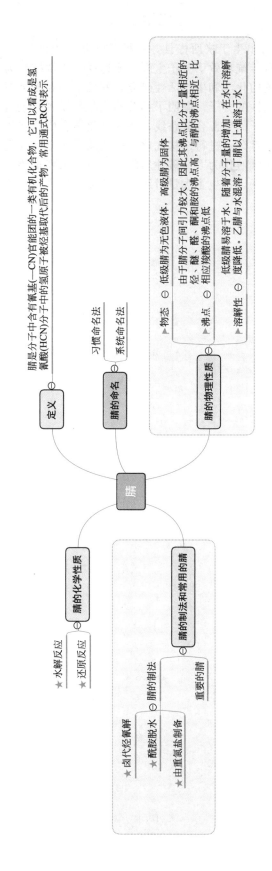

化学名人

岳建民，1962年5月出生于陕西彬县，有机化学家，中国科学院院士，中国科学院上海药物研究所研究员。以传统功效、分子生源合成途径和化学结构为导向，对150多种重要药用植物进行了深入系统的化学和生物活性研究，发现了800多个新天然化合物，包括大量新骨架类型和重要生物活性的分子，阐明了相关药用植物资源的化学成分和药效物质基础。提出了一批新骨架天然分子的生源合成路线，并通过化学合成和转化对部分生源路线进行了验证。对系列重要生物活性分子进行结构优化和构效关系研究，发现了多个药物先导和药物候选。他有8项研究被该领域作为"突破性新闻"报道；系列重要分子被国内外著名学者作为全合成等研究的目标分子，产生了大量后续研究论文，促进了相关学科的发展。

 习题

一、命名题

1. $(CH_3)_2CHNH_2$

2. $CH_3CH_2-\underset{\underset{NH_2}{|}}{CH}-CH_2CH_3$

3. ⬡—NHC₂H₅ (苯环—NHC_2H_5)

4. $(C_2H_5)_2\overset{+}{N}H_2OH^-$

5. O_2N—⬡—$N(CH_3)_2$

6. $Br^-\ \overset{+}{N}_2$—⬡—CH_3

7. (哌啶环) N—H

8. (环己基)—NH_2

9. $CH_3-\underset{\underset{OCH_3}{|}}{CH}-CH_2-\underset{\underset{NH_2}{|}}{CH}CH_2OH$

10. $H_2NCH_2-\underset{\underset{CH_3}{|}}{CH}-CH_2NH_2$

二、完成反应方程式

1. $\begin{matrix}RNH_2\\R_2NH\\R_3H\end{matrix}$ + ⬡—SO_2Cl $\longrightarrow$

2. ⬡—NH_2 $+3Br_2$ $\xrightarrow{H_2O}$

3. ⬡—NO_2 $\xrightarrow{Fe+HCl}$

4. ⬡—NH_2 + $Cl-\overset{\overset{O}{\|}}{C}-OCH(CH_3)_2$ $\xrightarrow[0\sim10℃]{NaHCO_3}$

5. ⬡—NH_2 $+NaNO_2+HCl$ $\xrightarrow{0\sim5℃}$

6. ⬡—$\overset{+}{N}\equiv NCl^-$ $\begin{matrix}\xrightarrow[HCl]{Cu_2Cl_2}\\\xrightarrow[\triangle]{H_2O}\\\xrightarrow[KCN]{Cu_2(CN)_2}\\\xrightarrow[H_2O]{H_3PO_2}\end{matrix}$

7. ⬡—$\overset{+}{N}\equiv NCl^-$ $\xrightarrow{⬡—OH}$

8. ⬡(—Cl)—NH_2 $+2NH_3$ $\xrightarrow[200℃,6\sim10MPa]{Cu_2O}$

9. ⬡—NH_2 $+I_2$ $\longrightarrow$

10. ⬡—NH_2 $\xrightarrow{(CH_3CO)_2O}$ $\xrightarrow{Br_2}$ $\xrightarrow{H_2O}$

三、推断题

1. 化合物 A 分子式为 $C_6H_{15}N$，能溶于稀盐酸，与亚硝酸在室温下作用放出氮气得到 B，B 能进行碘仿反应，B 和浓硫酸共热得到 C，C 能使溴水褪色，用高锰酸钾氧化 C，得到乙酸和 2-甲基丙酸。试推导 A、B、C 三种化合物的结构。

2. 分子式为 $C_7H_7NO_2$ 的化合物 A，与 Fe＋HCl 反应生成 C_7H_9N 的化合物 B；B 和 $NaNO_2$＋HCl 在 0～5℃反应生成分子式为 $C_7H_7ClN_2$ 的化合物 C，C 与 CuCN 反应生成分子式为 C_8H_7N 的 D；D 在稀酸中水解得到一种酸 $C_8H_8O_2$（E）；E 用高锰酸钾氧化得到另一种酸 F；F 受热时生成分子式为 $C_8H_4O_3$ 的酸酐。试推测 A、B、C、D、E、F 的构造式，并写出各步反应式。

3. 化合物 A 能溶于水，但不溶于乙醚、苯等有机溶剂。经元素分析表明 A 含有 C、H、O、N。A 经加热后失去一分子水得 B，B 与溴的氢氧化钠作用得到比 B 少一个 C 和 O 的化合物 C。C 与亚硝酸作用得到的产物与次磷酸反应能生成苯。试写出 A、B、C 的构造式及有关反应式。

4. 化合物 A 的分子式为 C_6H_7N，A 在常温下与饱和溴水作用生成 B，B 的分子式为 $C_6H_4Br_3N$，B 在低温下与亚硝酸作用生成重氮盐，后者与乙醇共热时生成均三溴苯，试推测 A 和 B 的构造式并写出各步化学反应方程式。

杂环化合物

Chapter 10

📖 **学习指南**

1. 了解与掌握杂环化合物的分类、命名方法；
2. 掌握重要杂环化合物的来源、制法、性质和用途；
3. 了解天然杂环类物质的结构及其作用。

在环状有机化合物中，构成环的原子除了碳原子外还有其他原子，这种环状化合物就叫作杂环化合物。除碳以外的其他原子叫作杂原子。常见的杂原子有氮、氧、硫。杂环化合物在自然界分布极广，大都具有生理活性。例如叶绿素、花色素、血红素、维生素、抗生素、生物碱以及与生命现象有密切关系的核酸等，都含有杂环结构。许多杂环化合物还是合成药物、染料、树脂和纤维的重要原料。

10.1 杂环化合物的分类和命名

10.1.1 分类

杂环化合物可以根据环的大小、多少及所含杂原子的数目进行分类。杂环化合物按环的大小主要分为五元杂环和六元杂环两大类；按环的多少，可分为单杂环化合物和稠杂环化合物；按环中杂原子的数目又可分为含一个杂原子的杂环化合物和含多个杂原子的杂环化合物。常见杂环的结构和名称见表 10-1。

表 10-1　常见杂环的结构和名称

分类		碳环及名称	结构式及名称	
单杂环	五元杂环	茂	呋喃(furan)	噻吩(thiophene)
			吡咯(pyrrole)	噻唑(thiazole)
			咪唑(imidazole)	吡唑(pyrazole)
			噁唑(oxazole)	1,2,3-三唑(1,2,3-triazole)

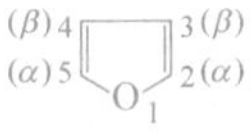

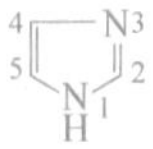

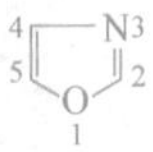

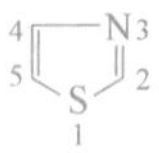

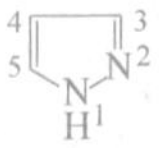

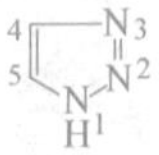

分类		碳环及名称	结构式及名称	
单杂环	六元杂环	苯	吡啶(pyridine)	哒嗪(pyridazine)
			嘧啶(pyrimidine)	吡嗪(pyrazine)
稠杂环		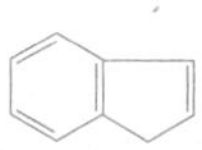 茚	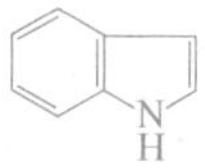 吲哚(indole) 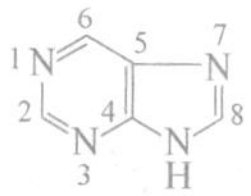	嘌呤(purine)
		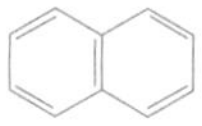 萘	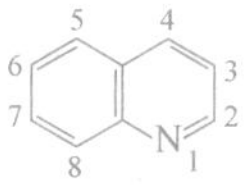 喹啉(quinoline) 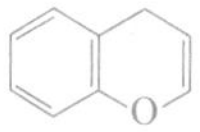	苯并吡喃(benzopyran)

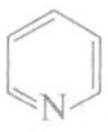

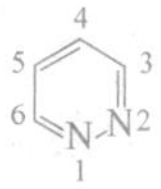

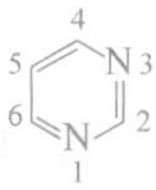

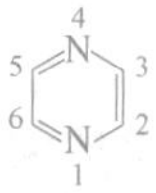

10.1.2 命名

（1）音译法　根据外文音译，选用同音汉字，加"口"字旁表示杂环。

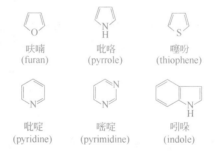

呋喃
(furan)　　吡咯
(pyrrole)　　噻吩
(thiophene)

吡啶
(pyridine)　　嘧啶
(pyrimidine)　　吲哚
(indole)

（2）取代杂环的命名　若环上连有取代基时，必须给母体环编号，其编号规则如下：

① 杂环的编号。从杂原子起依次 $1,2,3,\cdots$（或 α，β，γ，$\cdots$），杂原子位次为1。当环上只有一个杂原子时，还可用希腊字母编号，与杂原子直接相连的碳原子为 α-位，其后依次为 β-位和 γ-位。五元杂环只有 α-位和 β-位，六元杂环则有 α-位、β-位和 γ-位。

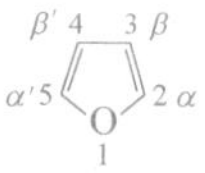

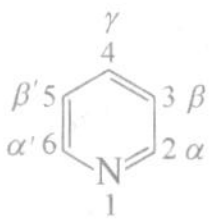

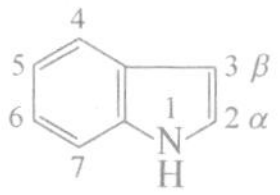

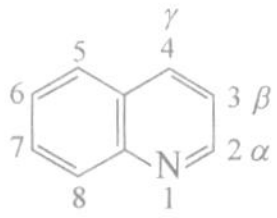

② 若含有多个相同的杂原子，则从连有氢或取代基的杂原子开始编号，并使其他杂原子的位次尽可能最小。例如咪唑环的编号。

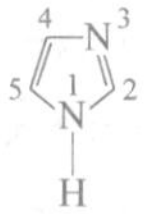

③ 如果含有不相同的杂原子，按 O、S、N 的顺序编号。

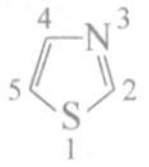

以上的编号规则适用于一般情况，某些特殊的稠杂环，具有特定的编号方法。

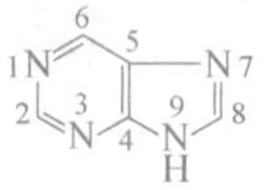

杂环母体的名称及编号确定后，环上的取代基一般可按照芳香族化合物的命名原则来处理。

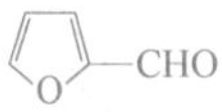

2-呋喃甲醛
(α-呋喃甲醛)

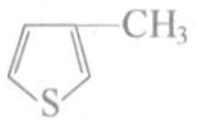

3-甲基噻吩
(β-甲基噻吩)

4-吡啶甲酸
(γ-吡啶甲酸)

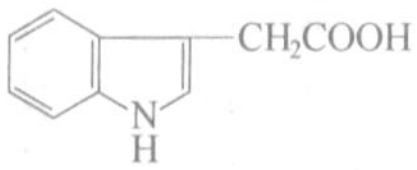

3-吲哚乙酸
(β-吲哚乙酸)

当 N 上连有取代基时，往往用"N-"表示取代基的位次。

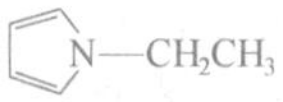

N-乙基吡咯

有些稠杂环化合物的命名与芳香族化合物的命名不相同，命名时应特别注意。

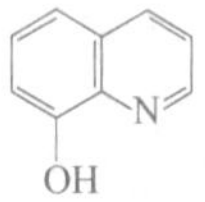

8-羟基喹啉

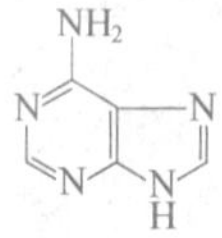

6-氨基嘌呤

（3）根据结构命名　即根据相应于杂环的碳环来命名，把杂环看作是相应的碳环中的碳原子被杂原子置换而形成的。吡啶可看作是苯环上一个碳原子被氮原子置换而成的，所以叫作氮杂苯。

茂
(环戊二烯)　　氮茂　　氧茂　　硫茂

苯　　氮苯　　1,3-二氮苯

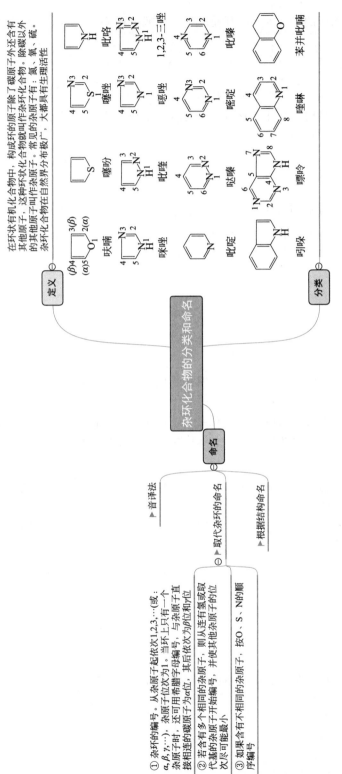

10.2　五元杂环化合物

含有一个杂原子的典型五元杂环是呋喃、噻吩、吡咯。

芳香性顺序：苯＞噻吩＞吡咯＞呋喃。

呋喃的芳香性最弱，实际上它可以进行双烯加成反应，表现出共轭二烯烃的性质。

10.2.1　呋喃

10.2.1.1　呋喃的结构

呋喃的分子式为 C_4H_4O，构造式为 。近代物理方法证明，呋喃分子中的四个碳原子和氧原子处于同一个平面上，它们彼此以 sp^2 杂化轨道形成 σ 键的同时，其未参与杂化的 p 轨道也相互重叠形成了一个闭合共轭大 π 键。

因此呋喃与苯相似，具有芳香性。但由于成环原子的电负性不同，环上电子云分布不均匀，所以呋喃的芳香性比苯弱，在一定程度上仍具有不饱和化合物的性质。在呋喃分子中，氧原子参与形成 π 键的 p 轨道上有一对电子，这是一个包括五个原子六个电子的闭合共轭体系。相对来说，电子云密度较高，环上取代反应比苯容易进行。

10.2.1.2　呋喃的来源与制法

呋喃及其衍生物主要存在于松木焦油中。现代工业以糠醛和水蒸气为原料，在高温及催化剂的作用下制取呋喃。

呋喃存在于木焦油中，它很容易由农副产品经下述一系列反应而制得：

实验室中采用糠酸在铜催化剂和喹啉介质中加热脱羧制得呋喃。

鉴别案例：

苯甲醛、苯乙醛、糠醛与糠酸。

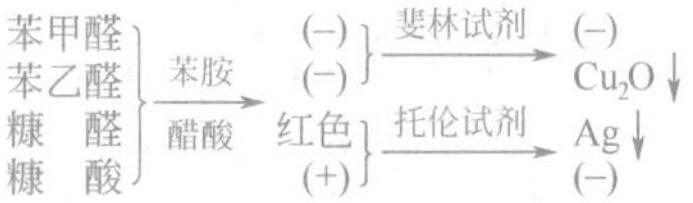

$$\left.\begin{array}{l}\text{苯甲醛}\\\text{苯乙醛}\\\text{糠醛}\\\text{糠酸}\end{array}\right| \begin{array}{l}\text{苯胺}\\\text{醋酸}\end{array}\text{红色}\left|\begin{array}{l}(-)\\(-)\\(-)\\(+)\end{array}\right.\left|\begin{array}{l}\text{斐林试剂}\\\text{托伦试剂}\end{array}\right|\begin{array}{l}(-)\quad Cu_2O\downarrow\\Ag\downarrow\\(-)\end{array}$$

10.2.1.3 呋喃的性质与用途

呋喃为无色液体，沸点为 32℃，相对密度为 0.9336，具有类似氯仿的气味，难溶于水，易溶于有机溶剂。它的蒸气遇到浸有盐酸的松木片时呈绿色，叫作松木片反应，可用来鉴定呋喃。

呋喃是重要的有机化工原料，可用来合成药物、除草剂、稳定剂和洗涤剂等精细化工产品。

呋喃具有芳香性，容易进行环上取代，反应主要发生在 α-位。同时它还在一定程度上表现出不饱和化合物的性质，可以发生加成反应。

（1）取代反应　呋喃在室温下与氯和溴反应强烈，可得到多卤化物。呋喃与溴作用，生成 2,5-二溴呋喃。

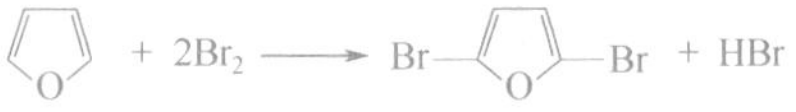

2,5-二溴呋喃

由于呋喃十分活泼，遇酸容易发生环的破裂和树脂化，因此在进行硝化和磺化反应时，必须使用比较缓和的试剂。常用的缓和硝化剂是硝酸乙酰酯（CH_3COONO_2），它由硝酸和乙酸酐反应制得。常用的温和磺化剂是吡啶三氧化硫（）。

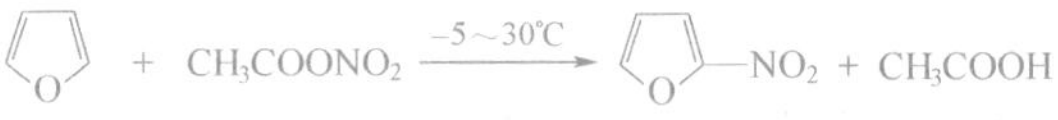

硝酸乙酰酯　　　　α-硝基呋喃

吡啶三氧化硫　　　α-呋喃磺酸

（2）加成反应　呋喃有共轭双键结构，可以和顺丁烯二酸酐发生双烯合成反应，产率很高。

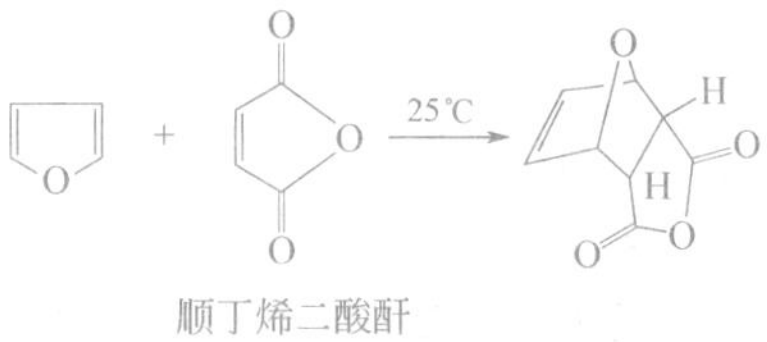

顺丁烯二酸酐

在催化剂的作用下，呋喃也可以加氢生成四氢呋喃。

四氢呋喃

四氢呋喃为无色透明液体，是一种优良溶剂，可以代替乙醚合成格氏试剂。四氢呋喃又是重要的合成原料，常用于制取己二酸、己二胺等产品。

（3）傅-克反应　与乙酸酐在三氟化硼（催化剂）作用下，发生乙酰化反应。

$$\text{（图）} + (CH_3CO)_2O \xrightarrow{BF_3} \text{（图）}-COCH_3 + CH_3COOH$$

α-乙酰基呋喃

鉴别案例：

α-甲基呋喃与四氢呋喃。

α-甲基呋喃	HCl	呈绿色
四氢呋喃	松木片	无变化

10.2.2 噻吩

10.2.2.1 噻吩的结构

噻吩的分子式为 C_4H_4S，构造式为 （图）。和呋喃一样，噻吩也含有闭合的六电子大 π 键。

因此，噻吩也具有芳香性，其芳香性比呋喃强，是五元杂环化合物中最稳定的一个。

10.2.2.2 噻吩的来源与制法

噻吩与苯共存于煤焦油中，粗苯中约含 0.5% 的噻吩。石油和页岩油中也含有噻吩及其衍生物。现代工业将丁烷和硫的气相混合物迅速通过 $600 \sim 650℃$ 的反应器（接触时间 $0.07 \sim 1s$），然后迅速冷却来制取噻吩。

$$\begin{matrix} CH_2 - CH_2 \\ | \quad\quad | \\ CH_3 \quad CH_3 \end{matrix} + 4S \xrightarrow{600 \sim 650℃} \text{（图）} + 3H_2S$$

噻吩还可以采用丁二酸钠与三硫化二磷作用制得。

$$\begin{matrix} CH_2 - CH_2 \\ | \quad\quad\quad | \\ NaOOC \quad COONa \end{matrix} \xrightarrow[180℃]{P_2S_3} \text{（图）}$$

10.2.2.3 噻吩的性质及用途

噻吩为无色易挥发的液体，沸点为 84℃，相对密度为 1.0648，有类似于苯的气味，不溶于水，易溶于多种有机溶剂。噻吩与靛红在浓硫酸存在下加热而呈蓝色，此反应非常灵敏，可用来鉴定噻吩。

噻吩及其衍生物主要用作合成药物的原料，例如由 α-噻吩乙酸合成的头孢菌素Ⅱ（又称先锋霉素Ⅱ）是常用的抗生素。此外，噻吩还是制造感光材料、光学增亮剂、染料、除草剂和香料的原料。

（1）取代反应 由于噻吩的芳香性较强，环比较稳定，因此不具有共轭二烯的性质，发生磺化反应时，可用浓硫酸作磺化试剂，和呋喃相似，取代反应也发生在 α-位。

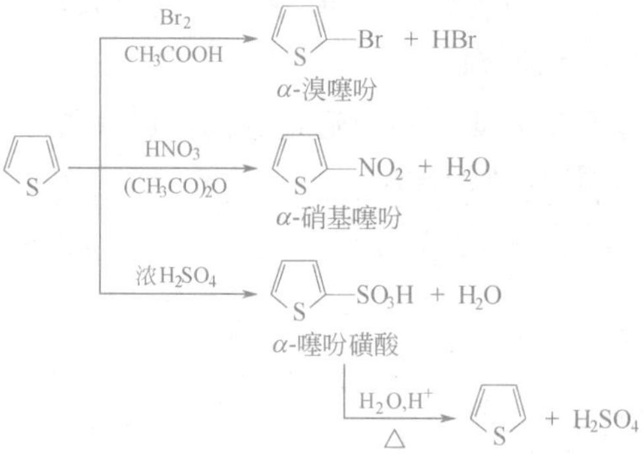

噻吩在室温下与浓硫酸反应，生成的α-噻吩磺酸溶于浓硫酸中，工业上利用此性质分离粗苯中的噻吩。

（2）加成反应　噻吩也可以催化加氢生成四氢噻吩。四氢噻吩为无色液体，有难闻气味，其蒸气刺激眼睛和皮肤。

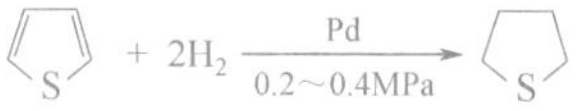

（3）傅-克反应

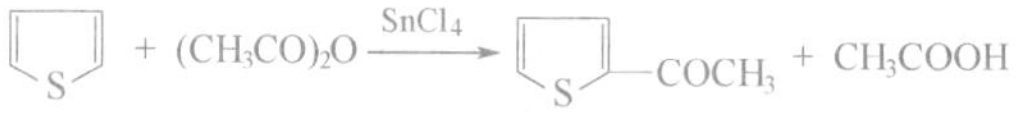

α-乙酰基噻吩

鉴别案例:

噻吩与苯。

噻吩、苯 $\xrightarrow[H_2SO_4]{靛红}$ 噻吩：呈蓝色；苯：无变化

合成案例:

噻吩合成α-噻吩甲酸。

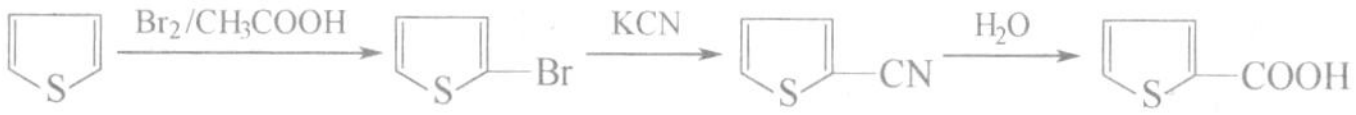

10.2.3 吡咯

10.2.3.1 吡咯的结构

吡咯的分子式为 C_4H_5N，构造式为 ，结构与呋喃、噻吩相似。

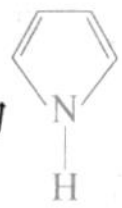

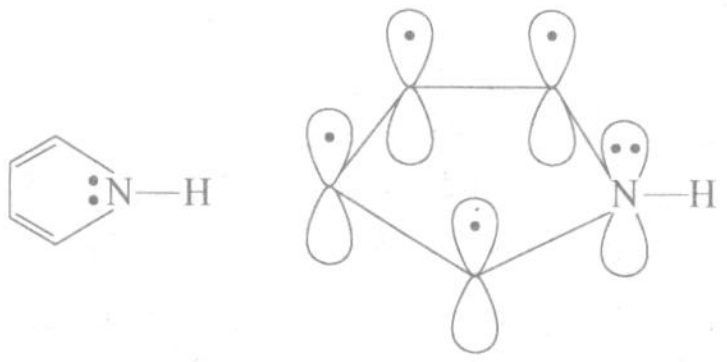

因此，吡咯也具有芳香性，其芳香性介于呋喃和噻吩之间。

吡咯与呋喃和噻吩的区别是，分子中的氮原子上连有一个氢原子，由于氮原子的 p 电子参与了环上共轭，对这个氢原子的吸引力降低，使其变得比较活泼，具有弱酸性。

10.2.3.2 吡咯的来源与制法

吡咯及其同系物主要存在于骨焦油中，通过分馏可以取得。现代工业用氧化铝为催化剂，以呋喃和氨为原料在气相中反应来制取。

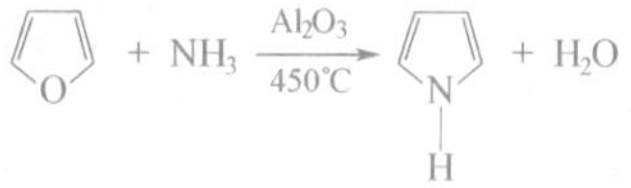

$$\text{呋喃} + NH_3 \xrightarrow[450℃]{Al_2O_3} \text{吡咯} + H_2O$$

10.2.3.3 吡咯的性质及用途

吡咯为无色油状液体，沸点为 131℃，相对密度为 0.9698，有微弱的类似苯胺的气味，吡咯的蒸气或醇溶液能使浸过盐酸的松木片呈红色，叫作松木片反应，可用来鉴定吡咯。

吡咯是许多重要的生物分子（如血红素、叶绿素、胆汁色素、某些氨基酸、许多生物碱及个别酶）的基本结构单元，其衍生物在工业上有广泛的应用。

（1）取代反应　吡咯容易发生取代反应，主要生成 α-取代产物。由于吡咯的性质活泼，发生卤代时得到的是四卤化吡咯。

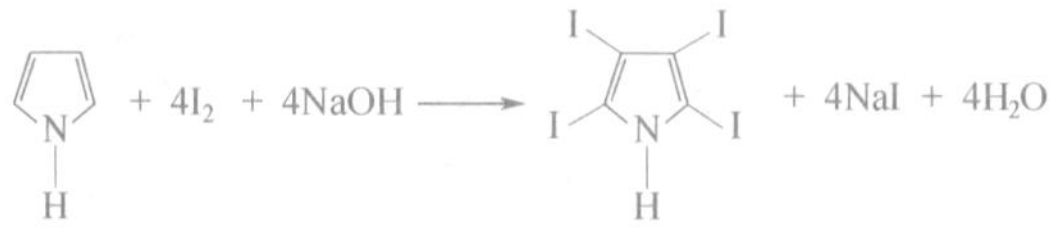

$$\text{吡咯} + 4I_2 + 4NaOH \longrightarrow \text{四碘吡咯} + 4NaI + 4H_2O$$
四碘吡咯

$$\text{吡咯} + 4Br_2 \xrightarrow[0℃]{C_2H_5OH} \text{四溴吡咯} + 4HBr$$

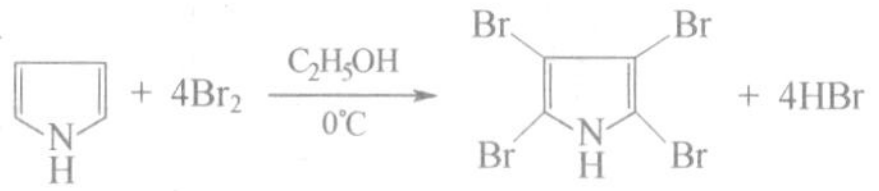

吡咯的硝化和磺化反应与呋喃一样，需要用缓和的硝化剂和磺化剂。

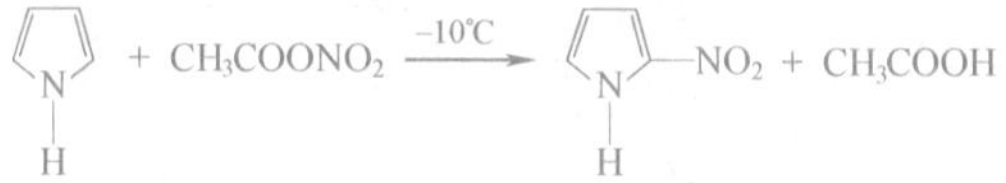

$$\text{吡咯} + CH_3COONO_2 \xrightarrow{-10℃} \text{吡咯} - NO_2 + CH_3COOH$$
α-硝基吡咯

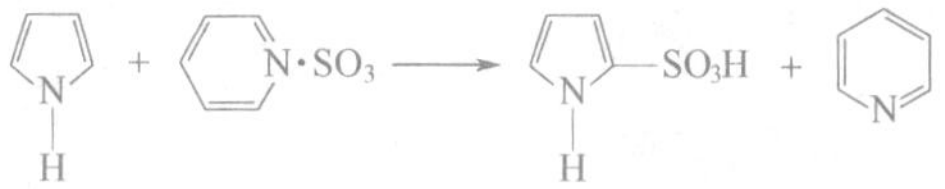

$$\text{吡咯} + N \cdot SO_3 \longrightarrow \text{吡咯} - SO_3H + \text{吡啶}$$
α-吡咯磺酸

（2）弱酸性　从结构上看，吡咯是环状仲胺，但由于氮原子上的未共用电子对参与了环上的共轭，氮原子上的电子云密度降低，不易与 H^+ 结合，因此碱性极弱。相反，氮原子上的氢却具有弱酸性，可以与固体氢氧化钾作用成盐。同时也可以与格氏试剂反应生成吡咯卤化镁。

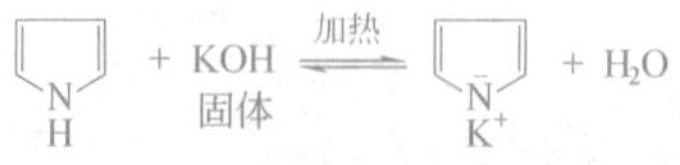

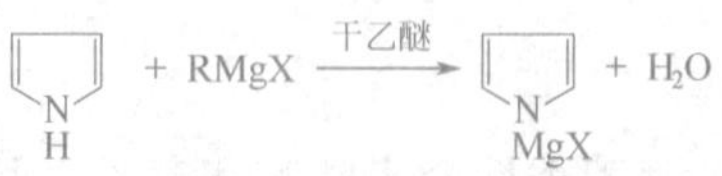

$$\text{吡咯} + KOH \underset{\text{固体}}{\overset{\text{加热}}{\rightleftharpoons}} \text{吡咯} K^+ + H_2O$$

$$\text{吡咯} + RMgX \xrightarrow{\text{干乙醚}} \text{吡咯} MgX + H_2O$$

（3）加成反应　吡咯催化加氢，催化剂为 Ni、Pd 等，生成四氢吡咯。

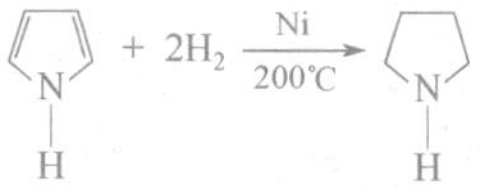

$$\text{吡咯} + 2H_2 \xrightarrow[200℃]{Ni} \text{四氢吡咯}$$

四氢吡咯又称吡咯烷，为无色液体。四氢吡咯具有脂肪仲胺的性质，有较强的碱性，是重要的化工原料，可用于制备药物、杀菌剂、杀虫剂等。

（4）傅-克反应　对于活性较大的吡咯可不用催化剂，直接用酸酐酰化。

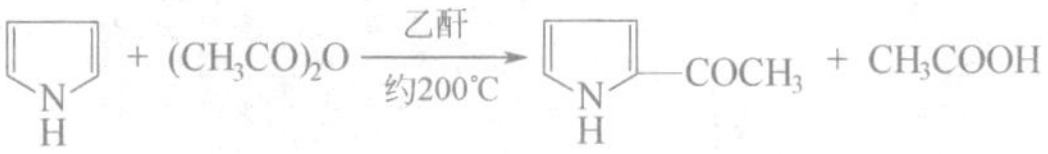

$$\text{吡咯} + (CH_3CO)_2O \xrightarrow[约200℃]{乙酐} \alpha\text{-乙酰基吡咯} \ COCH_3 + CH_3COOH$$

吡咯在合成中的应用：

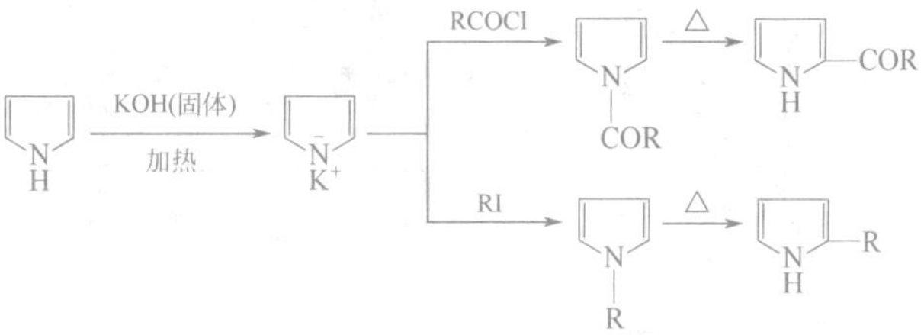

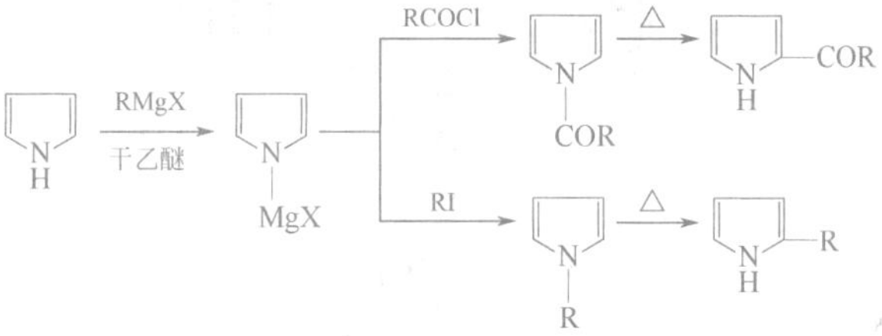

鉴别案例：

吡咯与吡咯烷。

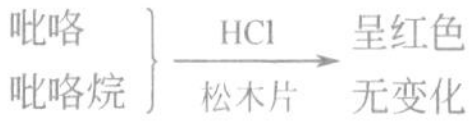

| 吡咯 | HCl | 呈红色 |
| 吡咯烷 | 松木片 | 无变化 |

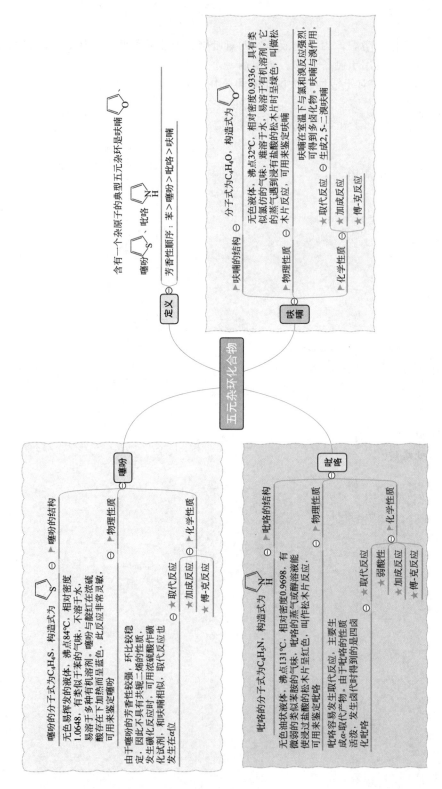

10.3　六元杂环化合物

10.3.1　吡啶

10.3.1.1　吡啶的结构

吡啶的分子式为 C_5H_5N，构造式为 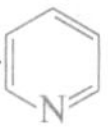 。它和苯的结构非常相似，是一个平面六边形构型。分子中的五个碳原子和氮原子彼此以 sp^2 杂化轨道形成 σ 键，同时，这六个原子的 p 轨道也相互平行重叠形成一个闭合共轭大 π 键。

与苯不同的是由于氮原子的电负性较强，在氮原子周围电子云密度较高，使环上电子云密度低于苯环，因此它的取代反应活性比苯弱，并且取代反应主要发生在 β-位上，与硝基苯类似。

10.3.1.2　吡啶的来源与制法

吡啶及其同系物存在于煤焦油、页岩油及某些石油催化裂化的煤油馏分中。在工业上，一般从煤焦油中提取，方法是将煤焦油分馏出的轻油组分用硫酸处理，吡啶和硫酸成盐后溶解在酸中，然后加碱中和，游离出吡啶，再经蒸馏制得。

10.3.1.3　吡啶的性质及用途

吡啶是有特殊臭味的无色液体，沸点为 115℃，相对密度为 0.982，可与水、乙醇、乙醚、苯等混溶，能溶解大部分有机化合物和许多无机盐类，是一种良好的溶剂。

吡啶能与无水氯化钙生成配合物，所以不能使用氯化钙干燥吡啶。吡啶是一种弱碱，能使湿润的石蕊试纸变蓝，可由此来鉴定吡啶。

（1）**碱性**　吡啶环上的氮原子有一对未共用电子对没有参与共轭，因此具有碱性，能与质子结合。吡啶的碱性比苯胺强，但比脂肪胺和氨弱得多。

$$
\begin{array}{ccccc}
 & & NH_3 & CH_3NH_2 & \\
pK_b & 8.8 & 4.74 & 3.36 & 9.38
\end{array}
$$

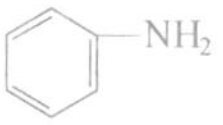

吡啶可以与无机酸作用生成盐。

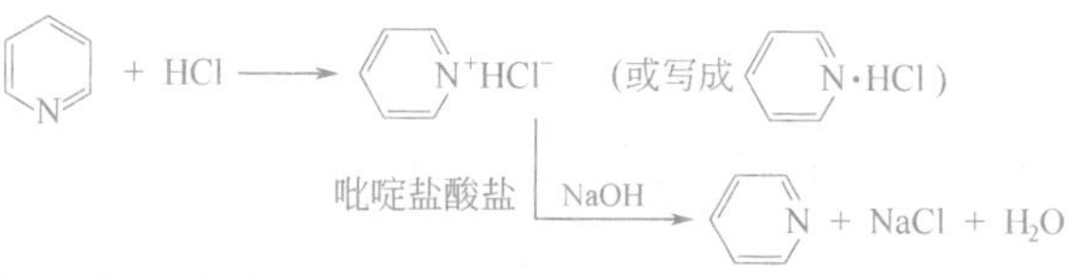

工业上常用吡啶来吸收反应中所生成的酸，也可利用此性质来提纯吡啶。

吡啶容易与三氧化硫结合生成吡啶三氧化硫。

吡啶三氧化硫是缓和的磺化剂，用于对酸敏感的化合物如呋喃、吡咯等的磺化。

从结构上，吡啶可看作叔胺，能与卤代烷作用生成季铵盐。

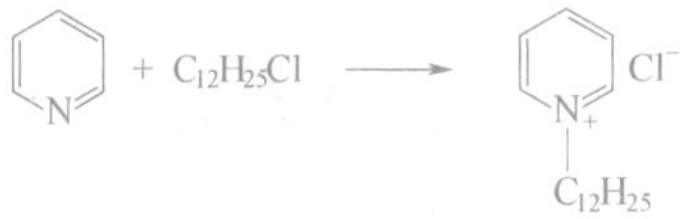

氯化十二烷基吡啶

氯化十二烷基吡啶是阳离子型表面活性剂，主要用作纤维的防水剂，也用作染色助剂和杀菌剂。

（2）取代反应　吡啶的取代反应与硝基苯相似，条件比较高，且主要发生在 β-位。

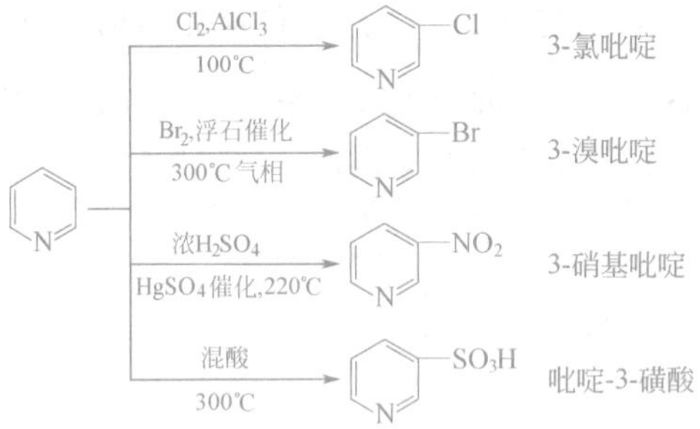

（3）氧化反应　吡啶比苯难氧化。若吡啶环上连有含 α-氢的烃基时，则烃基被氧化生成相应的吡啶甲酸。

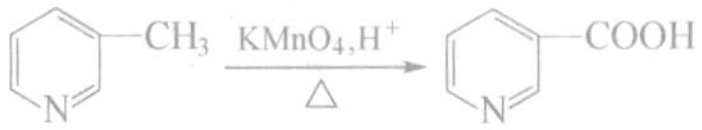

β-吡啶甲酸(烟酸)

烟酸又称维生素 PP，是 B 族维生素之一，为白色晶体，味苦，存在于肉类、花生、米糠和酵母中，体内缺乏烟酸会引起癞皮病。维生素 PP 主要用于治疗癞皮病和血管硬化等病症。

γ-吡啶甲酸(异烟酸)

异烟酸为无色晶体，能升华，是合成抗结核药物——异烟肼（俗称雷米封）的中间体。

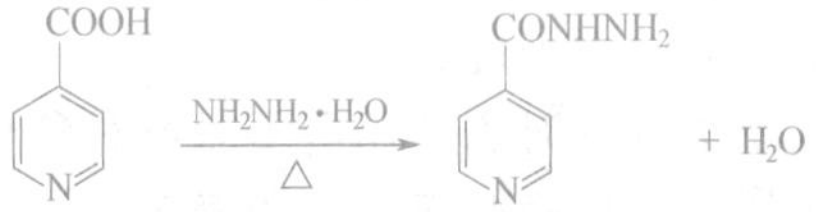

异烟肼

异烟肼学名为 γ-吡啶甲酰肼，为白色晶体，味苦，它的结构与维生素 PP 相似，对维生素 PP 有拮抗作用，若长期服用异烟肼，应适当补充维生素 PP。

同时，其他类型的侧链也能被氧化成羧酸。

α-吡啶甲酸

吡啶容易被过氧化物（过氧化氢、过氧乙酸等）氧化生成氧化吡啶。

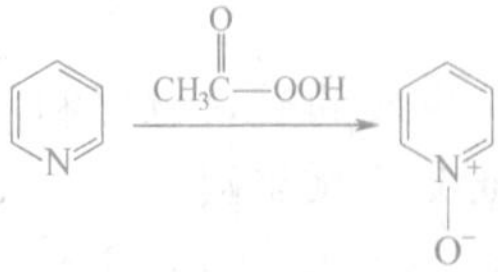

（4）还原反应　吡啶较苯容易还原，催化氢化或用醇钠还原都可以得到六氢吡啶。

$$\text{(吡啶)} + 3H_2 \xrightarrow[25℃,0.3MPa]{Pt} \text{(六氢吡啶)}$$

$$\text{(吡啶)} \xrightarrow{Na + C_2H_5OH} \text{(六氢吡啶)}$$

六氢吡啶又称哌啶，为无色具有恶臭的液体。其化学性质与脂肪仲胺相似，比吡啶碱性强，是常用的有机碱，也用于药物合成和其他有机合成，并用作环氧树脂的熟化剂。

合成案例：

吡啶合成 3-羟基吡啶。

$$\text{(吡啶)} \xrightarrow[300℃]{HNO_3,H_2SO_4} \text{(3-NO}_2\text{)} \xrightarrow{Fe+HCl} \text{(3-NH}_2\text{)} \xrightarrow{NaNO_2 + HCl}$$

$$\text{(3-N}_2Cl\text{)} \xrightarrow[H^+,\triangle]{H_2O} \text{(3-OH)}$$

10.3.2 吡啶的衍生物

吡啶的衍生物广泛存在于生物体中，而且大都具有生理作用，主要包括维生素 B_6、维生素 PP 等。

（1）异烟肼　异烟肼（雷米封），是一种白色固体，熔点在 $170\sim180℃$ 之间，易溶于水，可由 γ-吡啶甲酸（异烟酸）与肼缩合得到：

$$\text{(4-COOH 吡啶)} + H_2N—NH_2 \xrightarrow{\triangle} \text{(4-CONHNH}_2\text{ 吡啶)}$$

异烟肼(4-吡啶甲酰肼)

（2）维生素 B_6　维生素 B_6 又称为吡哆素，其包括吡哆醇、吡哆醛及吡哆胺，在体内以磷酸酯的形式存在，是一种水溶性维生素，遇光或碱易被破坏，不耐高温。

吡哆醇　　　　　吡哆醛　　　　　吡哆胺

（3）维生素 PP　是人体必需的 13 种维生素之一，是一种水溶性维生素，属于维生素 B 族。烟酸在人体内转化为烟酰胺，烟酰胺是辅酶Ⅰ和辅酶Ⅱ的组成部分，参与体内脂质代谢过程、组织呼吸的氧化过程和糖类无氧分解的过程。维生素 PP 包括两种物质，即 β-吡啶甲酸和 β-吡啶甲酰胺：

β-吡啶甲酸(烟酸)　　　　　　β-吡啶甲酰胺

鉴别案例：

吡咯、呋喃、吡啶与 β-甲基吡啶。

$$\left.\begin{array}{l}\text{吡咯}\\\text{呋喃}\\\text{吡啶}\\\beta\text{-甲基吡啶}\end{array}\right\}\xrightarrow[\text{松木片}]{HCl}\left.\begin{array}{l}\text{红色}\\\text{绿色}\\(-)\\(-)\end{array}\right\}\xrightarrow[H^+,\triangle]{KMnO_4}\begin{array}{l}(-)\\\text{紫色褪色}\end{array}$$

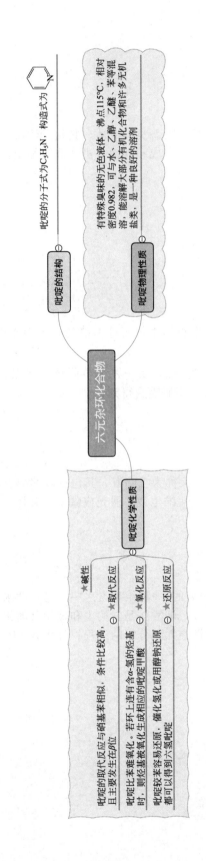

10.4 二杂五元杂环化合物

五元杂环中含有两个杂原子，其中一个必须是氮原子的体系叫作唑。二杂五元杂环化合物主要有：

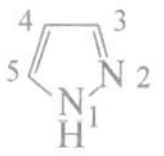

吡唑 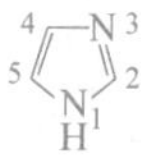　　　　咪唑 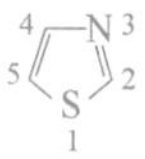　　　　噻唑

这些物质可看作是吡咯和噻吩环上的一个亚甲基被一个叔氨基取代形成的杂环化合物。

10.4.1 碱性

它们都具有弱碱性，其碱性都比吡咯强。可见在环中引入一个氮原子碱性即大大增加。这是由于引入的氮原子的未共用电子对没有参加共轭体系而较易与氢离子结合。

吡唑的氢键缔合　　　　　咪唑的氢键缔合

10.4.2 环稳定性

它们都比相应的一元杂环稳定，对氧化剂不敏感，对酸也比较稳定，不易开环聚合。

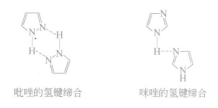

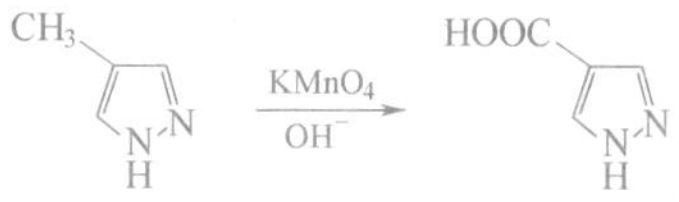

4-甲基吡唑　　　　　　　吡唑-4-羧酸

10.4.3 取代反应

它们都能进行亲电取代反应，但它们的活性都比一杂五元环低得多。因此，反应条件要求较剧烈，而且吡唑进行亲电取代，取代基主要进入 4-位，而咪唑和噻唑进行取代反应时，取代基主要进入 5-位。

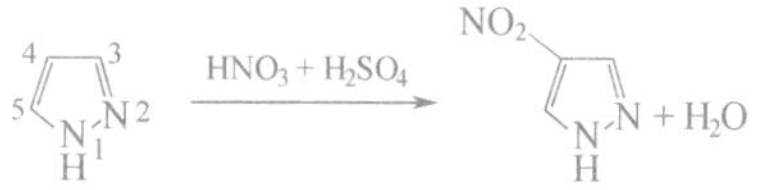

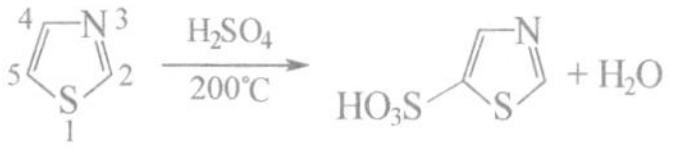

10.4.4 互变异构现象

吡唑和咪唑都能发生互变异构现象。

5-甲基吡唑　　　　3-甲基吡唑

4-甲基咪唑　　　　5-甲基咪唑

10.4.5　重要衍生物

吡唑、咪唑和噻唑的衍生物主要是一些常用的药物，如吡唑酮是安替比林、氨基比林和安乃近等解热镇痛药物的基本结构：

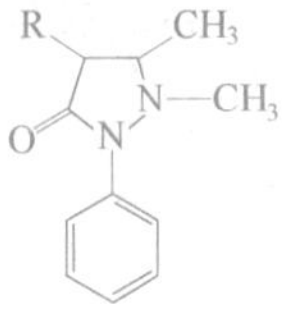

安替比林：R=H
氨基比林：$R=N(CH_3)_2$
安乃近：$R=N-CH_2SO_3Na$
　　　　　　CH_3

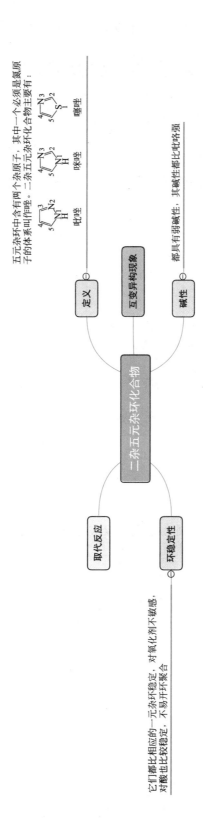

思维导图

定义

五元杂环中含有两个杂原子，其中一个必须是氮原子的体系叫作唑。二杂五元杂环化合物主要有：

吡唑 咪唑 噻唑

互变异构现象

二杂五元杂环化合物

碱性

都具有弱碱性，其碱性都比吡啶略强

取代反应

环稳定性

它们都比相应的一元杂环稳定，对氧化剂不敏感，对酸也比较稳定，不易开环聚合

10.5　二杂六元杂环化合物

在吡啶分子中引入第二个氮原子，有三种可能的位置：1,2-位；1,3-位；1,4-位。

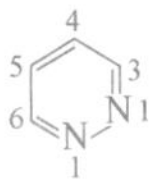

哒嗪 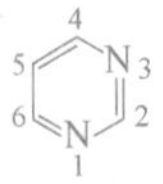　　　　　　　嘧啶 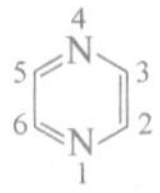　　　　　　　吡嗪

哒嗪、嘧啶、
吡嗪图片

其中以嘧啶最重要，它的衍生物广泛存在于自然界。

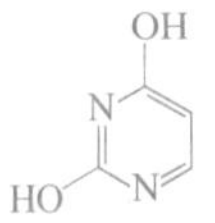

尿嘧啶 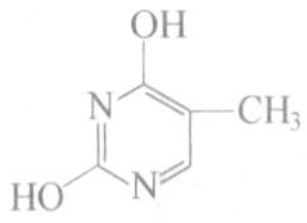　　　　　胸腺嘧啶 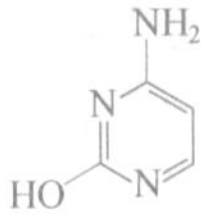　　　　　胞嘧啶

本部分只叙述嘧啶的性质。

（1）酸碱性　嘧啶具有弱碱性，碱性比吡啶还弱。这是由于往吡啶环上再引入一个氮原子相当于一个硝基的吸电子效应，能使另一个氮原子上的电子云密度降低，其碱性也随之降低。

（2）化学性质　嘧啶比吡啶要稳定些，表现在嘧啶对冷的碱溶液、氧化剂有一定的稳定性。

嘧啶很难进行亲电取代反应，一般不发生硝化和磺化反应，只能进行卤代反应，反应发生在 5-位上：

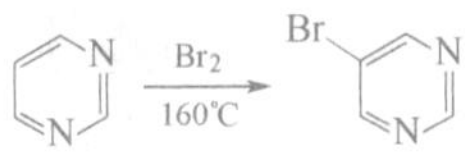

嘧啶进行亲核取代反应则比吡啶容易，反应主要发生在氮的邻对位，即 2-位、4-位、6-位。如：

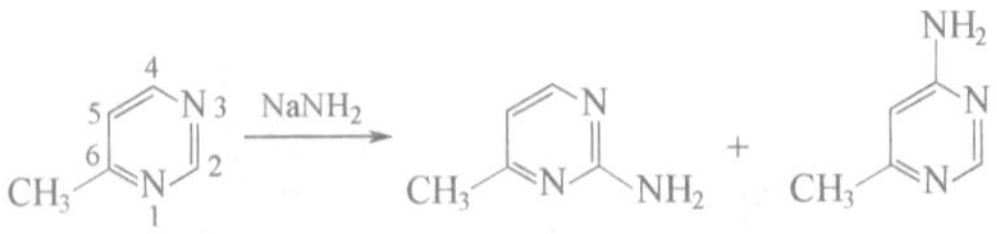

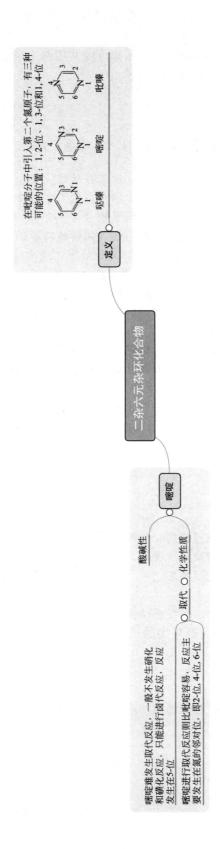

10.6 稠杂环化合物

从结构上看，苯环与杂环或杂环与杂环都可以共用两个碳原子，稠合成稠杂环化合物。重要的稠杂环化合物有吲哚、喹啉、嘌呤等。

10.6.1 吲哚

吲哚图片

（1）吲哚的结构　吲哚的分子式为C_8H_7N，构造式为 。它是由苯环和吡咯环稠合而成的稠杂环化合物，又称苯并吡咯。它也是平面构型，具有芳香性。

（2）吲哚的来源与制法　吲哚及其衍生物在自然界中分布很广，主要存在于茉莉花与橙花内，在动物的粪便中，也含有吲哚及其同系物 β-甲基吲哚（俗称粪臭素），这是粪便产生臭味的主要原因。此外，煤焦油和从某些石油（如科威特原油）分馏出的煤油中都含有一定量的吲哚。吲哚可以由煤焦油的 220～260℃馏分分出，或由靛红用锌粉还原而制得。

（3）吲哚的性质及用途　吲哚为无色片状晶体，熔点为 52℃，可溶于热水、乙醇、乙醚和苯等溶剂。具有粪臭味，但纯吲哚的极稀溶液具有微弱的茉莉香味，可用于配制茉莉型香精，在香料中用作固香剂。它是许多香料的组分，又是重要的合成原料，可以合成植物生长素——β-吲哚乙酸和色氨酸等。

吲哚的化学性质与吡咯相似，碱性极弱，能与活泼金属（如 K）作用，能使浸过盐酸的松木片显红色。吲哚也能发生环上的取代反应，与吡咯不同的是取代基进入 β 位，生成 β 取代产物。

吲哚的许多衍生物如靛蓝、色氨酸以及 β-吲哚乙酸等是用途广泛的染料和医药。

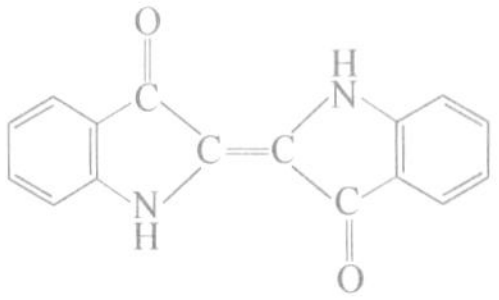

靛蓝 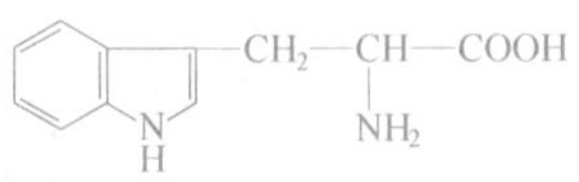　　　　　　色氨酸 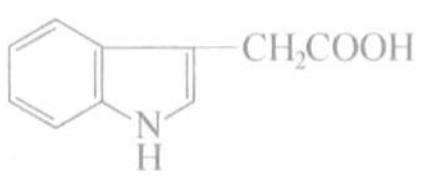　　　　　　　β-吲哚乙酸

靛蓝是最早发现的一种天然染料，为深蓝色固体。它是我国古代最重要的蓝色染料，色泽鲜艳，现在常用作牛仔衣裤染料。此外，靛蓝还可以用作清热解毒剂，治疗腮腺炎。

色氨酸是人体八种必需的氨基酸之一，主要用于制药业，也可用作饲料添加剂，以提高动物蛋白的质量。

β-吲哚乙酸（俗称茁长素）存在于动植物体中，是无色晶体。它是一种植物生长激素，能促使植物插枝生根，并对促进果实的成熟与形成无子果实有良效，在农业上具有广泛应用。

10.6.2 吲哚衍生物

吲哚分子中含有吡咯环，故其性质与吡咯相似。其化学稳定性比吡咯强。遇光和空气时易被氧化。

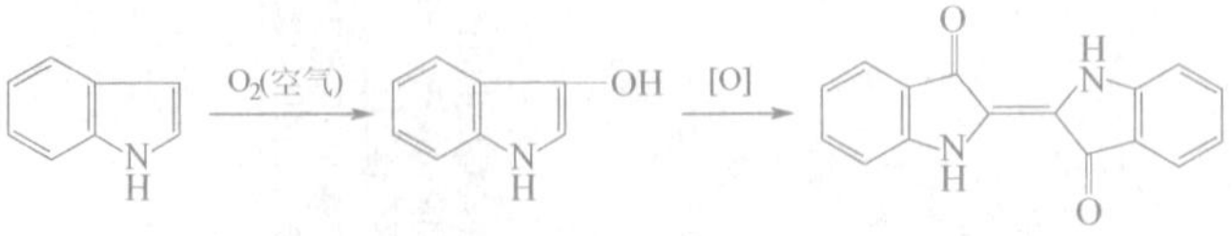

吲哚醇　　　　　　　靛蓝（植物染料）

吲哚也容易进行亲电取代反应，取代基进入 3 位（即 β 位）。

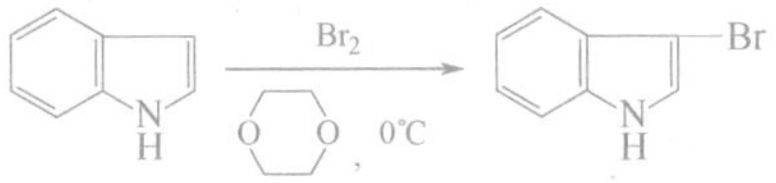

3-溴吲哚(70%)

10.6.3 喹啉及其衍生物

（1）喹啉的结构　喹啉的分子式是 C_9H_7N，构造式为 ，喹啉是由苯环和吡啶环稠合而成的稠杂环化合物，又称苯并吡啶，它的结构和萘环相似，是平面形分子，具有芳香性。

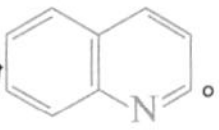

（2）喹啉的来源与制法　喹啉存在于煤焦油和骨焦油中，可用稀硫酸提取得到。也可由苯胺、甘油、浓硫酸和硝基苯共热制得。

（3）喹啉的性质及用途　喹啉为无色油状液体，有特殊臭味，沸点为 238℃，相对密度为 1.095，难溶于水，易溶于乙醇、乙醚等有机溶剂，是一种高沸点的溶剂。喹啉中含有吡啶环，因此也可以看成为叔胺，是一种弱碱，与酸作用可生成盐。喹啉与重铬酸形成难溶盐 $(C_9H_7N)_2 \cdot H_2Cr_2O_7$，利用此法可精制喹啉。喹啉也能与卤代烷形成季铵盐。喹啉与吡啶相似，具有弱碱性，碱性比吡啶弱。

① 取代反应　喹啉的取代反应发生在较活泼的苯环上，取代基主要进入 5 位和 8 位。

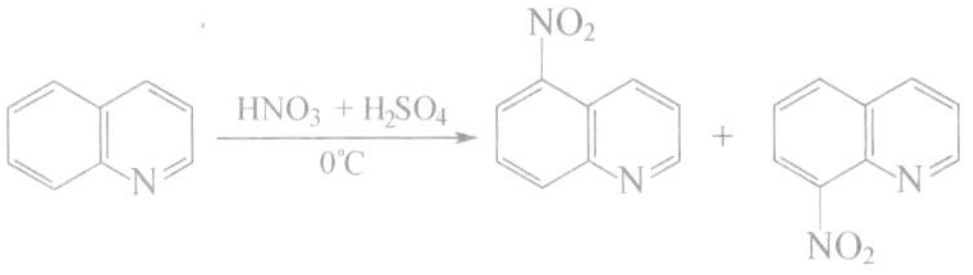

5-硝基喹啉　8-硝基喹啉

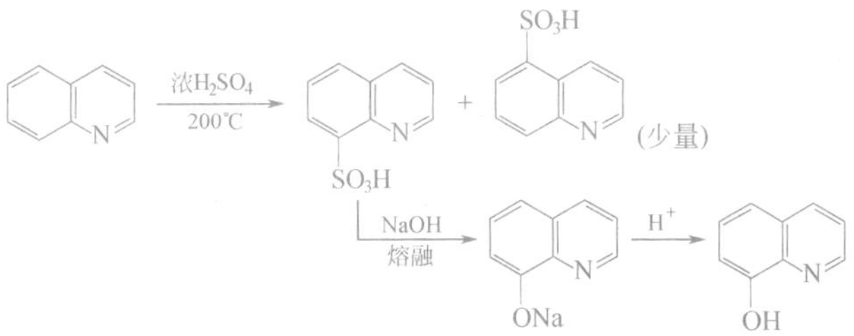

8-羟基喹啉

8-羟基喹啉为白色晶体，可以升华，在分析化学中广泛用于金属的测定和分离，又是制备染料和药物的中间体，其硫酸盐和铜盐配合物是优良的杀菌剂。

② 氧化反应　喹啉能与高锰酸钾发生氧化反应，苯环破裂，生成 2,3-吡啶二甲酸。2,3-吡啶二甲酸进一步加热脱羧可制得烟酸。

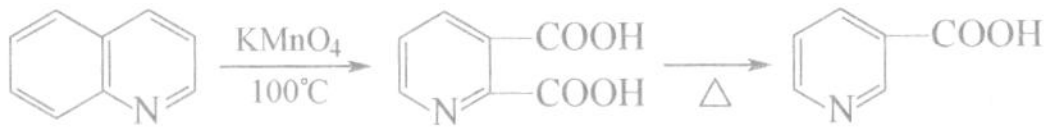

③ 还原反应　喹啉可以催化加氢，反应首先发生在吡啶环上，生成 1,2,3,4-四氢喹啉，进一步还原生成十氢喹啉。

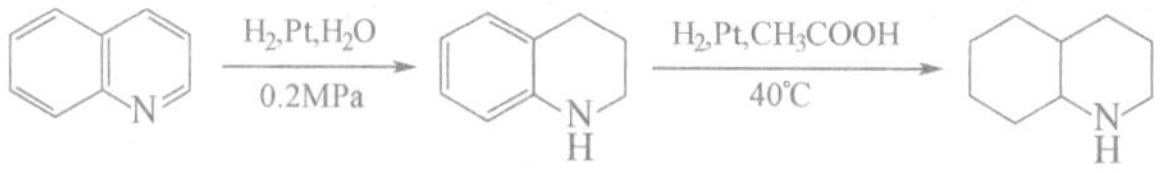

1,2,3,4-四氢喹啉　　　　十氢喹啉

喹啉的同系物和衍生物具有广泛的应用，如 2-甲基喹啉和 4-甲基喹啉，它们都是无色油状液体，可用作照相胶片的感光剂、彩色电影胶片的增感剂，还可以用于制备染料、药物等。

鉴别案例：

8-羟基喹啉与 8-甲基喹啉。

$$\left.\begin{array}{l}\text{8-羟基喹啉} \\ \text{8-甲基喹啉}\end{array}\right\} \xrightarrow{CuSO_4} \begin{array}{l}\text{呈蓝色} \\ \text{无变化}\end{array}$$

（4）喹啉的制备　苯胺（或其他芳胺）、甘油、硫酸和硝基苯、五氧化二砷（As_2O_5）或三氯化铁等氧化剂一起反应，生成喹啉，是合成喹啉及其衍生物最重要的合成法。

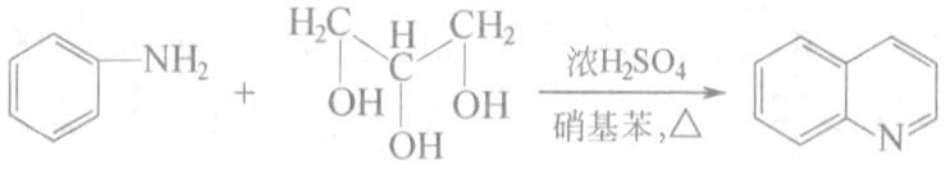

(84%～91%)

合成案例：

以苯胺为原料合成 8-羟基喹啉。

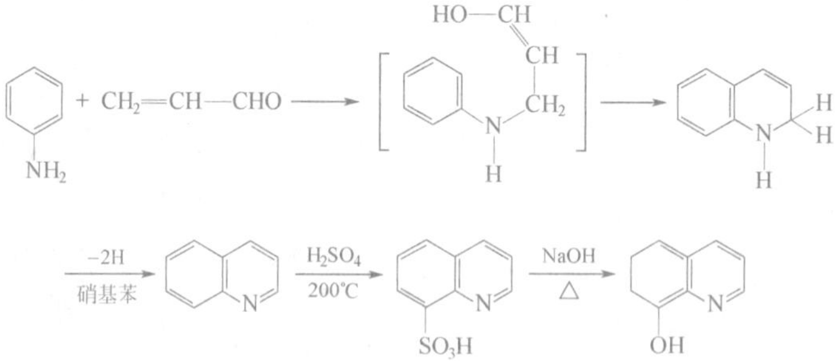

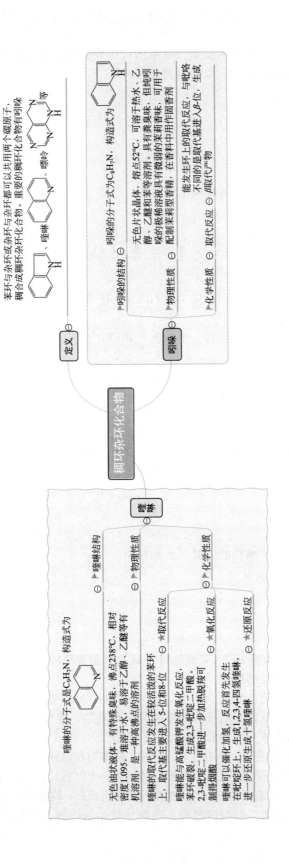

苯环与杂环或杂环与杂环都可以共用两个碳原子，稠合成稠环杂环化合物。重要的稠环化合物有吲哚

吲哚、喹啉、嘌呤等

定义

稠环杂环化合物

吲哚

▶**吲哚的结构** ⊖ 吲哚的分子式为C_8H_5N，构造式为

▶**物理性质** ⊖ 无色片状晶体，熔点52℃，可溶于热水、乙醇、乙醚和苯等溶剂。具有粪臭味，但纯吲哚的极稀溶液具有茉莉型香精。在香料中用作固香剂

▶**化学性质** ⊖ **取代反应** ⊖ 能发生环上的取代反应，与吡咯不同的是取代基进入β-位，生成β取代产物

喹啉

▶**喹啉结构** ⊖ 喹啉的分子式是C_9H_7N，构造式为

▶**物理性质** ⊖ 无色油状液体，有特殊臭味，沸点238℃，相对密度1.095，难溶于水，易溶于乙醇、乙醚等有机溶剂，是一种高沸点的溶剂

▶**化学性质**
- ★**取代反应** ⊖ 喹啉的取代反应发生在较活泼的苯环上，取代基主要进入5-位和8-位
- ★**氧化反应** ⊖ 喹啉能与高锰酸钾发生氧化反应，苯环破裂，生成2,3-吡啶二甲酸，2,3-吡啶二甲酸进一步加热脱羧可制得烟酸
- ★**还原反应** ⊖ 喹啉可以催化加氢，反应首先发生在吡啶环上，生成1,2,3,4-四氢喹啉，进一步还原生成十氢喹啉

10.7　苯并吡喃的衍生物

（1）花色素　许多天然色素是苯并吡喃的衍生物。花色素有助花粉传播者寻找植物的花朵，亦可吸引动物食用其果实，以协助其散播种子。

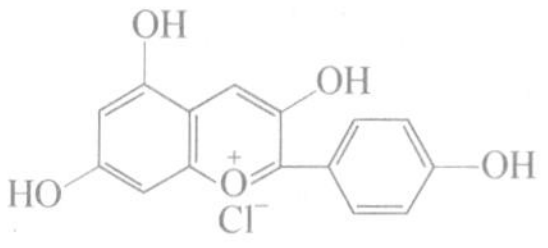

氯化天竺葵素　　　　　氯化青芙蓉素　　　　　氯化飞燕草素
（猩红色）　　　　　　　（绯红色）　　　　　　　（蓝紫色）

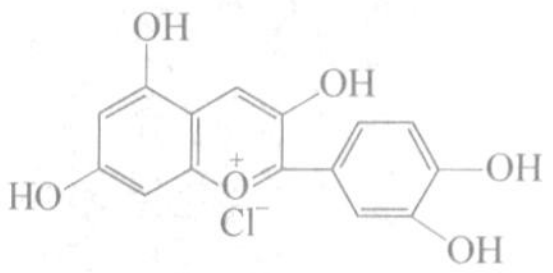

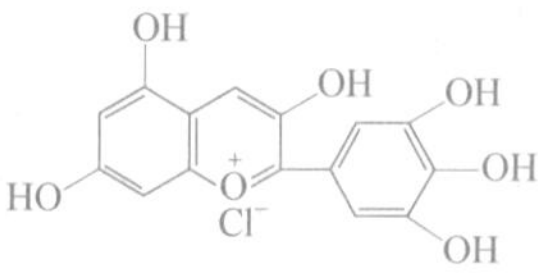

（2）维生素 E　是苯并二氢吡喃的衍生物，存在于蔬菜、豆类、谷物中。

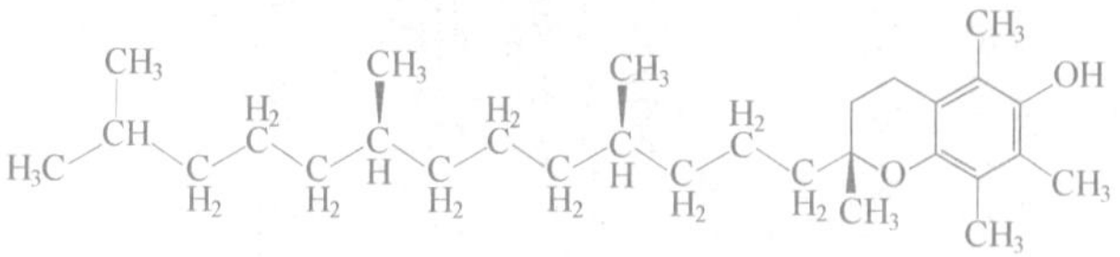

10.8　嘌呤及其衍生物

嘌呤可看作是由一个嘧啶环和一个咪唑环相稠合而成的，它有Ⅰ和Ⅱ两种互变异构体。

9-*H*-嘌呤(Ⅰ)　　　　　7-*H*-嘌呤(Ⅱ)

嘌呤为无色晶体，易溶于水，水溶液呈中性，但它却能和酸或碱生成盐。

（1）尿酸　核蛋白的代谢产物。它也有互变异构体。

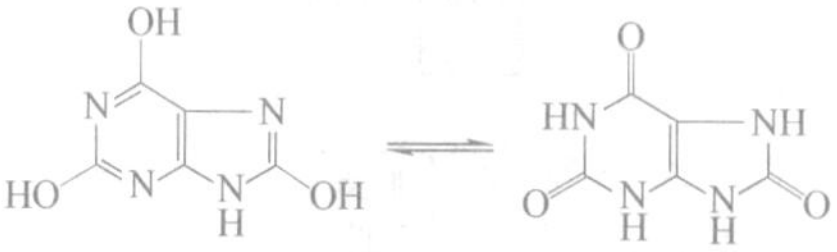

烯醇式　　　　　　　酮式

（2）黄嘌呤　存在于动物的肝脏、血和尿中。

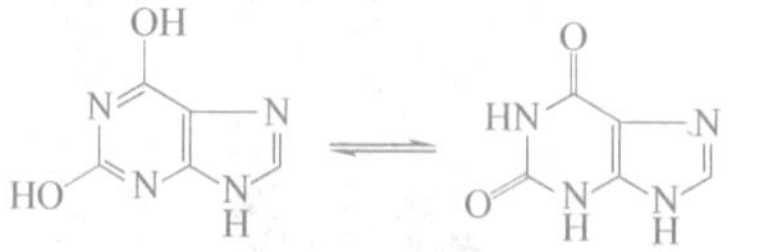

黄嘌呤

（3）咖啡碱（又称咖啡因）、茶碱和可可碱　都是黄嘌呤的甲基衍生物，存在于可可中，都有利尿和兴奋中枢神经的作用。

咖啡碱是一种黄嘌呤生物碱化合物，是中枢神经兴奋剂，能够暂时驱走睡意并恢复精力。在长期摄取的情况下，大剂量的咖啡因是一种毒品，能够导致咖啡因中毒。咖啡因中毒包括上瘾和一系列的身体与心理的不良反应。

茶碱也是甲基嘌呤类药物，具有强心、利尿、扩张冠状动脉、松弛支气管平滑肌和兴奋中枢神经系统等作用，主要用于治疗支气管哮喘、肺气肿、支气管炎、心脏性呼吸困难等症。茶碱一次用量过大，或静脉注射速度过快，或反复用药其作用积累，均有发生过量中毒的可能。

可可碱可以作为磷酸二酯酶抑制剂、弱腺苷受体拮抗剂、平滑肌松弛剂。医药上可可碱具有利尿、兴奋心肌、舒张血管、松弛平滑肌等作用。

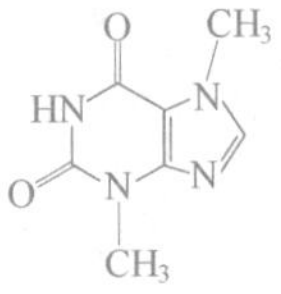

可可碱 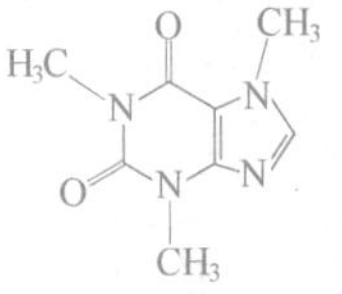　　　　　　咖啡因 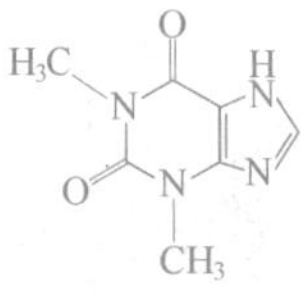　　　　　　茶碱

（4）鸟嘌呤和腺嘌呤　嘌呤本身在自然界不存在，但是它的衍生物却广泛地存在于动植物体内。如组成核酸的嘌呤碱，存在于动物血、尿和肝脏中的黄嘌呤，爬行动物和鸟类的排泄物中的尿酸，还有植物体内的细胞分裂素等都是嘌呤的衍生物，它们存在着异构现象。

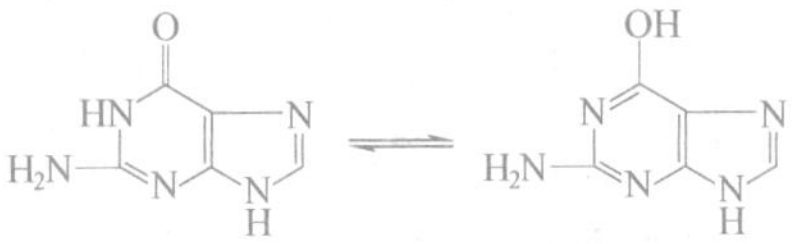

鸟嘌呤(2-氨基-6-羟基嘌呤)

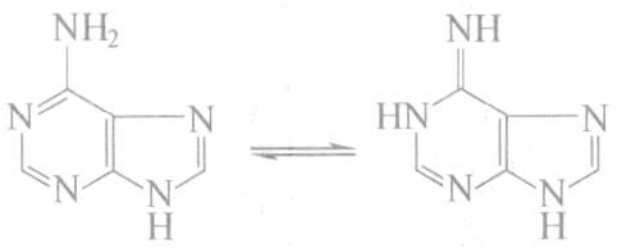

腺嘌呤(6-氨基嘌呤)

合成案例：

（1）苯合成 2-甲基-5-苯基呋喃

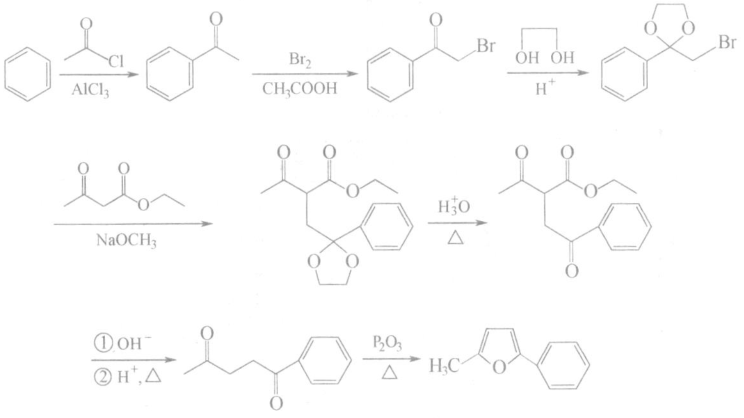

（2）4-氟苯胺合成 6-氟-4-甲基喹啉

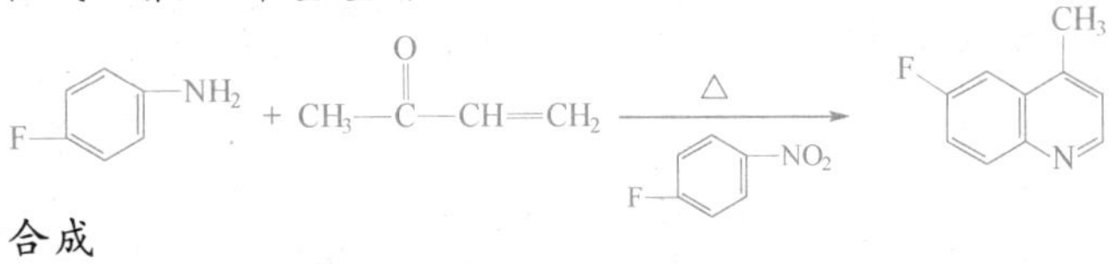

（3）异喹啉的合成

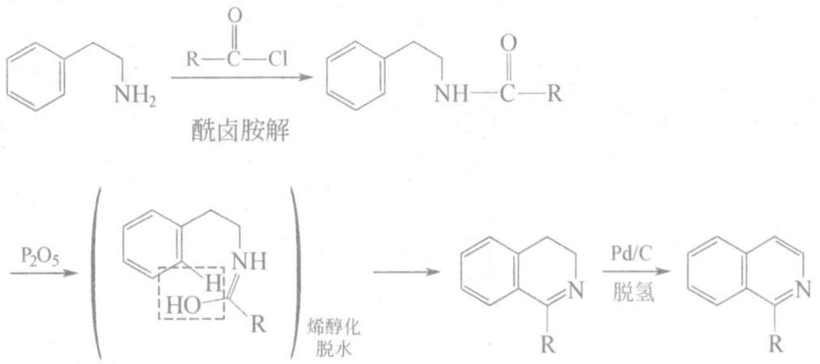

10　杂环化合物　　257

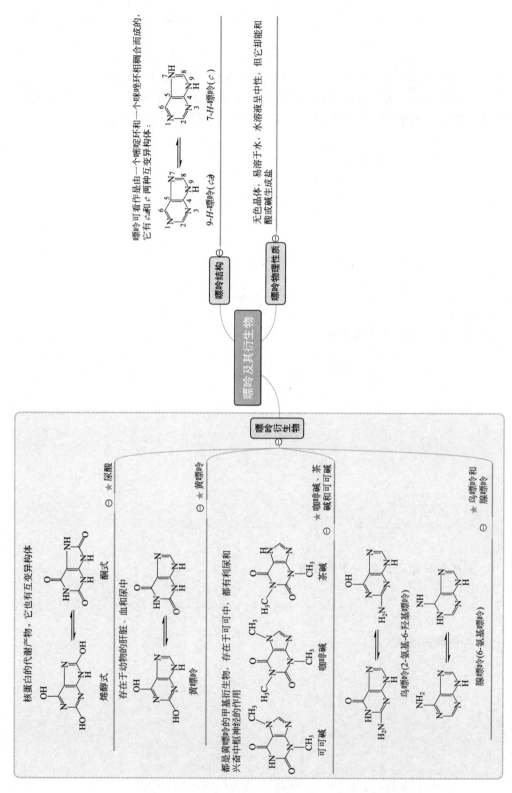

化学名人

　　纪育沣，1989 年生于浙江宁波，是我国有机化学家，中国科学院化学部学部委员（院士），北京试剂研究所副所长。1921 年毕业于上海沪江大学化学系，1923 年获芝加哥大学硕士学位，1928 年获耶鲁大学博士学位。新中国成立前曾任武昌大学、东北大学、厦门大学、浙江大学、广西大学、上海医学院、西南联大等校的教授，从事教学。也曾在雷氏德医学研究院、中央研究院化学研究所、北平研究院药物研究所从事科研工作，为研究员。主要研究工作，包括嘧啶、噻唑、喹啉等杂环化合物和中草药化学成分的研究，维生素 B_1 全合成，抗疟药物、抗血吸虫病药物的合成，维生素 C 的测定方法以及在动植物产品中的分布等诸多方面。为人正直，性格刚强，一生孜孜不倦地追求科学事业。他生活十分俭朴，不惜用重金购买《贝尔斯登有机化学大全》《化学文献》和《美国化学会会志》等世界著名的科技书刊，极其珍视自己的藏书。凡与他研究工作有关的重要新书均尽量设法收藏，故一生藏书颇丰。1983 年，在他逝世一周年之际，遵照他的遗愿，将他一生珍藏的全部科技书刊 3000 余册分赠给中国科学院新疆分院和北京化学试剂研究所，为支援边疆科学事业和发展我国化学试剂做出了最后贡献。

 习题

一、命名题

1.

2.

3.

4.

5.

6.

7.

8.

二、完成反应方程式

1.

2.

3.

4.

5.

6.

7.

8.

9.

10.

有机化学实验基础

Chapter 11

11.1　有机化学实验室规则

为了保证实验的顺利进行，培养严谨的科学态度和良好的实验习惯，学生必须遵守下列实验室规则。

（1）实验前，必须做好预习，明确实验目的，熟悉实验原理和实验步骤。未预习不得进行实验。

（2）实验开始前，首先检查仪器是否完整无损，仪器如有缺损，应及时补领登记。再检查仪器是否干净（或干燥），如有污物，应洗净（或干燥）后方可使用，否则会给实验带来不良影响。

（3）实验时，要仔细观察现象，积极思考问题，严格遵守操作规程，实事求是地做好实验记录。

（4）实验时，要严格遵守安全守则与每个实验的安全注意事项。一旦发生意外事故，应立即报告教师，采取有效措施，迅速排除事故。

（5）实验室内应保持安静，不得谈笑，不得擅离岗位，不许将与实验无关的物品带入实验室，严禁在实验室吸烟、饮食。

（6）服从教师和实验室工作人员的指导：有事要先请假，必须取得教师同意后，方能离开实验室。仪器装置安装完毕，要请教师检查合格后，方能开始实验。

（7）实验时，要经常保持台面和地面的整洁，实验中暂时不用的仪器不要摆放在台面上，以免碰倒损坏。火柴梗、沸石、塞芯、滤纸等应放入废物缸中，不得丢入水槽或扔在地上。废酸、酸性反应残液应倒入室外的废酸缸中，严禁倒入水槽。实验完毕，应及时将仪器洗净，并放入指定的位置。

（8）要爱护公物，节约药品，养成良好的实验习惯。要爱护和保管好发给的实验仪器，不得将仪器携出室外，如有损坏，要填写破损单，经指导教师签署意见后，凭原物领取新仪器。要节约水、电、煤气及消耗性药品。要严格按照规定称量或量取药品，使用药品不得乱拿乱放，药品用完后，应盖好瓶盖放回原处。公用的工具使用后，应及时放回原处。

（9）学生轮流值日，打扫、整理实验室。值日生应负责打扫卫生，整理试剂架上的药品（试剂）与公共器材，倒净废物缸并检查水、电、煤气、窗是否关闭。

（10）实验完毕，及时整理实验记录，写出完整的实验报告，按时交教师审阅。

11.2　有机化学实验室安全知识

11.2.1　实验室安全守则

（1）加料前，应检查实验装置是否正确，否则可能会发生爆炸事故。

（2）使用易燃物质，应尽可能远离火源（甚至将火熄灭）。对易爆炸固体的残渣，必须小心销毁（如用盐酸或硝酸分解重金属炔化物）。使用腐蚀性药品如苯酚切勿接触皮肤。

（3）实验药品均不得入口，有毒药品如重铬酸钾、四氯化碳等，使用时不得接触伤口，也不能随便倒入下水道，以免污染环境。实验完毕，必须认真洗手。

（4）装配仪器时，若塞孔过紧，一定不要勉强塞入，以免将手戳伤。玻璃管插入塞孔时，要抹少量水（或甘油），操作时两手要靠近，应旋转插入而不要压入，否则也会将手戳伤。

（5）使用电器设备时，不能用湿手去拿插头。为了防止触电，电器设备的金属外壳应接地线。调压器的输入与输出端一定不能接反，否则会烧坏设备甚至造成火灾！实验完毕，必须先切断电源后，再拆接线。

（6）熟悉灭火器、砂箱以及急救药箱的放置地点及其使用方法。

11.2.2 实验室事故的处理

（1）火灾的处理 一旦发生着火事故，要保持镇静。首先拉下电闸并迅速移开附近的易燃物，熄灭附近的火源。少量有机溶剂着火，可用湿布、石棉布盖熄。玻璃仪器内溶剂着火时，最好用大块石棉布盖熄，而不用砂土灭火，以防打碎仪器引起更大面积着火。切记不可用水灭火，若火势较大，则使用泡沫灭火器灭火。电器设备着火，应先拉下电闸，再用四氯化碳灭火器（一定要注意通风，以防中毒！）或二氧化碳灭火器灭火，灭火时，应从火的四周开始向中心扑灭。

衣服着火时，应立即脱下着火衣服，将火闷熄，切勿惊慌乱跑，以防火焰扩大。情况危急时，也可就地打滚，盖上毛毯，或用水冲淋，使火熄灭。

（2）玻璃割伤 当伤口内有玻璃碎片时，应先取出，再用水洗净伤口，然后抹上红汞并包扎。如伤口较深、流血不止时，可在伤口上下 10cm 处用纱布扎紧，以减慢血流速度，并立即去医院就诊。

（3）酸、碱灼伤 当酸液或碱液灼伤皮肤时，应立即用大量清水冲洗。酸液灼伤再用 1% 碳酸氢钠溶液洗，碱液灼伤则用 1% 硼酸溶液洗，最后都再用水洗，然后，在灼伤处涂上药用凡士林。

11.2.3 用具

（1）消防器材 包括泡沫灭火器、四氯化碳灭火器、二氧化碳灭火器。

（2）急救药箱 包括碘酒、红汞、紫药水、甘油、凡士林、烫伤药膏、70% 酒精、3% 双氧水、1% 乙酸溶液、1% 硼酸溶液、1% 碳酸氢钠溶液、绷带、纱布、棉签、药棉、橡皮膏、医用镊子、剪刀等。

11.3 玻璃仪器和其他用品

11.3.1 普通玻璃仪器

在有机化学实验中，常用的普通玻璃仪器如图 11-1 所示。图中一些在无机化学实验中已使用过的仪器，不再赘述，现重点做以下介绍。

（1）圆底烧瓶 盛装液体，可进行加热、冷却、蒸馏等操作。

（2）三口烧瓶 盛装液体，可进行加热、冷却、蒸馏等操作，尤其适合于作有机合成的反应器，中间口安装机械搅拌器，其余两个口可装温度计、滴液漏斗等。

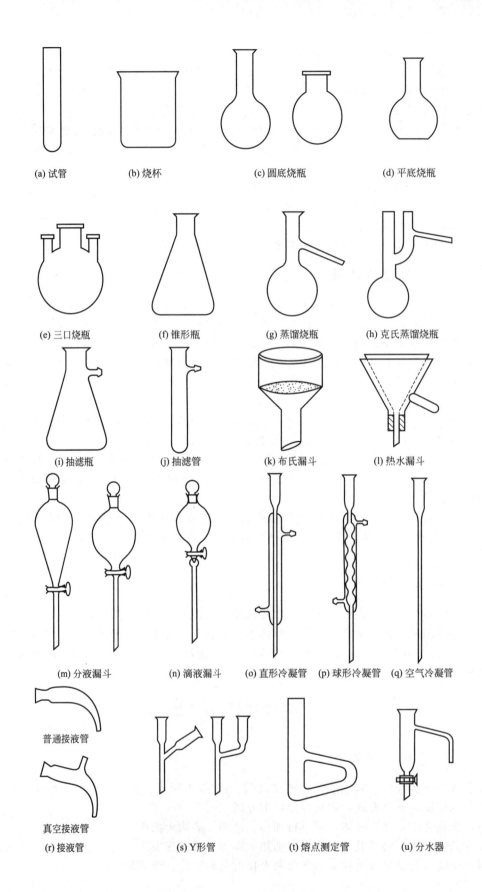

(a) 试管　　(b) 烧杯　　(c) 圆底烧瓶　　(d) 平底烧瓶

(e) 三口烧瓶　　(f) 锥形瓶　　(g) 蒸馏烧瓶　　(h) 克氏蒸馏烧瓶

(i) 抽滤瓶　　(j) 抽滤管　　(k) 布氏漏斗　　(l) 热水漏斗

(m) 分液漏斗　　(n) 滴液漏斗　　(o) 直形冷凝管　　(p) 球形冷凝管　　(q) 空气冷凝管

普通接液管

真空接液管

(r) 接液管　　(s) Y形管　　(t) 熔点测定管　　(u) 分水器

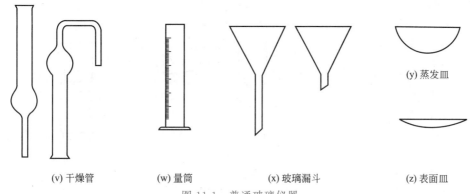

| (v) 干燥管 | (w) 量筒 | (x) 玻璃漏斗 | (z) 表面皿 |

(y) 蒸发皿

图 11-1 普通玻璃仪器

（3）蒸馏烧瓶　盛装液体，用于蒸馏操作。

（4）克氏蒸馏烧瓶　盛装液体，用于减压蒸馏操作。

（5）抽滤瓶　用于减压过滤操作。

（6）布氏漏斗　用于减压过滤操作，与抽滤瓶配套，组成减压过滤操作系统。

（7）分液漏斗　用于分离密度不同的两相（或多相）液体混合物，应用在洗涤或萃取操作中。

（8）滴液漏斗　用于滴加液体，注意仪器构造上与分液漏斗的差别及功能上的差别。

（9）直形冷凝管　蒸馏操作用。

（10）球形冷凝管　因其冷却面积比直形冷凝管大，常用于回流操作。

（11）空气冷凝管　蒸馏操作用，在液体沸点>140℃进行蒸馏操作时，应选用空气冷凝管。

（12）接液管　普通接液管用于蒸馏、分馏操作。真空接液管用于减压蒸馏操作，接液管的支管连接抽真空系统。

（13）Y形管　用作有机合成反应装置中的加料管，适用于同时加入两种不同的物料的装置，有时一个管口还可插入温度计以测量反应温度。

（14）熔点测定管　用于测定固体物质的熔点。

（15）分水器　用于将有机反应中生成的水不断地分离出去，安装在有机反应装置中。

（16）干燥管　内装干燥剂，用于防止外界空气中的潮气进入反应体系。

11.3.2　标准磨口仪器

目前在有机化学实验中广泛使用标准磨口仪器，因为可以使用同一编号的标准磨口，所以仪器的互换性、通用性强，安装与拆卸方便，仪器的利用率高。利用不多的器件，可组合成多种功能的实验装置，提高效率，节省时间。同时还可避免因使用橡皮塞（或软木塞）而污染反应体系。

常用的标准磨口仪器如图 11-2 所示。在标准磨口玻璃仪器中，没有蒸馏烧瓶与克氏蒸馏烧瓶。可以用蒸馏头与烧瓶（梨形烧瓶或短颈圆底烧瓶）组装成蒸馏烧瓶，用分馏头与梨形烧瓶或短颈圆底烧瓶组装成克氏蒸馏烧瓶。

把温度计套管与分馏头、斜三口烧瓶组合，在温度计套管内注入传热介质——液体石蜡，将温度计放入温度计管内，可间接测量温度（温度计的读数，经过换算后才是实际温度）。用螺口接头代替温度计套管，可直接测量温度。

大小接头的功能是可以将不同磨口编号的仪器连接在一起，其磨口部位的外磨面与磨口的内磨面，具有不同的磨口编号，适当配置不同磨口规格的接口，可以组合装配不同磨口编号的玻璃仪器，以适合反应的需要。

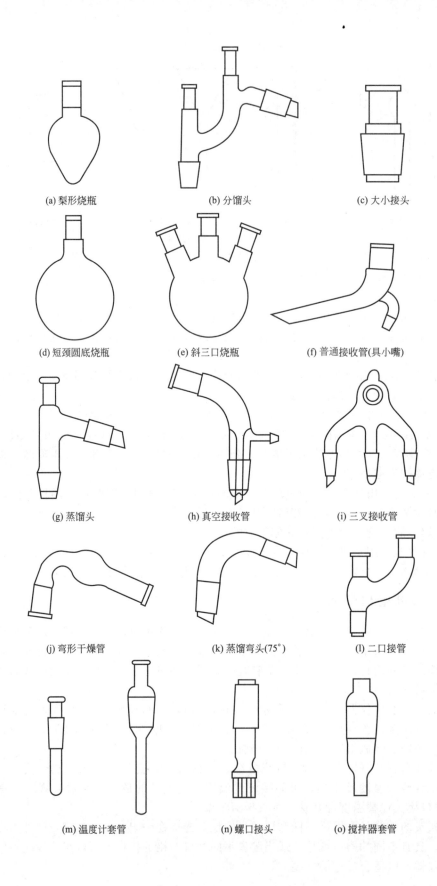

(a) 梨形烧瓶　　　　(b) 分馏头　　　　(c) 大小接头

(d) 短颈圆底烧瓶　　(e) 斜三口烧瓶　　(f) 普通接收管(具小嘴)

(g) 蒸馏头　　　　　(h) 真空接收管　　(i) 三叉接收管

(j) 弯形干燥管　　　(k) 蒸馏弯头(75°)　(l) 二口接管

(m) 温度计套管　　　(n) 螺口接头　　　(o) 搅拌器套管

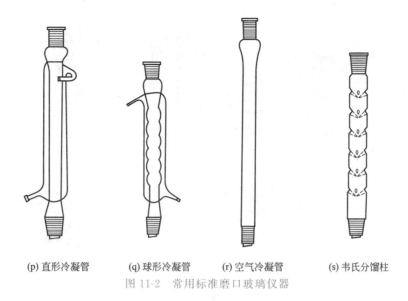

| (p) 直形冷凝管 | (q) 球形冷凝管 | (r) 空气冷凝管 | (s) 韦氏分馏柱 |

图 11-2　常用标准磨口玻璃仪器

普通接收管与真空接收管的差异在于，普通接收管用于普通蒸馏，真空接收管用于减压蒸馏操作，其尾部具有突出支管，可连接真空泵抽真空用。

标准磨口仪器的磨口，采用国际通用的 1/10 锥度（即磨口每长 10 个单位，小端直径比大端直径缩小一个单位），由于磨口的标准化、通用化，凡属相同号码的接口可以任意互换，可按需要组装各类实验装置。不同编号的内外磨口则不能直接相连，但可借助于不同编号的磨口接头而相互连接。

常用标准磨口有 10、14、19、24、29、34 等多种。如"14"即表示磨口大端直径为 14mm。

使用磨口仪器应注意以下几点。

① 磨口必须保持洁净，不能有灰尘和砂粒。磨口不能用去污粉擦洗，以免影响其精密度。

② 一般使用时，磨口不必涂润滑脂，以防磨口连接处因碱性腐蚀而粘连，造成拆卸困难。

③ 安装实验装置时，要求紧密、整齐、端正、美观。

④ 实验完毕，立即拆卸、洗净，晾干并分开存放。由于磨口仪器价格较贵，在使用和保管上更要小心仔细。

11.3.3　其他用品

其他用品见图 11-3。

11.3.4　电子仪器

（1）电热套（图 11-4）　在玻璃纤维的半球形下面埋着电热丝，是一种改装的电炉，为非明火加热，使用安全方便。

电热套的指示灯在电压 110～220V 时会变亮，否则电热套不能加热。常用的规格为100mL、250mL、500mL 等。

（2）调压器（图 11-5）　与电热套配使用，通过调节电压的高低来调节电热套的加热温度。调压器的输入端与电源相接，输出端与加热套相连，切忌接反，否则会烧坏电机甚至酿成火灾。

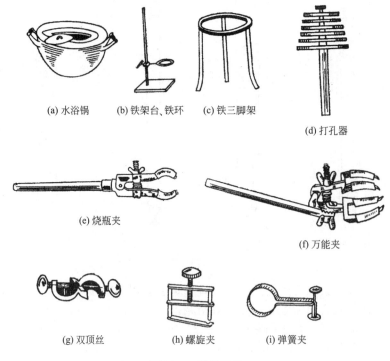

(a) 水浴锅   (b) 铁架台、铁环   (c) 铁三脚架

(d) 打孔器

(e) 烧瓶夹

(f) 万能夹

(g) 双顶丝   (h) 螺旋夹   (i) 弹簧夹

图 11-3　其他用品

图 11-4　电热套   图 11-5　调压器

调压器常用规格为 0～20V，升温时，电压必须慢慢增大，停止加热，应先将旋钮拨回零再断电。

（3）电动搅拌器　它由机座、电动机、调速器三大部分组成，电动机主轴配有搅拌轧头，通过它将搅拌棒轧牢。电动搅拌器可使互不相溶的反应物增加接触，加速反应进行，是一种有效的机械搅拌装置。

开动电动搅拌器时，扭动调速器旋钮。逐渐加快搅拌速度，不要启动太快，以防发生事故。关闭时，应将旋钮拨到零再断电。

电动机、调速器应保持干燥清洁，防止受潮及酸性气体的腐蚀，轴承部分应经常加润滑油。

11.4　仪器的洗涤

洗涤玻璃仪器的方法很多，应根据实验的要求、污物的性质和沾污的程度来选用。一般说来，附着在仪器上的污物既有可溶性物质，也有尘土和其他不溶性物质，还有油污和有机物质。针对这种情况，可以分别采用下列洗涤方法：

（1）用水刷洗　用毛刷蘸水刷洗，既可以使可溶物溶去，也可以使附着在仪器上的尘土和不溶物质脱落下来，但往往洗不去油污和有机物质。

（2）用去污粉、肥皂或合成洗涤剂洗　去污粉是由碳酸钠、白土、细沙等混合而成的。使用时，首先把要洗的仪器用水湿润（水不能多），撒入少许去污粉，然后用毛刷擦洗。碳酸钠是一种碱性物质，具有强的去油污能力，而细沙的摩擦作用以及白土的吸附作用则增强了仪器清洗的效果。待仪器的内外器壁都经过仔细的擦洗后，用自来水冲去仪器内外的去污粉，要冲洗到没有微细的白色颗粒状粉末留下为止。最后，用蒸馏水冲洗仪器三次，把由自来水中带来的钙、镁、铁、氯等离子洗去，每次的蒸馏水用量要少一些，注意节约（采取"少量多次"的原则）。这样洗出来的仪器器壁就完全干净了，把仪器倒置时就会观察到仪器中的水可以完全流净而没有水珠附着在器壁上。

（3）用铬酸洗液洗　这种洗液是由等体积的浓硫酸和饱和的重铬酸钾溶液配制成的，具有很强的氧化性，对有机物和油污的去污能力特别强。在进行精确的定量实验时，往往遇到一些口小、管细的仪器很难用上述的方法洗涤，就可用铬酸洗液来洗。

往仪器内加入少量洗液。使仪器倾斜并慢慢转动，让仪器内壁全部被洗液湿润。转几圈后，把洗液倒回原瓶内。然后用自来水把仪器壁上残留的洗液洗去。最后用蒸馏水洗三次。

如果用洗液把仪器浸泡一段时间，或者用热的洗液洗，则效率更高。但要注意安全，不要让热洗液灼伤皮肤。

洗液的吸水性很强，应该随时把装洗液的瓶子盖严，以防吸水，降低去污能力。当洗液用到出现绿色（重铬酸钾还原成硫酸铬的颜色），就失去了去污能力，不能继续使用。

（4）特殊物质的去除　应该根据在器壁上的这种物质的性质，对症下药，采用适当的药品来处理它。例如沾在器壁上的二氧化锰用浓盐酸来处理时，就很容易除去。

11.5　常用装置

11.5.1　蒸馏装置

蒸馏是将液态有机物加热到沸腾状态，使该液体变成蒸气，又将蒸气冷凝为液体的过程。通过蒸馏不仅可以除去不挥发性的杂质，而且还可以分离沸点相差较大（一般在30℃以上）的液体混合物，故蒸馏是分离和提纯液态有机物最常用的方法之一。

加热液态有机物时，随温度升高其蒸气压增大，当液体的蒸气压等于外界大气压时，就有大量气泡从液体内部逸出，即液体沸腾，此时的温度即为液体的沸点。液体的沸点随大气压而变化，通常说的沸点是指在1atm（1atm＝101325Pa）的沸点。纯液态有机物沸腾时，蒸气和液体处于平衡状态，而且蒸气和液体的组成保持不变，因此，在整个蒸馏过程中，温度保持恒定，故蒸馏可用于测定纯液态有机物的沸点。用蒸馏方法测定沸点时，接液管开始滴下第一滴液体的温度为初馏温度，蒸馏接近完毕（残液应剩约1mL）时的温度为终馏温度，两个温度之差称为沸程。纯液态有机物的沸程很小，仅0.5～1.5℃。如果液体有机物中混有杂质，其沸点就会有所变化，同时沸程变大。因此通过沸点的测定，还可以定性地鉴定液态有机物的纯度。通过蒸馏来测定沸点的方法称为常量法，此方法需用较多的样品（10mL以上）。若样品较少时，可采用微量法测定。

蒸馏前，应加入助沸物如沸石或瓷环，以形成汽化中心，防止过热现象（或暴沸）发生并使沸腾平稳进行。助沸物一般是表面多孔吸附有空气的物质。切记不能在加热过程中补加沸石，否则会引起液体暴沸，造成意外事故。

蒸馏过程主要由汽化、冷凝和接收三大部分组成。蒸馏装置由以下仪器组成：

（1）蒸馏烧瓶（又称支管烧瓶）　支管用于导出蒸气。它的大小应与被蒸馏液体量的多少相适应，装入液体的体积应相当于蒸馏烧瓶容积的 $1/3\sim2/3$。如装的液体量过多，沸腾时液体有可能从支管冲出，结果造成返工；如装入液体量太少，蒸馏完毕将有较多残液留在瓶底，造成产品的损失。在蒸馏低沸点液体时，应选用长颈蒸馏烧瓶；而蒸馏高沸点液体时，则应选用短颈蒸馏烧瓶。

（2）温度计　温度计应根据被蒸馏液体的沸点来选择，若液体沸点低于100℃，可选用100℃温度计，否则应选取250～300℃的水银温度计。

（3）冷凝管　冷凝管的种类较多，有水冷凝管和空气冷凝管两大类。被蒸馏液体的沸点在140℃以下，用水冷凝管；如沸点在140℃以上，则使用空气冷凝管。水冷凝管又按照其形状可分为直形、球形、蛇形三种类型。普通蒸馏中，常使用直形水冷凝管。

（4）接液管与接收瓶　接液管将冷凝的液体导入接收瓶中，常压蒸馏应使用锥形瓶为接收瓶。

蒸馏低沸点液体（如乙醚）时，应使用带支管的接液管，或采用吸滤瓶为接收瓶，以减少液体的挥发。如果馏出物易挥发、易燃，则可在吸滤瓶（带支管接液管）上连接一长橡皮管，通入水槽（或引到地面）。高沸点液体蒸馏应使用空气冷凝管。蒸馏装置见图11-6。

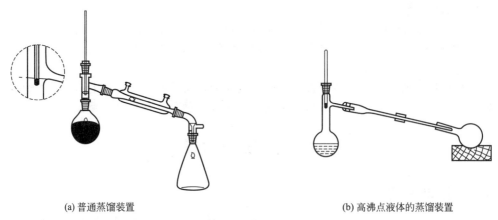

(a) 普通蒸馏装置　　　　　　　　　　　　　　　(b) 高沸点液体的蒸馏装置

图 11-6　蒸馏装置

对于在常压下蒸馏，容易发生分解、氧化、聚合等情况的高沸点有机物，则应采用减压蒸馏。它采取一种封闭系统，使系统内部压力减小，从而使其沸点降低。使该液体在比较低的温度下进行蒸馏，这种在较低压力下进行的蒸馏称作减压蒸馏（或称真空蒸馏）。因此，减压蒸馏常用于高沸点液体或低熔点固体（它们的性质较不稳定）的分离提纯。减压蒸馏装置见图11-7。

11.5.2　回流装置

许多有机反应和操作（如重结晶），需要在一定温度下，加热较长时间，以使反应进行完全。为了防止反应物或溶剂蒸气的逸出，常采用回流操作。回流是指沸腾液体的蒸气经冷凝管冷却后又流回到原烧瓶中。一般的回流装置由圆底烧瓶和冷凝管组成。

进行回流操作时，应先将冷凝管中通入冷却水，然后加热。冷却水自下而上流动，水流速度应能保持蒸气得到充分冷凝。当液体沸腾后，应控制加热，使蒸气环的上升高度不超过冷凝管高度的1/3（约一个半球）。由于多数有机物易燃，应使用水浴（或电热套）加热。

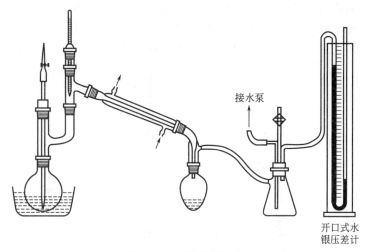

接水泵

开口式水
银压差计

图 11-7 减压蒸馏装置

为了增强反应物之间的接触，可采用手工振摇，此时需暂时松开烧瓶夹和冷凝管夹，一手握住冷凝管夹，一手握住烧瓶夹，做圆周运动。每次振摇完毕，再将两种铁夹固定紧。

回流反应若需控温或滴加某种反应物，可采用三口瓶（或圆底烧瓶上安装二通管），如图 11-8 所示。

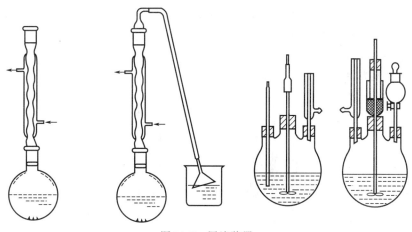

图 11-8 回流装置

11.5.3 分馏装置

普通蒸馏只能用于分离沸点差大于 30℃ 的液态混合物，而分馏则可分离沸点差小于 30℃ 的液态混合物。因为它使沸点相近的混合物在分馏柱内，进行多次汽化和冷凝，达到了多次蒸馏的效果。为了提高分馏柱的分离效率，通常在其中装入各种填料，以增大气相和液相的接触面积。当蒸气进入分馏柱时，因受柱外空气的冷却，使蒸气发生部分冷凝。其结果是冷凝液中含有较多高沸点组分，而蒸气中则含有较多低沸点组分。冷凝液向下流动过程中，又与上升的蒸气相遇，二者之间进行热量交换，结果使上升蒸气发生部分冷凝，而下降的冷凝液发生部分汽化。由于在柱内进行多次气、液相热交换，反复进行汽化、冷凝等过程，结果使低沸点组分不断上升到达柱的顶部被蒸出，高沸点组分不断向下流回加热烧瓶中，从而使沸点不同的物质得到分离。分馏又称分段蒸馏，它是分离沸点相差较近的液态混合物的重要方法。分馏装置见图 11-9。目前工业上采用的高效精馏塔可将沸点差仅 1～2℃的液态混合物予以分离。

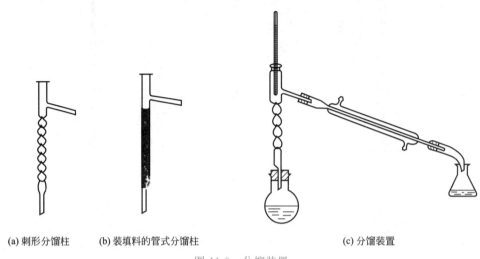

(a) 刺形分馏柱　　　(b) 装填料的管式分馏柱　　　　　　　　　(c) 分馏装置

图 11-9　分馏装置

11.5.4　搅拌装置

搅拌可以增加反应物之间的充分接触，使反应物各部分受热均匀，并使反应放出的热量能及时散开，从而使反应顺利进行。在非均相反应中，必须使用搅拌，它不仅可以缩短反应时间，还可以提高反应的产率。在有机化学实验中，常使用电动搅拌器，代替手工振摇操作。常用的搅拌装置如图 11-10 所示。

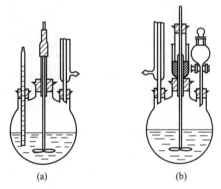

(a)　　　　　　　　(b)

图 11-10　常用的搅拌装置

搅拌装置中常用的密封装置如图 11-11 所示。图 11-11（a）中的装置比较简单，但使用不当时，容易损坏磨口套管。图 11-11（b）是聚四氟乙烯制成的，是由螺钉盖、硅橡胶密封垫和标准口塞组成；有不同型号，可与各种标准口玻璃仪器匹配，使用方便可靠。图 11-11（c）是一种液封装置，常用液体石蜡（或其他惰性液体）进行密封。

在进行搅拌时，依据需要可选择不同形状的搅拌棒，常用的搅拌棒如图 11-12 所示，还可以使用磁力搅拌器。

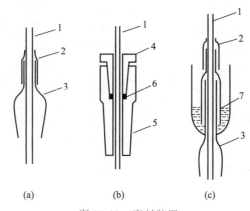

图 11-11　密封装置

1—搅拌棒；2—橡皮管；3—磨口套管；4—聚四氟乙烯螺钉盖；
5—聚四氟乙烯标准口塞；6—密封垫；7—密封液

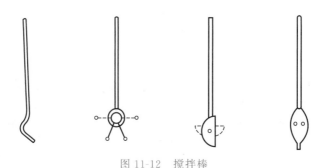

图 11-12　搅拌棒

11.6　常用的纯化方法

11.6.1　重结晶

11.6.1.1　原理

将固体有机物溶解在热（或沸腾）的溶剂中，制成饱和溶液，再将溶液冷却，又重新析出结晶，此种操作过程称为重结晶。它是利用有机物与杂质在某种溶剂中的溶解度不同，从而将杂质除去的操作。杂质的含量一般应在 5%以下。因此，重结晶是纯化固体有机物的重要方法。如何选择溶剂是重结晶的一个关键，根据有机物"相似相溶"的规律，极性化合物应选择极性溶剂，非极性化合物则应选择非极性溶剂。此外溶剂还应满足下列要求。

（1）溶剂不与被提纯有机物发生化学反应。

（2）被提纯物在此溶剂中的溶解应随温度变化有显著的差别（冷时溶解度越小，则回收率越高）。

（3）被提纯物与杂质在此溶剂中应有完全相反的溶解度，如杂质难溶于热溶剂中，通过热过滤，可以除去杂质；或杂质在冷溶剂中也易溶，则杂质留在母液中。

（4）被提纯物在此溶剂中，能形成较好的结晶，即结晶颗粒大小均匀适当。

（5）溶剂的沸点不宜太高，较易挥发，以便在干燥时易与结晶分离。

当几种溶剂都适用时，还需考虑溶剂的毒性、易燃性、价格、来源及操作难易、产物的回收率等多种因素。

选择溶剂时，一般化合物可先查阅手册中溶解度一栏。当无资料可依据时，可通过试验进行选择，具体试验方法为：取试管数支，各放入0.2g被提纯物的晶体，再分别加入0.5~1mL不同种类的溶剂，加热到完全溶解，待冷却后，能析出最多结晶的溶剂，一般可认为是最合适的。若该晶体在3mL热溶剂中仍不能全溶，则不能选用此种溶剂。若在热溶剂中能溶解，但冷却无结晶析出，此种溶剂也不适用。

在重结晶时，如果单一溶剂对某些被提纯物都不适用，可使用混合溶剂。混合溶剂一般由两种能以任意比例相混溶的溶剂组成，其中一种对提纯物溶解度较大，而另一种则较小。常用的混合溶剂有乙醇-水、乙酸-水、乙醚-丙酮、苯-石油醚等。

11.6.1.2 重结晶的操作步骤

（1）热饱和溶液的制备与脱色；

（2）热过滤；

（3）滤液的冷却与结晶的析出；

（4）抽滤；

（5）结晶的洗涤与干燥。

11.6.2 萃取

11.6.2.1 原理

利用有机物在两种互不相溶（或微溶）的溶剂中溶解度的不同，使有机物从一种溶剂转移到另一种溶剂中的操作称为萃取。经过反复多次萃取，可将绝大部分有机物提取出来。由于多数有机物在有机溶剂中有更好的溶解性，常用有机溶剂来萃取溶解于水溶液中的有机物。在实验室中进行液-液萃取时，一般在分液漏斗中进行。萃取也是分离和提纯有机物常用的方法。

用一定量的有机溶剂萃取时，把溶剂量分成多次萃取，比用全部量一次萃取效果要好。例如在100mL水中溶有4g丁酸，15℃时用100mL苯来萃取其中的丁酸，用100mL苯一次萃取时，在水中丁酸的剩余量为1.0g，但若将100mL苯分三次萃取，则剩余量减少为0.5g（此数值可由公式计算得出）。一般萃取次数为3~5次即可。

另外，在萃取时，若在水溶液中加入一定量的电解质（如氯化钠），利用"盐析效应"以降低有机物和萃取溶剂在水溶液中的溶解度，可提高萃取效率。

萃取溶剂的选择应由被萃取的有机物的性质而定。一般难溶于水的物质用石油醚萃取，较易溶于水的物质用苯或乙醚萃取，易溶于水的物质则用乙酸乙酯萃取。在选择溶剂时，不仅要考虑溶剂对被萃取物与杂质应有相反的溶解度，而且溶剂的沸点不宜过高，否则不易回收溶剂，甚至在溶剂回收时可能使产品发生分解。此外还应考虑溶剂的毒性要小，化学稳定性要高，不与溶质发生化学反应，溶剂的密度也要适当等。

11.6.2.2 分液漏斗的使用

分液漏斗是一种用来分离两种不相混溶液体的仪器。它常用于从溶液中萃取有机物或者用水、碱、酸等洗涤粗品中的杂质。

（1）使用前的准备工作

① 分液漏斗上口的顶塞应用线系在漏斗上口的颈部，旋塞则用橡皮筋绑好，以避免脱落打破。

② 取下旋塞并用纸将旋塞及旋塞腔擦干，在旋塞孔的两侧涂上一层薄薄的凡士林，再小心塞上旋塞并来回旋转数次，使凡士林均匀分布并透明，但上口的顶塞不能涂凡士林。

③ 使用前应先用水检查顶塞、旋塞是否紧密。倒置或旋转旋塞时都必须不漏水，方可

使用。

（2）萃取与洗涤操作　把分液漏斗固定于铁架台的铁环（用石棉绳缠扎）上。关闭旋塞并在漏斗颈下面放一个锥形瓶。由分液漏斗上口倒入溶液与溶剂（液体总体积应不超过漏斗容积的1/3），然后盖紧顶塞并封闭气孔。取下分液漏斗，振摇使两层液体充分接触。振摇时，右手捏住漏斗上口颈部，并用食指根部（或手掌）顶住顶塞，以防顶塞松开。用左手大拇指、食指按住处于上方的旋塞把手，既要能防止振摇时旋塞转动或脱落，又要便于灵活地旋开旋塞。漏斗颈向上倾斜30°～45°[图11-13(a)]。

用两手旋转振摇分液漏斗数秒钟后，仍保持漏斗的倾斜度，旋开旋塞，放出蒸气或产生的气体，使内外压力平衡。当漏斗内有易挥发有机溶剂（如乙醚）或有二氧化碳气体放出时，更应及时放气并注意远离他人。放气完毕，关闭旋塞，再行振摇。如此重复3～4次至无明显气体放出。操作易挥发有机物时，不能用手拿球体部分。

（3）两相液体的分离操作　分液漏斗进行液体分离时，必须放置在铁环上静置分层[图11-13(b)]，待两层液体界面清晰时，先将顶塞的凹缝与分液漏斗上口颈部的小孔对好（与大气相通），再把分液漏斗下端靠在接收瓶壁上，然后缓缓旋开旋塞，放出下层液体。放时先快后慢，当两液面界限接近旋塞时，关闭旋塞并手持漏斗颈稍加振摇，使黏附在漏斗壁上的液体下沉，再静置片刻，下层液体常略有增多，再将下层液体仔细放出，此操作可重复2～3次，以便把下层液体分净。当最后一滴下层液体刚刚通过旋塞孔时，关闭旋塞。待颈部液体流完后，将上层液体从上口倒出。绝不可由旋塞放出上层液体，以免被残留在漏斗颈的下层液体所沾污。

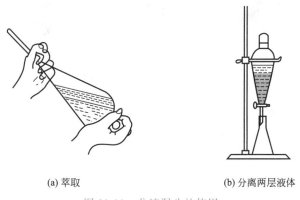

(a) 萃取　　　　　　　　(b) 分离两层液体

图11-13　分液漏斗的使用

11.6.3　过滤

11.6.3.1　常压过滤

这里重点介绍使用扇形滤纸的常压热过滤。在粗制品的热饱和溶液中，加入少量活性炭脱色，以除去有色杂质，再进行热过滤，以防止在过滤时因温度降低而析出结晶。常压热过滤装置如图11-14所示。采用扇形滤纸，可增大与溶液的接触面积，加快过滤速度。同时需用热水漏斗进行保温。

（1）热水漏斗（又称保温漏斗）　是由铜（或铁）制成，中间有夹层可放热水，旁边有柄可以加热，使热水漏斗保持恒定的温度。它的内部再放入一个短颈玻璃漏斗，将已折叠好的扇形滤纸放入其中，滤纸向外的棱边应紧贴漏斗壁，滤纸的上沿不得高于漏斗口的边缘，在漏斗柄的下面放一个锥形瓶接收滤液。热过滤前应先用少量热溶剂润湿滤纸。过滤时若溶剂是水，可加热漏斗柄；若为可燃性溶剂，过滤时应停止加热。

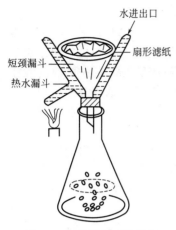

图 11-14　常压热过滤装置

图中标注：水进出口、扇形滤纸、短颈漏斗、热水漏斗

（2）扇形滤纸的折叠方法　扇形滤纸又称折叠式滤纸、菊花形滤纸。其折叠方法见图 11-15。把滤纸折成对半，再折为 1/4，以 2 对 3 叠出 4，以 1 对 3 叠出 5[图 11-15(a)]；以 2 对 5 叠出 6，以 1 对 4 叠出 7[图 11-15(b)]；以 2 对 4 叠出 8，以 1 对 5 叠出 9[图 11-15(c)]。此时滤纸形状见图 11-15 (d)。注意在折叠时不可将滤纸中心压得太紧，以防过滤时滤纸底部发生破裂。再将滤纸执于左手，把 2 与 8 间、8 与 4 间、4 与 6 间以及 6 与 3 间依次朝相反方向折叠，直叠到 9 与 1 间为止，如同折扇一样。并稍加压紧[图 11-15(e)]，然后将滤纸打开，注意观察 1 与 2 应有同样的折面[图 11-15(f)]。再将此两面向内方向对折，使每一面成为两个小折面，比其他折面浅一半[图 11-15(g)]。最后再将各折叠处重行轻轻压叠，然后打开即放入漏斗中使用。

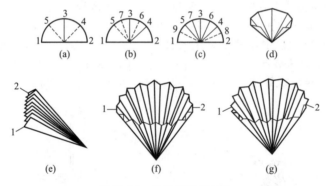

图 11-15　扇形滤纸的折法

11.6.3.2　减压过滤

减压过滤过程利用循环水真空泵或抽滤管减压，使结晶与母液迅速有效地分离的操作。
（1）抽滤装置及安装　抽滤装置如图 11-16 所示。

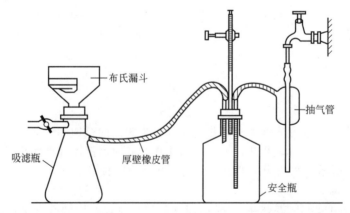

图中标注：布氏漏斗、抽气管、吸滤瓶、厚壁橡皮管、安全瓶

图 11-16　抽滤装置

① 布氏漏斗（又称瓷孔漏斗）　它的上面放一张圆形滤纸，滤纸的直径应略小于漏斗内径，但又恰好将漏斗底部的小孔全部盖住，吸滤前，用少量溶剂将滤纸润湿并抽紧。若滤纸

的直径与漏斗内径相等，由于滤纸的膨胀就会贴不紧漏斗壁，抽滤时结晶就会从滤纸边缘抽入吸滤瓶中。特别是热过滤除活性炭时，一定要防止过炭，以免造成返工。

②　吸滤瓶（又称抽滤瓶）　是带支管的锥形瓶，但玻璃瓶壁较厚，故不能直接明火加热，它能承受压力，故减压蒸馏中可用作安全瓶。抽滤时，它的支管与抽气管相连接，并将布氏漏斗固定在吸滤瓶上，胶塞必须紧密不漏气，漏斗柄斜面要正对吸滤瓶的支管，以防止滤液被抽走。吸滤瓶用来接收滤液，吸滤瓶的体积应考虑滤液量的多少。

③　抽气管（又称水泵）　实验室中常用玻璃制的水泵，将它固定在水龙头上（用铁丝捆紧），打开水龙头，水流经水泵时，流速加快，根据伯努利原理，流速快则压强小，故起到减压的效果。水泵的侧管通过厚壁橡皮管与吸滤瓶的支管相连接。

④　安全瓶　当关闭水龙头时，为了防止水的倒吸，应先打开安全瓶上的放气活塞，再关闭水龙头。若无安全瓶，则应先拔除连接的橡皮管，再停水。

（2）抽滤操作　抽滤前应先用少量溶剂润湿滤纸并抽紧，然后借助玻璃棒将溶液和结晶分批倒入布氏漏斗中，漏斗中的液面不要超过漏斗深度的 3/4。剩下黏附在器壁上的少许结晶，可用少量母液冲洗，一并倒入漏斗内。当母液流尽后，用玻璃棒将漏斗边缘的结晶移至中间，并用玻璃瓶盖把结晶压紧，使母液尽量抽干，然后即可停止抽滤，此时，必须先打开安全瓶上的放气活塞（或拔除皮管）再关闭水龙头。

为了洗去吸附在结晶表面的母液，需用少量冷溶剂洗涤结晶 1～2 次，洗涤时，暂时停止抽气，用玻璃棒将结晶搅松，加入少量冷溶剂后再轻轻搅拌，使结晶均匀地被溶剂润湿浸透，待几分钟后，再进行抽滤，并将溶剂抽干。

当使用抽滤进行热过滤时，必须先用热水将布氏漏斗和吸滤瓶进行预热，同时在抽滤过程中，吸滤瓶的外面还需用热水浴保温，以避免在吸滤瓶中析出结晶，并在漏斗内一直保持有较多的溶液，使漏斗保温防止结晶析出。为了防止由于减压使热溶剂沸腾而被抽走，可用手稍稍捏住抽气橡皮管，以使沸腾现象得到缓和。若使用与水不相混溶的有机溶剂时，由于此种溶剂润湿的滤纸不易贴紧漏斗壁，一般不宜采用减压热过滤，可使用热水漏斗与扇形滤纸进行过滤。

有机化学实验

12.1 乙酸正丁酯的制备

一、目的

（1）理解酯化反应原理，掌握乙酸正丁酯的制备方法。

（2）掌握共沸蒸馏分水法的原理和分水器（油水分离器）的使用。

（3）学习有机物折射率的测定方法

二、原理

酸与醇反应制备酯，是一类典型的可逆反应：

主反应：$CH_3COOH+CH_3CH_2CH_2CH_2OH \overset{H^+, \triangle}{\rightleftharpoons} CH_3COOCH_2CH_2CH_2CH_3+H_2O$

副反应：

$$CH_3CH_2CH_2CH_2OH \xrightarrow{H^+, \triangle} CH_3CH_2CH_2CH_2OCH_2CH_2CH_2CH_3+CH_3CH_2CH{=\!\!=}CH_2$$

为提高产品收率，一般采用以下措施：

① 使某一反应物过量；

② 在反应中移走某一产物（蒸出产物或水）；

③ 使用特殊催化剂。

用酸与醇直接制备酯，在实验室中有三种方法。

第一种是共沸蒸馏分水法，生成的酯和水以共沸物的形式蒸出来，冷凝后通过分水器分出水，油层回到反应器中。

第二种是提取酯化法，加入溶剂，使反应物、生成的酯溶于溶剂中，和水层分开。

第三种是直接回流法，一种反应物过量，直接回流。

制备乙酸正丁醇用共沸蒸馏分水法较好。为了将反应物中生成的水除去，利用酯、酸和水形成二元或三元恒沸物，采取共沸蒸馏分水法，使生成的酯和水以共沸物形式逸出，冷凝后通过分水器分出水层，油层则回到反应器中。

三、仪器与药品

仪器：50mL 圆底烧瓶，球形冷凝管，分水器，分液漏斗，锥形瓶，直形冷凝管，尾接管，沸石。

药品：正丁醇，冰醋酸，浓硫酸，10％Na_2CO_3 溶液，无水 $MgSO_4$。

药品物理性质见表 12-1。实验装置见图 12-1。

表 12-1　药品物理性质

化合物名称	分子量	性状	相对密度(d)	熔点/℃	沸点/℃	折射率(n)	溶解度/(g/100mL 溶剂)		
							水	乙醇	乙醚
正丁醇	74.32	液体	0.810	−89.8	118.0	1.3991	9	∞	∞
冰醋酸	60.05	液体	1.049	16.6	118.1	1.3715	∞	∞	∞
乙酸正丁酯	116.16	液体	0.882	−73.5	126.1	1.3951	0.7	∞	∞
1-丁烯	56.12	气体	0.5951	−185.4	−6.3	1.3931			
正丁醚	130.23	液体	0.7689	−95.3	142	1.3992	<0.05	∞	∞

四、操作过程

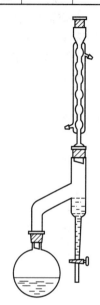

在干燥的 50mL 圆底烧瓶中，装入 11.5mL 正丁醇和 7.2mL 冰醋酸，再加入 3～4 滴浓硫酸。混合均匀，投入沸石，然后安装分水器及回流冷凝管，并在分水器中预先加水略低于支管口，记下预先所加水的体积。加热回流，反应过程中生成的回流液滴逐渐进入分水器，控制分水器中水层液面在原来的高度，不至于使水溢入圆底烧瓶内。约 40min 后不再有水生成，表示反应完毕。停止加热。

冷却后卸下回流冷凝管，将分水器中液体倒入分液漏斗，分出水层，酯层仍然留在分液漏斗中。量取分出水的总体积，减去预加入的水的体积，即为反应生成的水量。把圆底烧瓶中的反应液倒入分液漏斗中，与分水器中分出的酯层合并，分别用 10mL 水、10mL 10%碳酸钠溶液、10mL 水洗涤反应液，用 10mL 10%的碳酸钠洗涤，检验是否仍呈酸性（如仍呈酸性怎么办），分去水层。将酯层再用 10mL 水洗涤一次，分去水层。

图 12-1　实验装置

将酯层倒入小锥形瓶中，加少量无水硫酸镁干燥。

将干燥后的乙酸正丁酯倾入干燥的 30mL 蒸馏烧瓶中（注意不要把硫酸镁倒进去！），加入 1～2 粒沸石，安装好蒸馏装置，在石棉网上加热蒸馏。收集 124～126℃的馏分。

产品称重后测定折射率。前后馏分倒入指定的回收瓶中。

五、注意事项

（1）冰醋酸在低温时凝结成冰状固体（熔点为 16.6℃）。取用时可温水浴加热使其熔化后量取。注意不要触及皮肤，防止烫伤。

（2）在加入反应物之前，仪器必须干燥。（为什么？）

（3）浓硫酸起催化剂作用，只需少量即可，也可用固体超强酸作催化剂。

（4）当酯化反应进行到一定程度时，可连续蒸出乙酸正丁酯、正丁醇和水的三元共沸物（恒沸点为 90.7℃），其回流液组成为：上层三者分别为 86%、11%、3%，下层为 19%、2%、97%。故分水时也不要分去太多的水，而以能让上层液溢流回圆底烧瓶继续反应为宜。

（5）本实验中不能用无水氯化钙为干燥剂，因为它与产品能形成络合物而影响产率。

（6）根据分出的总水量（注意扣去预先加到分水器的水量），可以粗略地估计酯化反应完成的程度。

（7）产物的纯度也可用气相色谱法检查，用邻苯二甲酸二壬酯为固定液。柱温和检测温度为 100℃，汽化温度 150℃，使用热导检测器，以氢气为载气，流速为 45mL/min。

六、操作要点

（1）加入硫酸后须振荡，以使反应物混合均匀。

（2）反应应进行完全，否则未反应的正丁醇只能在最后一步蒸馏时与酯形成共沸物（共沸点为117.6℃）以前馏分的形式除去，会降低酯的收率。

（3）反应终点的判断可通过两种现象，一是分水器中不再有水珠下沉，二是从分水器中分出的水量达到理论分水量，即可认为反应完成。

（4）洗涤操作（分液漏斗的使用）

① 洗涤前首先检查分液漏斗旋塞的严密性。

② 洗涤时要做到充分轻振荡，切忌用力过猛、振荡时间过长，否则将形成乳浊液，难以分层，给分离带来困难。一旦形成乳浊液，可加入少量食盐等电解质或水，使之分层。

③ 振荡后，注意及时打开旋塞，放出气体，以使内外压力平衡。放气时要使分液漏斗的尾管朝上，切忌尾管朝人。

④ 振荡结束后，静置分层；分离液层时，下层经旋塞放出，上层从上口倒出。

（5）干燥必须完全，否则由于乙酸正丁酯与正丁醇、水等形成二元或三元恒沸物，重蒸馏时沸点降低，影响产率。乙酸正丁酯、水、正丁醇形成二元或三元恒沸物的组成及沸点见表12-2。

表 12-2　乙酸正丁酯、水及正丁醇形成二元或三元恒沸物的组成及沸点

沸点/℃	组成/%		
	正丁醇	水	乙酸正丁酯
117.6	67.2		32.8
93	55.5	45.5	
90.7		27	73
90.5	18.7	28.6	52.7

七、注意事项

（1）正确使用分水器　本实验体系中有正丁醇-水共沸物，共沸点为93℃；乙酸正丁酯-水共沸物，共沸点为90.7℃，在反应进行的不同阶段，利用不同的共沸物可把水带出体系，经冷凝分出水后，醇、酯再回到反应体系。为了使醇能及时回到反应体系中参加反应，在反应开始前，在分水器中应先加入计量过的水，使水面稍低于分水器回流支管的下沿，当有回流冷凝液时，水面上仅有很浅一层油层存在。在操作过程中，不断放出生成的水，保持油层厚度不变。或在分水器中预先加水至支管口，放出反应所生成理论量的水（用小量筒量）。

（2）选用适宜的醇酸比　由于正丁醇过量，最后蒸馏时前馏分量大，酯产率低。用饱和氯化钙溶液和无水氯化钙都难以把正丁醇完全除掉。乙酸正丁酯（沸点为126.1℃）和正丁醇（沸点为118.0℃）形成共沸物（共沸点为117.6℃），两者用蒸馏法分不开。

12.2　1-溴丁烷的制备

一、目的

（1）熟悉醇与氢卤酸发生亲核取代反应的原理，掌握1-溴丁烷的制备方法。

（2）掌握带气体吸收的回流装置的安装和操作及液体干燥操作。

（3）掌握使用分液漏斗洗涤和分离液体有机物的操作技术。

（4）熟练掌握蒸馏装置的安装与操作。

二、原理

1-溴丁烷又称正溴丁烷，是无色透明液体，沸点为 101.6℃，密度为 1.2758g/mL，不溶于水，易溶于乙醇、乙醚、丙酮等有机溶剂，可用作有机溶剂及有机合成中间体，也可用作医药原料（如胃肠解药——丁溴东莨菪碱）。实验室通常采用丁醇与氢溴酸在硫酸催化下发生亲核取代反应来制取 1-溴丁烷，反应式如下：

$$NaBr + H_2SO_4 \longrightarrow HBr + NaHSO_4$$

$$\underset{\text{正丁醇}}{CH_3CH_2CH_2CH_2OH} + HBr \Longrightarrow \underset{\text{1-溴丁烷}}{CH_3CH_2CH_2CH_2Br} + H_2O$$

本实验主反应为可逆反应，为提高产率，反应时应使氢溴酸过量。通常用溴化钠和浓硫酸作用加一定量的水来制取氢溴酸。

反应时硫酸应缓慢加入，温度也不宜过高，否则易发生下列副反应：

$$2CH_3CH_2CH_2CH_2OH \xrightarrow[\triangle]{H_2SO_4} \underset{\text{正丁醚}}{CH_3CH_2CH_2CH_2OCH_2CH_2CH_2CH_3} + H_2O$$

$$2HBr + H_2SO_4 \longrightarrow Br_2 + SO_2\uparrow + 2H_2O$$

$$CH_3CH_2CH_2CH_2OH \xrightarrow[\triangle]{H_2SO_4} CH_3CH_2CH=CH_2 + H_2O$$

由于反应中产生的溴化氢气体有毒，为防止溴化氢气体逸出，选用了带气体吸收装置的回流装置。

反应生成的 1-溴丁烷中混有过量的氢溴酸、硫酸、未完全转化的正丁醇及副产物烯烃、醚类等，经过洗涤、干燥和蒸馏予以除去。其操作流程见图 12-2。

三、仪器与药品

仪器：圆底烧瓶（100mL），球形冷凝管，玻璃漏斗，烧杯（200mL），蒸馏烧瓶（50mL），直形冷凝管，尾接管，分液漏斗（100mL），量筒（10mL，25mL），温度计（200℃），锥形瓶（50mL），电热套，沸石，蒸馏弯头。

药品：正丁醇，溴化钠，硫酸（98%），碳酸钠溶液（10%），无水氯化钙，亚硫酸氢钠，氢氧化钠（5%）。

药物物理性质见表 12-3。

表 12-3　药物物理性质

化合物名称	分子量	性状	相对密度(d)	熔点/℃	沸点/℃	折射率(n)	溶解度/(g/100mL 溶剂)		
							水	乙醇	乙醚
正丁醇	74.12	液体	0.810	−89.0	117.7	1.3993	7.9	∞	∞
无水溴化钠	102.89	固体	3.203	755	1390	1.6412	∞	微溶	微溶
1-溴丁烷	137.02	液	1.276	−112.4	100～104	1.3993	0	∞	∞

四、操作过程

1. 取代

在圆底烧瓶中，放入 12mL 水，置烧瓶于冰水浴中，在振摇下分批加入 15mL 浓硫酸，混匀并冷至室温，再慢慢加入 9.7mL 正丁醇[1]，混合均匀后，加入 13.3g 研细的无水溴化

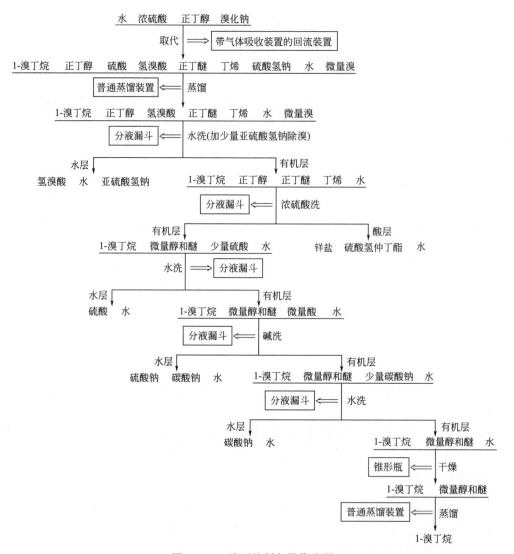

水　浓硫酸　正丁醇　溴化钠

取代 ⟹ 带气体吸收装置的回流装置

1-溴丁烷　正丁醇　硫酸　氢溴酸　正丁醚　丁烯　硫酸氢钠　水　微量溴

普通蒸馏装置 ⟸ 蒸馏

1-溴丁烷　正丁醇　氢溴酸　正丁醚　丁烯　水　微量溴

分液漏斗 ⟸ 水洗(加少量亚硫酸氢钠除溴)

水层 ↓ 　　　　有机层 ↓

氢溴酸　水　亚硫酸氢钠　　　1-溴丁烷　正丁醇　正丁醚　丁烯　水

分液漏斗 ⟸ 浓硫酸洗

有机层 ↓　　　　　　　　　　酸层 ↓

1-溴丁烷　微量醇和醚　少量硫酸　水　　　　锌盐　硫酸氢仲丁酯　水

水洗 ⟹ 分液漏斗

水层 ↓　　　　有机层 ↓

硫酸　水　　　　1-溴丁烷　微量醇和醚　微量酸　水

分液漏斗 ⟸ 碱洗

水层 ↓　　　　　　　　有机层 ↓

硫酸钠　碳酸钠　水　　　1-溴丁烷　微量醇和醚　少量碳酸钠　水

分液漏斗 ⟸ 水洗

水层 ↓　　　　　　　　　　有机层 ↓

碳酸钠　水　　　　1-溴丁烷　微量醇和醚　水

锥形瓶 ⟸ 干燥

1-溴丁烷　微量醇和醚

普通蒸馏装置 ⟸ 蒸馏

1-溴丁烷

图 12-2　1-溴丁烷制备操作流程

钠和 1～2 粒沸石，充分振摇后按图 12-3 安装带气体吸收的回收装置[2]。用 200mL 烧杯盛放 100mL 5％氢氧化钠溶液作吸收液。

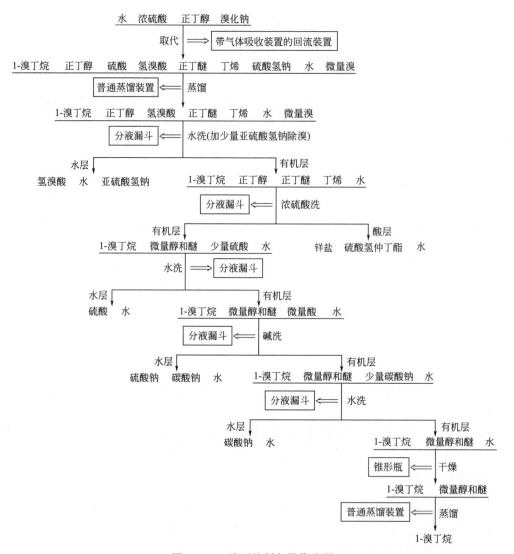

用电热套（或酒精灯）加热[3]，并经常摇动烧瓶[4]，促使溴化钠不断溶解，加热过程中始终保持反应液呈微沸，缓缓回流约 1h。反应结束，溴化钠固体消失，溶液出现分层。

2. 蒸馏

稍冷后拆去回流冷凝管，补加 1～2 粒沸石，在圆底烧瓶上安装蒸馏弯头改为蒸馏装置，用锥形瓶作为接收器，加热蒸馏，直至馏出液中无油滴生成为止。停止蒸馏后，烧瓶中的残液应趁热倒入废酸缸中[5]。

3. 洗涤

将蒸出的粗 1-溴丁烷倒入分液漏斗，用 10mL 水洗涤一次[6]，将下层的 1-溴丁烷分入一干燥的锥形瓶中。再向盛粗 1-溴丁烷的锥形瓶中滴入 4mL 浓硫酸，将锥形瓶置于冰水浴中冷却并轻轻振摇。然后倒入一个干燥

图 12-3　带气体吸收的回收装置

的分液漏斗中，静置片刻，小心地分去下层酸液。油层依次用 12mL 水、6mL 10％碳酸钠溶液、12mL 水各洗涤一次。

4. 干燥

经洗涤后的粗 1-溴丁烷由分液漏斗上口倒入干燥的锥形瓶中，加入 2g 无水氯化钙，配上塞子，充分振荡后，放置 30min。

5. 蒸馏

安装普通蒸馏装置[7]。将干燥好的粗 1-溴丁烷小心滤入干燥的蒸馏瓶中，放入 1～2 粒沸石，加热蒸馏。用称过质量的锥形瓶收集 99～103℃馏分。

五、产率计算

产品外观	实际产量	理论产量	产率

六、思考题

（1）在制备 1-溴丁烷的整个过程中提高产率的关键是什么？

（2）加热回流后，反应瓶内上层呈橙红色，说明其中溶有何种物质？它是如何产生的？又应如何除去？

（3）反应后产物中可能含有哪些杂质？各步洗涤的目的是什么？

（4）干燥 1-溴丁烷能否用无水硫酸镁来代替无水硫酸钙，为什么？

（5）由叔醇制备叔溴代烷时，能否用溴化钠和过量浓硫酸作试剂？为什么？

七、注释

[1] 要分批慢慢加入，以防丁醇被氧化。

[2] 注意溴化氢气体吸收装置中，玻璃漏斗不要浸入水中，防止倒吸。

[3] 用电热套加热时，一定要慢慢升温，使反应呈现微沸，烧瓶不要紧贴在电热套上，以便容易控制温度。

[4] 可用振荡整个铁架台的方法使烧瓶摇动。

[5] 残液中的硫酸氢钠冷却后容易结块，不易倒出。

[6] 第一次水洗时，如果产品有色（含溴），可加少量 $NaHSO_3$ 振荡后除去。

[7] 全套蒸馏仪器必须是干燥的，否则蒸馏出的产品呈现浑浊。

12.3　对硝基苯甲酸的制备

一、目的

（1）掌握氧化剂——高锰酸钾的氧化特点及其应用。

（2）了解利用芳香酸盐易溶于水，而游离芳酸不溶于水而进行分离、纯化的方法。

二、原理

（1）反应原理

$$\text{CH}_3\text{-C}_6\text{H}_4\text{-NO}_2 + 2\text{KMnO}_4 \longrightarrow \text{KOOC-C}_6\text{H}_4\text{-NO}_2 + \text{KOH} + 2\text{MnO}_2\downarrow + \text{H}_2\text{O}$$

$$\text{KOOC-C}_6\text{H}_4\text{-NO}_2 + \text{HCl} \longrightarrow \text{HOOC-C}_6\text{H}_4\text{-NO}_2 + \text{KCl}$$

（2）终点控制及分离精制的原理　反应所用氧化剂高锰酸钾为紫红色，其还原物 MnO_2 为棕色固体。因此当高锰酸钾的颜色褪尽而呈棕色时，表明反应已结束。

氧化产物在反应体系中以钾盐形式存在而溶解，加酸生成对硝基苯甲酸不溶于水而析出沉淀。本实验据此分离氧化产物。

三、仪器与药品

仪器：机械搅拌器，冷凝管，三口瓶（250mL），温度计，电热夹套或水浴，抽滤装置（套）。

药品：对硝基甲苯 7.0g，高锰酸钾 20g，浓盐酸 10mL。

药品的物理性质见表 12-4。

表 12-4　药品物理性质

名称	分子量	性状	折射率	相对密度	熔点/℃	沸点/℃	溶解度/（g/100mL 溶剂）		
							水	醇	醚
对硝基甲苯	137.13	黄色斜方立面晶体	1.5382		51.7	238.5	0	易	
高锰酸钾	158.03	紫黑色片状晶体		2.703	大于240℃分解	分解			
浓盐酸	36.46	无色透明液体		1.20	挥发液	108.6	混溶		

四、操作过程

在装有搅拌、回流冷凝器和温度计的 250mL 三口瓶中顺次加入对硝基甲苯 7.0g、水 100mL、高锰酸钾 10g，开动搅拌，加热至 80℃。反应 1h 后，再在此温度下加入高锰酸钾 5g。反应 0.5h 后，升温至反应液保持缓和地回流。直到高锰酸钾的颜色完全消失。冷却反应液至室温，抽滤，再用 20mL 水洗一次，弃去滤渣。

合并滤液和洗液至烧杯中，用 10mL 浓盐酸在不断搅拌下酸化滤液，直到对硝基苯甲酸完全析出为止，抽滤，用少量的水洗涤滤饼，抽干，干燥称重，计算收率。

五、注意事项

（1）温度高时，对硝基甲苯随蒸气进入冷凝器后则结晶于冷凝器内壁上影响反应的产率。

（2）室温下，未反应的对硝基甲苯结晶析出，过滤即可除掉，否则温度较高时它将进入滤液中。

（3）加入浓盐酸时，此时的 pH 值为 1~2，有大量的对硝基苯甲酸白色固体出现，要注意充分搅拌。

六、思考题

（1）高锰酸钾氧化剂有哪些特点和应用？

(2) 由对硝基甲苯制备对硝基苯甲酸，还可以采用哪些氧化剂？

(3) 为什么要分批、分次加入高锰酸钾？

12.4 正丁醛的制备

一、目的

(1) 掌握正丁醛的制备原理和方法。

(2) 掌握氧化剂与氧化条件的选择以及分馏柱的使用等。

二、原理

有机合成过程中，伯醇经重铬酸钠氧化可得到相应的醛，为防止生成的醛被进一步氧化成酸，应及时把醛从反应混合物中蒸出。

主反应：

$$CH_3(CH_2)_2CH_2OH \xrightarrow[\text{H}_2\text{SO}_4]{\text{Na}_2\text{Cr}_2\text{O}_7} CH_3(CH_2)_2CHO + H_2O$$

副反应：

$$CH_3(CH_2)_2CHO \xrightarrow[\text{H}_2\text{SO}_4]{\text{Na}_2\text{Cr}_2\text{O}_7} CH_3(CH_2)_2COOH$$

三、仪器和药品

仪器：三口瓶（250mL）1个，恒压滴液漏斗1个，分馏柱1个，蒸馏头1个，接收管1个，分液漏斗1个，温度计（100℃）1支，圆底烧瓶1个，烧杯1个，锥形瓶1个，直形冷凝器1支，沸石。

药品：正丁醇11g（14mL），重铬酸钠15g，浓硫酸11mL，无水硫酸镁。原料及产物的物理性质见表12-5。

表 12-5　原料及产物的物理性质

名称	分子量	性状	折射率 n_4^{20}	相对密度	熔点/℃	沸点/℃	溶解度/(g/100mL 溶剂)		
							水	醇	醚
正丁醇	74.12	无色透明液体	1.3993	0.8098	−89.0	117.7			
重铬酸钠	294.19	针状晶体			398	500			
浓硫酸	98.08	油状液体		1.84	10.4	338			
无水硫酸镁	120.36	白色粉末	1.56		1124				
正丁醛	72.11	无色透明液体	0.817			75.7			

四、操作过程

在250mL烧杯中加入15g重铬酸钠和83mL水，置于冷水浴中冷却，在玻璃棒不断搅拌下，缓慢加入11mL浓硫酸。

装置如图12-4所示，在250mL双（三）口瓶中，加入14mL正丁醇、2粒沸石，将新配制的重铬酸钠溶液倒入恒压滴液漏斗中，用小火加热至正丁醇微沸，当有蒸气上升到达分馏柱的底部时，开始滴加重铬酸钠溶液。控制滴加速度，以分馏柱顶部温度计读数不超过 80℃ 为宜（约 30min）。此时接收器中有正丁醛生成[1]，由于氧化反应为放热反应，应随时注意温度变化，并控制分馏柱顶部温度计读数在 75～80℃ 之间。

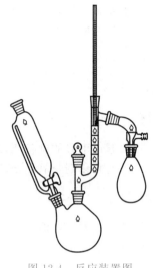

当氧化剂全部滴加完后，继续小火加热 20min。当温度计读数超过 90℃ 时，停止反应。将粗正丁醇倒入分液漏斗中，分去水层。将油层倒入干燥的锥形瓶中，并用无水硫酸钠干燥。

安装好蒸馏装置，将干燥过的粗产物用漏斗倾入 50mL 圆底烧瓶中，加入 1 粒沸石，小火加热，收集 70～80℃ 的馏分[2]。

图 12-4　反应装置图

五、产率计算

产品外观	实际产量	理论产量	产率

六、注释

[1] 此时蒸出的是正丁醛与水的混合物，接收器应用冰水浴冷却。正丁醛与水形成恒沸混合物，沸点为 68℃，含正丁醛 90.3%。

[2] 为防止正丁醛被氧化，应保存于棕色瓶中。大部分正丁醛在 73℃ 开始蒸出。需要回收正丁醇，可加大火焰，继续加热，收集 80～120℃ 的馏分。

12.5　对甲苯胺的制备

一、目的

（1）掌握由芳香硝基化合物还原制备芳胺类化合物的原理和方法。

（2）掌握用有机溶剂提取、分离有机化合物的操作方法。

二、原理

（1）化学反应原理

$$4\ \text{（对硝基甲苯）} + 9Fe + 4H_2O \longrightarrow 4\ \text{（对甲苯胺）} + 3Fe_3O_4 \downarrow$$

（2）终点控制及分离精制的原理　反应终点可通过颜色变化来控制。反应开始时，反应物是灰黑色的，生成物 Fe_3O_4 俗称铁泥，是黑色的，反应液变为黑色表示反应基本完成。

利用甲苯提取法将有机物与无机物分离。又利用下述反应将产物对甲苯胺与未反应的对硝基甲苯分离。

三、仪器与药品

仪器：机械搅拌器，冷凝管，三口瓶（250mL），电热夹套，电水浴锅，分液漏斗（250mL）。

药品：对硝基甲苯18g，铁粉28g，氯化铵3.5g，甲苯180mL，5％碳酸钠5mL，5％盐酸120mL，20％氢氧化钠30mL。原料及产物物理性质见表12-6。

表 12-6　原料及产物物理性质

名称	分子量	性状	折射率	相对密度	熔点/℃	沸点/℃	溶解度/(g/100mL 溶剂)		
							水	醇	醚
对硝基甲苯	137.13	黄色斜方立面晶体	1.5382		51.7	238.5	0	易	
甲苯	92.14	无色澄清液体	1.4967	0.866	−95	110.6	0.053		
对甲苯胺	107.15	无色片状结晶		0.962	42～45	197.40	1.1		
铁粉	55.85	黑色粉末		7.6					
碳酸钠	106	白色粉末		2.532	851		易		
氢氧化钠	40.01	白色晶体		2.13	318	1390	易		
盐酸	36.46	无色透明液体		1.20	挥发液	108.6	混溶		

四、操作过程

在250mL三口瓶中，分别安装搅拌器和回流冷凝器。瓶中加入28g铁粉（0.5mol）、3.5g氯化铵及80mL水[1]。开动搅拌，在石棉网上用小火加热15min[2]，移去火焰，稍冷后加入18g对硝基甲苯（约0.13mol），在搅拌下加热回流1.5h[3]。冷至室温后，加入5mL 5％碳酸钠溶液[4] 和85mL甲苯，搅拌5min，以提取产物和未反应的原料。抽滤，除去铁屑，残渣[5] 用10mL甲苯洗涤。分出甲苯层后，水层依次用25mL、15mL、15mL甲苯萃取3次。合并甲苯层并用50mL、40mL、30mL 5％盐酸萃取三次。合并盐酸液，在搅拌下往盐酸液中分批加入30mL 20％氢氧化钠溶液。析出的粗对甲苯胺抽滤收集，用少量水洗涤。滤液用30mL甲苯萃取，将沉淀及甲苯萃取液倒入蒸馏瓶中，先在水浴上蒸去甲苯，再在石棉网上加热蒸馏，收集198～201℃的馏分。冷却后得白色固体，熔点为44～45℃。

纯对甲苯胺的熔点为45℃，沸点为200.3℃。

五、注解

[1] 本实验以铁作为还原剂，氯化铵作为电解质，以促进反应的进行，并使反应液保持弱酸性。

［2］此目的主要是使铁活化。

［3］反应瓶中对硝基甲苯、盐酸、铁粉互不相溶，使反应为非均相反应。因此，充分搅拌是使还原反应顺利进行的关键。

［4］此目的为控制 pH 值在 7～8 之间，避免碱性过强而产生胶状氢氧化铁。

［5］残渣为活性铁泥，内含二价铁 44.7%（以 FeO 计），呈黑色颗粒状，暴露在空气中会剧烈发热，故应及时倒在盛有水的废物缸内。

12.6 乙酰苯胺的制备

一、目的

（1）熟悉氨基酰化反应的原理及意义，掌握乙酰苯胺的制备方法。

（2）进一步掌握分馏装置的安装与操作。

（3）熟练掌握结晶、趁热过滤和减压过滤等操作技术。

二、原理

反应式如下：

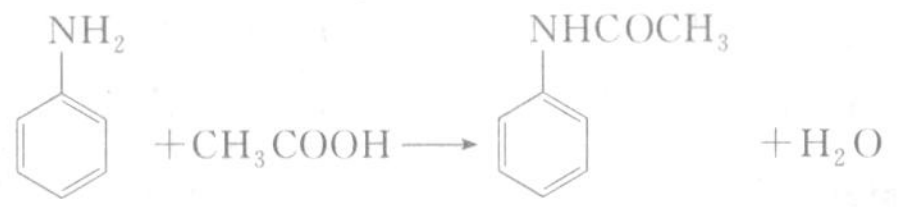

$$NH_2 + CH_3COOH \longrightarrow NHCOCH_3 + H_2O$$

冰醋酸与苯胺的反应速率较慢，且反应是可逆的，为了提高乙酰苯胺的产率，一般采用冰醋酸过量的方法，同时利用分馏柱将反应中生成的水移去。由于苯胺易氧化，所以需要加入少量锌粉，防止苯胺在反应过程中氧化。

乙酰苯胺在水中的溶解度随温度的变化差异较大，因此生成的乙酰苯胺粗品可以与水重结晶进行纯化，其操作流程见图 12-5。

三、仪器与药品

圆底烧瓶，刺形分馏柱，直形冷凝管，尾接管，量筒，温度计，烧杯，表面皿，吸滤瓶，布氏漏斗，小水泵，保温漏斗，电热套。

药品：苯胺，冰醋酸，锌粉，活性炭。原料及产物物理性质见表 12-7。

表 12-7 原料及产物物理性质

名称	分子量	性状	折射率	相对密度	熔点/℃	沸点/℃	溶解度/（g/100mL 溶剂）		
							水	醇	醚
苯胺	93.14	液体	1.5863	1.02	−6.2	184.4	微	溶	溶
锌	65.4	固体		7.14					
冰醋酸	60.05	液体	1.3716	1.05	16.6	117.9	溶	溶	溶
乙酰苯胺	135.16	固体	1.5299	1.219	114	305	微	溶	溶

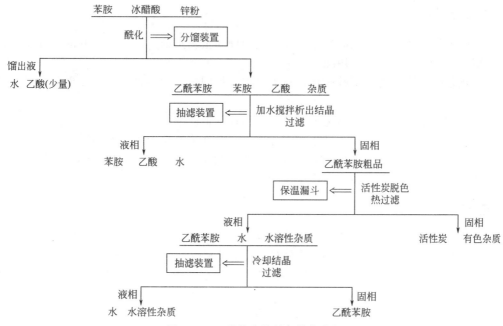

图 12-5　乙酰苯胺的制备操作流程

四、操作过程

1. 酰化

在干燥的圆底烧瓶中，加入 5mL 新蒸馏的苯胺、8.5mL 冰醋酸和 0.1g 锌粉。立即装上分馏柱，在柱顶安装一支分水器，用小量筒收集水和乙酸。用电热套加热至反应沸腾，调节电压，当温度升至约 105℃时开始蒸馏。维持温度在 105℃左右约 30min，这时反应生成的水基本蒸出。当温度计的读数不断下降时，则反应达到终点，即可停止加热。

2. 结晶过滤

在烧杯中加入 100mL 冷水，将反应液趁热以细流倒入水中，边倒边不断搅拌，此时有细粒状固体析出。冷却后抽滤，并用少量冷水洗涤固体，得到白色或带黄色的乙酰苯胺粗品。

3. 重结晶

将粗产品转移到烧杯中，加入 100mL 水，在搅拌下加热至沸腾。观察是否有未溶的油状物，若有则补加水，直到油珠溶解，稍冷后，加入 0.5g 活性炭，并煮沸 10min。在保温漏斗中趁热过滤除去活性炭，滤液倒入热的烧杯中。然后自然冷却至室温。冰水冷却，待结晶完全析出后，进行抽滤。用少量冷水洗涤滤饼两次，压紧抽干。将结晶转移至表面皿中，自然晾干后称量。

五、产率计算

产品外观	实际产量	理论产量	产率

六、注意事项

（1）久置的苯胺因为氧化而颜色较深，使用前要重新蒸馏。因为苯胺的沸点较高，蒸馏时选用空气冷凝管冷凝，或采用减压蒸馏。

（2）锌粉的作用是防止苯胺氧化，只需要加少量即可，加得过多，会出现不溶于水的氢氧化锌。

（3）分馏温度不能过高，以免大量乙酸蒸出而降低产率。

（4）若让反应液冷却，则乙酰苯胺固体析出，粘在烧瓶壁上不易倒出。

（5）趁热过滤时，也可采用抽滤装置。但布氏漏斗和吸滤瓶一定要预热。滤纸大小要合适，抽滤过程要快，避免产品在布氏漏斗中结晶。

七、思考题

（1）用乙酸酰化制备乙酰苯胺时如何提高产率？

（2）反应温度为什么控制在 $105\,℃$ 左右？温度过高或过低对实验有什么影响？

（3）根据反应式计算，理论上能产生多少毫升水？为什么实际收集的液体量多于理论量？

（4）反应终点时，温度计的温度为何下降？

参考答案

第 1 章

一、

(1) H:Ö:S:Ö:H (with O above and below S)   (2) H:Ö:N:Ö   (3) H:C:C:H (with H above and below each C)

(4) C:C (with H H above and H H below)   (5) H:C:C:C:H   (6) C:O (with H above and H below C)

二、

路易斯酸：H^+、R^+、$AlCl_3$、SO_3、$\overset{+}{N}O_2$、$SnCl_2$。

路易斯碱：X^-、OH^-、$H\ddot{O}H$、RO^-、$R\ddot{O}R$、$R\ddot{O}H$。

三、

有机化学是碳化合物或烃类化合物及其衍生物的化学。有机化合物一般易燃、熔点较低、溶于有机溶剂，反应速率慢、通常要加热或加催化剂，而且副反应较多。共价键的属性：键长、键能、键角和键的极性。

第 2 章

一、命名题

1. 2,3-二甲基-3-乙基己烷　　　2. 2,4,6-三甲基辛烷　　　3. 2-甲基丁烷

4. 2,3-二甲基戊烷　　　5. (E)-3-甲基-3-己烯　　　6. 4-甲基-2-戊炔

7. 3-甲基-2-乙基-1-丁烯　　　8. 2,5-二甲基-3-己炔　　　9. 1-戊烯-4-炔

10. 4-乙基-1-庚烯-5-炔　　　11. 2-乙基-1,3-丁二烯

12. (Z)-3-甲基-4-异丙基-3-庚烯　　　13. 1,3-二甲基环己烷

14. 1,2-二甲基环戊烷　　　15. 1-甲基环戊烯　　　16. 3,4-二甲基环己烯

二、选择题

1. B　　2. B　　3. A　　4. A　　5. D　　6. D　　7. D　　8. B　　9. B

三、完成反应方程式

1. $CH_3CHBrCH_3$

2. $CH_3CH_2\overset{\overset{O}{\|}}{C}CH_3$

3. $ClCH_2CH=CH_2$

4. $\underset{HC=CH}{\overset{H_3C\quad\quad CH_3}{}}$

5. $CH_3C\equiv CCH_2CH_2CH_3$

6. $CO_2+CH_3CH_2COOH$

7. $CH_3CH_2\overset{\overset{OH}{|}}{\underset{\underset{CH_3}{|}}{C}}CH_3$

8. $CH_3CH_2\overset{\overset{OH}{|}}{\underset{\underset{CH_3}{|}}{C}}CH_2Cl$

9. （环己烷结构）

10. （苯酐类结构）

11. （环己烷结构）

四、推断题

1. A：$CH_3CH_2CH_2CH_2Br$；B：$CH_3CH_2CH=CH_2$；

C：$CH_3CH_2CHBrCH_2Br$ ；D：$CH_3CH_2C\equiv CH$

2. A：$CH_3CH=C-C\equiv CH$ ；B：$CH_3CH=C-CH=CH_2$ ；C：
$\quad\quad\quad\quad\quad\quad|$
$\quad\quad\quad\quad\quad\quad C_2H_5$
$\quad\quad\quad\quad\quad\quad\quad\quad\quad\quad\quad\quad|$
$\quad\quad\quad\quad\quad\quad\quad\quad\quad\quad\quad\quad C_2H_5$

3. A：$CH_3CH_2C\equiv CH$ ；B：$CH_3C\equiv CCH_3$

$CH_3CH_2C\equiv CH \xrightarrow{KMnO_4/H^+} CH_3CH_2COOH+CO_2$

$CH_3CH_2C\equiv CH+Ag(NH_3)NO_3 \longrightarrow CH_3CH_2C\equiv CAg\downarrow$

$H_3CC\equiv CCH_3 \xrightarrow{KMnO_4/H^+} 2CH_3COOH$

五、合成、鉴别题

1. $H_2C=CH_2+Br_2 \longrightarrow CH_2BrCH_2Br \xrightarrow[KOH]{乙醇} HC\equiv CH \xrightarrow{NaNH_2} NaC\equiv CNa$

$\xrightarrow{CH_3Br} H_3CC\equiv CCH_3 \xrightarrow{林德拉催化剂} H_3CHC=CHCH_3$

2. $H_2C=CHCH_3+Cl_2 \xrightarrow{光照} H_2C=CHCH_2Cl \xrightarrow{Br_2} CH_2CHCH_2$
$\quad\quad\quad\quad\quad\quad\quad\quad\quad\quad\quad\quad\quad\quad\quad\quad\quad | \quad | \quad |$
$\quad\quad\quad\quad\quad\quad\quad\quad\quad\quad\quad\quad\quad\quad\quad\quad\quad Cl \;\; Br \;\; Br$

3. 加入溴水不褪色的为 A，余下两种物质加入 $Ag(NH_3)^{2+}$ 溶液有白色沉淀生成的为 C，剩余的为 B。

4. 加入 $KMnO_4$ 溶液不褪色的为 C，余下两种物质加入 $Ag(NH_3)^{2+}$ 溶液有白色沉淀生成的为 B，剩余的为 A。

第 3 章

一、命名题

1. 环己基苯
2. 氯甲基苯
3. 1,3,5-三甲基苯或均三甲苯
4. 1-甲基萘
5. 对溴甲苯
6. 对异丙基甲苯
7. 邻硝基苯甲酸
8. 对氟甲苯
9. 邻二溴苯
10. 2-甲基-3-苯基-1-丁醇
11. 3-苯环己醇
12. 2-苯基-2-丁烯

二、写化学结构

1.
2.
3.

4.
5.
6.

7.
8.
9.

10. $HOOC--NH_2$
11.
12.

三、选择题

1. B 2. D 3. B 4. C 5. D 6. A 7. D 8. D 9. A 10. B

四、完成反应方程式

1. 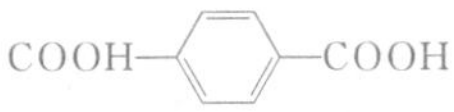

2. 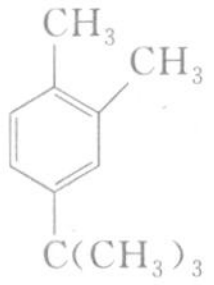

3. 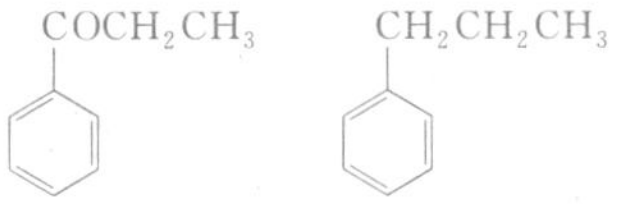

4. 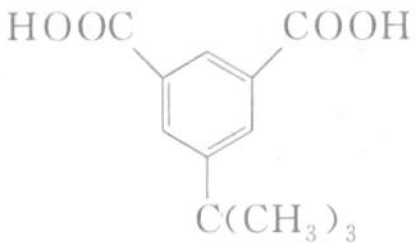

5. 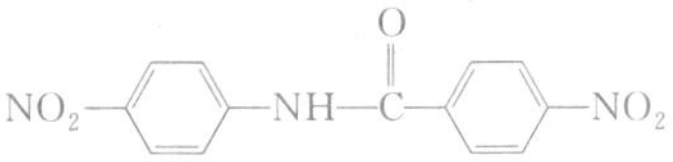

6. 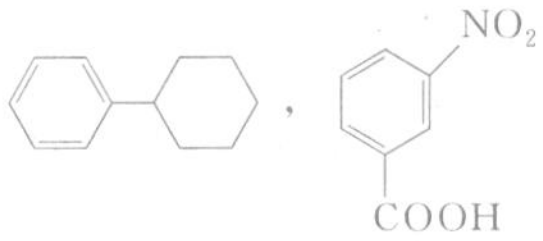

7. 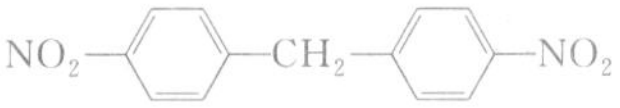

8. 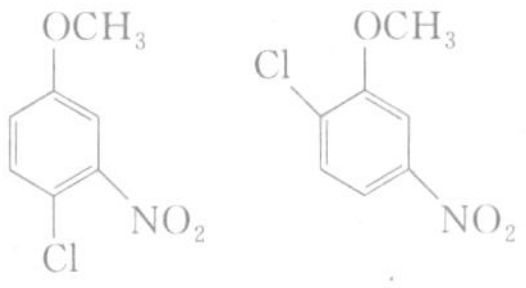

9. 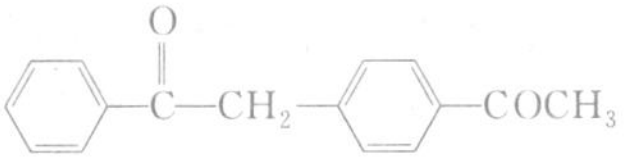

10. 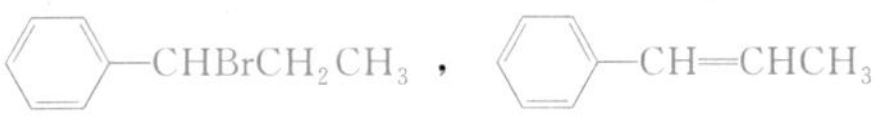

五、简答题

1.

(1)	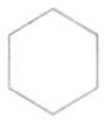	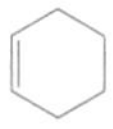	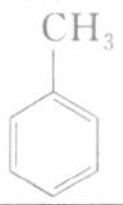
溴水	不变	褪色	不变
$KMnO_4,H^+$	不变		褪色
(2)	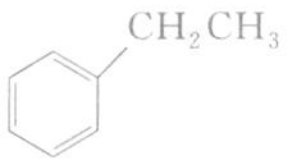	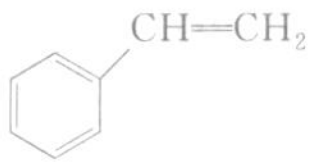	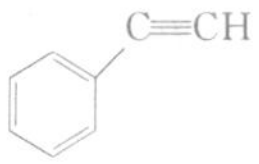
溴水	不变	褪色	褪色
硝酸银氨溶液		不变	沉淀

2.

(1) 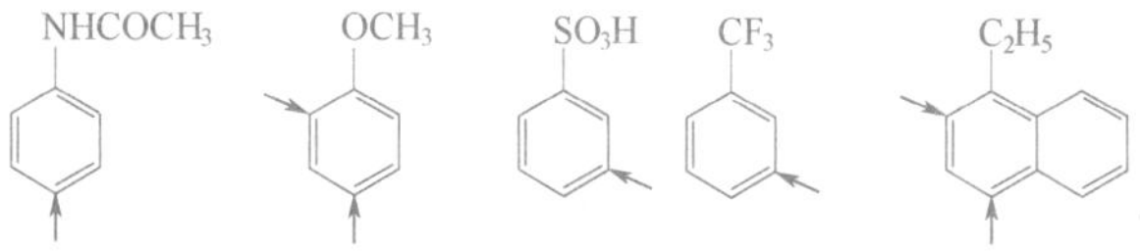

(2) 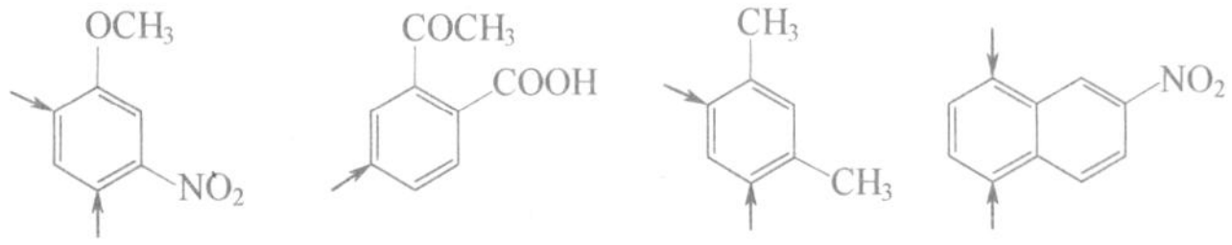

3.

三种三溴苯分别是：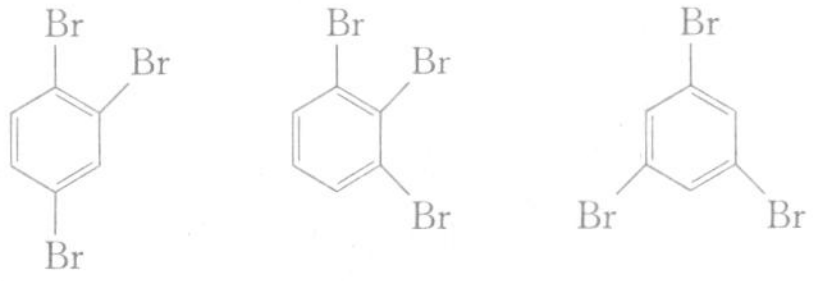

(1)

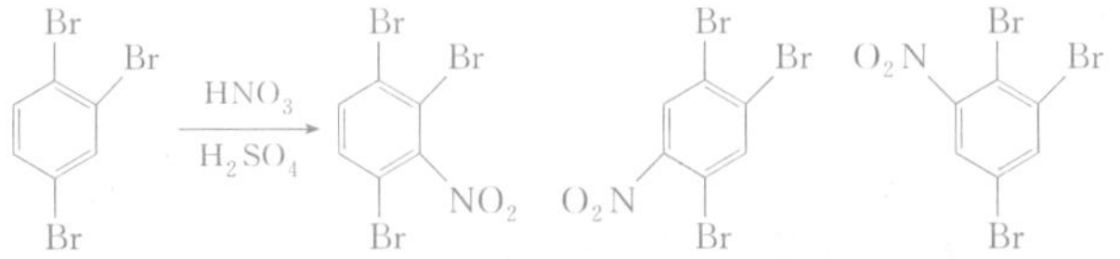

(2)

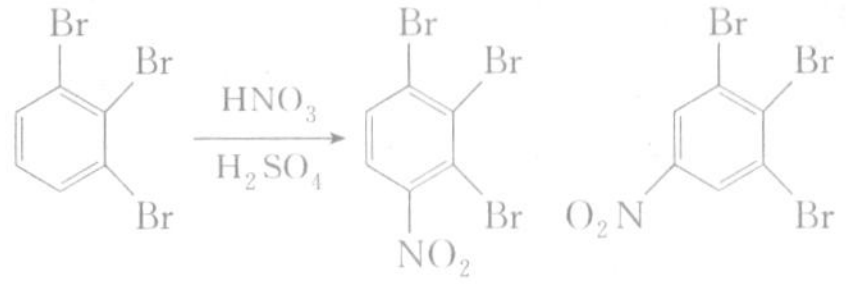

(3)

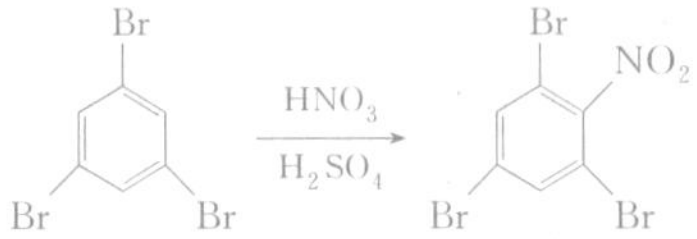

4.

甲 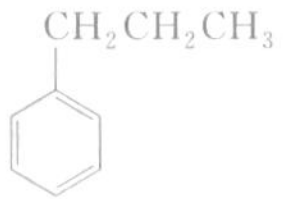 或 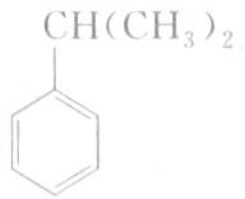 ，乙 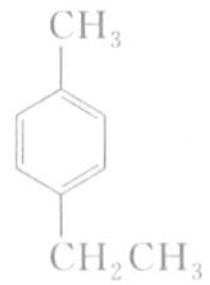 ，丙

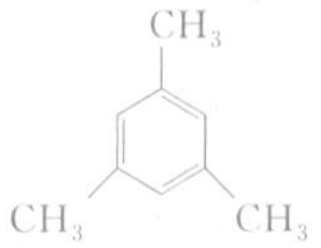

由题意，甲、乙、丙三种芳烃分子式同为 C_9H_{12}，但经氧化得一元羧酸，说明苯环只有一个侧链烃基，因此是 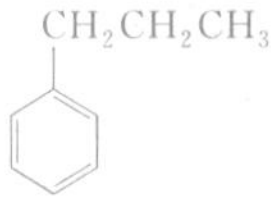 或 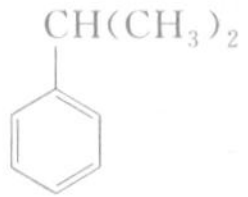 ，两者一元硝化后，均得邻位和对位两种主要一硝基化合物，故甲应为正丙苯或异丙苯。

能氧化成二元羧酸的芳烃 C_9H_{12}，只能是邻甲基乙苯、间甲基乙苯、对甲基乙苯，而这三种烷基苯中，经硝化得两种一硝基化合物的只有对甲基乙苯 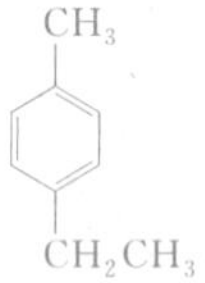 。

能氧化成三元羧酸的芳烃 C_9H_{12}，在环上应有三个烃基，只能是三甲苯的三种异构体，而经硝化只得一种硝基化合物，则三个甲基必须对称，故丙为 1,3,5-三甲苯，即 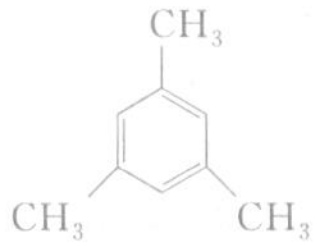 。

5.

A：$(H_3C)_2HC$—⟨苯环⟩—CH_3 ，B：  ，C： 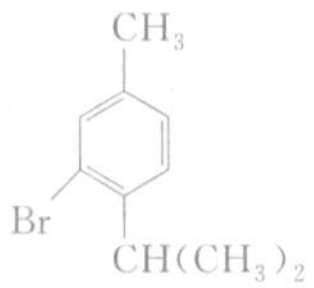 ，

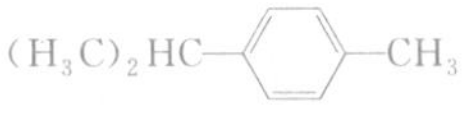

D：$HOOC$—⟨苯环⟩—$COOH$ ，E：

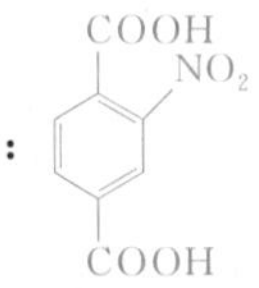

六、合成题

1.

(1)

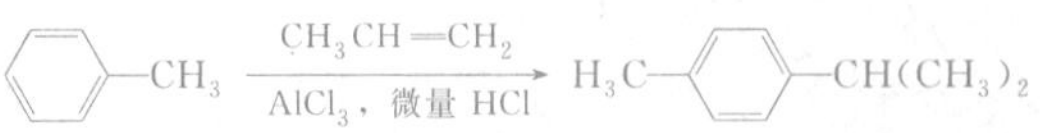

(2) [structure] —CH₃ $\xrightarrow[Fe]{Br_2}$ Br—[structure]—CH₃ $\xrightarrow[\triangle]{KMnO_4+H_2SO_4}$ Br—[structure]—COOH $\xrightarrow{硝化}$ Br—[structure]—COOH (with O₂N)

(3) [structure] —CH₃ $\xrightarrow[Fe]{Br_2}$ Br—[structure]—CH₃ $\xrightarrow[h\nu]{Cl_2}$ Br—[structure]—CH₂Cl

(4) [structure] —CH₃ $\xrightarrow{硝化}$ O₂N—[structure]—CH₃ $\xrightarrow[Fe]{Br_2}$ O₂N—[structure]—CH₃ (with Br, Br)

2.

(1) [structure] $\xrightarrow[H_2SO_4,\ \triangle]{HNO_3}$ [structure]—NO₂ $\xrightarrow[Fe]{Cl_2}$ Cl—[structure]—NO₂

(2) [structure]—CH₃ $\xrightarrow[H_2SO_4]{HNO_3}$ NO₂—[structure]—CH₃ $\xrightarrow[\triangle]{KMnO_4+H_2SO_4}$ O₂N—[structure]—COOH

(3) [structure]—CH₃ $\xrightarrow[\triangle]{KMnO_4+H_2SO_4}$ [structure]—COOH $\xrightarrow[H_2SO_4]{HNO_3}$ NO₂—[structure]—COOH

(4) [structure] $\xrightarrow[无水\ AlCl_3]{CH_3COCl}$ [structure]—COCH₃ $\xrightarrow[Fe]{Cl_2}$ [structure]—COCH₃ (with Cl)

第 4 章

略

第 5 章

一、命名题

1. 1,4-二氯丁烷
2. 2-甲基-3-氯-6-溴-1,4-己二烯
3. 2-氯-3-己烯
4. 2-甲基-3-乙基-4-溴戊烷
5. 4-氯溴苯
6. 3-氯环己烯
7. 苄溴
8. 4-甲基-5-氯-2-戊炔
9. 一溴环戊烷
10. 偏二氯乙烯

二、选择题

1. D   2. D   3. C   4. B   5. A   6. D   7. B   8. C

三、完成反应方程式

1. Cl—[structure]—CHCH₃(OH) + HCl

2. Cl—[CH₂CH₂CH₂]—Br + H₂O

3. HO—[CH₂CH₂]—I + KCl

4. [cyclohexene with Br] + 邻苯二甲酰亚胺(CH₂...NH...O,O)

5. [structure with CH₃]—CH₂Cl + H₃C—[structure]—CH₂Cl

6. ClCH₂CH=CH₂   ClCH₂CHCH₂Cl(OH)

7. [cyclohexane with Cl, Cl]   [structure]

8. ClCH=CHCH₂OOCCH₃ + NaCl

9. [structure]—CH₂CN   [structure]—CH₂NH₂   [structure]—CH₂OC₂H₅   [structure]—CH₂I   [structure]—CH₂OH

四、简答题

1.（1）

项目	CH₃CH=CHCl	CH₂=CHCH₂Cl	CH₃CH₂CH₂Cl
$Br_2(aq)$	褪色	褪色	不变
硝酸银氨溶液	不变	氯化银沉淀	

（2）

项目	苄氯	氯代环己烷	氯苯
硝酸银氨溶液	立即生成氯化银沉淀	加热生成氯化银沉淀	加热也不反应

（3）加入硝酸银氨溶液，1-氯戊烷反应生成白色氯化银沉淀，2-溴丁烷生成淡黄色溴化银沉淀，1-碘丙烷生成黄色碘化银沉淀。

（4）加入硝酸银氨溶液，苄氯立即生成氯化银沉淀，1-苯基-2-氯乙烷加热才生成氯化银沉淀，氯苯不与硝酸银氨溶液反应。

2.（1） A：$CH_3CH_2CH_2Cl$

B：$CH_3\overset{\underset{\displaystyle |}{Cl}}{C}HCH_3$

C：$CH_3CH_2CH_2OH$

D：$CH_3\overset{\underset{\displaystyle |}{OH}}{C}HCH_3$

E：$CH_3CH=CH_2$

（2）① $CH_3CH_2CH_2Cl \xrightarrow[\triangle]{NaOH/C_2H_5OH} CH_3CH=CH_2\uparrow + NaCl + H_2O$

② $CH_3\overset{\underset{\displaystyle |}{Cl}}{C}HCH_3 \xrightarrow{NaOH/H_2O} CH_3\overset{\underset{\displaystyle |}{OH}}{C}HCH_3 + NaCl$

③ $CH_3CH_2CH_2OH \xrightarrow[\triangle]{浓 H_2SO_4} CH_3-CH=CH_2\uparrow + H_2O$

3. A：$CH_3CH=CH_2$

B：$CH_2\overset{\underset{\displaystyle |}{Cl}}{C}H\overset{\underset{\displaystyle |}{Cl}}{C}H_3$

C：$\overset{\underset{\displaystyle |}{Cl}}{C}H_2CH=CH_2$

D：$CH_3CH_2CH_2CH=CH_2$

E：$CH_3CH_2CHBrCH=CH_2$

F：$CH_3CH=CHCH=CH_2$

G：

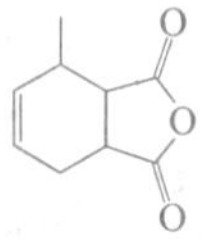

$CH_3CH=CH_2+Cl_2 \longrightarrow CH_2\overset{\underset{\displaystyle |}{Cl}}{C}H\overset{\underset{\displaystyle |}{Cl}}{C}H_3$

$CH_3CH=CH_2+Cl_2 \xrightarrow{高温} CH_2\overset{\underset{\displaystyle |}{Cl}}{C}H=CH_2$

$\overset{\underset{\displaystyle |}{Cl}}{C}H_2CH=CH_2 + CH_3CH_2MgI \longrightarrow CH_3CH_2CH_2CH=CH_2$

$CH_3CH_2CH_2CH=CH_2 \xrightarrow{NBS} CH_3CH_2CHBrCH=CH_2$

$CH_3CH_2CHBrCH=CH_2 \xrightarrow[\triangle]{NaOH/C_2H_5OH} CH_3CH=CHCH=CH_2$

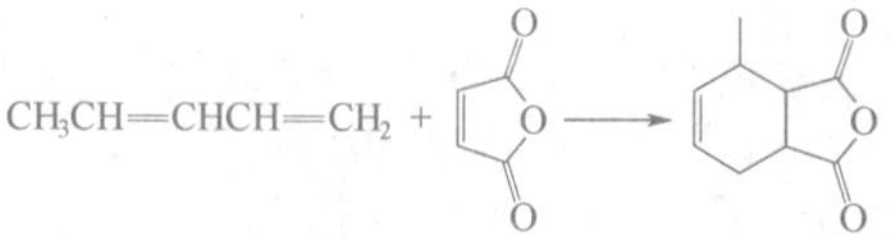

五、合成题

1.

$$CH_3\underset{\underset{Br}{|}}{C}HCH_3 \xrightarrow[\triangle]{KOH(C_2H_5OH)} CH_3CH=CH_2 + HBr \longrightarrow CH_3CH_2CH_2Br$$

2.

$$CH_3\underset{\underset{Cl}{|}}{C}HCH_3 \xrightarrow[\triangle]{KOH(C_2H_5OD)} CH_3CH=CH_2 + HCl \xrightarrow{B_2H_6} (CH_3CH_2CH_2)_3B$$

$$\xrightarrow{NaOH,\ H_2O_2} CH_3CH_2CH_2OH \xrightarrow{PCl_5} CH_3CH_2CH_2Cl$$

3.

$$CH_3\underset{\underset{Br}{|}}{C}HCH_3 \xrightarrow[\triangle]{KOH(C_2H_5OH)} CH_3CH=CH_2 \xrightarrow[500℃]{Cl_2} ClCH_2CH=CH_2 \xrightarrow{Cl_2} \underset{\underset{Cl}{|}}{C}H_2\underset{\underset{Cl}{|}}{C}H\underset{\underset{Cl}{|}}{C}H_2$$

$$CH_3CH=CH_2 \xrightarrow[500℃]{Cl_2} ClCH_2CH=CH_2 \xrightarrow{Cl_2,H_2O} \underset{\underset{Cl\ OH\ Cl}{|\ |\ |}}{CH_2CHCH_2} + \underset{\underset{Cl\ Cl\ OH}{|\ |\ |}}{CH_2CHCH_2}$$

4.

$$\xrightarrow{Ca(OH)_2} \underset{\underset{Cl\ \ \ O}{|\quad\diagdown\diagup}}{CH_2CHCH_2} \xrightarrow{NaOH,H_2O} \underset{\underset{OH\ OH\ OH}{|\ \ |\ \ |}}{CH_2CHCH_2}$$

第 6 章

一、命名题

1. 叔丁醇（2-甲基-2-丙醇） 2. 2-丙烯醇
3. 3-甲氧基-2-戊醇 4. 3-苯基-1,2-戊二醇
5. 环己甲醇 6. 3,5-二甲基苯酚
7. 2,4,6-三硝基苯酚（苦味酸） 8. 甲基叔丁基醚
9. 甲基乙烯基醚 10. 3-氯-1,2-环氧丙烷

二、完成反应方程式

1. —CH=CHCH_3

2.

3. $CH_3-\underset{\underset{CH_3}{|}}{\overset{\overset{CH_3}{|}}{C}}-\underset{\underset{Br}{|}}{C}H_2$

4.

5.

6. $C_2H_5OCH_2CH_2OH$

三、选择题

1. B 2. D 3. B 4. C 5. C 6. D

四、鉴别题

1. $\left\{\begin{array}{l}苯甲醇\\甲苯\\乙醚\end{array}\right. \xrightarrow{Na} \left\{\begin{array}{l}H_2\uparrow\\(-)\\(-)\end{array}\right. \xrightarrow[H^+]{KMnO_4} \left\{\begin{array}{l}褪色\\(-)\end{array}\right.$

2. $\left\{\begin{array}{l}己烷\\1-己醇\\对甲苯酚\end{array}\right. \xrightarrow{FeCl_3} \left\{\begin{array}{l}(-)\\(-)\\显色\end{array}\right. \xrightarrow{Na} \left\{\begin{array}{l}(-)\\H_2\uparrow\end{array}\right.$

五、合成题

1.

$$CH_2=CH_2 \xrightarrow{HOBr} CH_2BrCH_2OH \xrightarrow{OH^-} \triangle O$$

$$CH_3CH=CH_2+Br_2 \xrightarrow{h\nu} CH=CHCH_2Br$$

$$CH_3CH=CH_2 \xrightarrow{HBr} CH_3\overset{Br}{\underset{|}{C}HCH_3} \xrightarrow[H_2O]{NaOH} CH_3\overset{OH}{\underset{|}{C}HCH_3} \xrightarrow{Na} CH_3\overset{ONa}{\underset{|}{C}HCH_3}$$

$$\xrightarrow{CH=CHCH_2Br} CH_3\overset{OCH_2CH=CH_2}{\underset{|}{C}HCH_3}$$

六、推断题

1. A：

B：

C：

2. A： $CH_3\overset{}{\underset{Br}{C}HCH=CH_2}$

B： $CH_3CHCHCH_2Br$ (Br Br)

C： $CH_3CHCH=CH_2$ (OH)

D： $CH_3CH=CHCH_2OH$

E： $CH_3CHCH_2CH_3$ (OH)

F： $CH_3CH_2CH_2CH_2OH$

第 7 章

一、命名题

1. 2-甲基-3-戊酮   2. 3,5-二甲基庚醛

3. (E)-4-己烯醛   4. 2-氯丁醛（α-氯丁醛）

5. 3,5-二甲基环己酮   6. 4-羟基-3-甲氧基苯甲醛

7. 二苯基乙二酮   8. 1,2-二苯基-2-羟基乙酮

9. 3-羟基丙醛   10. 3-甲基-4-羰基戊醛

二、完成反应方程式

1. $H_3C\overset{CH_3}{\underset{H_2\ OH}{\overset{|}{C}}}CN$; $H_3C\overset{CH_3}{\underset{H_2\ OH}{\overset{|}{CH_2-C}}}COOH$

2. $H_3C\overset{CH_3}{\underset{H_2\ OH}{\overset{|}{C}}}SO_3Na$; CH_3COCH_3

3. $H_3C\overset{CH_3}{\underset{OMgBr}{\overset{|}{C}}}C_2H_5$; $H_3C\overset{CH_3}{\underset{OH}{\overset{|}{C}}}C_2H_5$

4. $CHI_3\downarrow$; $H_3C\overset{CH_3}{\underset{CH_3}{\overset{|}{C}}}COOH$

5. 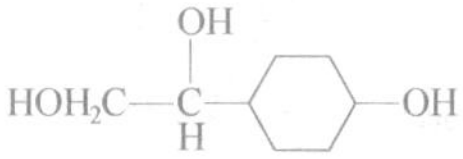
OH
HOH2C—C—OH
H

6. 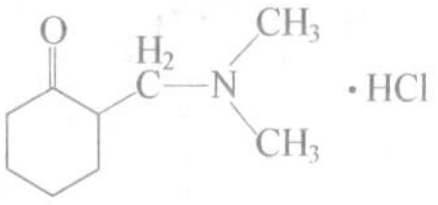
O
H2
C—N
CH3
CH3
·HCl

三、选择题

1. C　2. A　3. D　4. C　5. B　6. A　7. C

四、鉴别题

1.

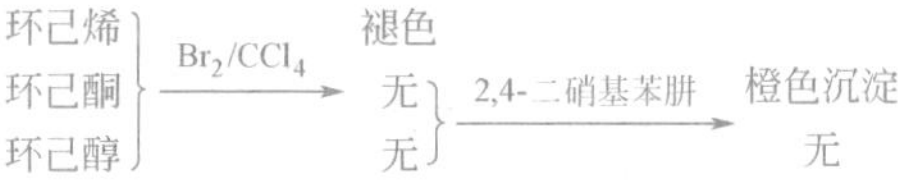
环己烯
环己酮
环己醇
Br2/CCl4
褪色
无
无
2,4-二硝基苯肼
橙色沉淀
无

2.

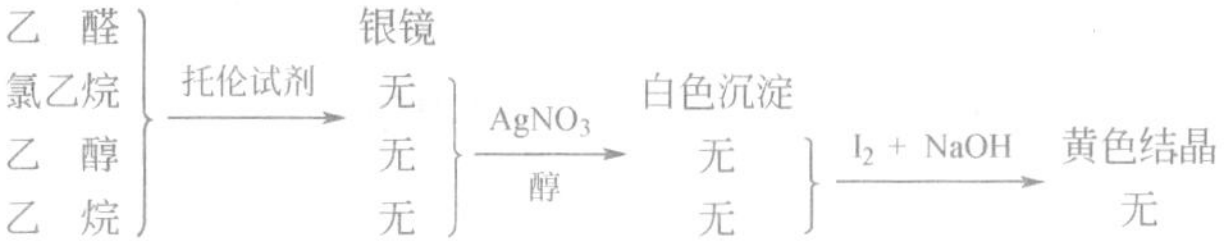
乙　醛
氯乙烷
乙　醇
乙　烷
托伦试剂
银镜
无
无
无
AgNO3
醇
白色沉淀
无
无
I2 + NaOH
黄色结晶
无

3.

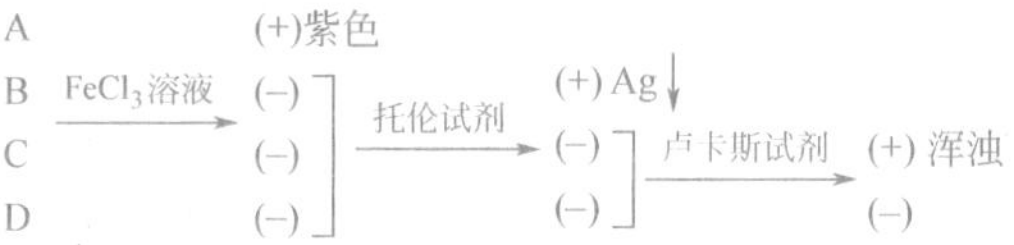
A
B
C
D
FeCl3溶液
(+)紫色
(−)
(−)
(−)
托伦试剂
(+) Ag↓
(−)
(−)
卢卡斯试剂
(+) 浑浊
(−)

4.

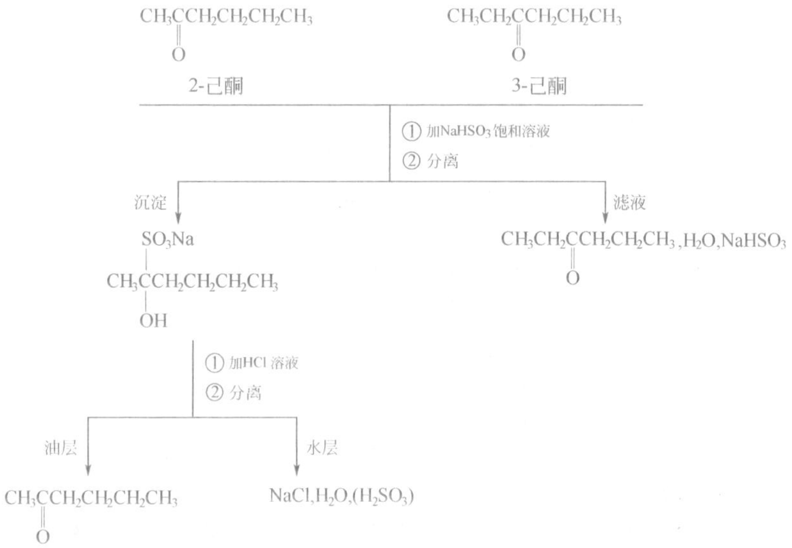
2-己酮
3-己酮
① 加NaHSO3饱和溶液
② 分离
沉淀
滤液
SO3Na
OH
CH3CH2CCH2CH2CH3 ,H2O,NaHSO3
① 加HCl 溶液
② 分离
油层
水层
NaCl,H2O,(H2SO3)

五、合成题

1.

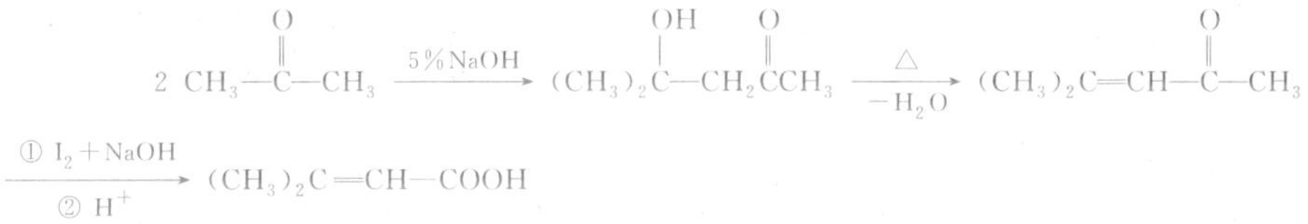
5%NaOH
△
−H2O
① I2 + NaOH
② H+
(CH3)2C═CH—COOH

2.

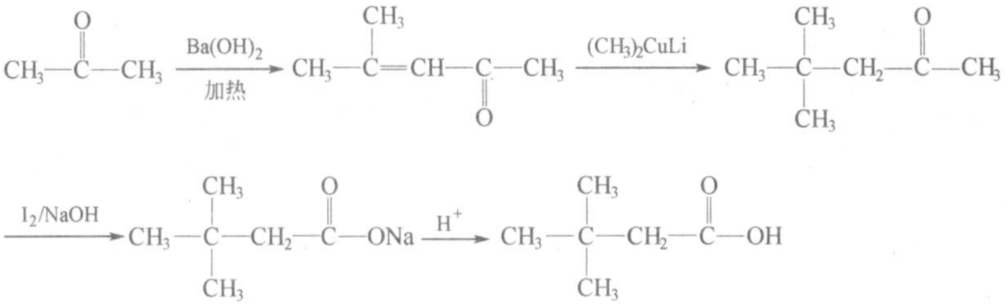

3.

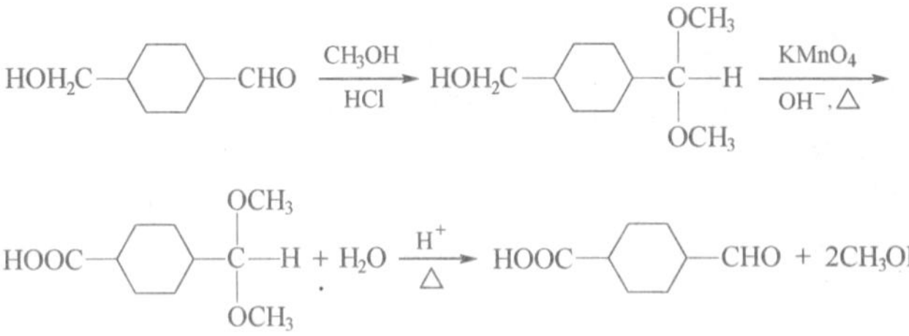

六、推断题

1.

A：$CH_3CH_2CH_2CH_2OH$　　　B：$CH_3CH_2CH_2CH_2Cl$　　　C：$CH_3CH_2CH=CH_2$

D：$CH_3CH_2CHClCH_3$　　　E：CH_3CH_2COOH

2.

A： 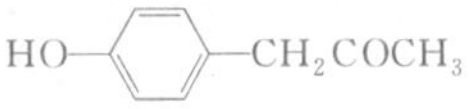　　　　　B：

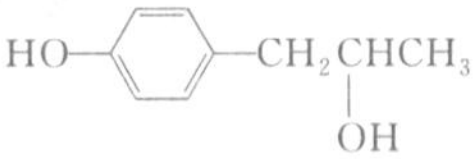

C： 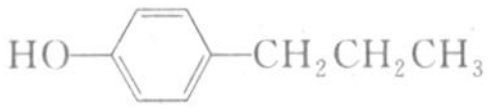　　　　　D：

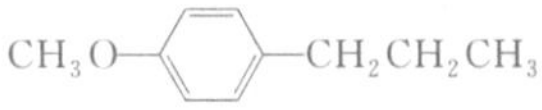

3.

（1）$CH_3CH_2CH_2OH$　　　　　　（2）$CH_3CH_2CH_2OH$

（3）$CH_3CH_2CH_2OH$　　　　　　（4）$CH_3CH_2CH(OH)CH(CH_3)CHO$

（5）$CH_3CH_2CH=C(CH_3)CHO$　　（6）$CH_3CH_2CH(OH)SO_3H$

（7）$CH_3CH_2CH(OH)CN$　　　　　（8）$CH_3CHBrCHO$

（9）$CH_3CH_2CH(OH)C_6H_5$　　　（10）$CH_3CH_2COONH_4+Ag\downarrow$

第 8 章

一、命名或写出下列化合物构造式

1. 3-苯基丁酸　　　2. 邻苯二甲酸酐　　　3. 3-甲基戊酸　　　4. 2-甲基-3-丁烯酸

5. 3-环己基丁酸　　　6. 2-甲基-3-乙基丁二酸　　　7. N,N-二甲基乙酰胺

8. 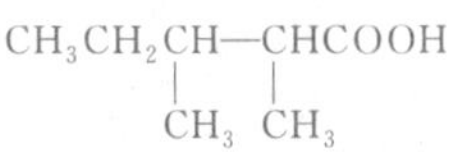 　　9. 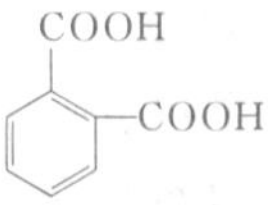 　　10.  　　11.

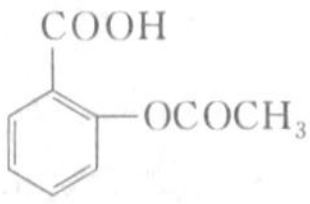

12. 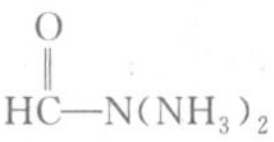 　　13. 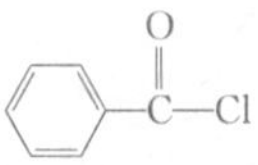 　　14.

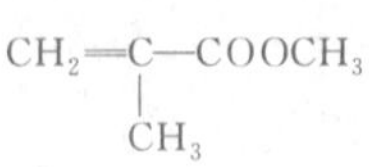

二、填空题

1. CH_3CH_2OH；CH_3COOH；$+CH_2-\overset{\displaystyle Cl}{\underset{\displaystyle\ }{CH}}+$

2. 酰卤；酸酐；酯；酰胺   3. $R-\overset{\displaystyle O}{\underset{\displaystyle\|}{C}}-Cl$；$R-\overset{\displaystyle O}{\underset{\displaystyle\|}{C}}-O-R'$

4. 阿司匹林；$\overset{\displaystyle COOH}{\underset{\displaystyle\ }{\bigcirc}}-OCOCH_3$；镇痛；消炎   5. 酰氯；酸酐；酯；酰胺   6. 三氯化铁

三、选择题

1. A 2. D 3. C 4. A 5. D 6. D 7. B 8. D 9. B 10. B

四、推断题

1. 据题意可推断 A 为酸，B、C 为酯，则 A（3 个碳的酸）为 CH_3CH_2COOH，B、C 为 3 个碳的酯，为甲酸乙酯或乙酸甲酯；甲酸乙酯水解得到甲酸和乙醇，乙醇可碘仿反应，判断为 B；乙酸甲酯水解得到乙酸和甲醇，两者均不能发生碘仿反应（甲基酸或酯无碘仿反应），判断为 C。所以 B 为 $HCOOCH_2CH_3$；C 为 CH_3COOCH_3。

2. A：CH_3COOCH_3；B：$HCOOCH_2CH_3$；C：CH_3CH_2COOH。

$CH_3CH_2COOH+NaHCO_3 \longrightarrow CH_3CH_2COONa+CO_2+H_2O$

$CH_3COOCH_3 \xrightarrow{H_3O^+} CH_3COOH+CH_3OH$

$HCOOCH_2CH_3 \xrightarrow{H_3O^+} HCOOH+CH_3CH_2OH$

$CH_3OH \xrightarrow{[O]} HCOOH$

$CH_3CH_2OH \xrightarrow{[O]} CH_3COOH$

3. A 的分子式是 $C_4H_{12}O_2$，不饱和度为 9。酯 A 不能使溴的四氯化碳溶液褪色，所以其中有苯环，醇 B 氧化得羧酸 C，说明了 B 和 C 分子中碳原子数相等，酯 A 中有 14 个碳原子，则 B 和 C 中各有 7 个碳原子，从而可判断 B 是苯甲醇，C 是苯甲酸，A 是苯甲酸苯甲酯，故 A 的结构简式为 $\bigcirc-COOCH_2-\bigcirc$，B 的结构简式为 $\bigcirc-CH_2OH$，C 的结构简式为 $\bigcirc-COOH$。

五、完成反应方程式

1.

2. $CH_3CH_2COOH+ \bigcirc-OH \underset{\triangle}{\overset{H^+}{\rightleftharpoons}} CH_3CH_2COO-\bigcirc$

3. $H_3C-\overset{\displaystyle O}{\underset{\displaystyle\|}{C}}-OH +PCl_3 \longrightarrow H_3C-\overset{\displaystyle O}{\underset{\displaystyle\|}{C}}-Cl +H_3PO_3$

4. $\bigcirc-CH_2\overset{\displaystyle\ }{\underset{\displaystyle CH_3}{CH}}-\overset{\displaystyle O}{\underset{\displaystyle\|}{C}}-NH_2 \xrightarrow[NaOH]{NaOBr} \bigcirc-CH_2\overset{\displaystyle\ }{\underset{\displaystyle CH_3}{CH}}-NH_2$

5. $CH_3\overset{\displaystyle O}{\underset{\displaystyle\|}{C}}CH_2COOH \xrightarrow{\triangle} CH_3\overset{\displaystyle O}{\underset{\displaystyle\|}{C}}CH_3 +CO_2\uparrow$

6. $\bigcirc$—CH₂COOH $\xrightarrow[\text{P}]{\text{Cl}_2}$ ... structures ...

6.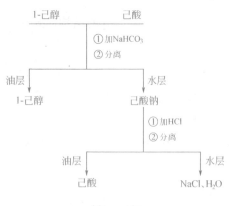

六、综合题

1.（1）

$$CH_3CH_2COOH \xrightarrow{LiAlH_4} CH_3CH_2CH_2OH \xrightarrow{HBr} CH_3CH_2CH_2Br$$

$$\xrightarrow[\text{Et}_2\text{O}]{\text{Mg}} CH_3CH_2CH_2MgBr \xrightarrow[\text{H}^+]{\text{O}} CH_3CH_2CH_2CH_2OH \xrightarrow{KMnO_4} CH_3CH_2CH_2COOH$$

（2）

2.（1）乙酰氯＞乙酐＞乙酸乙酯＞乙酰胺

（2）① 甲酸＞苯甲酸＞乙酸

② 对硝基苯甲酸＞苯甲酸＞对甲基苯甲酸

③ $Br_3CCOOH > Br_2CHCOOH > BrCH_2COOH$

④ $CH_3CH_2\overset{\text{Cl}}{\underset{}{C}HCO_2H} > CH_3\overset{\text{Cl}}{\underset{}{C}HCH_2CO_2H} > \overset{\text{Cl}}{\underset{}{C}H_2CH_2CH_2CO_2H} > \overset{\text{H}}{\underset{}{C}H_2CH_2CH_2CO_2H}$

3.（1）

甲酸 草酸 乙酸	酸性KMnO₄溶液	褪色 褪色 不褪色	银氨溶液，水浴加热	银镜反应 ×

（2）

水杨酸 水杨醛 水杨醇	NaHCO₃	√ × ×	银氨溶液，水浴加热	银镜反应 ×

4.

1-己醇　　　己酸
　　　①加NaHCO₃
　　　②分离

油层　　　水层
1-己醇　　　己酸钠
　　　①加HCl
　　　②分离

油层　　　水层
己酸　　　NaCl、H₂O

第 9 章

一、命名题

1. 异丙胺，或 2-氨基丙烷   2. 3-氨基戊烷

3. N-乙基苯胺   4. 二乙基氢氧化铵

5. N,N-二甲基对硝基苯胺   6. 对甲基溴化重氮苯

7. 六氢吡啶（呱啶）   8. 环己胺

9. 2-氨基-4-甲氧基戊醇　　　　10. 2-甲基丙二胺

二、完成反应方程式

1.

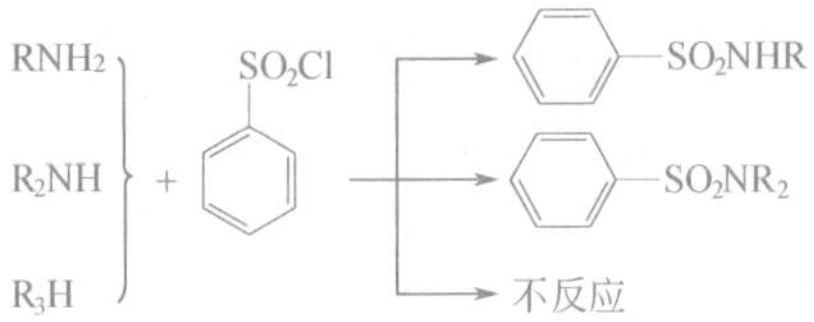

$\begin{matrix} RNH_2 \\ R_2NH \\ R_3H \end{matrix}$ + 苯环-SO₂Cl → 苯环-SO₂NHR / 苯环-SO₂NR₂ / 不反应

2. 苯胺(NH₂) + 3Br₂ —H₂O→ 2,4,6-三溴苯胺(Br Br NH₂, Br) ↓ + 3Br₂

3. 苯环-NO₂ —Fe+HCl→ 苯环-NH₂

4. 苯环-NH₂ + Cl—C(=O)—OCH(CH₃)₂ —NaHCO₃, 0～10℃→ 苯环-NH—C(=O)—OCH(CH₃)₂

5. 苯环-NH₂ + NaNO₂ + HCl —0～5℃→ [苯环-N⁺≡N]Cl⁻ + NaCl + H₂O

6. 苯环-N⁺≡NCl⁻

—Cu₂Cl₂/HCl→ 苯环-Cl + N₂↑
—H₂O/△→ 苯环-OH + N₂↑
—Cu₂(CN)₂/KCN→ 苯环-CN + N₂↑
—H₃PO₂/H₂O→ 苯环-H + N₂↑

7. 苯环-N⁺≡NCl⁻ —苯酚(OH)→ 苯环-N=N-苯环-OH

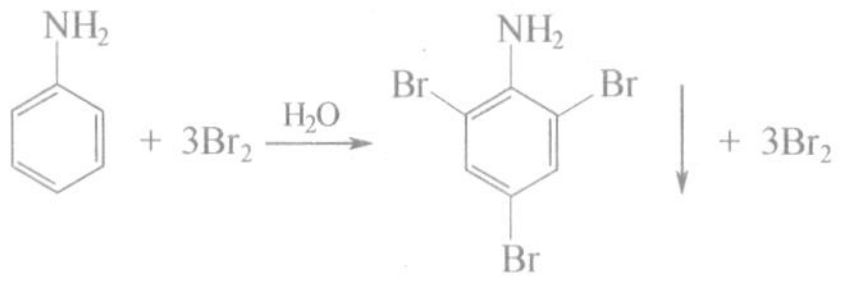

8. 苯环-Cl + 2NH₃ —Cu₂O, 200℃, 6～10MPa→ 苯环-NH₂ + NH₄Cl

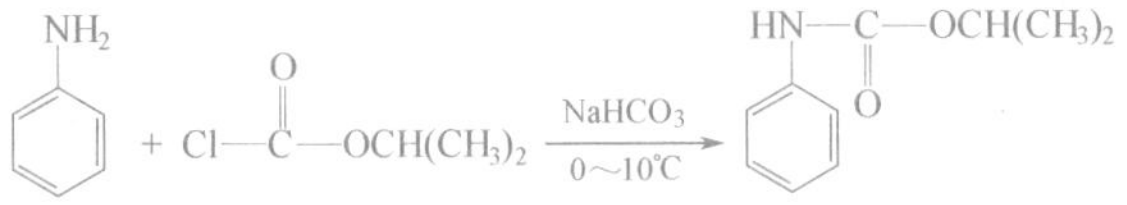

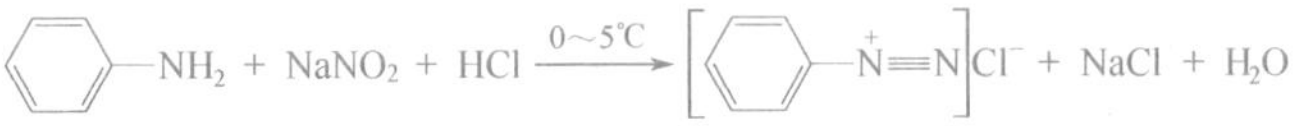

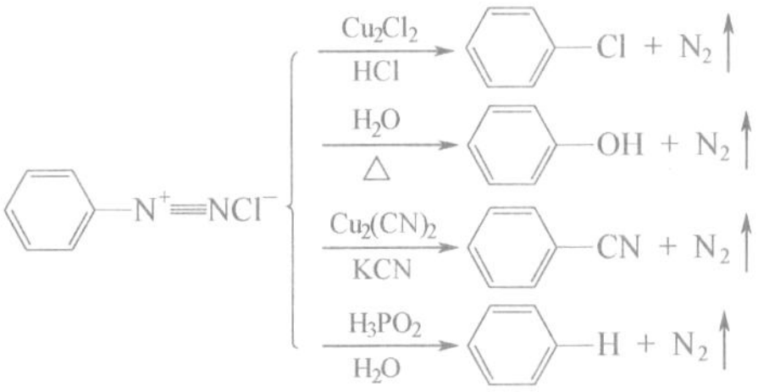

9. 苯环-NH₂ + I₂ → 对甲基苯胺(NH₂, CH₃)

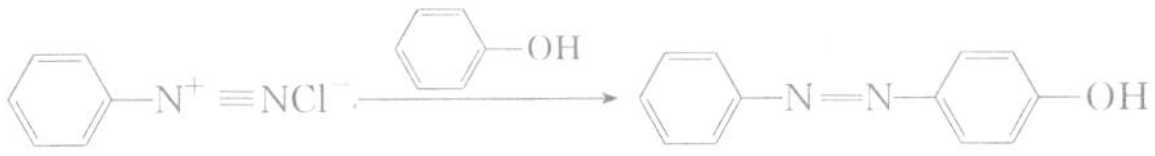

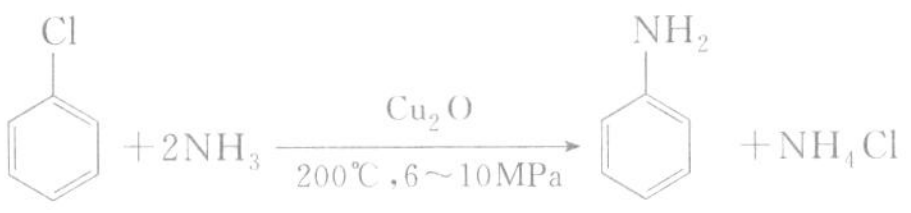

10. 苯环-NH₂ —(CH₃CO)₂O→ 苯环-NHCOCH₃ —Br₂→ 对溴乙酰苯胺(NHCOCH₃, Br) —H₂O→ 对溴苯胺(NH₂, Br)

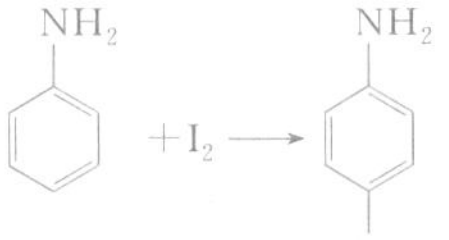

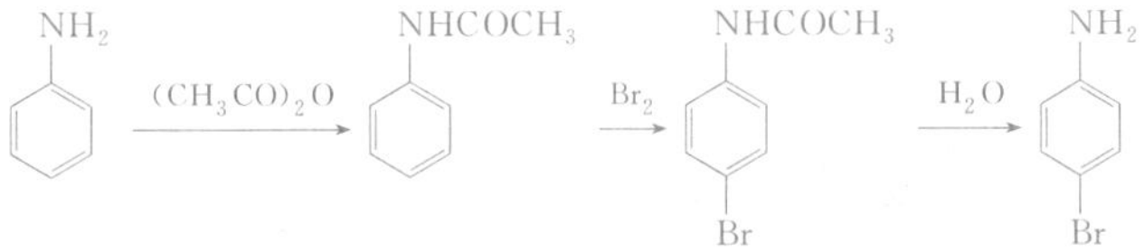

三、推断题

1. A：(CH₃)₂CHCH₂CH(NH₂)CH₃　　　B：(CH₃)₂CHCH₂CH(OH)CH₃　　　C：(CH₃)₂C=CHCH₃

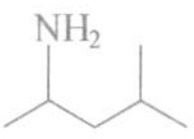

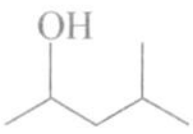

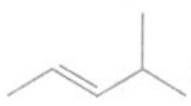

2. A: (邻硝基甲苯结构，NO_2, CH_3) B: (邻甲基苯胺，NH_2, CH_3) C: (N_2Cl, CH_3)

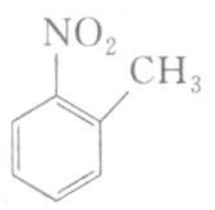

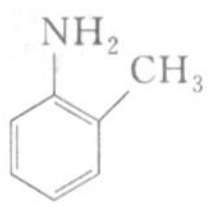

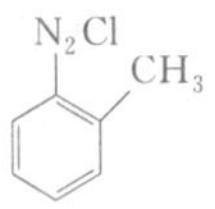

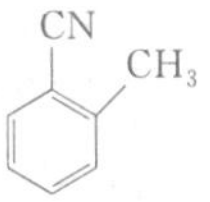

D: (CN, CH_3) E: ($COOH$, CH_3) F: ($COOH$, $COOH$)

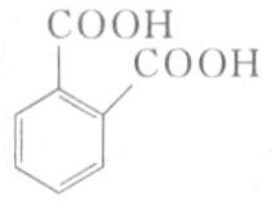

反应式：

(1) 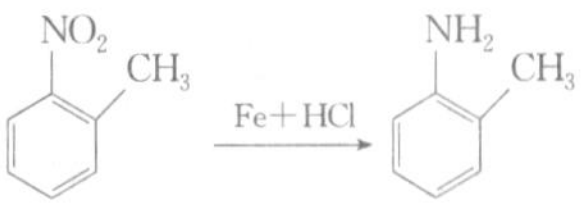 (邻硝基甲苯) $\xrightarrow{Fe+HCl}$ (邻甲基苯胺)

(2) 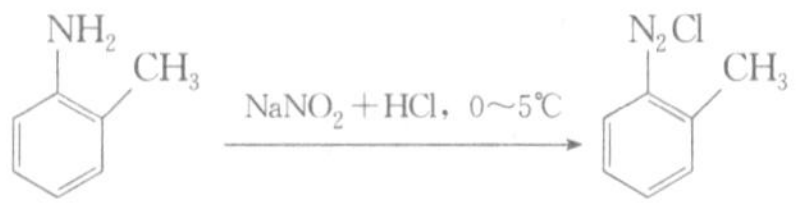 (邻甲基苯胺) $\xrightarrow{NaNO_2+HCl,\ 0\sim5℃}$ (N_2Cl, CH_3)

(3) (N_2Cl, CH_3) $+CuCN \longrightarrow$ (CN, CH_3)

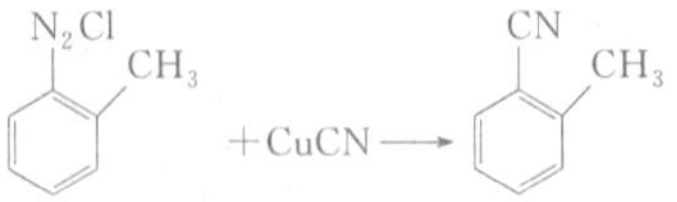

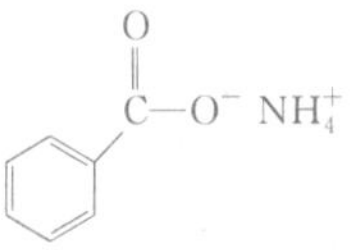

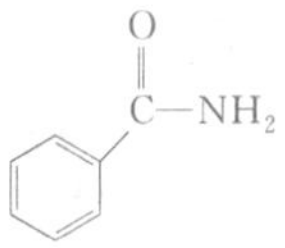

(4) 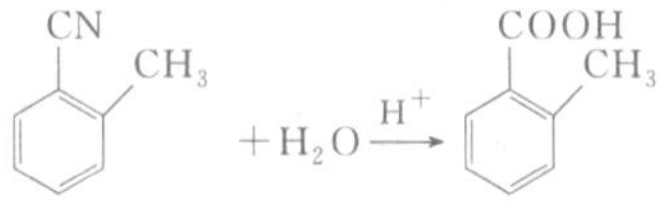 (CN, CH_3) $+H_2O \xrightarrow{H^+}$ ($COOH$, CH_3)

(5) 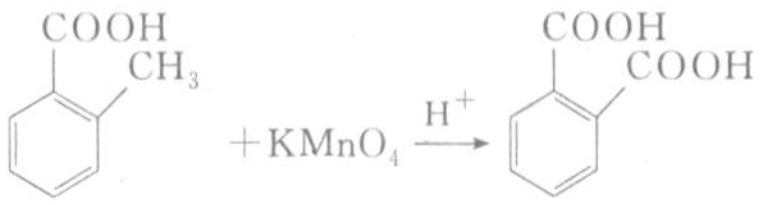 ($COOH$, CH_3) $+KMnO_4 \xrightarrow{H^+}$ ($COOH$, $COOH$)

(6) 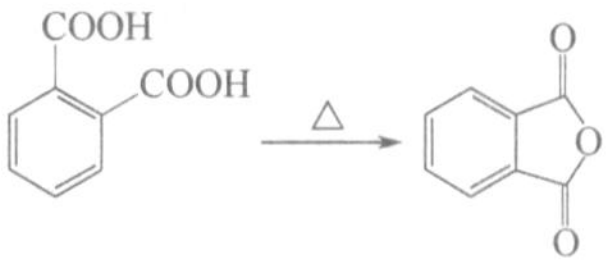 ($COOH$, $COOH$) $\xrightarrow{\triangle}$ (邻苯二甲酸酐)

3. A: ($C-O^- NH_4^+$, 苯甲酸铵) B: ($C-NH_2$, 苯甲酰胺) C: (NH_2, 苯胺)

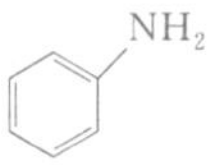

(1) 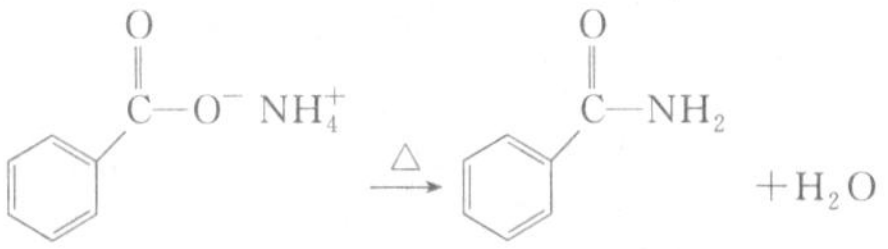 (苯甲酸铵 $C-O^-NH_4^+$) $\xrightarrow{\triangle}$ (苯甲酰胺 $C-NH_2$) $+H_2O$

(2) (苯甲酰胺 $C-NH_2$) $\xrightarrow[NaOH+Br_2]{\triangle}$ (苯胺 NH_2)

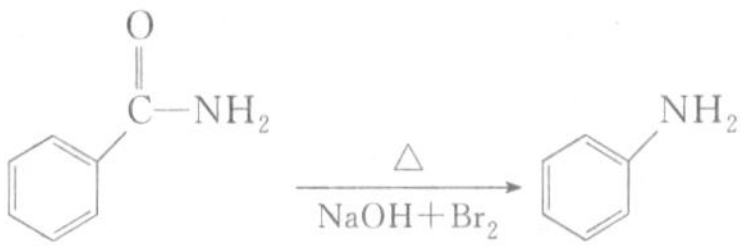

(3) 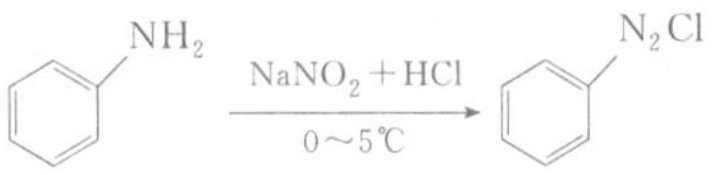 (苯胺 NH_2) $\xrightarrow[0\sim5℃]{NaNO_2+HCl}$ (N_2Cl)

(4) 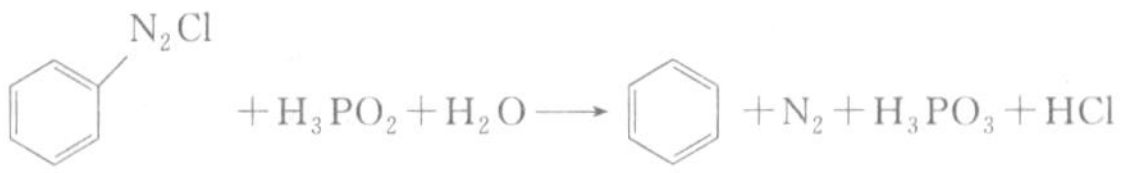 (N_2Cl) $+H_3PO_2+H_2O \longrightarrow$ (苯) $+N_2+H_3PO_3+HCl$

4. A: (苯胺 NH_2) B: (2,4,6-三溴苯胺，NH_2, Br, Br, Br)

(苯胺 NH_2) $+Br \longrightarrow$ (2,4,6-三溴苯胺) $+HBr$

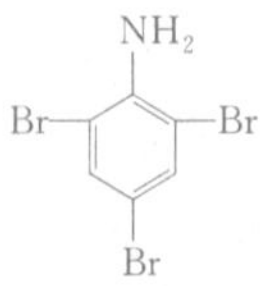

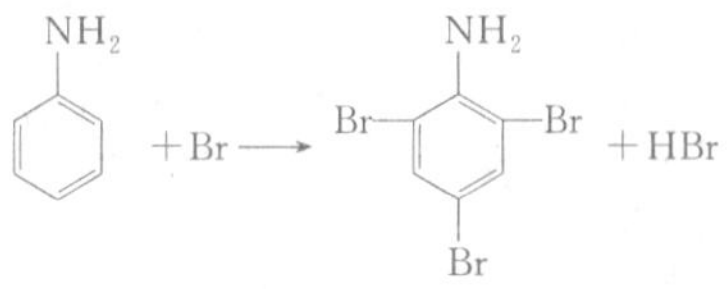

第 10 章

一、命名题

1. 2-呋喃甲酸

2. 3-吡啶甲酸

3. 3-甲基吡咯

4. 5-羟基嘧啶

5. 3-吲哚乙酸   6. 8-羟基喹啉

7. 4-甲基-2-乙基噻唑   8. 2,6-二羟基嘌呤

二、完成反应方程式

1.

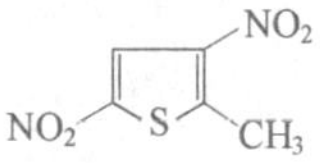

2.

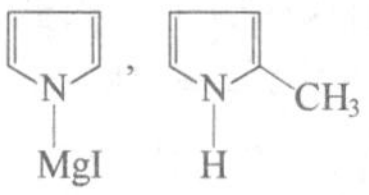

3.

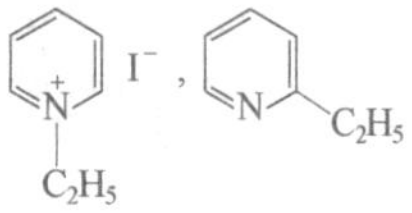

4.

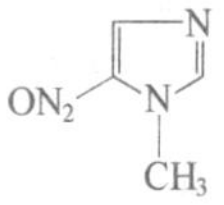

5.

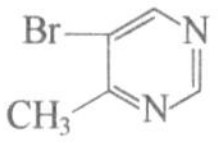

6.

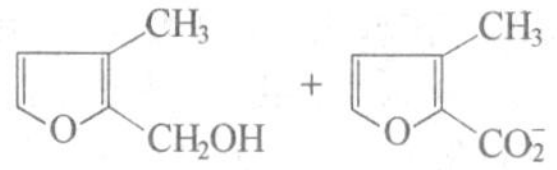

7.

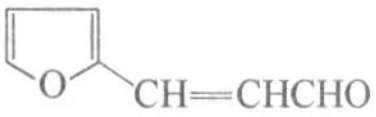

8.

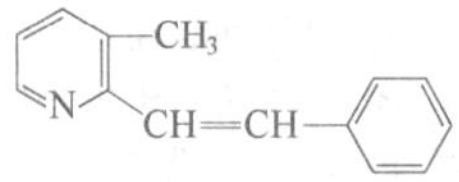

9.

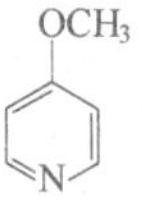

10.

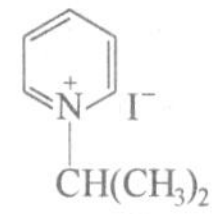

[1] 徐寿昌.有机化学.2版.北京：人民教育出版社，2003.

[2] 邢其毅，徐瑞秋，等.基础有机化学：上、下.北京：高等教育出版社，1994.

[3] 邓苏鲁.有机化学.4版.北京：化学工业出版社，2006.

[4] 高职高专化学教材编写组.有机化学.5版.北京：高等教育出版社，2019.

[5] 潘亚芬，张永士，等.基础化学.北京：清华大学出版社，北京交通大学出版社，2006.

[6] 古国榜，李朴.无机化学.2版.北京：化学工业出版社，2005.

[7] 袁红兰，金万祥.有机化学.3版.北京：化学工业出版社，2015.

[8] 初玉霞.有机化学.3版.北京：化学工业出版社，2012.

[9] 赵红霞，朱梅.应用化学基础.北京：高等教育出版社，2010.

[10] 李勇，张新锋.有机化学.北京：化学工业出版社，2014.

[11] 张金海，杨立军.有机化学.北京：航空工业出版社，2012.

[12] 孙洪涛.有机化学.北京：化学工业出版社，2013.

[13] 方俊天，刘嘉，韩漠.基础化学.北京：化学工业出版社，2012.

[14] 吴华，董宪武.基础化学.2版.北京：化学工业出版社，2016.

[15] 李明梅.医药化学基础.2版.北京：化学工业出版社，2015.

[16] 唐玉海.有机化学.北京：化学工业出版社，2011.

[17] 胡宏纹.有机化学.4版.北京：高等教育出版社，2012.

[18] 郭建民.有机化学.2版.北京：科学出版社，2015.

[19] 张文雯，张良军.有机化学基础.北京：化学工业出版社，2014.

[20] 汪波，彭爱云，黄志纾.基础有机化学.北京：高等教育出版社，2019.

[21] 赵建庄，王朝瑾.有机化学.3版.北京：高等教育出版社，2017.

[22] 李景宁.有机化学.6版.北京：高等教育出版社，2018.